高等院校药学类专业
创新型系列教材

供药学、药物制剂、临床药学、制药工程、中药学、医药营销及相关专业使用

无机化学

主　编　袁友泉　孙立平

融合教材主编　陈莲惠

副主编　姚惠琴　吴建丽　曹秀莲　郭　惠

编　者　（按姓氏笔画排序）

许文慧　江西中医药大学

孙立平　山东第一医科大学（山东省医学科学院）

吴建丽　黄河科技学院

张　倩　山东第一医科大学（山东省医学科学院）

陈莲惠　川北医学院

周　芳　黄河科技学院

胡英婕　锦州医科大学医疗学院

胡密霞　内蒙古医科大学

姚　杰　山西医科大学

姚惠琴　宁夏医科大学

袁友泉　江西中医药大学

郭　惠　陕西中医药大学

黄　蓉　中国人民解放军陆军军医大学（第三军医大学）

曹秀莲　河北中医学院

焦　雪　遵义医科大学

华中科技大学出版社
http://www.hustp.com
中国·武汉

内 容 简 介

本书是高等院校药学类专业创新型系列教材。全书分为 12 章,包括绪论、溶液、化学反应速率、化学平衡、酸碱平衡、难溶强电解质的沉淀-溶解平衡、氧化还原反应、原子结构和元素周期表、化学键与分子结构、配位化合物、元素化学、生物无机化学等内容。本书根据最新教学改革的要求和理念,结合我国高等院校药学专业发展的特点,按照相关教学大纲的要求编写而成,内容系统、全面,详略得当。本书以二维码的形式增加了网络增值服务,内容包括教学课件、教学视频、案例解析、目标检测答案、同步练习及其答案、知识拓展、知识链接等,提高了学生学习的趣味性,更好地培养学生自主学习的能力。

本书可供药学、药物制剂、临床药学、制药工程、中药学、医药营销及相关专业使用。

图书在版编目(CIP)数据

无机化学/袁友泉,孙立平主编.—武汉:华中科技大学出版社,2020.7(2024.7 重印)
高等院校药学类专业创新型系列教材
ISBN 978-7-5680-6312-8

Ⅰ.①无… Ⅱ.①袁… ②孙… Ⅲ.①无机化学-高等学校-教材 Ⅳ.①O61

中国版本图书馆 CIP 数据核字(2020)第 120622 号

无机化学
Wuji Huaxue

袁友泉 孙立平 主编

策划编辑:余 雯
责任编辑:李 佩
封面设计:原色设计
责任校对:李 弋
责任监印:周治超
出版发行:华中科技大学出版社(中国·武汉)   电话:(027)81321913
　　　　　武汉市东湖新技术开发区华工科技园   邮编:430223
录　　排:华中科技大学惠友文印中心
印　　刷:武汉市洪林印务有限公司
开　　本:889mm×1194mm 1/16
印　　张:16.25 插页:1
字　　数:460 千字
版　　次:2024 年 7 月第 1 版第 3 次印刷
定　　价:58.00 元

高等院校药学类专业创新型系列教材
编委会

网络增值服务使用说明

欢迎使用华中科技大学出版社医学资源网yixue.Hustp.com

1.教师使用流程

（1）登录网址：**http://yixue.Hustp.com** （注册时请选择教师用户）

（2）审核通过后，您可以在网站使用以下功能：

管理学生

建立课程　　　　　　　　布置作业

下载教学　　　　　　　　查询学生学习
资源　　　　　教师　　　记录等

2.学员使用流程

建议学员在PC端完成注册、登录、完善个人信息的操作。

（1）　PC端学员操作步骤

①登录网址：**http://yixue.Hustp.com** （注册时请选择普通用户）

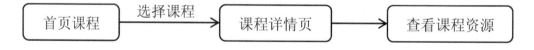

②查看课程资源

如有学习码，请在个人中心-学习码验证中先验证，再进行操作。

```
┌────────┐   选择课程   ┌────────┐          ┌──────────┐
│ 首页课程 │ ─────────→ │ 课程详情页 │ ───────→ │ 查看课程资源 │
└────────┘            └────────┘          └──────────┘
```

（2）　手机端扫码操作步骤

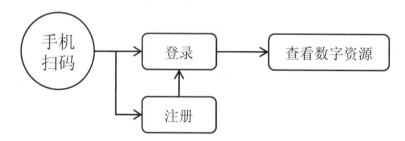

总序

Zongxu

　　教育部《关于加快建设高水平本科教育 全面提高人才培养能力的意见》("新时代高教 40 条")文件强调要深化教学改革,坚持以学生发展为中心,通过教学改革促进学习革命,构建线上线下相结合的教学模式,对我国高等药学教育和药学专业人才的培养提出了更高的目标和要求。我国高等药学类专业教育进入了一个新的时期,对教学、产业、技术融合发展的要求越来越高,强调进一步推动人才培养,实现面向世界、面向未来的创新型人才培养。

　　为了更好地适应新形势下人才培养的需求,按照《中国教育现代化 2035》《中医药发展战略规划纲要(2016—2030 年)》以及党的十九大报告等文件精神要求,进一步出版高质量教材,加强教材建设,充分发挥教材在提高人才培养质量中的基础性作用,培养合格的药学专业人才和具有可持续发展能力的高素质技能型复合人才。在充分调研和分析论证的基础上,我们组织了全国 70 余所高等医药院校的近 300 位老师编写了这套高等院校药学类专业创新型系列教材,并得到了参编院校的大力支持。

　　本套教材充分反映了各院校的教学改革成果和研究成果,教材编写体例和内容均有所创新,在编写过程中重点突出以下特点。

　　(1)服务教学,明确学习目标,标识内容重难点。进一步熟悉教材相关专业培养目标和人才规格,明晰课程教学目标及要求,规避教与学中无法抓住重要知识点的弊端。

　　(2)案例引导,强调理论与实际相结合,增强学生自主学习和深入思考的能力。进一步了解本课程学习领域的典型工作任务,科学设置章节,实现案例引导,增强自主学习和深入思考的能力。

　　(3)强调实用,适应就业、执业药师资格考试以及考研的需求。进一步转变教育观念,在教学内容上追求与时俱进,理论和实践紧密结合。

　　(4)纸数融合,激发兴趣,提高学习效率。建立"互联网＋"思维的教材编写理念,构建信息量丰富、学习手段灵活、学习方式多元的立体化教材,通过纸数融合激发学生学习兴趣和提高学生自主学习的能力。

　　(5)定位准确,与时俱进。与国际接轨,紧跟药学类专业人才培养,体现当代教育。

　　(6)版式精美,品质优良。

　　本套教材得到了专家和领导的大力支持与高度关注,适应当下药学专业学生的文化基础

和学习特点,并努力提高教材的趣味性、可读性和简约性。我们衷心希望这套教材能在相关课程的教学中发挥积极作用,并得到读者的青睐;我们也相信这套教材在使用过程中,通过教学实践的检验和实际问题的解决,能不断得到改进、完善和提高。

高等院校药学类专业创新型系列教材
编写委员会

前言

Qianyan

为了更好地满足我国普通高等医药院校教学与医疗卫生事业的需要,培养合格的药学专门人才和具有可持续发展能力的高素质技能型复合人才,《无机化学》教材的编写围绕高等院校药学类专业本科教育和人才培养目标要求,突出药学类专业特色,明确学习目标和重点,强调理论与实际相结合,并且通过以案例为引导,纸数融合的编写模式激发学生学习兴趣和提高学生学习效率。

本教材编写指导思想如下。

(1) 根据药学专业本科教育的培养目标,注重"三基"(基础理论、基本知识、基本技能)和"五性"(思想性、科学性、先进性、启发性、适用性)原则。重点阐述无机化学基本概念和基本理论,充实专业实例,力求使本教材内容的广度和深度切合教学实际。

(2) 本教材汇集了优秀教师的教学经验,反映了近年来教学改革和课程建设的最新成果。在每章的"学习目标"中按"掌握、熟悉、了解"明确教学内容的重点和难点。章后根据"学习目标"中的三层次对基本知识、基本理论给出了"本章小结",并设置目标检测,有利于学生自学时思考、复习和总结。

(3) 全书每一章都精心编制一个典型案例导入,通过引出问题,介绍其背景和解决问题的思路,力图使学生加深对无机化学基本理论和基本知识的理解,以培养学生发现问题、分析问题和解决问题的能力以及科学探索精神。每章最后的"知识拓展",围绕无机化学与药学的联系,以化学史话、化学在药学中的应用等形式,来提高学生的学习兴趣,同时让学生了解无机化学在药学学科发展中的作用。

(4) 在化学学科迅猛发展以及网络数字化的今天,本教材与时俱进,在扎实强化"三基"的同时,适当增加数字化内容,制作相关知识点的 PPT 课件、微视频,将发展比较成熟的新知识、新方法和新技术的相关内容纳入,以体现教材的先进性,利于学生开阔眼界、扩大知识面。

本教材的编写分工情况如下:第一章绪论(衷友泉)、第二章溶液(焦雪)、第三章化学反应速率(胡英婕)、第四章化学平衡(陈莲惠)、第五章酸碱平衡(胡密霞)、第六章难溶强电解质的沉淀-溶解平衡(曹秀莲)、第七章氧化还原反应(吴建丽)、第八章原子结构和元素周期表(孙立平)、第九章化学键与分子结构(姚惠琴)、第十章配位化合物(郭惠)、第十一章元素化学(姚杰)、第十二章生物无机化学(黄蓉)、附录(周芳)。

华中科技大学出版社对本书的编写给予了大力支持,在此,表示衷心感谢。

由于编者水平所限,并且数字教材为首次推出,本教材可能存在不妥和错误之处,敬请各院校师生在使用后提出宝贵建议和意见,以便及时更正。

编　者

目录

Mulu

第一章 绪 论

 学习目标

1. 掌握：无机化学课程的学习方法。
2. 熟悉：无机化学基础理论与药学、中药学的关系。
3. 了解：无机化学的发展简史、研究内容和新进展。

 案例导入1-1

维生素 C 注射液的制备：在配制容器中，加入处方量 80% 的注射用水，通入 CO_2 至饱和，加维生素 C 104.0 g 溶解后，分次缓缓加入 $NaHCO_3$ 49.0 g，搅拌使之完全溶解，加入预先配制好的含 EDTA-Na_2 0.05 g 和 Na_2SO_3 2.0 g 的水溶液，搅拌均匀，调节药液 pH 6.0～6.2，并在 CO_2 气流下灌封，最后于 100 ℃ 流通蒸汽 15 min 灭菌。

1. 在制备维生素 C 注射液时为什么要加入较大量的 $NaHCO_3$？
2. 加入 EDTA-Na_2 和 Na_2SO_3 的作用是什么？
3. 在整个制备过程中，为什么要通入 CO_2，且需调节药液 pH 6.0～6.2？

化学作为自然科学中的一门重要学科，主要研究物质的组成、结构和性质，研究物质在原子和分子水平上的变化规律以及变化过程中的能量关系。它是人类认识自然、改造自然的有力武器。化学的起源可以追溯到古代，人类在炼金术、炼丹术、医药学的实践中，获得了初步的化学知识，化学从一开始就与医药学、生命科学结下了不解之缘。随着整个社会的不断发展，化学已经深入到人类社会生活的各个领域，并在国民经济中起着越来越重要的作用。

第一节 无机化学的发展简史

无机化学是化学学科中发展最早的分支学科，由于最初化学研究的大多是无机物，可以说化学的发展史也就是无机化学的发展史。根据化学发展的特征，可分为古代化学（远古至 17 世纪）、近代化学（从 17 世纪中叶到 19 世纪末）和现代化学（19 世纪末开始）三个重要的阶段。

一、古代化学

古代化学时期经历了实用化学、炼金术、炼丹术和医药化学时期，早期化学知识来源于人类的生产和实践活动。

人类在最基本的生产活动和生活实践中逐步学会了制陶、冶金、造纸、酿酒等化学工艺，积累了朴素的化学知识。这个时期可称为实用化学时期，化学知识还没有系统形成，是化学的萌芽时期。这一时期，青铜器的制造、火药的制造、造纸术、制瓷术是我国古代化学工艺的四大

发明。

中古时期，人们最早在炼丹炉中采用化学方法提炼金银及企图将丹砂（硫化汞）之类的物质炼制出"长生不老"的丹药，但由于追求虚幻目的，这时期的化学实践误入歧途。转而人们开始研究采用化学方法提纯制造药剂，并制造了精致的铜滤药器、铜药勺、银灌药器和银针等医药器具。在《本草纲目》中记载的无机药物有 266 种，例如：轻粉（Hg_2Cl_2）、密陀僧（PbO）。许多医生除用天然草木药治病外，还用药剂成功地医治了许多疾病，推动了化学的发展。

二、近代化学

从 17 世纪中叶到 19 世纪末这两百多年是化学作为独立学科的形成和发展时期。近代化学是在同传统的炼金思想、谬误的燃素说观点做斗争中建立起来的。在此阶段，逐步形成了酸、碱、盐、元素、化合物和化学试剂等概念，发现了硫酸、盐酸、氨和矾等化合物。提出了元素的科学概念，首次将化学定义为一门科学，为化学作为一门科学的建立和发展奠定了坚实的基础。

英国物理学家、化学家波义耳（R. Boyle，1627—1691）于 1661 年在他的重要论著《怀疑派化学家》中首次提出了元素的科学概念，将化学不再看成是以实用为目的的技艺而是一门科学。更为重要的是，波义耳认为科学都应以实验作为基础，对科学实验采取严格的态度，所有理论必须经过实验才能被证明是正确的。他被誉为把化学确立为科学的第一人，也是现代科学实验方法的先驱者。

近代化学学科真正繁荣是在法国化学家安托万·洛朗·拉瓦锡（A. L. Lavoisier，1743—1794）之后，拉瓦锡被认为是人类历史上最伟大的化学家，称为"近代化学之父"。1777 年，他在《燃烧概论》中阐明了他的氧化学说，认为燃烧过程需要氧气存在，金属燃烧后变成氧化物，增加的质量就是参与反应的氧气质量，提出了燃烧是氧化过程的重大化学理论问题，彻底否定了所谓物质燃烧过程中的"燃素"论。1789 年，他建立了质量守恒定律，使化学得以正确的发展。

1808 年，英国化学家约翰·道尔顿（J. Dalton，1766—1844）编著了《化学哲学的新体系》，提出了著名的原子学说，认为所有物质是由许多微小的原子组成的，每种元素都代表着一种原子，不同原子具有不同的性质和质量。道尔顿通过测量反应物的质量比来推测组成化合物的元素之比，他推断元素按一定的整数比组成物质，这就是他所提出的倍比定律。倍比定律和定比定律是化学计量学的基本定律。道尔顿的原子论是继拉瓦锡的氧化学说之后化学理论的又一次重大进步。他揭示了一切化学现象都是原子运动，明确了化学的研究对象，对化学真正成为一门学科具有重要意义，奠定了化学的理论基础。

1869 年，俄国科学家门捷列夫（D. I. Mendeleev，1834—1907）在前人工作的基础上发表了第一张化学元素周期表，总结了元素周期律，以此为基础修正了某些原子的原子量，并预言了 15 种新元素，这些均被陆续证实。元素周期律的发现，将自然界形形色色的化学元素结合为有内在联系的统一整体，奠定了现代无机化学的基础。目前，通过元素周期律来发现和合成新化合物仍是化学科学的重要工作。

三、现代化学

19 世纪末开始，随着物理学科新技术的采用，科学上的一系列重大发现猛烈地冲击着人们关于原子不可分割的旧观念。它把化学的研究推进到更深化的物质结构的微观层次来探索，也孕育着化学发展的一场深刻的革命，标志着现代化学的建立。

19 世纪末的一系列发现（1895 年伦琴发现 X 射线、1896 年贝克勒尔发现铀的放射性、1897 年汤姆逊发现电子、1898 年居里夫妇发现钋和镭的放射性），开创了现代无机化学的新局

NOTE

面。20世纪初卢瑟福和玻尔提出原子是由原子核和电子所组成的结构模型,改变了道尔顿原子学说的原子不可再分的观念,揭示了原子内部的构造奥秘,所提出的电子层结构的构想,为原子的电子理论的建立,为人们探索元素周期律的本质原因奠定了基础。

1916年,科塞尔提出离子键理论,路易斯提出共价键理论,圆满地解释了元素的化合价和化合物的结构等问题。1924年,德布罗意提出电子等物质微粒具有波粒二象性的理论;1926年,薛定谔建立微粒运动的波动方程;次年,海特勒和伦敦应用量子力学处理氢分子,证明在氢气分子中的两个氢核间,电子概率密度有显著的集中,从而提出了化学键的现代观点。此后,经过多方面的工作,发展成为化学键的价键理论、分子轨道理论和配位场理论。这三个基本理论是现代无机化学的理论基础,加深了人们对分子内部结构的本质认识,对现代化学的发展起着有力的促进作用。

近几十年来,由于研究对象、内容的变化以及方法、手段的改进,化学在与其他学科的交叉渗透、相互促进中共同发展,现代化学的发展特点是既高度分化又高度综合。展望新世纪现代科学技术的发展,化学这门自然学科一定会在功能材料、新能源、环保、医药卫生等领域中大有作为。

第二节 无机化学的研究内容和新进展

一、无机化学的研究内容

无机化学的研究内容极其广泛,现代无机化学是对所有元素及其化合物(碳的大部分化合物除外)的组成、结构、性质、制备和反应的实验测试与理论阐明。在研究中,采用现代物理检测技术(光谱、电子能谱、核磁共振、X射线衍射等),对各类新型化合物的键型、立体化学结构、对称性等进行表征,对化学性质、热力学、动力学等参数进行测定。测定的结果用理论加以分析、阐明,而由实验测定所得的大量数据资料,又为理论提供了实验基础,促使理论的建立与发展。

二、无机化学的研究新进展

随着功能材料、新能源、催化、生物无机化学和稀土化学等研究领域的出现和发展,无机化学在实践和理论方面都取得了新的突破。当今在无机化学中最活跃的领域有无机材料化学、稀土新型材料、生物无机化学三个方面。

（一）无机纳米功能材料的研究

（1）中国科学院院士黄维等率领的国际合作团队在X射线闪烁体研究领域取得突破性进展,发现一类全无机钙钛矿纳米晶闪烁体。基于该类纳米晶制备而成的闪烁体对X射线具有非常高效的辐射发光响应,对X射线闪烁体材料的发展与应用具有重要的科学意义。

（2）中科大钱逸泰、谢毅研究小组在水热合成工作的基础上,在有机体系中设计和实现了新的无机化学反应,在相对低的温度下制备了一系列非氧化物纳米材料,在苯中280 ℃下将$GaCl_3$和Li_3N反应制得纳米GaN。

（3）中国科学院福建物质结构研究所洪茂椿、吴新涛等在纳米材料和无机聚合物方面的工作引起国内外同行的广泛重视。他们成功地合成纳米金属分子笼,还成功地构筑了一个新型的具有纳米级孔洞的类分子筛。

（二）稀土新型材料的开发与应用

（1）由南昌大学江风益教授团队完成的"硅衬底高光效GaN基蓝色发光二极管"项目,荣

NOTE

获 2015 年国家技术发明奖一等奖,这一发明在国际上率先实现了硅衬底 LED 产业化,开辟了国际 LED 照明技术第三条路线,其出光方向性和均匀性优于多面出光的其他技术路线,在高档光源应用中也具有明显的性能优势和性价优势。

(2)新型稀土高温超导材料的研究新进展:超导现象是 1911 年由一位荷兰物理学家首先发现的,当水银温度降低到 43 K 时,水银便失去了电阻。近年来,我国成功地研制了新型稀土高温超导丝材,为强电、强磁场应用创造了条件,同时,新型稀土高温超导薄膜器件的研究也取得重要进展,SQUID 器件分辨率已可用于脑磁测量,对心磁测量已做过若干临床试验。

(3)在应用稀土的各个领域中,稀土永磁材料是发展速度最快的一个,稀土永磁材料是现在已知的综合性能最高的一种永磁材料,它比磁钢的磁性能高 100 多倍,比铁氧体、铝镍钴性能优越得多。随着计算机、通信等产业的发展,我国研制生产的稀土永磁材料钐钴(SmCo)和钕铁硼(NdFeB)的性能已接近或达到国际先进水平。稀土永磁材料广泛应用于人造卫星、雷达、核磁共振设备、新能源汽车、移动电话和医疗中。

(三)生物无机化学的发展

生物无机化学是无机化学和生物化学交叉的领域,它的任务是研究金属与生物配体之间的相互作用,揭示生命过程中的生物无机化学过程。目前,微量元素的蛋白结构及性质的研究、酶的模拟、无机药物化学、金属元素中毒机制研究等四个方面是生物无机化学研究的热点领域。

1. 微量元素的蛋白结构及性质的研究

含有微量元素的蛋白是微量元素与蛋白质形成的配合物,与酶的区别在于含有微量元素的蛋白并不表现催化活性,但却有其他重要功能。现在的研究在于发现新的蛋白,确定其结构、性质。新发现的蛋白有硒蛋白,因为硒蛋白是硒在体内存在和发挥生物功能的主要形式,探索新的硒蛋白作为药物开发、癌症治疗和药物筛选靶标。

2. 酶的模拟

酶的模拟就是从酶中挑选出起主导作用的因素来设计合成一些能表现生物功能、比天然酶简单得多的非蛋白分子,通过研究它们来模拟酶的催化过程,找到控制生化过程的因素,从而得到更好的催化剂。例如硒酶的研究,对硒酶化学模拟主要集中在硒酶活性中心催化三联体 Se—N 的相互作用的模拟中,在这个方面主要有合成含有 Se—N 键的硒酶模拟物和在硒原子的附近引入氮原子,用分子内的螯合作用间接形成分子内螯合物,达到 Se—N 键的作用。通过对硒酶结构与功能的模拟,人们不仅可以了解硒酶结构与功能的关系,还可以进一步开发与硒酶相关的药物。

3. 无机药物化学

无机药物的发展在生物无机化学领域中有很重要的地位,顺铂的抗肿瘤作用的发现开辟了无机药物化学的新领域。无机药物在其他方面也有重要的应用,如金属配合物在抗类风湿方面应用,铝盐是在治疗胃病的过程中主要依赖的药物,含铋的化合物在治疗胃溃疡的方面的应用。在无机药物的研究中,尚不清楚各种药物对机体疾病的治疗机制,所以研究无机药物的作用机制具有较大的前景。

4. 金属元素中毒机制研究

对金属元素中毒的治疗主要是研究具有更强螯合能力的螯合剂,使其与有毒的金属离子结合形成更加稳定的配合物,然后排出体外。现在的医用螯合物的研究方向主要是研究新的药剂,因为现在的螯合剂无论是种类还是排出金属中毒的效率都不能满足医学的需要。研发在生理的 pH 条件下有足够的螯合能力、分子大小与结构合适、高效专一、易从体内排出的理想螯合剂是当前生物无机化学研究的努力方向。

面对材料科学、生命科学、信息科学等其他学科迅速发展的挑战和人类对认识和改造自然提出的新要求,化学在不断地创造出新的物质和品种来满足人们的物质文化生活需要,造福国家,造福人类。当前,资源的有效开发利用、环境保护与治理、社会和经济的可持续发展、人口与健康和人类安全、功能材料的开发和应用等向我国的化学工作者提出一系列重大的挑战性难题,迫切需要化学家在更高层次上进行化学的基础研究和应用研究,发现和创造出新的理论、方法和手段。

第三节 无机化学与药学、中药学的关系

一、无机化学与药学的关系

无机化学与
药学的关系

药学学科属于医学的范畴,是生命科学的一部分。它是以人体为主要研究对象,探索疾病发生和发展规律,并寻找预防和治疗的途径,药学研究包含药物的分离、合成与构效关系的研究及其制剂等方面的内容。

无机化学与药物是相互关联的,某些无机物可直接作为药物,很早以前人类已使用植物或矿物治疗某些疾病。《中国药典》中就有几十种无机药物,这些药物有哪些化学性质?它们的组成、结构、性质与生物效应之间有什么关系?以碳酸氢钠($NaHCO_3$)为例,《中国药典》中记载碳酸氢钠片和注射液作为抗酸药,用于糖尿病昏迷和急性肾炎所引起的代谢性酸中毒。

目前在新药开发中,以无机物为主的制剂也大量出现,这当然也是学习无机化学的学生们所面临的重要任务。随着科学的不断发展,无机化学与药物的关系越来越密切。自从最早的药学专著《神农本草经》中无机矿物药应用于治疗疾病以来,大量的无机药物相继出现。合成药物的纪元开始于二十世纪的三十年代,目前药物的总数已达到几万种,而经常使用的也有七千多种。药物的研究进入了药物设计或分子设计的阶段。药物无机化学是其中一个很重要的部分,就是有机药物在生物体内的无机化学过程,或者更确切地说是生物无机化学过程。这方面的研究对于探讨发病因素,阐述药物分子的药理和作用机制,药物的改进和新药的设计有着极为重要的意义。

二十世纪六十年代末,在无机化学与生物学的交叉中逐渐形成了生物无机化学(bioinorganic chemistry)这门新兴学科,它主要研究具有生物活性的金属离子(含少数非金属)及其配合物的结构-性质-生物活性之间的关系以及在生命环境内参与反应的机制。药物无机化学是近十多年来十分活跃的一个方面,可以认为是生物无机化学的一个分支。

人体内含有二十多种元素,在无机金属元素中可分为常量元素(又称生命结构元素)和微量元素(又称生命重要元素)。这些生命元素在生物体内各司其职,维持着生命体的正常活动和推动生命体的发展。任何一种元素的短缺(例如在体液中浓度的暂时下降和体内的储量不足)都会阻碍生命体的正常代谢,导致营养不良,发育不全,甚至导致疾病。就目前所知,许多疾病是与金属离子有关的。早在二十世纪五十年代就发现金属配合物具有抗菌和抗病毒的能力,特别是铁、铑的菲咯啉配合物,在低浓度时就对流感病毒的分裂有强烈的抑制作用。许多癌症与病毒是紧密相关的,不少药物化学家曾试图从中寻找有效的抗癌药物。

现代医药学上用于临床的最具有代表性的无机药物是具有抗癌功能的铂(Pt)配合物。1965 年,Rosenberg 用铂电极往含氯化铵的大肠杆菌培养液中通入直流电时,发现细菌不再分裂。经过一系列研究,确证起作用的是在培养液中存在的微量铂配合物,其中作用最强的是顺二氯二氨合铂[$PtCl_2(NH_3)_2$](简称顺铂,cisplatin)。它是由电极溶出的铂与培养液中的 NH_3 和 Cl^- 经过某些作用而形成的。现代药理学研究表明,顺铂(DDP)在体内可被水解,形成活泼

NOTE

的带正电的水化分子与鸟嘌呤的 7 位上的 N 结合,引起 DNA 链间或链内交联,从而抑制 DNA 复制和转录,导致 DNA 断裂和误码,抑制肿瘤细胞的有丝分裂,作用较强而持久,抗癌功能的铂(Pt)配合物开创了金属配合物抗癌作用研究的新领域。

目前,人们正在研究金、汞、砷化合物的药理/毒理作用,以及如何通过化合物改造、制剂优化等方法解决活性和毒性的矛盾。这有可能改变医学界对重金属药物认识上的片面性,开拓新型无机药物。金属和它的配合物在生命体和药物中占有极为重要的地位,这一点现在应该引起人们极大重视。长期以来为有机化学家所主宰的药物化学,正在为无机化学家打开门户。人们可以期待,在无机化学、有机化学、药物化学和临床化学的紧密合作下,药物无机化学的"奇葩"必将在化学的"百花园"中盛开。

二、无机化学与中药学的关系

随着科学技术的发展与医疗水平的提高,无机矿物类中药的研究逐渐深入、系统,所涉及的内容广泛,包括药物的成分分析、理化性质检测、质量标准建立、炮制方法改进、配伍和新剂型开发等,尤其是对矿物药治病物质基础的研究,在临床应用和理论探索方面有着重要的意义。

无机化学与中药学之间有着密切的关系。矿物类中药的主要成分是无机化合物或单质,它是中药富有特色的组成部分,在中医药学的发展上有其独特的作用。在长期的医疗实践中,先人们总结了许多宝贵经验。《神农本草经》所称:朴硝"主百病,除寒热、邪气,逐六府积聚、结痼、留癖"。《开宝本草》所说:砒霜"主诸疟";自然铜"疗折伤,散血、止痛",这些物质都已被证明有确切疗效。

矿物类中药的分类是以矿物中所含主要的或含量最多的某种化合物为依据的,在矿物学上,通常根据矿物中阴离子的种类对矿物进行分类;但从药学的观点来看,则根据阳离子的种类对矿物类中药进行分类较为恰当,因为阳离子通常对药效起着较重要的作用。常见的矿物类中药可分为汞化合物类、砷化合物类、铜化合物类、铅化合物类、铁化合物类、钙化合物类、钠化合物类等。

汞化合物类:朱砂(HgS)、红粉(HgO)、轻粉(Hg_2Cl_2)、白降丹($HgCl_2$、Hg_2Cl_2)等。

砷化合物类:雄黄(As_4S_4)、雌黄(As_2S_3)、砒霜(As_2O_3)等。

铜化合物类:胆矾($CuSO_4 \cdot 5H_2O$)、铜绿[$CuCO_3 \cdot Cu(OH)_2$]、绿盐[$CuCl_2 \cdot 3Cu(OH)_2$]等。

铅化合物类:密陀僧(PbO)、红丹(Pb_3O_4)、铅霜[$Pb(Ac)_2 \cdot 3H_2O$]等。

铁化合物类:磁石(Fe_3O_4)、赭石(Fe_2O_3)、绿矾($FeSO_4 \cdot 7H_2O$)等;

钙化合物类:珍珠($CaCO_3$)、石膏($CaSO_4 \cdot 2H_2O$)、钟乳石($CaCO_3$)、紫石英(CaF_2)等。

钠化合物类:芒硝($Na_2SO_4 \cdot 10H_2O$)、玄明粉(Na_2SO_4)、大青盐($NaCl$)等。

中医药中使用难溶有毒金属的矿物也有其独到之处,但是西方医药学形成及有机合成药物发展后,矿物药的使用大大减少。随着现代毒理学的发展,含砷、汞化合物的药物逐渐被淘汰。然而,自从发现三氧化二砷能促进细胞凋亡,现代医学接受了砷化合物治疗白血病的可能性,使人们对矿物药有了新的认识,开始在有效剂量与中毒剂量之间探索两者兼顾的方法,这些研究工作表明矿物药的研究仍有广阔空间。

新中国成立以后,《中药志》《中药大辞典》等药学专著收录了更多矿物药,《中华人民共和国药典》制定了矿物药的质量标准。药物化学家对无机药物的研究由矿物药拓宽到了应用无机化学中的配位化学相关知识和方法研究金属配合物在医药中的应用,探索生物金属配合物和人体微量元素与人类健康的关系。

在继承祖国传统中药,发明创造更安全高效药物的艰巨工作中,化学也担负着重要的任务,运用化学基本原理和方法分析研究中草药,将揭示其有效成分与作用机制的构效关系、多组分药物的协同作用机制,从而加快中药走向世界。

NOTE

第四节　无机化学课程的主要内容与学习方法

一、无机化学课程的主要内容

无机化学是药学、中药学等专业的一门重要基础课,根据本教材的编写内容,可将无机化学课程的主要内容归纳为如下几个方面。

(一)基本理论

稀溶液的依数性,强电解质溶液理论;化学反应速率和化学平衡;化学平衡理论(酸碱平衡、沉淀-溶解平衡、氧化还原反应、配位平衡);物质结构理论(原子结构、分子结构、晶体结构、配合物结构等)。

(二)基础知识

元素化学(重点介绍非金属元素、金属元素化合物的通性、重要的反应规律及其应用等);无机化学的发展历史、发展趋势和热点领域;无机化学与药学、中药学的关系。

(三)拓展知识

介绍生物无机化学的基本内容、元素与人体健康的关系和近代分析方法在生物无机化学中的应用;研究具有生物活性的金属离子(含少数非金属)及其配合物的结构-性质-生物活性之间的关系以及在生命环境内参与反应的机制。

(四)基础技能

无机化学实验(基本操作、性质验证实验、综合性实验)。

通过无机化学课程的学习,大家能够掌握无机化学的基础知识,掌握化学反应的一般规律和基本化学计算方法,了解研究无机化学的一般方法,懂得无机化学基本知识的应用,为后续专业课的学习打好良好的化学理论基础。

二、无机化学课程学习方法

学习无机化学与其他学科一样,培养良好的自学能力,提高发现问题、分析问题和解决问题的能力是学好无机化学的关键。

无机化学是高等院校药学、中药学类专业新生的一门先行课程,起着承上启下的作用。为确保学好无机化学,建议同学们做好如下几个重要的学习环节:

课前预习:在每次上课前,要先浏览本节课的学习内容,这样能对本节课要讲授的内容有所了解,听课时特别要注意预习时未理解的部分,这样既能培养自学能力又能有的放矢地听老师讲解。

认真听讲:课堂认真听讲,紧跟教师的讲授思路,积极思考教师提出的问题。在答疑课堂向教师请教和探讨提出问题,写出结论。学习老师分析问题和解决问题的思路和方法,从中获得启示,培养自己良好的思维方式。听课时应做适度的笔记,重要内容记下来,以备复习和课后归纳总结。

课后复习:课后的复习是消化和掌握所学知识的重要过程,本门课程的特点是理论性较强,有些概念和理论比较抽象、深奥,需要通过反复自学和认真思考,才能逐渐加深理解并掌握其实质,抓住章节重点,理清知识结构,掌握重要结论及其应用。本教材的各章节配套有目标检测答案、知识拓展、知识链接、PPT 课件、经典实验视频、高清彩图、难点微课,同学们在课后

NOTE

复习时扫描二维码,充分利用好这些优质课程资源结合课堂笔记,小结每一章节的知识框架和重点,解决存在的疑难问题。

课后作业:课后完成一定量的习题有助于深入理解课堂内容,培养独立思考和分析问题、解决问题的能力。每次课后,老师所布置在课后习题,一定要认真解答,独立完成。掌握好基本概念、化学原理及公式的适用条件,灵活运用、融会贯通。

查阅参考书:除预习、复习、做练习外,阅读参考书也是一个重要环节,是培养独立思考和自学能力的有效方法,善于从阅读教材和参考书中抓住主要问题、思考和解决问题。查阅参考文献,不但能加深理解课程内容,还可以扩展知识面、活跃思维、激发学习兴趣和提高自学能力。

知识拓展

本章小结

1. 化学主要研究物质的组成、结构和性质,研究物质在原子和分子水平上的变化规律以及变化过程中的能量关系。

2. 根据化学发展的特征,可分为古代化学、近代化学和现代化学三个重要的阶段。古代化学时期经历了实用化学、炼金术、炼丹术和医药化学时期。近代化学是在同传统的炼金思想、谬误的燃素说观点做斗争中建立起来的,是化学作为独立学科的形成和发展时期。科学上的一系列重大发现猛烈地冲击着人们关于原子不可分割的旧观念,它把化学的研究推进到更深化的物质结构的微观层次来探索,标志着现代化学的建立。

3. 当今在无机化学中最活跃的领域有无机材料化学、生物无机化学、金属有机化学、无机药物化学四个方面,近几年我国无机化学基础研究取得突出进展。

4. 无机化学与药学、中药学有着密切的关系,在药物的合成制备、制剂、构效关系研究、成分分析、理化性质检测和中药的质量标准建立、炮制方法改进、配伍和新剂型开发等方面都有极其广泛的应用。

5. 无机化学是药学、中药学等专业的一门重要基础课,无机化学课程的主要内容有基本理论、基本知识、拓展知识和基础技能。

6. 无机化学是高等院校药学、中药学类专业新生的一门先行课程,起着承上启下的作用。为确保学好无机化学,建议同学们做好如下几个重要的学习环节:课前适度预习、课堂认真听讲、课后全面复习、课后仔细完成作业和查阅相关参考资料。

目标检测

目标检测
答案

同步练习
及其答案

一、填空题

1. 化学主要研究物质的_____;研究物质在_____水平的化学变化规律以及变化过程中的能量关系。

2. _____、_____、_____、_____堪称中国古代化学工艺四大发明。

3. 俄国化学家_____根据_____,绘制了元素周期表;截至2017年共发现和人工合成_____种元素。

4. 英国物理学家、化学家_____,首次提出_____的概念,明确地把化学确定为科学。

5. 法国化学家_____提出的"反燃素学说"有力地驳斥了谬误的"燃素学说",明确地指出燃烧是一个_____过程。

NOTE

二、简答题

1. 什么是化学？化学学科有哪些分类？化学家的工作是什么？
2. 简述无机化学的发展历史。
3. 无机化学与药学有什么联系？

（衷友泉）

第二章 溶 液

 学习目标 ⊩···

> 1. 掌握:溶液浓度的表示方法、计算及不同浓度表示方法之间的换算;渗透压的计算。
>
> 2. 熟悉:难挥发性非电解质稀溶液的依数性;强电解质溶液理论、离子强度、活度、活度因子的概念及有关计算。
>
> 3. 了解:稀溶液的依数性在临床医学、药品生产中的应用。

 案例导入2-1

患者,女,有糖尿病史,近期发现全身水肿,血压高,入院后通过多项测定判断为肾性高血压,检查项目中包括血清、尿液等溶液的渗透压检查,水盐代谢情况,同时医生要求患者在饮食过程中尽量少吃盐。

1. 医学临床上采用什么仪器测量渗透压?用于测定各种体液渗透压的工作原理是什么?

2. 医生为什么要求患者在饮食过程中要尽量少吃盐?

3. 静脉注射大量液体时,为什么必须使用等渗溶液?

溶液与人的日常生活密切相关,在人体的生命代谢中起着重要作用。人的体液包括血液、组织间液、淋巴液及各种腺体的分泌液等,都属于溶液,食物消化、水盐代谢等人体生命活动也都是在溶液中进行的。在科学研究、临床医学和临床药剂生产中,溶液有着广泛的应用和重要意义。因此,掌握溶液的知识非常重要,并且作为学习医学科学所必须掌握的基础知识。本章重点讨论溶液浓度的表示方法、难挥发性非电解质稀溶液的依数性和电解质溶液的一些基本概念和相关理论以及渗透压在医学中的意义。

第一节 溶液的浓度

一、溶液浓度的表示方法

(一)物质的量浓度

溶质 B 的**物质的量浓度**(amount-of-substance concentration)指单位体积溶液中所含溶质 B 的物质的量。其定义为溶质 B 的物质的量 n_B 除以溶液的体积 V,用符号 c_B 表示。

$$c_B = \frac{n_B}{V} \tag{2-1}$$

c_B 的 SI 单位为 mol/dm^3,医学上常用的单位为 mol/L、$mmol/L$。

物质的量浓度简称摩尔浓度,使用时需注明基本单元。基本单元可以是原子、分子、离子等粒子,或是这些粒子的特定组合,用粒子的符号、物质的化学式或它们的特定组合来表示。如:H^+、HCl、H_2SO_4、H_3PO_4 等都可以作为基本单元。因此,在使用物质的量浓度时,应注明物质的基本单元,否则容易引起混乱。例如:$c(H_3PO_4) = 1.0$ mol/L,$c(\frac{1}{2}H_3PO_4) = 2.0$ mol/L,$c(2H_3PO_4) = 0.5$ mol/L。

世界卫生组织建议:凡是已知相对分子质量的物质,在体液内的含量均应使用物质的量浓度表示。

【例 2-1】 临床上注射用生理盐水的规格通常是 1000 mL,该注射液中含 9 g NaCl,计算该注射用生理盐水的物质的量浓度。

解: 已知 $m(NaCl) = 9$ g,$V = 1000$ mL $= 1$ L,$M(NaCl) = 58.5$ g/mol

因为 $n(NaCl) = \frac{m(NaCl)}{M(NaCl)} = \frac{9\ g}{58.5\ g/mol} = 0.154$ mol

所以 $c(NaCl) = \frac{n(NaCl)}{V} = \frac{0.154\ mol}{1\ L} = 0.154$ mol/L

(二)质量浓度

溶质 B 的**质量浓度**(mass concentration)为溶质 B 的质量除以溶液的体积,用符号 ρ_B 表示。

$$\rho_B = \frac{m_B}{V} \tag{2-2}$$

ρ_B 的 SI 单位为 kg/m^3,医学上常用的单位为 g/L,mg/L 和 $\mu g/L$。

【例 2-2】 10.00 mL 饱和 NaCl 溶液的质量为 12.003 g,将其蒸干后得 3.173 g NaCl,计算该 NaCl 溶液的质量浓度。

解: 根据式(2-2),NaCl 溶液的质量浓度为

$$\rho(NaCl) = \frac{m(NaCl)}{V} = \frac{3.173\ g}{0.01\ L} = 317.3\ g/L$$

(三)质量摩尔浓度

溶质 B 的**质量摩尔浓度**(molality)为溶液中溶质 B 的物质的量 n_B 除以溶剂的质量 m_A,用符号 b_B 表示。

$$b_B = \frac{n_B}{m_A} \tag{2-3}$$

式中,n_B 为溶质 B 的物质的量,单位为 mol;m_A 为溶剂的质量,单位为 kg。所以,质量摩尔浓度的单位为 mol/kg。

【例 2-3】 将 3.0 g 硼砂($Na_2B_4O_7 \cdot 10H_2O$)晶体溶于 50 g 水中,计算该溶液的质量摩尔浓度。

解: 已知硼砂的摩尔质量为 381.37 g/mol,所以,硼砂的质量摩尔浓度为

$$b(Na_2B_4O_7 \cdot 10H_2O) = \frac{n(Na_2B_4O_7 \cdot 10H_2O)}{m(H_2O)} = \frac{3.0\ g}{381.37\ g/mol} \times \frac{1}{0.050\ kg} = 0.157\ mol/kg$$

(四)质量分数

溶液中溶质 B 的**质量分数**(mass fraction)为溶质 B 的质量 m_B 除以溶液的质量 m,用符号 ω_B 表示。

$$\omega_B = \frac{m_B}{m} \tag{2-4}$$

NOTE

ω_B 的 SI 单位为 1,也可以用百分数或小数表示。

【例 2-4】 将 100 g 草酸($H_2C_2O_4$)溶于 1000 g 水中配成溶液,计算所得溶液中草酸($H_2C_2O_4$)的质量分数。

解: $\omega(H_2C_2O_4) = \dfrac{m(H_2C_2O_4)}{m_{溶液}} = \dfrac{100\ g}{100\ g + 1000\ g} = 9.1\%$

(五)体积分数

物质 B 的**体积分数**(volume fraction)为物质 B 的体积 V_B 除以溶液的体积 V,用符号 φ_B 表示。

$$\varphi_B = \frac{V_B}{V} \tag{2-5}$$

φ_B 的 SI 单位为 1,也可以用百分数或小数表示。例如,310.15 K 时,人体动脉血中氧气的体积分数 $\varphi_B = 0.196$(或 19.6%);医药溶液中常用的消毒酒精的体积分数 $\varphi_B = 0.75$(或 75%)。

二、浓度的换算

溶液浓度的表示方法不同,质量浓度 ρ_B 和物质的量浓度 c_B 是两种最常用的浓度表示方法,根据定义,可以推出它们之间的关系。即:

$$\rho_B = c_B M_B \tag{2-6}$$

【例 2-5】 将 36 g HCl 溶于 64 g H_2O 中,配成溶液,所得溶液的密度为 1.19 g/mL,求 $c(HCl)$ 为多少?

解: 已知 $m_1(HCl) = 36\ g$,$m(H_2O) = 64\ g$,$\rho = 1.19\ g/mL$,$M(HCl) = 36.46\ g/mol$

由 $m_2(HCl) = 1.19\ g/mL \times 1000\ mL \times \dfrac{36\ g}{(36+64)\ g} = 428.4\ g$

则 $c_B = \dfrac{m_B}{M_B \cdot V} = \dfrac{428.4\ g}{36.46\ g/mol \times 1.0\ L} = 11.75\ mol/L$

第二节 稀溶液的依数性

溶液的性质可分为两类:一类性质的变化取决于溶液的本性,如溶液的颜色、导电性、热效应、酸碱性等。另一类与溶液本性无关,只取决于溶液中所含溶质的粒子数目,如溶液的**蒸气压下降**(vapor-pressure lowering)、**沸点升高**(boiling-point elevation)、**凝固点降低**(freezing-point depression)和**渗透压**(osmotic pressure)。对于难挥发性非电解质的稀溶液来说,这类性质只依赖于溶质粒子数目的变化而变化,且具有一定的规律性,称为**稀溶液的依数性**(colligative)。稀溶液的依数性中,渗透压与医药学的关系最为密切。

一、溶液的蒸气压下降

(一)液体的蒸气压

在一定的温度下,密封容器中的液体,由于分子的热运动,液体分子不断地蒸发而在液面上方形成蒸气,与此同时,液面附近的蒸气分子也凝聚回到液体之中。当蒸发速度与凝聚速度刚好相等时,气相和液相处于平衡状态,此时该温度条件下的蒸气压称为该液体在这个温度下的**饱和蒸气压**,简称**蒸气压**,用符号 p 表示,单位为帕(Pa)或千帕(kPa),如图 2-1 所示。在一定温度下,蒸气压与物质的本性有关。不同的物质有不同的蒸气压,如在 293 K 时,水的蒸气压为 2.34 kPa,而乙醚的蒸气压却高达 57.6 kPa;由于液体的蒸发是一个吸热的过程,当温度升高时其蒸气压也相应升高,如水在 278 K 时的蒸气压为 0.872 kPa,在 373 K 时蒸气压为 101 kPa。

图 2-1 气液平衡示意图

固体也具有蒸气压,固体直接蒸发成为气体这一过程称为升华,大多数固体的蒸气压都很小,但一些易挥发的物质如冰、碘、樟脑、萘等均有较显著的蒸气压。固体的蒸气压也随温度升高而增大。

(二)溶液的蒸气压下降

实验证明,含有难挥发性非电解质溶液的蒸气压总是低于同温度下纯溶剂的蒸气压。这是因为,当在溶剂中加入难挥发的非电解质后,由于部分溶液表面被难挥发的溶质分子占据,溶剂的表面积相对减小,单位时间内溶液表面蒸发的溶剂分子数小于纯溶剂蒸发的溶剂分子数,结果达到平衡时,溶液的蒸气压必定比纯溶剂的蒸气压低,该现象称为**蒸气压下降**。溶液中难挥发性非电解质浓度越大,占据溶液表面的溶质质点数越多,溶剂的物质的量分数越小,蒸气压下降越多,如图 2-2 所示。

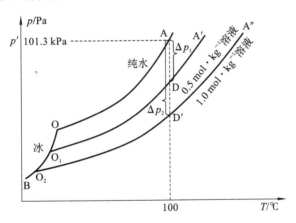

图 2-2 纯溶剂与溶液蒸气压曲线

1887 年,法国物理学家拉乌尔(F. M. Raoult)根据实验结果,发表了拉乌尔定律:在一定温度下,非电解质稀溶液的蒸气压等于纯溶剂的蒸气压与溶剂物质的量分数的乘积。表达式为

$$p = p_A^0 x_A \qquad (2\text{-}7)$$

式中,p 为溶液的蒸气压;p_A^0 为纯溶剂的蒸气压;x_A 为溶剂的物质的量分数。

假设该溶液中只有一种溶质 A,溶剂为 B。设定 x_B 为溶质的物质的量分数,则 $x_A + x_B = 1$,表达式可进行转化:

$$p = p_A^0(1 - x_B)$$
$$p = p_A^0 - p_A^0 x_B$$
$$p_A^0 - p = p_A^0 x_B$$

即
$$\Delta p = p_A^0 x_B \qquad (2\text{-}8)$$

式中,Δp 为溶液的蒸气压下降值。通过上述表达式可知,在一定温度下,难挥发性非电解质稀溶液的蒸气压下降与溶质的摩尔分数成正比,与溶质的本性无关。

通过非电解质稀溶液的蒸气压下降的公式可以推导出溶质的质量摩尔浓度,设 n_A、n_B 分别代表溶剂和溶质的物质的量,因稀溶液中 $n_A \gg n_B$,则

NOTE

$$\Delta p = p_A^0 x_B = p_A^0 \frac{n_B}{n_A + n_B} \approx p_A^0 \frac{n_B}{n_A}$$

在含 1 kg 溶剂的溶液中，$b_B = \dfrac{n_B}{1} = n_B$

设 M_A（单位为 g/mol）为溶剂的摩尔质量，则 $n_A = \dfrac{1000}{M_A}$

$$\Delta p = p_A^0 \frac{n_B}{n_A} = p_A^0 n_B \frac{1}{n_A} = p_A^0 \frac{M_A}{1000} n_B = p_A^0 \frac{M_A}{1000} b_B$$

温度一定时，$p_A^0 \dfrac{M_A}{1000}$ 是个常数，用 K（称为比例系数）代替，则

$$\Delta p = K b_B \tag{2-9}$$

上式表明，对于难挥发性非电解质的稀溶液，蒸气压的下降与溶质的质量摩尔浓度成正比，与溶质的本性无关，这就是拉乌尔定律。

【例 2-6】 100.0 g 水中溶有某有机物 0.883 g，测得该溶液的蒸气压为 2.33 kPa，而在相同温度时纯水的饱和蒸气压为 2.3388 kPa。试求该有机化合物的摩尔质量。

解：已知溶剂水的摩尔质量为 18 g/mol，$\Delta p = 2.3388$ kPa-2.33 kPa$=0.0088$ kPa

设该有机化合物的摩尔质量为 M_B，则

$$n_A = \frac{100.0 \text{ g}}{18 \text{ g/mol}} = 5.56 \text{ mol} \quad n_B = \frac{0.883 \text{ g}}{M_B}$$

$$\Delta p = p_A^0 \cdot x_B = p_A^0 \cdot \frac{n_B}{n_A + n_B}$$

即 $\qquad 0.0088 \text{ kPa} = 2.3388 \text{ kPa} \times \dfrac{n_B}{5.56 \text{ mol} + n_B}$

所以 $\qquad n_B = 0.0209 \text{ mol}$

$$M_B = \frac{0.883 \text{ g}}{0.0209 \text{ mol}} = 42.25 \text{ g/mol}$$

二、溶液的沸点升高

（一）液体的沸点

当液体的蒸气压等于外界压力时，液体就开始沸腾，这个温度即为液体的**沸点**（boiling point）。不同溶液的沸点不同，在标准态下，外压为 101.3 kPa，溶液刚好沸腾时的温度即为沸点，例如水的正常沸点是 373.1 K，醇的正常沸点是 349.7 K。液体的沸点随着外界压力的增大而升高，反之则降低。表 2-1 列出了一些常见溶剂的沸点及质量摩尔沸点升高常数 K_b 和凝固点及质量摩尔凝固点降低常数 K_f。

表 2-1 常见溶剂的沸点（T_b）及质量摩尔沸点升高常数（K_b）和凝固点（T_f）及质量摩尔凝固点降低常数（K_f）

溶剂	T_b/K	K_b/(K·kg/mol)	T_f/K	K_f/(K·kg/mol)
水	373.1	0.512	273.0	1.86
苯	353.1	2.53	278.5	5.10
环己烷	354.0	2.79	279.5	20.2
乙酸	391.0	2.93	290.0	3.90
乙醇	351.4	1.22	155.7	1.99
乙醚	307.7	2.02	156.8	1.80
四氯化碳	349.7	5.03	250.1	32.0

NOTE

(二)溶液的沸点升高

实验表明,含有难挥发性非电解质稀溶液的沸点总是高于相应纯溶剂的沸点,这一现象称为**溶液的沸点升高**。沸点升高是由于溶液的蒸气压低于纯溶剂的蒸气压。

如图 2-3 所示,横坐标表示温度,纵坐标表示蒸气压。曲线 OA 表示纯溶剂(水)的蒸气压随温度变化的曲线,O′B 表示溶液的蒸气压随温度变化的曲线,T_b 为溶液的沸点。由图可知,在同一温度下,纯溶剂的蒸气压比溶液的蒸气压高。在 100 ℃时,纯溶剂(水)的蒸气压等于外压 101.3 kPa,水开始沸腾;而该温度下溶液的蒸气压小于外压,不能沸腾。若要使溶液达到沸腾,需要使溶液的蒸气压达到 101.3 kPa,就必须继续加热至更高的温度。即溶液的沸点升高。溶液的沸点升高是由其蒸气压下降引起的,与溶液的质量摩尔浓度的关系为

$$\Delta T_b = T_b - T_b^0 = K_b b_B \tag{2-10}$$

从式(2-10)可以看出,难挥发性非电解质稀溶液的沸点升高与溶质的质量摩尔浓度成正比,而与溶质的本性无关。

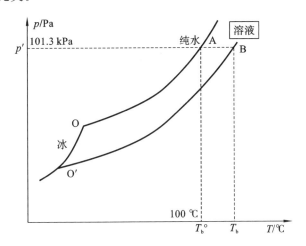

图 2-3 水溶液的沸点升高和凝固点降低示意图

【例 2-7】 烟草的有害成分尼古丁的实验式为 C_5H_7N,现有 1.00 g 尼古丁,溶于 20.00 g 水中,所得溶液在 101.3 kPa 下的沸点是 373.31 K,求尼古丁的分子式。(已知:水的 $K_b = 0.512$ K·kg/mol)

解: $\Delta T_b = K_b b_B$

则 $b_B = \dfrac{\Delta T_b}{K_b} = \dfrac{373.31\ \text{K} - 373.15\ \text{K}}{0.512\ \text{K·kg/mol}} = 0.3125\ \text{mol/kg}$

而 $b_B = \dfrac{n_B}{m_A} = \dfrac{m_B/M_B}{m_A}$

解得:$M_B = \dfrac{m_B}{m_A \cdot b_B} = \dfrac{1.00\ \text{g}}{20.00 \times 10^{-3}\ \text{kg} \times 0.3125\ \text{mol/kg}} = 160\ \text{g/mol}$

尼古丁实验式 C_5H_7N 的相对分子质量为 81,相对分子质量与式量之比为 $\dfrac{160}{81} \approx 2$。即尼古丁的分子式为 $C_{10}H_{14}N_2$。

三、溶液的凝固点降低

(一)液体的凝固点

在一定的外压下,物质的液相和固相蒸气压正好相等而达到平衡时的温度称为**凝固点**(freezing point)。图 2-4 中曲线(1)为纯水的理想冷却曲线,温度达到 273 K 时,水开始结冰,

NOTE

该过程中温度不发生变化,T_f^0 为纯水的凝固点。外界压力不同时,液体的凝固点数值也不同。若固液两相的蒸气压不相等,则蒸气压大的一相将自发地向蒸气压小的一相转变。

(二)溶液的凝固点下降

当在纯溶剂(水)中加入少量的难挥发性非电解质后,根据蒸气压下降的原理可知,溶液的蒸气压小于纯溶剂的蒸气压,在 273 K 时,溶液的蒸气压小于纯溶剂的蒸气压,图 2-4 中曲线(3)为溶液的理想冷却曲线,只有当温度下降到 T_f(b 点)时水才开始结冰,随着冰的析出,溶液的浓度增大,溶液的凝固点继续下降直至到达 c 点。当冰的蒸气压与溶液的蒸气压相等,刚有溶剂固体析出(b 点)时的温度 T_f 即为溶液的凝固点。很明显,溶液的凝固点 T_f 比纯溶剂的凝固点低。

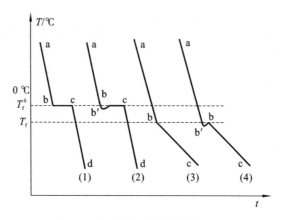

图 2-4　纯溶剂和溶液的冷却曲线

(1)为纯水的理想冷却曲线;(2)为纯水的实验冷却曲线;

(3)为溶液的理想冷却曲线;(4)为溶液的实验冷却曲线

用 T_f 表示溶液的凝固点,T_f^0 表示纯溶剂的凝固点,则溶液的凝固点降低值 ΔT_f 为

$$\Delta T_f = T_f^0 - T_f$$

溶液凝固点降低的根本原因也是溶液蒸气压下降,因此和沸点升高一样,难挥发性非电解质稀溶液的凝固点降低和溶液的质量摩尔浓度之间的关系表示为

$$\Delta T_f = K_f b_B \tag{2-11}$$

式中,ΔT_f 为溶液凝固点降低值,单位为 K 或 ℃;K_f 为溶剂的质量摩尔凝固点降低常数,简称凝固点降低常数。

利用溶液凝固点降低也可以测定溶质的相对分子质量,而且比沸点升高法更优。因为大多数溶剂的 K_f 值大于 K_b 值,因此与溶液的沸点升高相比,同一溶液的凝固点降低值比沸点升高值大,因此实验误差较小,凝固点降低法灵敏度相对高;而且达到凝固点时溶液中有溶剂的晶体析出,现象易于观察;同时,溶液的凝固点测定是在低温下进行的,即使多次重复测定也不会引起待测样品的变性或破坏,溶液浓度也不会变化。因此,溶液凝固点降低的性质有许多实际应用,例如,汽车散热器的冷却水在冬季常加入适量的乙二醇或甘油以防止水的冻结;以及在生物样品的低温保存中加入的冷冻保护剂等,盐和冰的混合物常作为冷却剂,广泛应用于水产品和食品的保存和运输。

【例 2-8】　每 1000 g 溶剂水中需溶解多少克乙二醇($C_2H_6O_2$),才能使凝固点降低到 −10.0 ℃(近似地以稀溶液考虑)?

解:水的 $K_f = 1.86$ K·kg/mol,因为

$$\Delta T_f = K_f b_B = K_f \frac{m_B}{m_A \cdot M_B}$$

$$m_B = \frac{\Delta T_f \cdot m_A \cdot M_B}{K_f}$$

式中，m_A 和 m_B 分别为溶剂和溶质的质量，M_B 为乙二醇的摩尔质量（g/mol）。代入相关数值（$\Delta T_f = 10.0\ K$，$m_A = 1000\ g = 1\ kg$，$M_B = 62.068\ g/mol$），得

$$m_B = \frac{\Delta T_f \cdot m_A \cdot M_B}{K_f} = \frac{10.0\ K \times 1\ kg \times 62.068\ g/mol}{1.86\ K \cdot kg/mol} = 334\ g$$

答：每 1000 g 溶剂水中必须溶解 334 g 乙二醇，才能使凝固点降低到－10.0 ℃。

四、溶液的渗透现象与渗透压

在日常生活中，常常会有一些现象出现，比如因失水而发蔫的蔬菜，在浇灌水之后又可以重新恢复生机；给植物施肥后必须灌水，不然植物容易被灼烧死；又比如淡水鱼不能在海水中生活等，这些现象都和渗透现象有关。在难挥发性非电解质稀溶液的依数性中，稀溶液的渗透压性质在生命科学中起着很重要的作用，如渗透压对细胞内外物质的交换与运输、水及电解质的代谢等具有重要作用。

溶液的渗透压

（一）渗透现象

将同时处于敞开的大气压下的纯溶剂和稀溶液用一种只允许溶剂分子透过而溶质分子不能透过的半透膜隔开，隔一段时间后，会发现溶液一侧的液面升高。这是由于膜两侧单位体积内溶剂分子数不等，单位时间内由纯溶剂进入溶液中的溶剂分子数要比由溶液进入纯溶剂的多，因此在溶液的一侧会出现液面升高的现象，称为**渗透现象**（osmosis），如图 2-5 所示。

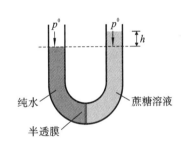

图 2-5　渗透现象实验

发生渗透现象有两个条件：一是半透膜的存在；二是半透膜两侧单位体积内溶剂分子数不相等。两个条件必须同时存在才能发生渗透现象。

（二）溶液的渗透压与浓度和温度的关系

为了阻止渗透现象的发生，在高浓度一侧施加的最小额外压力，即为**渗透压**（osmotic pressure）。渗透压能够维持只允许溶剂通过的膜所隔开的溶液与溶剂之间的渗透平衡。渗透压的符号为 Π，单位为 Pa 或 kPa。

如在溶液上施加的外压过大，超过了渗透压，则溶液中将有更多的溶剂分子通过半透膜转移进入溶剂一侧。这种使渗透作用逆向进行的过程称为**反向渗透**（reverse osmosis）。反向渗透技术通常用于海水、苦咸水的淡水提取，水的软化处理，废水处理以及食品、医药工业、化学工业的提纯、浓缩、分离等方面。此外，反向渗透技术应用于海水除盐处理也取得较好的效果，能够使离子交换树脂的负荷减轻 90％ 以上，树脂的再生剂用量也可减少 90％。

1866 年，荷兰化学家范特霍夫（Van't Hoff）通过大量实验得出结论，其中稀溶液的渗透压与溶液浓度和温度的关系为

$$\Pi V = n_B RT \tag{2-12}$$

$$\Pi = c_B RT \tag{2-13}$$

式中，n_B 为溶液中难挥发性非电解质的物质的量，V 为溶液的体积，c_B 为物质的量浓度（mol/L），R 为气体摩尔常数；T 为热力学温度。式(2-13)称为范特霍夫定律。该定律的意义为一定温度下，稀溶液渗透压只与单位体积溶液中溶质微粒数的多少有关，而与溶质的本性无关。对于稀水溶液而言，其物质的量浓度近似地与质量摩尔浓度相等，此式(2-13)可改写为

$$\Pi = b_B RT \tag{2-14}$$

NOTE

【**例 2-9**】 人体血浆的凝固点为 $-0.56\ ℃$，计算：(1) 37 ℃时血浆的渗透压；(2) 静脉注射所用葡萄糖水溶液的质量摩尔浓度。

解：(1) 因为 $\Delta T_f = K_f b_B$，有

$$b_B = \frac{\Delta T_f}{K_f} = \frac{0.56\ K}{1.86\ K \cdot kg/mol} = 0.301\ mol/kg$$

对于血浆，可以近似认为 $c_B(mol/L) \approx b_B(mol/kg)$，所以

$$\Pi = c_B RT \approx b_B RT = 0.301\ mol/kg \times 8.314\ kPa/(L \cdot mol) \times (273+37)\ K = 776.0\ kPa$$

所以，人体血液在体温 37 ℃时的渗透压为 776.0 kPa。

(2) 临床上，静脉注射用葡萄糖水溶液为血浆的等渗溶液，即两者的渗透压相等。

因为 $\Pi = b_B RT$，所以 $b(C_6H_{12}O_6) = b_B = 0.301\ mol/kg$

所以，静脉注射所用葡萄糖水溶液的摩尔质量浓度为 0.301 mol/kg。

【**例 2-10**】 人体血液的凝固点与 54.2 g 葡萄糖和 4.00 g 摩尔质量为 2.00×10^4 的某蛋白质溶于 1.00 kg 水中所形成的溶液的凝固点相同，求在体温 37 ℃时血液的渗透压。

解：$\Delta T_f = K_f b_B$

凝固点降低为难挥发性非电解质稀溶液的依数性。对相同溶剂的不同溶液，凝固点降低常数 K_f 相同，凝固点相同，则其凝固点降低值也一定相同，其溶质粒子的总浓度也相同。

对于葡萄糖与蛋白质的混合溶液，溶剂质量为 1.00 kg，则

$$b_B = b(葡萄糖) + b(蛋白质)$$

$$= \frac{54.2}{180} + \frac{4.00}{2.00 \times 10^4}$$

$$= 0.301\ mol/kg$$

$$\Pi = b_B RT = 0.301 \times 8.314 \times (273.15 + 37) = 776\ (kPa)$$

(三) 渗透压在医学上的应用

临床上通常会用到 9 g/L 的 NaCl 溶液 (生理盐水) 和 50 g/L 的葡萄糖溶液，这是因为该浓度溶液的渗透浓度和血液的渗透浓度相近，即为等渗溶液。

1. 渗透浓度

渗透压的大小取决于能够产生渗透效应的溶质粒子（分子及离子）的浓度，此浓度称为**渗透浓度**（osmotic concentration）。非电解质溶液，渗透浓度与摩尔浓度是一致的，渗透压与摩尔浓度大致呈正比，电解质溶液则不同。

$$\Pi = c_{os} RT \tag{2-15}$$

式中，渗透浓度单位通常为 mmol/L。

2. 等渗、低渗和高渗溶液

由于正常人体血浆的渗透浓度为 303.7 mmol/L，因此以血液渗透浓度作为标准，规定渗透浓度在 $280 \sim 320$ mmol/L 的溶液为生理**等渗溶液**（isotonic solution），低于 280 mmol/L 的溶液称为**低渗溶液**（hypotonic solution），高于 320 mmol/ 的溶液称为**高渗溶液**（hypertonic solution）。

对培养在不同渗透浓度的红细胞形态进行观察，可以解释为什么在临床治疗中，给患者大剂量补液时，要特别注意补液的渗透浓度，否则可能导致机体水分调节失常及细胞变形或破坏，从而造成严重的后果。

(1) 如图 2-6 所示，将红细胞置于等渗溶液的生理盐水（9 g/L NaCl 溶液）中，过一段时间在显微镜下观察，发现红细胞的形态几乎保持不变。这是由于生理盐水与红细胞内液的渗透浓度相等，细胞内外溶液处于渗透平衡状态，所以红细胞保持正常的形态和生理功能。

(2) 若将红细胞置于低渗溶液（如 7.0 g/L NaCl 溶液）中，过一段时间可观察到红细胞先

是逐渐充盈、胀大,最后破裂,如图 2-6(b)所示,释放出红细胞内的血红蛋白使溶液染成红色,医学上称为**溶血**(hemolysis)。这是由于细胞内溶液的渗透浓度高于外液,所以细胞外溶液的水向细胞内渗透所致。

（3）若将红细胞置于高渗溶液(如 15.0 g/L NaCl 溶液)中,过一段时间观察可见红细胞逐渐皱缩,如图 2-6(c)所示,皱缩的红细胞逐渐互相聚结成团。若此现象发生于血管内,将产生"栓塞",称为**血栓**(thrombus)。这是由于红细胞内液的渗透浓度低于 NaCl 溶液,所以红细胞内的水向细胞外渗透所致。

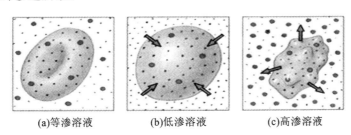

(a)等渗溶液　　　　(b)低渗溶液　　　　(c)高渗溶液

图 2-6　红细胞在不同浓度 NaCl 溶液中的形态示意图

3. 晶体渗透压和胶体渗透压

人体体液是以大量的水和溶质组成的,其中包含多种无机离子(如 Na^+、Ca^{2+}、Cl^-、PO_4^{3-} 等)和大分子物质(如蛋白质、糖类、脂类等)。医学上,通常把血浆中的电解质、小分子物质等所产生的渗透压称为晶体渗透压,大分子物质(如蛋白质等)产生的渗透压称为胶体渗透压,晶体渗透压和胶体渗透压表现出不同的生理作用,血浆的渗透压便是这两种渗透压的总和。

晶体渗透压大约为 705.6 kPa,占血浆总渗透压的 99.5%,而胶体渗透压只占约 0.5%。通常情况下,水可以自由透过细胞膜,而其他电解质分子以及大分子物质均不能自由透过细胞膜,而晶体渗透压远大于胶体渗透压,因此,水分子的渗透方向主要取决于细胞内液与外液的晶体渗透压的大小,在人体缺水时,细胞外液的晶体渗透压增高,细胞内液的水分子进入细胞外液,造成细胞内失水。如过量饮水后,可能会使细胞外液晶体渗透压降低,水分子从细胞外液通过细胞膜进入细胞内液,使细胞肿胀,严重时可产生水中毒。因此,晶体渗透压对维持细胞内外水盐的相对平衡起着重要作用。

毛细血管壁是一种只允许水分子、各种小分子和小离子自由透过,而不允许蛋白质等大分子物质透过的半透膜,蛋白质所形成的胶体渗透压主要在血容量和血管内外水盐平衡中起主要作用。如果因为某些疾病而导致血浆中蛋白质含量减少,胶体渗透压降低,血浆中的水就会通过毛细血管壁进入组织液,导致血浆容量降低而组织液增多,形成水肿。临床上对大面积烧伤或由于失血过多造成血容量下降的患者进行补液时,由于该类患者的血浆蛋白质损失较多,除输入电解质溶液外,还要输入血浆或右旋糖酐等,以恢复血浆的胶体渗透压并增加血容量。

第三节　强电解质溶液理论

一、电解质溶液的依数性

难挥发性非电解质稀溶液的依数性与溶液中溶质的粒子数目成正比,而与溶质的本性无关。但电解质溶液由于电离和离子间有相互作用,它所表现的依数性比同浓度的非电解质溶液的相应数值要大些(表 2-2)。

 NOTE

表 2-2　电解质溶液的凝固点下降数值和理论值的比较

电解质	实测值 $\Delta T_f/K$	计算值 $\Delta T_f/K$	$i = \Delta T_f / \Delta T_f$
HCl	0.348	0.186	1.87
NaCl	0.355	0.186	1.91
K_2SO_4	0.458	0.186	2.46
CH_3COOH	0.188	0.186	1.01
$C_6H_{12}O_6$	0.188	0.186	1.01

注：i 为电解质溶液的实测凝固点与计算凝固点的偏差值。

为了使稀溶液依数性公式适用于电解质，范特霍夫首先建议在依数性的计算公式中引入校正系数 i，数学表达式即为

$$\Pi = ic_B RT \tag{2-16}$$

校正后的公式适用于计算电解质稀溶液的渗透压，所以 i 习惯上称为等渗系数。实验证明对于电解质稀溶液，其蒸气压下降，凝固点降低、沸点升高和渗透压都有这一共同关系。其存在以下规律：$A_2B(AB_2)$ 型强电解质＞AB 型强电解质＞AB 型弱电解质＞非电解质，AB 型强电解质中的 i 值趋近于 2。

二、离子氛与离子强度

1887 年，瑞典化学家阿伦尼乌斯（S. A. Arrhenius）认为电解质在水溶液中存在电离，所以 i 值总是大于 1，但由于电离程度不同，i 值又总是小于百分之百电离时质点所扩大的倍数。通过实验检测溶液的导电性和依数性的结果可知，电解质在水溶液中的解离度都小于 100%（如 298.15 K，0.1 mol/L 的 NaCl，实验测得其解离度为 93%），这一结论与依数性实验结果之间的矛盾如何解释呢？1923 年德拜（P. W. Debye）和休克尔（E. Hückel）提出了电解质离子互吸理论，解释了上述矛盾现象。

（一）离子氛

离子互吸理论的要点如下：①强电解质在水溶液中是全部解离的；②解离的离子间通过静电力相互作用，每一个离子都被周围带相反电荷的离子包围，形成所谓的**离子氛**（ion atmosphere）。离子氛是一个平均统计模型，虽然每个离子周围的点和离子不均匀分布，但呈球形对称分布（图 2-7）。

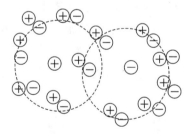

图 2-7　离子氛示意图

由于离子氛的存在，强电解质溶液中的离子不是单个独立的自由离子，离子之间通过离子氛互相牵制，不能完全自由运动，因而不能 100% 发挥离子应有的效能。由于离子氛的存在，当电解质溶液通电时，阴离子向阳极移动，而其"离子氛"的异性离子却向阴极移动，使得离子迁移速率比自由离子慢，导电性比理论值低，产生一种不完全解离的假象，即解离度小于 100%。因而强电解质的解离度只是反映离子间相互牵制作用的强弱程度，所以，强电解质的解离度称为**表观解离度**（degree of apparent dissociation）。

（二）离子强度

为了定量地衡量溶液中离子之间相互作用的强弱，引入了**离子强度**（ionic strength）的概念，它不仅受自身浓度和电荷的影响，而且还受溶液中其他离子的浓度及电荷的影响。其定义为

$$I = \frac{1}{2} \sum_{i=1}^{n} b_i Z_i^2 \tag{2-17}$$

式中 b_i 和 z_i 分别为溶液中某种离子的质量摩尔浓度和该离子的电荷数。i 为离子种数。离子强度的单位为 mol/kg。在近似计算中，也可以用物质的量浓度 c_i 代替 b_i。

离子强度是溶液中存在的离子间作用力强弱的量度。它只与溶液中各离子的浓度和电荷数有关，而与离子的本性无关。离子浓度越高，电荷数越多，则溶液的离子强度越大，离子间的牵制作用越强。

三、离子的活度和活度因子

1907 年美国化学家 Lewis 提出了**活度**（activity）的概念，由于离子氛的存在，强电解质溶液中的离子不能百分之百地发挥离子应有的效能，离子的有效浓度总是小于理论浓度。因此称离子的有效浓度为活度，即电解质溶液中实际发挥作用的离子浓度，通常用 a_B 表示，活度 a_B 与理论浓度 b_B 有如下关系：

$$a_B = \gamma_B \cdot b_B / b^{\ominus} \tag{2-18}$$

式中，a_B 为溶质 B 的活度，γ_B 为溶质 B 的**活度因子**（activity factor），也称**活度系数**（activity coefficient），b_B 为溶质 B 的质量摩尔浓度，$b^{\ominus} = 1$ mol/kg。

溶液越稀，离子间的距离越大，离子间的相互牵制作用越弱，活度与浓度的差别就越小。γ_B 是离子间相互作用力的反映，通常情况下，由于离子的有效活度低于浓度，所以 $\gamma_B < 1$。当溶液极稀时，离子间相互作用力极弱，$\gamma_B \approx 1$，此时活度与浓度几乎相等。对于中性分子，也存在活度和浓度的区别，但是区别不大，通常把中心分子 γ_B 视为 1。对于弱电解质溶液，当无其他强电解质共存时，由于离子浓度很低，γ_B 可视为 1。

本章小结

1. 溶液浓度的表示方法有以下几种：

（1）物质的量浓度

溶液中溶质 B 的物质的量除以溶液的体积，用符号 c_B 表示，即

$$c_B = \frac{n_B}{V}$$

（2）质量摩尔浓度

溶液中溶质 B 的物质的量除以溶剂 A 的质量，用符号 b_B 表示，即

$$b_B = \frac{n_B}{m_A}$$

（3）质量分数

溶液中溶质 B 的质量与溶液的总质量之比，用符号 ω_B 表示，即

$$\omega_B = \frac{m_B}{m}$$

（4）质量浓度

溶液中溶质 B 的质量与溶液的体积之比，用符号 ρ_B 表示，即

$$\rho_B = \frac{m_B}{V}$$

（5）体积分数

溶液中溶质 B 的体积 V_B 除以溶液的体积 V，用符号 φ_B 表示，即

知识链接

知识拓展

NOTE

$$\varphi_B = \frac{V_B}{V}$$

各类不同浓度表示方法之间均可进行换算。

2. 难挥发性电解质的稀溶液的依数性：与纯溶剂相比,稀溶液的蒸气压下降、沸点升高、凝固点降低和渗透压。上述性质的变化只取决于溶液中所含溶质的粒子数目而与溶质的本性无关,只依赖于溶质粒子数目的变化而变化。了解溶液依数性在医学中的应用。

3. 强电解质溶液理论

(1) 强电解质在水中100%完全解离,但不能100%发挥其应有的效能,因为在溶液中存在着离子氛的影响。

(2) 离子强度:

$$I = \frac{1}{2}\sum_{i=1}^{n} b_i Z_i^2$$

离子的浓度越大,电荷数越多,溶液的离子强度越大,离子间相互牵制作用越强。

(3) 活度是溶液中真正发挥作用的离子的有效浓度:

$$a_B = \gamma_B \cdot b_B / b^{\ominus}$$

γ_B 是离子间相互作用力的反映,通常情况下,由于离子的有效活度低于浓度,所以 $\gamma_B < 1$。当溶液极稀时,离子间相互作用力极弱,$\gamma_B \approx 1$,此时活度与浓度几乎相等。

目标检测

目标检测
答案

同步练习
及其答案

一、判断题

1. 质量摩尔浓度是指每 1 kg 溶液中所含溶质的物质的量。(   )

2. 沸点升高常数 K_b 的数值主要取决于溶液的浓度。(   )

3. 难挥发性电解质和非电解质稀溶液中均存在沸点升高、凝固点降低、渗透压等现象。(   )

4. 由于乙醚比水易挥发,故在相同温度下,乙醚的蒸气压大于水的蒸气压。(   )

5. 纯溶剂通过半透膜向溶液渗透的压力称为渗透压。(   )

6. 0.2 mol/L 葡萄糖溶液的渗透压小于 0.2 mol/L KCl 溶液的渗透压。(   )

7. 等温度等体积的两杯葡萄糖溶液,浓度分别为 0.10 mol/L 和 0.10 mol/kg,前者的葡萄糖含量高。(   )

二、填空题

1. 稀溶液的依数性包括_____、_____、_____、_____,它适用于难挥发性非电解质的稀溶液。

2. 在一定的温度下,稀溶液的蒸气压等于纯溶剂的蒸气压与_____的乘积。

3. 渗透现象得以发生的基本条件是_____和_____。

4. 临床上规定渗透浓度在_____之间的溶液为生理等渗溶液,如:生理盐水的浓度为_____,葡萄糖溶液的浓度为_____。

5. 当 13.1 g 未知难挥发性非电解质溶于 500 g 苯中时,溶液凝固点下降了 2.3 K,已知苯的 $K_f = 4.9$ K·kg/mol,则该溶质的相对分子质量为_____。

6. 在 100 g 水中溶有 4.50 g 某难挥发性非电解质,于 -0.465 ℃时结冰,则该溶质的摩尔质量为_____(已知水的 $K_f = 1.86$ K·kg/mol)。

三、选择题

1. 下列哪种浓度的表示方法与温度有关?(   )

A. 质量分数　　　　　B. 质量摩尔浓度　　　C. 物质的量浓度　　　D. 摩尔分数

2. 用等重量的下列化合物作防冻剂,防冻效果最好的是(　　)。

A. 乙醇　　　　　　　　　　　　　　B. 甘油

C. 四氢呋喃(C_4H_8O)　　　　　　　D. 乙二醇

3. 37 ℃时血液的渗透压为 770 kPa,由此可计算出与血液具有相同渗透压的葡萄糖静脉注射液的浓度为(　　)。

A. 0.03 mol/L　　　B. 0.30 mol/L　　　C. 1.50 mol/L　　　D. 300 mol/L

4. 0.1 mol/L 下列溶液,离子强度最大的是(　　)。

A. K_2SO_4　　　　B. $ZnSO_4$　　　　C. Na_3PO_4　　　　D. NaAc

5. 等渗溶液应是(　　)。

A. 在同一温度下,蒸气压下降值相等的两溶液

B. 物质的量浓度相等的两溶液

C. 溶质的物质的量相等的两溶液

D. 浓度相等的两溶液

6. 同温度同浓度的下列水溶液中,使溶液沸点升高最多的溶质是(　　)。

A. $CuSO_4$　　　　B. K_2SO_4　　　　C. $Al_2(SO_4)_3$　　　D. $KAl(SO_4)_2$

四、计算题

1. 在 90 g 质量分数为 0.10 的 NaCl 溶液里加入 10 g NaCl,计算用这种方法配制的溶液中 NaCl 的质量分数。

2. 医用葡萄糖溶液的物质的量浓度为 0.278 mol/L,该溶液的质量浓度为多少?(葡萄糖的摩尔质量为 180 g/mol)

3. 试比较浓度均为 0.1 mol/L 的下列各溶液在相同温度下的渗透压大小。

(1) Na_2CO_3　　(2) KCl　　(3) Na_3PO_4　　(4) $C_6H_{12}O_6$

4. 临床上用来治疗碱中毒的针剂 NH_4Cl($M_r=53.48$),其规格为一支 20.00 mL,每支含 0.1600 g NH_4Cl,计算该针剂的物质的量浓度及该溶液的渗透浓度。

5. 孕酮是一种雌性激素,其中含 9.5% H,10.2% O 和 80.3% C。今有 2.0 g 孕酮试样溶于 20.0 g 苯中,所得的溶液的凝固点为 277.04 K,求孕酮的分子式(苯的 $K_f=5.1$ K·kg/mol,$T_f=278.5$ K)。

(焦　雪)

23

第三章　化学反应速率

扫码看PPT

学习目标

1. 掌握：化学反应速率；元反应、速率常数、反应级数、有效碰撞、活化能等基本概念；一级反应速率方程式的特征及运算。

2. 熟悉：化学反应的碰撞理论和过渡态理论；温度对化学反应速率的影响；Arrhenius方程式的意义及有关计算。

3. 了解：二级、零级化学反应速率方程的特征；催化作用理论和酶的催化特点。

案例解析

案例导入3-1

　　患者，男，于凌晨1点多被家人紧急送到市区一家大型医院急诊室。出发时，林先生尚有意识，到达医院已经处于休克状态。家人告诉医生，林先生从前天起就感到头痛脑热，服用少量感冒药。但服药后约半小时，林先生就全身出汗，当时以为是服药后退烧的正常现象，并没引起重视。直到准备入睡时，突然发生恶心呕吐并伴头痛头晕，全家人这才慌了手脚，赶紧把面色苍白的林先生送往医院。医生拿过来仔细一看，原来药已过期一年了。

　　1. 过期的药品为什么不能服用？

　　2. 药物的血药浓度和时间是什么关系？

　　研究化学反应速率的科学称为**化学动力学**（chemical kinetics）。它主要研究化学反应速率、影响化学反应速率的因素以及化学反应的机理，是一门在理论和实践中都有重要意义的科学。在化工生产中，化学反应速率直接影响着化工产品的质量和副产物的生成，人们总是希望有利的化学反应速率越快越好；而对于一些不利的反应，如食品的腐败、药品的变质、塑料制品的老化等总是希望这些化学反应的速率越慢越好。本章将介绍影响化学反应速率的主要因素以及有关化学反应速率的基本理论。其目的就是为了控制反应速率，更好地服务于我们的生产和生活。

第一节　化学反应速率及其表示方法

一、化学反应速率定义

　　化学反应速率（rate of chemical reaction）是衡量化学反应过程进行快慢的物理量，即反应体系中各物质的量随时间的变化率。反应进行过程中，体系内各物质的浓度不断发生变化。反应物的浓度不断减少，生成物的浓度不断增加。不同化学反应的速率相差很大，有些进行得极快，瞬间即可完成，如火药的爆炸等；而有些反应进行得极慢，如煤在地壳内的形成需要几十万年的时间。人们常用化学反应速率来描述化学反应进行的快慢，反应速率定义为单位体积

化学反应速率
（视频）

 NOTE

内反应进度随时间的变化率。即

$$v \overset{\mathrm{def}}{=} \frac{1}{V} \frac{\mathrm{d}\xi}{\mathrm{d}t} \tag{3-1}$$

式中，ξ 为化学反应的进度，V 为化学反应体系的体积。

对任一化学反应

$$a\mathrm{A} + b\mathrm{B} \longrightarrow d\mathrm{D} + e\mathrm{E}$$

有

$$\mathrm{d}\xi = v_\mathrm{B}^{-1} \cdot \mathrm{d}n_\mathrm{B} \tag{3-2}$$

式中，n_B 为化学反应中任意一个参与反应的组分 B 的物质的量，v_B 为 B 物质在反应式中的化学计量数，ξ 的单位是 mol。代入式(3-1)中，得

$$v \overset{\mathrm{def}}{=} \frac{1}{V} \frac{\mathrm{d}\xi}{\mathrm{d}t} = \frac{1}{V} \frac{\mathrm{d}n_\mathrm{B}}{v_\mathrm{B}\mathrm{d}t} = \frac{1}{v_\mathrm{B}} \frac{\mathrm{d}c_\mathrm{B}}{\mathrm{d}t} \tag{3-3}$$

式中，c_B 为 B 的物质的量浓度。该式转换成用浓度变化表示的化学反应速率，也是实际通常使用的速率表示方法。化学反应速率的量纲是[浓度]/[时间]。时间可取秒(s)、分(min)、天(d)等。

如合成氨的反应

$$\mathrm{N_2(g)} + 3\mathrm{H_2(g)} \longrightarrow 2\mathrm{NH_3(g)}$$

用 N_2、H_2 和 NH_3 表示的速率及它们之间的相互关系为

$$v = -\frac{1}{1} \frac{\mathrm{d}c(\mathrm{N_2})}{\mathrm{d}t} = -\frac{1}{3} \frac{\mathrm{d}c(\mathrm{H_2})}{\mathrm{d}t} = \frac{1}{2} \frac{\mathrm{d}c(\mathrm{NH_3})}{\mathrm{d}t}$$

二、化学反应速率的表示方法

下面以 H_2O_2 的分解作为实例来说明化学反应速率的表示方法。室温下某过氧化氢水溶液中，含有少量的 I^-，其分解反应为

$$\mathrm{III(g)} + \mathrm{CH_3I(g)} \longrightarrow \mathrm{CH_4(g)} + \mathrm{I_2(g)}$$

测得氧气的量，可计算出 H_2O_2 浓度的变化。例如初始浓度为 0.8 mol/L 的 H_2O_2 溶液，其分解过程的浓度变化如表 3-1 所示。

表 3-1　H_2O_2 在室温时分解的平均速率和瞬时速率

t/min	0	20	40	60	80
$c(\mathrm{H_2O_2})/(\mathrm{mol \cdot L^{-1}})$	0.80	0.40	0.20	0.10	0.050
$\bar{v}/(\mathrm{mol \cdot L^{-1} \cdot min^{-1}})$		0.020	0.010	0.0050	0.0025
$v/(\mathrm{mol \cdot L^{-1} \cdot min^{-1}})$		0.014	0.0075	0.0038	0.0019

由表 3-1 可以看出，在反应过程中，化学反应速率随时间而不断改变。在 H_2O_2 分解的第一个 20 min，H_2O_2 的浓度减少了 0.40 mol/L；第二个 20 min，H_2O_2 的浓度减少了 0.20 mol/L；第三个 20 min，H_2O_2 的浓度减少了 0.10 mol/L。即在同一时间间隔，H_2O_2 浓度变化不同，反应速率也不同。表 3-1 所列的是 20 min 内的平均速率。化学反应的平均速率表示在一段时间间隔内某物质浓度变化的平均值，用 $\bar{v}$ 表示。Δc 为一段时间间隔的浓度差，Δt 为时间间隔。则有

$$\bar{v} = \frac{\Delta c(\mathrm{H_2O_2})}{\Delta t}$$

由于 H_2O_2 的分解速率随时间的变化而改变，为了确切地表示化学反应的真实速率，通常用**瞬时速率**来表示。如果时间间隔无限小，Δt 趋近于零时，平均速率的极限值就是化学反应

NOTE

25

在 t 时刻的瞬时速率。

$$v = \lim_{\Delta t \to 0} \frac{-\Delta c(H_2O_2)}{\Delta t} = -\frac{dc(H_2O_2)}{dt}$$

反应的瞬时速率可通过作图法求得。图 3-1 为 H_2O_2 分解的浓度-时间曲线。如求 H_2O_2 在第 20 min 时分解的瞬时速率,可在曲线上找到对应于反应 20 min 时的 A 点,求出曲线上 A 点切线的斜率(dc/dt),去负号即为第 20 min 时的瞬时速率。

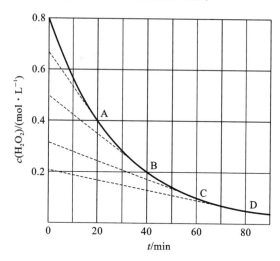

图 3-1　H_2O_2 分解的浓度-时间曲线

$$v = -\frac{(0.40 - 0.68)\ mol/L}{20\ min} = 0.014\ mol \cdot L^{-1} \cdot min^{-1}$$

平均速率和瞬时速率是化学反应速率两种不同的表示方法,在生产和生活中各有用处。

第二节　化学反应速率理论

化学反应的速率千差万别,有的极快,如火药的爆炸、胶片的感光等;有的则很慢,以至很难察觉,如常温、常压下氢气和氧气生成水的反应,地层深处煤和石油的形成等。而化学反应是如何发生的,如何由反应物转变成产物,这些问题需要化学反应速率理论来解决。较流行的理论是碰撞理论和过渡态理论。

一、碰撞理论

(一) 有效碰撞和弹性碰撞

反应物之间要发生反应,首先它们的分子或离子要克服外层电子之间的斥力而充分接近互相碰撞,才能促使外层电子的重排,即旧键的削弱、断裂和新键的形成,从而使反应物转化为产物。但反应物分子或离子之间的碰撞并非每一次都能发生反应,对一般化学反应而言,大部分的碰撞都不能发生反应。据此,1889 年 Arrhenius 提出了著名的碰撞理论,他把能发生反应的碰撞称为**有效碰撞**(effective collision),而大部分不发生反应的碰撞称为**弹性碰撞**(elastic collision)。要发生有效碰撞,反应物的分子或离子必须具备两个条件:①具有足够的能量,如动能,这样才能克服外层电子之间的斥力而充分接近并发生化学反应;②要有合适的方向,要正好碰撞在能起反应的部位,如果碰撞的部位不合适,即使反应物分子具有足够的能量,也不会起反应。如图 3-2 所示的反应:

NOTE

$$CO(g) + H_2O(g) \longrightarrow CO_2(g) + H_2(g)$$

当有足够动能的 CO 和 H_2O 分子碰撞时，C 原子必须在形成的 CO_2 新分子的三个原子恰好处于一条直线上的那一刻，与 H_2O 分子中的 O 原子碰撞才能发生反应，并生成 CO_2 和 H_2，如图 3-2(b) 所示；如果分子碰撞时方向不恰当，即使分子具有的能量再高，反应也不会发生，如图 3-2(a) 所示。

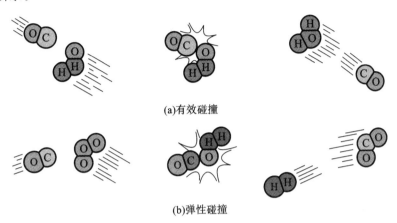

(a) 有效碰撞

(b) 弹性碰撞

图 3-2 分子碰撞示意图

(二) 活化分子与活化能

具有较大动能并能够发生有效碰撞的分子称为**活化分子**（activated molecule），通常它只占分子总数中的小部分。活化分子具有的最低能量与反应物分子的平均能量之差，称为**活化能**（activation energy），用符号 E_a 表示，单位为 kJ/mol。活化能与活化分子的概念，还可以用气体分子的能量分布规律加以说明。

在一定温度下，分子具有一定的平均动能，但并非每个分子的动能都一样，由于碰撞等原因分子间不断进行能量的重新分配，每个分子的能量并不固定。但从统计的观点看，具有一定能量的分子数目是不随时间改变的。以分子的动能 E 为横坐标，以具有一定动能间隔（ΔE）的分子分数（$\Delta N/N$）与能量间隔之比为纵坐标作图，如图 3-3 所示。

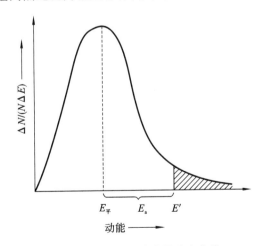

图 3-3 气体分子的能量分布曲线

图 3-3 所示为一定温度下气体分子能量分布曲线。$E_{平}$ 是分子的平均能量，E' 为活化分子所具有的能量，活化能 $E_a = E' - E_{平}$，N 为分子总数，ΔN 为具有动能为 E 和 $E+\Delta E$ 区间的分子数，若在横坐标上取一定的能量间隔 ΔE，则纵坐标 $\Delta N/(N\Delta E)$ 乘以 ΔE 得 $\Delta N/N$，即为动能在 E 和 $E+\Delta E$ 区间的分子数在整个分子总数中所占的比值。曲线下包括的总面积表示各

 NOTE

27

种能量分子分数的总和等于 1。相应地，E' 右边阴影部分的面积与整个曲线下总面积之比，即是活化分子在分子总数中所占的比值，即活化分子分数。

如果 f 表示一定温度下活化分子分数，而能量分布又符合 Maxwell-Boltzmann 分布，则在碰撞理论中，f 又称为能量因子。

$$f = e^{-E_a/RT} \tag{3-4}$$

于是反应速率 v 可表示为

$$v = fz \tag{3-5}$$

式中 z 为单位体积内的碰撞频率。如果再考虑到碰撞时的方位，则在式(3-5)中还应增加一个因子 p，p 称为方位因子。

$$v = pfz \tag{3-6}$$

一定温度下，活化能越小，活化分子数越大，单位体积内有效碰撞的次数越多，反应速率越快，反之活化能越大，活化分子数越小，单位体积内有效碰撞的次数越少，反应速率越慢。因为不同的化学反应具有不同的活化能，因此不同的化学反应有不同的反应速率。

二、过渡态理论

碰撞理论比较直观地讨论了一般反应的过程，即通过分子间的有效碰撞，反应物才有可能转化为产物，在具体处理时，把分子当成刚性球体，而忽略了分子的内部结构，因此，对一些比较复杂的反应，常不能合理地解释。20 世纪 30 年代艾林(H. Eyring)等科学家应用量子力学和统计力学提出了反应的**过渡态理论**(transition state theory)。

（一）活化配合物

过渡态理论认为的化学反应机理是：反应物分子的形状和内部结构的变化，在相互靠近时即已开始，而不仅是在碰撞的一瞬间发生变化。在化学反应过程中，反应物原有的化学键逐渐减弱，最后断裂，新的化学键逐渐形成，最后生成稳定的产物，在这个过程中产生了一种被称为**活化配合物**(activated complex)的过渡态物质。活化配合物能与原来的反应物很快地建立起平衡，可认为活化配合物与反应物经常处于平衡状态，由活化配合物转变为产物的速率很慢，反应速率基本上由活化配合物分解成产物的速率决定。

如反应物 A_2 与 B_2 发生反应，当具有较高动能的 A_2 向 B_2 靠近时，随着 A_2 和 B_2 之间距离的缩短，分子的动能逐渐转变成分子内的势能，A—A 与 B—B 两个旧键开始变长、松弛、削弱，再进一步靠近时即可形成过渡态的活化配合物即 A_2B_2，然后进一步形成产物。

$$
\begin{array}{ccccc}
\begin{matrix} A & & B \\ | & + & | \\ A & & B \end{matrix}
& \rightleftharpoons &
\begin{matrix} A\text{——}B \\ \vdots \quad\quad \vdots \\ A\text{——}B \end{matrix}
& \longrightarrow &
\begin{matrix} A\text{——}B \\ \\ A\text{——}B \end{matrix}
\\
\text{反应物} & & \text{过渡态} & & \text{产物} \\
A_2 + B_2 & & \text{活化配合物 } A_2B_2 & & 2AB
\end{array}
$$

（二）活化能与反应热

能形成活化配合物的反应物分子，应具有比一般分子更高的能量。所形成的活化配合物比反应物分子的平均能量高出的额外能量即是活化能 E。活化配合物由于能量高、不稳定，或是恢复成反应物，或是变成产物。若产物分子的能量比反应物分子的能量低，多余的能量便以热的形式放出，即是放热反应；反之，即是吸热反应。一个放热反应过程的能量变化如图 3-4 所示。由图可知，活化能是反应的能垒，即是从反应物形成产物过程中的能量障碍，反应物分子必须越过能垒（即一般分子变成活化分子，或者达到活化配合物的能量），化学反应才能进行。

上例中产物的势能低于反应物的势能，其差值即为等压反应热。

NOTE

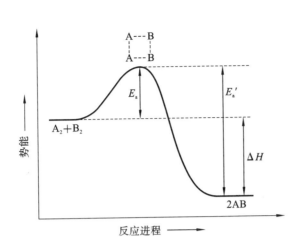

图 3-4　放热反应的势能曲线

过渡态理论把物质的微观结构与反应速率联系起来考虑,比碰撞理论更具体。但由于过渡态的"寿命"极短,确定其结构相当困难,计算方式过于复杂,有待进一步解决。

第三节　影响化学反应速率的因素

一、浓度对化学反应速率的影响

影响化学反应速率的因素,除了反应物分子的内部结构外,还有其他外部因素,如温度、浓度、催化剂等。

(一)反应机制和元反应

化学反应计量方程式只是从总体上在计量关系方面表示一个化学反应进行的情况,并没有表示反应是经过怎样的途径,经过哪些具体步骤完成的。**反应机制**(reaction mechanism)就是化学反应进行的实际步骤,即实现该化学反应的各步骤的微观过程。由反应物一步直接转变为生成物的反应称为简单反应,又称为**元反应**(elementary reaction)。

例如,反应机制研究表明,下例就是元反应。

$$CO(g) + H_2O(g) \longrightarrow CO_2(g) + H_2(g)$$

但这类化学反应并不多。许多化学反应并不是按反应计量方程式一步直接完成,而是经历了数个简单化学反应的步骤,这类反应称为**复合反应**(complex reaction)。如反应

$$H_2(g) + I_2(g) \longrightarrow 2HI(g)$$

它是由两步组成

$$I_2(g) \longrightarrow 2I(g) \qquad 快反应$$
$$H_2(g) + 2I(g) \longrightarrow 2HI(g) \qquad 慢反应(速率控制步骤)$$

实验证明,第二步反应较慢,这一步慢反应限制了整个复合反应的速率,故称为速率控制步骤。

元反应的反应分子数是指元反应中同时直接参加反应的粒子数目。根据反应分子数可以把元反应分为单分子反应、双分子反应和三分子反应。

单分子反应　　　　　　$CH_3COCH_3 \longrightarrow C_2H_4 + CO + H_2$

双分子反应　　　　　　$NO_2(g) + CO(g) \longrightarrow NO(g) + CO_2(g)$

三分子反应　　　　　　　$H_2(g) + 2I(g) \longrightarrow 2HI(g)$

大多数元反应是单分子反应或双分子反应,已知的气相三分子反应不多。三分子以上的

反应,至今还未发现。

（二）元反应的速率方程

19 世纪 60 年代,挪威科学家 Guldberg 和 Waage 通过大量实验总结出元反应的反应物浓度与反应速率之间的定量关系:在一定温度下,元反应的反应速率与各反应物浓度幂(即化学反应计量方程式中相应的系数是指数)的乘积成正比。反应物浓度与反应速率之间定量关系的数学表达式称为**速率方程**(rate equation),如元反应

$$NO_2(g) + CO(g) \longrightarrow NO(g) + CO_2(g)$$

写成速率方程为

$$v = kc(NO_2) \cdot c(CO)$$

对于一般的元反应

$$aA + bB \longrightarrow dD + eE$$

则反应的速率方程为

$$v = kc^a(A)c^b(B) \tag{3-7}$$

式中的比例系数 k 称为**速率常数**(reaction-rate constant)。k 的物理意义:在数值上等于各反应物浓度均为 1 mol/L 时的反应速率,因此 k 又称为**比速率**(specific raction rate)。对一个化学反应,k 的大小由反应的本性决定,与反应物浓度无关。它受温度和催化剂的影响,通过实验可以测定。k 的量纲取决于速率方程式中浓度项的幂指数。

反应速率方程中,各反应物浓度项的指数之和称为**反应级数**(order of reaction)。

对于任意反应

$$aA + bB \longrightarrow dD + eE$$

实验测得速率方程为

$$v = kc^\alpha(A)c^\beta(B) \tag{3-8}$$

式中,α 为反应物 A 的反应级数,β 为反应物 B 的反应级数,各反应物反应级数之和($\alpha+\beta$)是该反应的总反应级数。$\alpha+\beta=0$ 为零级反应,$\alpha+\beta=1$ 为一级反应,余类推。

在元反应中,总反应级数就是反应式中反应物的计量系数之和,而对于复杂反应,反应级数由实验得出,其数值可能是整数、分数或负数。根据实验确定的速率方程式在形式上与根据化学反应式直接写出的恰好一致,也不能表明该反应就一定是元反应。反应机制必须要通过实验事实来确定,而不是由速率方程确定。如前面提到 $H_2(g)$ 与 $I_2(g)$ 的化学反应,实验证明为复合反应,但实验数据得到的速率方程为 $v = kc(H_2)c(I_2)$,但这个反应不是元反应。

（三）具有简单级数的反应及其特点

具有简单级数的反应是指反应级数为 0、1、2、3 等。由于三级反应为数不多,故以下仅讨论一级、二级和零级反应。

1. 一级反应(reaction of the first order)　反应速率与反应物浓度的一次方成正比的反应。速率方程为

$$v = -\frac{dc(A)}{dt} = kc(A)$$

反应开始时,$t=0$,反应物的起始浓度为 $c_0(A)$;反应进行到 t 时,反应物浓度为 $c(A)$。定积分得到反应物浓度与时间关系的方程式

$$\ln \frac{c_0(A)}{c(A)} = kt$$

或

$$\lg \frac{c_0(A)}{c(A)} = \frac{kt}{2.303} \tag{3-9}$$

式(3-9)为一级反应的反应物浓度对反应时间的关系式。

NOTE

若以 $\ln c(A)$-t 作图，可以得到一直线，斜率为 $-k$，一级反应速率常数 k 的量纲应为〔时间〕$^{-1}$。

反应物消耗一半所需要的时间称为**半衰期**(half life)，常用 $t_{1/2}$ 表示，此时 $c(A)=\dfrac{c_0(A)}{2}$ 代入式(3-9)，得到一级反应的半衰期。

$$t_{1/2} = \frac{0.693}{k} \tag{3-10}$$

由式(3-10)可看出，一级反应的半衰期是一个与初始浓度无关的常数。半衰期可以用来衡量反应速率，显然半衰期越大，反应速率越慢。

一级反应的实例很多，如放射性元素的蜕变、大多数热分解反应、部分药物在体内的代谢、分子内部的重排反应及异构化反应等。浓度不大的物质水解反应，原是二级反应，但因水的浓度可看作常数不写入速率方程式，故可按一级反应的方程式处理，而称为准一级反应。

【例 3-1】 某药物的初始含量为 2.0 g/L，在室温下放置 10 个月之后，含量降为 1.5 g/L，药物分解 30% 即谓失效。若此药物分解时为一级反应，问：(1) 药物的有效期为几个月？(2) 该药物的半衰期是多少？

解：(1) 根据一级反应速率方程：$\ln \dfrac{c_0(A)}{c(A)} = kt$

代入题中数据，得 $\ln \dfrac{2.0}{1.5}=k\times 10$

得到 $k=0.0287$（月$^{-1}$）

把速率常数 k 代入一级反应速率方程中，$\ln \dfrac{2.0}{(1-30\%)\times 2.0}=0.0287\times t$

求得药物的有效期为 $t=12.4$（月）

(2) 把速率常数 k 代入半衰期公式，得 $t_{1/2}=\dfrac{0.693}{k}=\dfrac{0.693}{0.0287}=24.1$（月）

【例 3-2】 证明一级反应中反应物消耗 99.9% 所需的时间，大约等于反应物消耗 50% 所需时间的 10 倍。

解：根据一级反应速率方程，$\ln \dfrac{c_0(A)}{c(A)} = kt$

反应物消耗 99.9% 所需的时间设为 t_1，$\ln \dfrac{c_0}{(1-99.9\%)c_0}=kt_1$

得到 $\qquad\qquad\qquad t_1 = 6.907/k$

反应物消耗 50% 所需时间设为 t_2，又有 $\ln \dfrac{c_0}{(1-50\%)c_0}=kt_2$

得到 $\qquad\qquad\qquad t_2 = 0.693/k$

所以反应物消耗 99.9% 所需的时间 t_1 约为反应物消耗 50% 所需时间 t_2 的 10 倍。

2. 二级反应(reaction of the second order) 反应速率与反应物浓度的二次方成正比的反应。

二级反应有以下两种类型：①2A→产物；②A+B→产物。

在第二种类型中，若 A 和 B 的初始浓度相等，则在数学处理时可视作第一种情况，本章只讨论第一种情况。

由二级反应的定义及它的速率方程 $v=-\dfrac{dc(A)}{dt}=kc^2(A)$，积分可得

$$\frac{1}{c_A} - \frac{1}{c_0(A)} = kt \tag{3-11}$$

NOTE

以 $1/c$ 对 t 作图得一直线,斜率为 k,k 的量纲为〔浓度〕$^{-1}$·〔时间〕$^{-1}$。

由半衰期定义可得二级反应的半衰期为

$$t_{1/2} = \frac{1}{kc_0(A)} \tag{3-12}$$

在溶液中的许多有机化学反应属于二级反应,如一些加成反应、分解反应、取代反应等。

【例 3-3】 乙酸乙酯的皂化反应为二级反应。若在 298 K 时的速率常数为 3.0 L/(mol·min),乙酸乙酯和碱的初始浓度均为 0.015 mol/L,求在此温度下反应的半衰期和 10 min 后反应物的浓度。

解:由二级反应的半衰期公式,代入数据,得

$$t_{1/2} = \frac{1}{kc_0(A)} = \frac{1}{3.0 \times 0.015} = 22.22 \text{ min}$$

由二级反应的速率方程

$$\frac{1}{c(A)} - \frac{1}{c_0(A)} = kt$$

代入数据,得

$$\frac{1}{c(A)} - \frac{1}{0.015} = 3.0 \times 10$$

求得

$$c(A) = 1.03 \times 10^{-2} \text{ mol/L}$$

3. 零级反应(zero order reaction) 反应速率与反应物浓度无关的反应。温度一定,反应速率为常数。零级反应的速率方程为

$$v = -\frac{dc_A}{dt} = kc_0(A) = k$$

整理积分得

$$c_0(A) - c(A) = kt \tag{3-13}$$

以 c-t 作图得一直线,斜率为 $-k$,k 量纲为〔浓度〕/〔时间〕。

由半衰期定义得到零级反应的半衰期为

$$t_{1/2} = \frac{c_0(A)}{2k} \tag{3-14}$$

常见的零级反应是在固体表面的某些活性中心上发生的化学反应。如 NH_3 在金属催化剂钨(W)表面上的分解反应,NH_3 首先被吸附在钨表面上再分解,由于钨表面上的活性中心是有限的,当活性中心被占满后,再增加 NH_3 浓度,对反应速率没有影响,表现出零级反应的特性。

近来发展的一些缓释制剂或者控释制剂,其释药速率在相当长的时间内比较恒定,保证其在体内长时间维持有效的药物浓度,这些释药反应就是零级反应。如国际上应用较广的一种皮下植入剂,内含女性避孕药左炔诺孕酮,每天释药约 30 μg,可一直维持 5 年左右。

现将以上介绍的几种反应的特征小结在表 3-2 中。

表 3-2 简单级数反应的特征

反应级数	一级反应	二级反应	零级反应
基本方程式	$\ln c_0(A) - \ln c(A) = kt$	$\dfrac{1}{c_A} - \dfrac{1}{c_0(A)} = kt$	$c_0(A) - c(A) = kt$
直线关系	$nc(A)$-t	$1/c(A)$-t	$c(A)$-t
斜率	$-k$	k	$-k$

续表

反应级数	一级反应	二级反应	零级反应
半衰期($t_{1/2}$)	$t_{1/2} = \dfrac{0.693}{k}$	$t_{1/2} = \dfrac{1}{kc_0(A)}$	$t_{1/2} = \dfrac{c_0(A)}{2k}$
k 的量纲	〔时间〕$^{-1}$	〔浓度〕$^{-1}$ · 〔时间〕$^{-1}$	〔浓度〕· 〔时间〕$^{-1}$

二、温度对化学反应速率的影响

（一）温度与速率常数的关系

温度对反应速率的影响表现在速率常数随温度的变化上，对多数反应而言，温度升高，速率常数增大，反应速率加快。如常温下，氢气与氧气生成水的反应极慢，当温度为 400 ℃时，约需 80 天才能完全化合，而在 600 ℃时则瞬间完成。

1889 年 Arrhenius 提出速率常数 k 与反应温度 T 的关系，即 Arrhenius 方程式

$$k = Ae^{-E_a/RT} \tag{3-15}$$

或

$$\ln k = -\frac{E_a}{RT} + \ln A \tag{3-16}$$

式中 A 为常数，称为指前因子，它与单位时间内反应物的碰撞总数（碰撞频率）有关，也与碰撞时分子取向的可能性（分子的复杂程度）有关，R 为摩尔气体常数（8.314 J/(mol·K)），E_a 为活化能，T 为热力学温度。

从 Arrhenius 方程式可得出下列三条推论：①对某一反应，活化能 E_a、A、R 是常数，温度升高，k 变大，反应加快；②当温度一定时，如反应的 A 值相近，E_a 越大则 k 越小，即活化能越大，反应越慢；③对不同的反应，温度对反应速率影响的程度不同。由于 $\ln k$ 与 $1/T$ 呈直线关系，而直线的斜率为负值（$-E_a/R$），故 E_a 越大的反应，直线斜率越小，即当温度变化相同时，E_a 越大的反应，k 的变化越大。这也说明改变相同的温度，对活化能较大的反应的速率影响较大。

用 Arrhenius 方程式进行有关计算时，常用两点法消去未知常数 A。设某反应在 T_1 时速率常数为 k_1，而在温度 T_2 时反应速率常数为 k_2，则有

$$\ln k_1 = -\frac{E_a}{RT_1} + \ln A$$

$$\ln k_2 = -\frac{E_a}{RT_2} + \ln A$$

两式相减得

$$\ln \frac{k_2}{k_1} = \frac{E_a}{R}\left(\frac{T_2 - T_1}{T_1 T_2}\right) \tag{3-17}$$

式(3-17)是计算化学反应活化能或求在不同温度时反应速率常数的常用公式。

【例 3-4】 某药物在水溶液中分解。测得该分解反应在 323 K 时，反应速率常数 $k_1 = 7.08 \times 10^{-4}$ h^{-1}，在 343 K 时，反应速率常数 $k_2 = 3.55 \times 10^{-3}$ h^{-1}，求该反应的活化能和 298 K 时的反应速率常数 k_3。

解：由公式

$$\ln \frac{k_2}{k_1} = \frac{E_a}{R}\left(\frac{T_2 - T_1}{T_1 T_2}\right)$$

代入数据

$$\ln \frac{3.55 \times 10^{-3}}{7.08 \times 10^{-4}} = \frac{E_a}{8.314}\left(\frac{343 - 323}{343 \times 323}\right)$$

计算得

$$E_a = 69.7 \text{ kJ/mol}$$

 NOTE

$$\ln\frac{3.55\times10^{-3}}{k_3}=\frac{69.7\times1000}{8.314}\left(\frac{343-298}{343\times298}\right)$$

计算得 $\qquad k_3=8.85\times10^{-5}\ h^{-1}$

（二）温度对化学反应速率影响的原因

对大多数反应而言,温度升高,反应速率加快,这主要是温度升高时,分子的平均动能增加,分子能量分布曲线明显右移(图3-5),曲线变矮,峰高降低,活化分子百分数增加(图中的阴影面积),有效碰撞增多,因而反应速率增加。

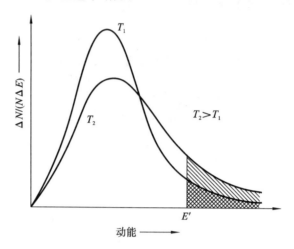

图3-5　温度升高活化分子百分数增大

温度升高与活化分子百分数之间有一定的关系。设活化能 $E_a=100\ kJ/mol$,温度由 298 K 升至 308 K 时,活化分子百分数增大的倍数为 3.7 倍,反应速率也增加 3.7 倍,而此时的平均动能仅增加 3%。由此得出,升高温度使分子平均动能增加很少,却使活化分子增加较多。

三、催化剂对化学反应速率的影响

（一）催化剂

根据国际纯粹及应用化学联合会(IUPAC)的建议,**催化剂**(catalyst)的定义为存在较少量就能显著改变化学反应速率而其本身质量和化学性质都没有发生改变的物质。催化剂的这种作用称为**催化作用**(catalysis)。如常温常压下,氢气和氧气并不发生反应,但放入少许铂粉它们就会立即反应生成水,铂粉的化学成分及本身的质量并没有改变,此时铂粉就是一种催化剂。能使反应速率减慢的物质曾称为负催化剂,现多采用其他名称,如阻化剂或抑制剂等,因为它们在反应中大都是消耗的。

有些反应的产物可作为其反应的催化剂,从而使反应速率加快,这一现象称为自动催化。例如高锰酸钾在酸性溶液中与草酸的反应,开始时反应较慢,在反应生成了 Mn^{2+} 后,反应就自动加速。其反应式为

$$2Pb^{2+}+Cr_2O_7^{2-}+H_2O=\!\!=\!\!2H^++2PbCrO_4\downarrow\text{(黄色)}$$

（二）催化剂的特点

催化作用是一种极为普通的现象,有些金属离子可催化氢化还原反应,酸碱可催化许多有机反应等。当代化学工业的迅速发展归功于各种催化剂的应用和改良。生物体内上千种不同的酶催化着生物体内各种生物化学反应的正常进行。

催化剂具有以下基本特点。

(1)催化剂的作用是化学作用。由于催化剂参与反应,并在生成产物的同时得到再生,因

此在化学反应前后催化剂的质量和化学组成不变,而其物理性质可能变化,如 MnO_2 在催化 $KClO_3$ 分解放出氧的反应后虽仍为 MnO_2,但其晶体变为细粉。

(2)由于短时间内催化剂能多次反复再生,所以少量催化剂就能起到显著的作用。如在每升 H_2O_2 中加入 3 μg 的胶态铂,即可显著促进 H_2O_2 分解成 H_2O 和 O_2。

(3)在可逆反应中能催化正向反应的催化剂也同样能催化逆向反应。催化剂能加快化学平衡的到达,但不能使化学平衡发生移动,也不能改变平衡常数的值。因为催化剂不改变反应的始态和终态。因此,催化剂不能使非自发反应变成自发反应。

(4)催化剂有特殊的选择性(特异性)。一种催化剂通常只能加速一种或少数几种反应,同样的反应物应用不同的催化剂会得到不同的产物。

(三)催化作用理论

催化剂能够加快反应速率的根本原因,是由于改变了反应途径,降低了反应的活化能。如图 3-6 所示,化学反应 $A+B \longrightarrow AB$,所需的活化能为 E,在催化剂 C 的参与下,反应按以下两步进行:

(1) $A+C \longrightarrow AC$

(2) $AC+B \longrightarrow AB+C$

第一步反应的活化能为 E_1,第二步反应的活化能为 E_2,E_1 和 E_2 均小于 E,从图 3-6 中也可看出,在正向反应活化能降低的同时,逆向反应活化能的降低同样多,故逆向反应也同样被加速。

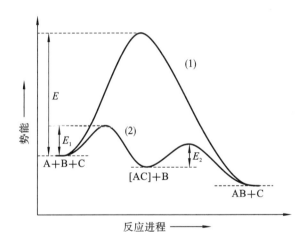

图 3-6 催化作用的能量图

对于不同的催化反应,降低活化能的机制是不同的。虽然已进行了大量的研究工作,但目前仍有许多反应的机制不清楚。对已经提出的反应机制,可分为均相催化理论和多相催化理论。

1. 均相催化理论——中间产物学说

催化剂处在溶液或气相中,与反应物形成均相系统而发挥催化作用称为**均相催化**(homogeneous catalysis)。上述反应 $A+B \longrightarrow AB$,加入催化剂 C 形成均匀系统后,形成的 AC 即为中间产物,通过形成中间产物而改变了反应途径,降低了活化能,这种理论称为中间产物学说。

酸碱催化反应是溶液中较普遍存在的均相催化反应。例如蔗糖的水解、淀粉的水解等。 H^+ 可以作为催化剂,同样 OH^- 也可以作为催化剂。反应既能被酸催化,也能被碱催化,因此许多药物的稳定性与溶液的酸碱性有关。酸、碱催化的特点在于催化过程中发生质子(H^+)的转移。因为质子只有一个正电荷,半径很小,故电场强度大,易接近其他分子的负电一端从而形成新的化学键(中间产物),又不受对方电子云的排斥,因而仅需较少的活化能。

2. 多相催化理论——活化中心学说

催化剂自成一相(常为固相)与反应物构成非均匀系统而发生的催化作用,称为多相催化。多相催化反应是在催化剂表面进行的。固态催化剂的特点在于其表面结构的不规则性和化学键的不饱和性,其表面是凹凸不平的,在棱角处及不规则的晶面上的凸起部分,化学键不饱和,因而能与反应物发生一种松散的化学反应,即是一种比较稳定的、不易可逆的、选择性大的化学吸附,从而使反应物分子内部旧键松弛,失去正常的稳定状态,而转变为新物质。这个过程的活化能较原来的低,因而反应速率加快。这些易于发生化学吸附的部位称为活化中心,因此这种理论也称为活化中心学说。

由于不同催化剂活化中心的几何排布不同,其化学键的不饱和程度也不同,因而不同的固体催化剂对不同的化学反应呈现不同的催化活性,即催化剂的选择性。如合成氨反应,用铁作催化剂,首先气相中的分子被铁催化剂活化中心吸附,使 N_2 分子的化学键减弱、断裂、解离成 N 原子,然后气相中的 H_2 分子与 N 原子作用,逐步生成 NH_3。此过程可简略表示如下:

$$N_2 + 2Fe \longrightarrow 2N\cdots Fe$$
$$2N\cdots Fe + 3H_2 \longrightarrow 2NH_3 + 2Fe$$

多相催化比均相催化复杂得多,解释多相催化机制的理论也很多,但均有其局限性,有关催化剂的理论尚在研究与发展中。

(四) 生物催化剂——酶

生物体在其特定的条件下进行着许多复杂的化学反应,几乎所有的化学反应都是由特定的酶(enzyme)作催化剂的,因此生物体内酶的种类非常多。酶的本质为蛋白质。若生物体内缺少了某些酶,则影响该酶所参与的反应,严重时将危及健康。被酶所催化的那些物质称为**底物**(substrate)。酶催化作用的机制仍是改变反应途径,降低反应所需的活化能。除了具有一般催化剂的特点外,还具有下列特征。

(1) 高度特异性。一种酶只对某一种或某一类的反应起催化作用。如脲酶将尿素分解转化成氨和二氧化碳,而对于尿素取代物的水解反应则没有催化作用。

(2) 高度催化活性。对于同一反应而言,酶的催化能力常常比非酶催化高 $10^6 \sim 10^{10}$ 倍。如蛋白质的消化(即水解),在体外需用浓的强酸或强碱,并煮沸相当长的时间才能完成,但食物中蛋白质在酸碱性都不强,温度仅 37 ℃ 的人体消化道中,却能迅速消化,就因为消化液中有蛋白酶等催化。

(3) 通常在一定 pH 范围及一定温度范围内才能有效地发挥作用。因为酶的本质是蛋白质,本身具有许多可电离的基团,溶液 pH 改变,导致酶的荷电状态改变因而影响酶的活性。酶的活性常常在某一 pH 范围内最大,称为酶的最适 pH,体内大多数酶的最适 pH 接近中性。同样温度升高,反应速率加快,当温度升高到一定程度时,再继续升高温度,由于酶的变性,从而失去活性。反应速率最大时的温度称为最适温度,大多数酶的最适温度在 37 ℃ 左右。

本章小结

1. 化学反应速率的定义:单位体积内反应进行程度随时间的变化率,即单位体积内反应进度随时间的变化率。即

$$v \overset{\text{def}}{=} \frac{1}{V} \frac{d\xi}{dt}$$

化学反应速率有平均速率和瞬时速率两种,化学反应的平均速率表示在一段时间间隔内某物质浓度变化的平均值,用 $\bar{v}$ 表示。如果时间间隔无限小,Δt 趋近于零时,平均速率的极限

知识拓展

NOTE

值即为化学反应在 t 时的瞬时速率。

从反应机制考虑,化学反应可分为简单反应和复合反应两大类。一步能直接作用而生成产物的反应称为元反应即简单反应。而复合反应是由若干步元反应组成的。在元反应中的反应物微粒数称为反应分子数。常见的有单分子反应、双分子反应,三分子反应较少见,而三分子以上的反应尚未发现。

2. 化学反应速率理论较成熟的理论是碰撞理论和过渡态理论。

碰撞理论认为能发生反应的碰撞称为有效碰撞,而大部分不发生反应的碰撞称为弹性碰撞。活化分子具有的最低能量与反应物分子的平均能量之差称为活化能,用符号 E_a 表示。具有较大的动能并能够发生有效碰撞的分子称为活化分子。一定温度下,活化能越小,活化分子数越大,单位体积内有效碰撞的次数越多,反应速率越快。

过渡态理论认为,反应物先形成能量较高,且不稳定的中间产物即活化配合物,然后转变成产物。

3. 对于任意反应,$a\mathrm{A}+b\mathrm{B}\rightarrow d\mathrm{D}+e\mathrm{E}$,实验测得速率方程为

$$v = kc^{a}(\mathrm{A})c^{\beta}(\mathrm{B})$$

式中,α 为反应物 A 的反应级数,β 为反应物 B 的反应级数,各反应物反应级数之和 $(\alpha+\beta)$,是该反应的总反应级数。$\alpha+\beta=0$ 为零级反应,$\alpha+\beta=1$ 为一级反应,余类推。

在元反应中,反应级数和反应分子数通常是一致的,即为参加反应的反应物分子总数之和,而对于复杂反应,反应级数是根据实验得出的,其数值可能是整数、分数或负数。一级反应在医药上应用较广,反应物浓度与时间关系的方程式为

$$\ln \frac{c_0(\mathrm{A})}{c(\mathrm{A})} = kt \quad 或 \quad \lg \frac{c_0(\mathrm{A})}{c(\mathrm{A})} = \frac{kt}{2.303}$$

一级反应的半衰期是一个与初始浓度无关的常数。

$$t_{1/2} = \frac{0.693}{k}$$

4. 温度对化学反应速率的影响(Arrhenius 方程式)

$$k = Ae^{-E_a/RT}$$

或

$$\ln k = -\frac{E_a}{RT} + \ln A$$

5. 催化剂对化学反应速率的影响

催化作用理论:均相催化理论(中间产物学说)和多相催化理论(活化中心学说)。

催化剂改变了反应途径,降低了反应所需的活化能,从而提高了反应速率。

酶是生物体内的催化剂。酶的特性:高度特异性;高度催化活性;通常在一定 pH 范围及一定温度范围内才能有效地发挥作用。

目标检测

一、选择题

1. 升高温度能加快反应速率,主要是因为(　　)。

A. 增加了分子总数　　　　　　　　　B. 增加了活化分子的百分数

C. 降低了反应的活化能　　　　　　　D. 促使反应向吸热方向移动

2. 现有一可逆反应,欲用某种催化剂,以加快反应进程,该催化剂应该具备下列哪一种性质?(　　)

A. 仅增大正反应的速率

NOTE

目标检测
答案

同步练习
及其答案

B.同等程度地催化逆反应,从而缩短达到平衡时的时间

C.能使平衡常数发生改变,从而加快正反应的速率

D.降低正反应的活化能,从而使正反应加快

3. 催化剂能极大地改变反应速率,以下说法不正确的是(　　　)。

A.催化剂改变了反应历程

B.催化剂改变了反应的活化能

C.催化剂改变了反应的平衡,从而大大提高了转化率

D.催化剂同时加快正向和逆向反应速率

4. 已知反应 $2A+B \longrightarrow$ 产物,则其速率方程为(　　　)。

A. $v=kc_A^2 \cdot c_B$　　　　B. $v=kc_A \cdot c_B$　　　　C.无法确定　　　　D. $v=kc_A \cdot c_B^2$

5. 某化学反应的速率方程 $v=kc_E^a c_F^b$,则此反应的级数为(　　　)。

A. a　　　　　　　B. b　　　　　　　C. $a+b$　　　　　　　D. ab

6. 下列说法错误的是(　　　)。

A.一步完成的反应是元反应

B.由一个元反应构成的化学反应称为简单反应

C.由两个或两个以上元反应构成的化学反应称为复杂反应

D.元反应都是零级反应

7. 下列叙述正确的是(　　　)。

A.反应的活化能越低,单位时间内有效碰撞越多

B.反应的活化能越高,单位时间内有效碰撞越多

C.反应的活化能越低,单位时间内有效碰撞越少

D.反应的活化能太低,单位时间内几乎无有效碰撞

8. 关于活化能的叙述正确的是(　　　)。

A.活化能是活化配合物具有的能量

B.一个反应的活化能越高,反应速度越快

C.活化能是活化分子最低能量与反应物分子平均能量之差

D.以上说法都不对

9. 已知某反应 $2A+B \Longrightarrow C$,则其速率方程为(　　　)。

A. $v=kc_A^2 c_B$　　　　B. $v=kc_A c_B$　　　　C. $v=kc_A^2$　　　　D.无法确定

10. 在氢气和碘蒸气反应生成碘化氢的反应中,碘化氢的生成速率与碘的减少速率之比是(　　　)。

A.1∶1　　　　　　　B.1∶2　　　　　　　C.2∶1　　　　　　　D.4∶1

二、填空题

1. 元反应 $2NO+H_2 \longrightarrow N_2+H_2O_2$ 的反应速率 $v=$_____。

2. 反应速率常数 k 是一个与_____无关,而与_____有关的数。

3. 催化剂能加快反应速率的机制为_____。

4. 反应 A 分解为 B+C,在某条件下,最后有 30% 分解,现条件不变,使用催化剂,则 A 最后分解应_____30%(大于、等于、小于)。

5. 活化能是指_____的能量,在碰撞理论中活化物的物理意义解释为_____。

6. 一级反应速率常数 k 的单位是_____, $t_{1/2}=$_____。

三、名词解释

NOTE

1. 化学反应速率。

2. 元反应。

3. 有效碰撞。

4. 活化分子。

5. 活化能。

四、计算题

1. 假定 $2A(g)+B(g)\longrightarrow C(g)$ 为元反应,已知反应速率常数 $k=a(L^2 \cdot mol^{-2} \cdot s^{-1})$。现在恒温下将 2 mol A 和 1 mol B 置于 1 L 密闭容器内混合。

试求:(1) A 和 B 各用去一半时的反应速率。

(2) A 和 B 各用去 2/3 物质的量时的反应速率。

2. 反应 $HI(g)+CH_3I(g)\longrightarrow CH_4(g)+I_2(g)$,在 650 K 时速率常数是 2.0×10^{-5},在 670 K 时速率常数是 7.0×10^{-5},求反应的活化能 E_a。

(胡英婕)

第四章 化学平衡

 学习目标

1. 掌握:可逆反应和化学平衡的定义;标准平衡常数的定义及应用;浓度、温度和压力对化学平衡的影响。

2. 熟悉:化学平衡的特点;转化率、多重平衡的概念及有关计算。

3. 了解:催化剂与化学平衡;稳态和内稳态。

 案例导入4-1

患者,女,冬天用煤气取暖,由于室内通风不畅而出现多汗、烦躁、走路不稳、虚脱等症状,面颊皮肤出现樱桃红色,被及时送到医院救治。急诊医生将患者迅速转移到空气流通处并进行纯氧治疗;入院后医生根据中毒症状、中毒时间及医院检查指标判断为中型一氧化碳中毒,采用 2~2.5 个大气压的高压氧舱治疗,数天后完全恢复健康。

1. 血液中血红蛋白与一氧化碳的结合能力非常强,请说明一氧化碳和血红蛋白结合形成 COHb 的反应是不可逆反应还是可逆反应。

2. 急诊医生采取了纯氧治疗措施,临床医生又采用高压氧舱治疗,请说明在气体反应中分压是如何影响化学平衡的。

研究化学反应时,不仅要研究反应速率的问题,而且要研究反应进行的方向和程度如何,即反应限度的问题。在一定条件下,不同的化学反应进行的限度是不一样的,而且同一化学反应在不同的条件下进行的限度也有很大差异,化学反应进行的限度首先取决于反应物和产物的化学性质,此外也受温度、浓度、压力等因素的影响。所以我们可以控制反应条件,使化学反应朝着我们所希望的方向进行,或使反应物尽可能多地转变成价值更高的产物。实际上,化学反应是向着某一方向进行,最终达到平衡状态为止,因此,化学平衡就是化学反应进行的限度。

第一节 化学反应的可逆性与化学平衡

一、化学反应的可逆性

在一定条件下,大多数化学反应是不能向一个方向进行到底的,而是只有部分反应物转化成产物的过程。例如,在密闭容器中注入氮气和氢气,在高温、高压和催化剂存在的条件下,它们能发生反应生成氨气:

$$N_2 + 3H_2 \xrightarrow[\text{催化剂}]{\text{高温,高压}} 2NH_3$$

而在另一密闭容器中注入氨气,在相同条件下,氨气也能分解生成氮气和氢气:

$$2NH_3 \xrightarrow[\text{催化剂}]{\text{高温,高压}} N_2 + 3H_2$$

这种在同一条件下能同时向两个相反方向进行的化学反应称为**可逆反应**(reversible reaction)。为了表示反应的可逆性,在化学方程式中用两个方向相反的箭头符号"$\rightleftharpoons$"代替等号"$=$"或单箭头符号"$\longrightarrow$"。上述两个反应可写成下列形式:

$$N_2 + 3H_2 \xrightleftharpoons[\text{催化剂}]{\text{高温,高压}} 2NH_3$$

在可逆反应中,将从左到右进行的反应称为正(向)反应,从右到左进行的反应称为逆(向)反应。

许多可逆反应对人类的生命活动具有重要意义。比如血液中的血红蛋白(Hb)将空气中的氧气从肺部输送到身体的各个部位,就涉及如下可逆反应:

$$Hb + O_2 \rightleftharpoons HbO_2$$

在肺部,O_2 的分压较高,Hb 与 O_2 结合生成氧合血红蛋白(HbO_2),HbO_2 被血液携带到身体各部位,由于这些部位 O_2 的分压较低,HbO_2 释放出 O_2,以满足体内各种新陈代谢反应的需要。

虽然多数反应是可逆的,但有些化学反应几乎可以进行到底,例如,氢气的爆炸式燃烧反应:

$$O_2(g) + 2H_2(g) \xrightarrow{\text{点燃}} 2H_2O(g)$$

该反应逆向进行的趋势很小,正反应基本可以进行完全。通常把可逆程度极微小的反应称为**不可逆反应**(irreversible reaction)。绝对不可逆的反应是不存在的。

二、化学平衡

将一可逆反应的反应物放在密闭容器中,在一定条件下让其反应。在开始的一瞬间,只有反应物,因此反应正向进行。一旦有产物生成,立即就有逆反应发生。随着反应进行,反应物的浓度(精确计算时用活度来代替)逐渐降低,产物的浓度逐渐升高。因此,正反应的反应速率逐渐减小,逆反应的反应速率逐渐增大,当正、逆反应的反应速率相等时,反应物和产物的浓度不再随时间的变化而变化(图 4-1)。

在一定条件下,可逆反应中正反应和逆反应的反应速率相等时系统所处的状态称为化学平衡状态,简称为**化学平衡**(chemical equilibrium)。当可逆反应达到化学平衡时,正反应和逆反应都在继续进行,只是它们的反应速率相等、反应方向相反,正反应与逆反应相互抵消,反应物和产物的活度不再发生变化。因此,化学平衡是一种动态平衡。

由上述讨论可知,化学平衡具有以下几个基本特点。

(1) 正反应的反应速率与逆反应的反应速率相等,是建立化学平衡的条件。

(2) 化学平衡是可逆反应进行的最大限度。反应物和产物的活度都不再随时间的变化而变化,这是建立化学平衡的标志。

(3) 化学平衡是相对的和有条件的动态平衡。当外界条件改变时,原来的化学平衡被破坏,直到在新条件下又建立新的化学平衡。化学反应需在一相对密闭的体系里才能达到平衡,如果反应所在体系与外界有物质交换,则不能达到平衡状态。

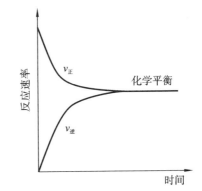

图 4-1 正、逆反应速率随时间变化示意图

如在开口的容器中加热 NH_4HCO_3 使其分解：

$$NH_4HCO_3(s) \xrightarrow{\text{加热}} H_2O(g) + CO_2(g) + NH_3(g)$$

由于产生的气态物质不断逸出系统，反应不能达到平衡，而是持续进行直到分解完全。

第二节　标准平衡常数及其应用

一、标准平衡常数

（一）标准平衡常数表达式

1. 定义

化学平衡通常用化学平衡常数来表示。当可逆反应达到平衡状态时，系统中各物质的浓度不再随时间的改变而改变，我们称此时的活度为平衡浓度。若将平衡浓度除以标准浓度 $c^{\ominus}(c^{\ominus}=1\ mol/L)$，得到的比值称为相对平衡浓度。

对于任一可逆反应

$$aA(aq) + bB(aq) \Longleftrightarrow dD(aq) + eE(aq)$$

在一定温度下达到化学平衡时，产物各相对平衡浓度以其化学计量数为幂指数的乘积与反应物各相对平衡浓度以其化学计量数为幂指数的乘积的比值为一个常数，即：

$$K^{\ominus} = \frac{[c_{eq}(D)/c^{\ominus}]^d \cdot [c_{eq}(E)/c^{\ominus}]^e}{[c_{eq}(A)/c^{\ominus}]^a \cdot [c_{eq}(B)/c^{\ominus}]^b} \tag{4-1}$$

式(4-1)称为标准平衡常数表达式，其中，$K^{\ominus}$ 称为标准平衡常数，其量纲为 1；$c_{eq}(B)$ 为物质 B 的平衡浓度；b 为物质 B 的化学计量数。

每一个可逆反应都有其标准平衡常数 $K^{\ominus}$，它是温度的函数，在一定温度下是一个常数。它表示化学反应在一定条件下达到平衡时反应物的转化程度，$K^{\ominus}$ 越大表示正反应进行的程度越大，平衡混合物中产物的相对平衡浓度越大，反应物的转化率越高。

2. 书写注意事项

在书写标准平衡常数表达式时应注意以下几点。

(1) 若反应物或生成物 B 为固体、纯液体或稀溶液中的溶剂，则 $c_{eq}(B)=1\ mol/L$，均不写入标准平衡常数表达式中；若 B 为气体，则用分压表示，即相对平衡浓度为 $p_{eq}(B)/p^{\ominus}$，$p^{\ominus}=100\ kPa$。例如：

$$O_2(g) + 2H_2(g) \xrightarrow{\text{点燃}} 2H_2O(g)$$

的标准平衡常数表达式为

$$K^{\ominus} = \frac{[p_{eq}(H_2O)/p^{\ominus}]^2}{[p_{eq}(H_2)/p^{\ominus}]^2 \cdot [p_{eq}(O_2)/p^{\ominus}]} \tag{4-2}$$

(2) 标准平衡常数表达式和标准平衡常数值与化学反应方程式有关。同一可逆反应，如果用不同的化学方程式来表示，则标准平衡常数表达式和标准平衡常数值将会不同。例如：

$$H_2(g) + I_2(g) \Longleftrightarrow 2HI(g) \qquad K_1^{\ominus} = \frac{[p_{eq}(HI)/p^{\ominus}]^2}{[p_{eq}(H_2)/p^{\ominus}] \cdot [p_{eq}(I_2)/p^{\ominus}]}$$

$$0.5H_2(g) + 0.5I_2(g) \Longleftrightarrow HI(g) \qquad K_2^{\ominus} = \frac{[p_{eq}(HI)/p^{\ominus}]}{[p_{eq}(H_2)/p^{\ominus}]^{1/2} \cdot [p_{eq}(I_2)/p^{\ominus}]^{1/2}}$$

$$2HI(g) \Longleftrightarrow H_2(g) + I_2(g) \qquad K_3^{\ominus} = \frac{[p_{eq}(H_2)/p^{\ominus}] \cdot [p_{eq}(I_2)/p^{\ominus}]}{[p_{eq}(HI)/p^{\ominus}]^2}$$

上述化学计量数不同的可逆反应，其标准平衡常数间的关系为

标准平衡常数

NOTE

$$K_1^\ominus = (K_2^\ominus)^2 = \frac{1}{K_3^\ominus}$$

【例 4-1】 写出下列反应的标准平衡常数表达式。

(1) $NH_4HCO_3(s) \underset{}{\overset{加热}{\rightleftharpoons}} H_2O(g) + CO_2(g) + NH_3(g)$

(2) $Zn(s) + Cu^{2+}(aq) \rightleftharpoons Zn^{2+}(aq) + Cu(s)$

(3) $ZnS(s) + 2H_3O^+(aq) \rightleftharpoons Zn^{2+}(aq) + H_2S(g) + 2H_2O(l)$

解：上述三个可逆反应的标准平衡常数表达式分别为

(1) $K^\ominus = [p_{eq}(H_2O)/p^\ominus] \cdot [p_{eq}(CO_2)/p^\ominus] \cdot [p_{eq}(NH_3)/p^\ominus]$

(2) $K^\ominus = \dfrac{[c_{eq}(Zn^{2+})/c^\ominus]}{[c_{eq}(Cu^{2+})/c^\ominus]}$

(3) $K^\ominus = \dfrac{[c_{eq}(Zn^{2+})/c^\ominus][p_{eq}(H_2S)/p^\ominus]}{[c_{eq}(H_3O^+)/c^\ominus]^2}$

（二）标准平衡常数的实验测定

标准平衡常数可以通过实验测定。只要测定出某温度下反应物和产物的平衡浓度或平衡分压，就可以计算出反应的标准平衡常数。通常是测定反应物的起始浓度或分压及任一反应物或产物的平衡浓度或平衡分压，根据化学反应方程式推算出其他反应物和产物的平衡浓度或平衡分压，计算出反应的标准平衡常数。

【例 4-2】 某温度时，将 H_2 和 CO 充入一密闭容器中，发生下列反应：

$$3H_2(g) + CO(g) \underset{}{\overset{1133\ K}{\rightleftharpoons}} CH_4(g) + H_2O(g)$$

已知 H_2 和 CO 的初始分压分别为 203.0 kPa 和 101.0 kPa，平衡时 CH_4 的分压为 13.2 kPa。假设没有其他化学反应发生，计算该反应在该温度下的标准平衡常数。

解：在等温等容下，由理想气体状态方程 $pV = nRT$，可知各种气体的分压正比于各自的物质的量。因此，各种气体的分压变化关系也是由化学反应方程式中的化学计量数决定的。根据化学反应方程式，反应物和产物的平衡分压分别为

$$p_{eq}(H_2O) = p_{eq}(CH_4) = 13.2\ kPa$$

$$p_{eq}(CO) = p_0(CO) - p_{eq}(CH_4) = 101.0\ kPa - 13.2\ kPa = 87.8\ kPa$$

$$p_{eq}(H_2) = p_0(H_2) - 3p_{eq}(CH_4) = 203.0\ kPa - 3 \times 13.2\ kPa = 163.4\ kPa$$

此温度下，该可逆反应的标准平衡常数如下：

$$K^\ominus = \frac{[p_{eq}(CH_4)/p^\ominus] \cdot [p_{eq}(H_2O)/p^\ominus]}{[p_{eq}(H_2)/p^\ominus]^3 \cdot [p_{eq}(CO)/p^\ominus]} = \frac{0.132 \times 0.132}{1.634^3 \times 0.878} = 4.55 \times 10^{-3}$$

二、标准平衡常数的应用

利用化学反应平衡常数，能预测反应方向、判断反应进行的限度及计算平衡组成等。

（一）预测反应方向

1. 反应商

对于任一可逆反应

$$aA(aq) + bB(aq) \rightleftharpoons dD(aq) + eE(aq)$$

在一定温度下到达某种状态时，产物各浓度以其化学计量数为幂指数的乘积与反应物各浓度以其化学计量数为幂指数的乘积的比值，称为该可逆反应的反应商，用 J 来表示。即

$$J = \frac{[c(D)/c^\ominus]^d \cdot [c(E)/c^\ominus]^e}{[c(A)/c^\ominus]^a \cdot [c(B)/c^\ominus]^b} \tag{4-3}$$

J 和 $K^\ominus$ 形式完全相同，单位也一致，但反应商公式中的浓度是任意状态下的瞬时浓度，并

NOTE

不一定是平衡浓度。

2. 反应方向判断

比较标准平衡常数和反应商,可以判断平衡是否移动及移动方向:

当 $J < K^{\ominus}$ 时,可逆反应正向进行。

当 $J = K^{\ominus}$ 时,可逆反应处于平衡状态。

当 $J > K^{\ominus}$ 时,可逆反应逆向进行。

【例 4-3】 已知 300.15 K 时,可逆反应:

$$Pb^{2+}(aq) + Sn(s) \rightleftharpoons Pb(s) + Sn^{2+}(aq)$$

的标准平衡常数 $K^{\ominus} = 2.2$,若反应分别从下列两种情况开始,试判断可逆反应进行的方向。

(1) $Pb^{2+}(aq)$ 和 $Sn^{2+}(aq)$ 的浓度均为 0.20 mol/L;

(2) $Pb^{2+}(aq)$ 的浓度是 0.20 mol/L,$Sn^{2+}(aq)$ 的浓度为 2.0 mol/L。

解:(1) 可逆反应的反应商为

$$J = \frac{c(Sn^{2+})/c^{\ominus}}{c(Pb^{2+})/c^{\ominus}} = \frac{(0.20 \text{ mol/L})/(1 \text{ mol/L})}{(0.20 \text{ mol/L})/(1 \text{ mol/L})} = 1.0$$

由于 $J < K^{\ominus}$,所以 303.15 K 时反应正向进行。

(2) 可逆反应的反应商为

$$J = \frac{c(Sn^{2+})/c^{\ominus}}{c(Pb^{2+})/c^{\ominus}} = \frac{(2.0 \text{ mol/L})/(1 \text{ mol/L})}{(0.20 \text{ mol/L})/(1 \text{ mol/L})} = 10$$

由于 $J > K^{\ominus}$,所以 303.15 K 时反应逆向进行。

(二)判断反应进行的限度

在一定条件下,当可逆反应达到平衡时,正反应速率与逆反应速率相等,反应物和产物的活度不再改变。这表明在该条件下反应物转化为产物已经达到了最大限度。如果可逆反应的标准平衡常数很大,则产物的平衡浓度比反应物的平衡浓度要大得多,说明大部分反应物已经转化为产物,反应进行得比较完全。相反,如果反应的标准平衡常数很小,产物的平衡浓度比反应物的平衡浓度要小得多,说明反应物只有一小部分转化为产物,反应进行的限度很小。

可逆反应进行的限度也常用平衡转化率表示。反应物 A 的平衡转化率定义如下:

$$\alpha_A = \frac{n_{0,A} - n_{eq,A}}{n_{0,A}}$$

式中,$n_{0,A}$ 为起始状态时反应物 A 的物质的量,$n_{eq,A}$ 为平衡状态时反应物 A 的物质的量。

【例 4-4】 298.15 K 时,CH_3COOH 与 C_2H_5OH 的酯化反应的标准平衡常数 $K^{\ominus} = 4.0$。在此温度下将 1.0 mol CH_3COOH 和 1.0 mol C_2H_5OH 在一固定体积的密闭容器中混合,计算乙酸的平衡转化率。

解:乙酸和乙醇发生如下酯化反应:

$$CH_3COOH(aq) + C_2H_5OH(aq) \rightleftharpoons CH_3COOC_2H_5(aq) + H_2O(aq)$$

因为是 1:1:1:1 的液体物质反应生成液体物质,若混合后溶液总体积为 V L,设平衡时生成 x mol 乙酸乙酯,则乙酸和乙醇的平衡浓度均为 $\frac{1.0-x}{V}$ mol/L,生成的乙酸乙酯和水的平衡浓度都是 $\frac{x}{V}$ mol/L,则有

$$K^{\ominus} = \frac{[c_{eq}(CH_3COOC_2H_5)/c^{\ominus}] \cdot [c_{eq}(H_2O)/c^{\ominus}]}{[c_{eq}(CH_3COOH)/c^{\ominus}] \cdot [c_{eq}(C_2H_5OH)/c^{\ominus}]}$$

代入数据得

$$4.0 = \frac{x^2/V^2}{(1.0-x)^2/V^2} = \frac{x^2}{(1.0-x)^2}$$

$$x=0.67 \text{ mol}$$

故乙酸的平衡转化率为

$$\alpha_{CH_3COOH} = \frac{n_{0,CH_3COOH} - n_{eq,CH_3COOH}}{n_{0,CH_3COOH}} = \frac{1 \text{ mol} - (1-0.67) \text{ mol}}{1 \text{ mol}} \times 100\% = 67\%$$

（三）计算平衡组成

标准平衡常数确定了反应物和产物的平衡浓度或平衡分压之间的关系,利用标准平衡常数可以计算反应物和产物的平衡浓度或平衡分压。

【例 4-5】 在 1273.15 K 时,下列可逆反应:

$$FeO(s) + CO(g) \xrightleftharpoons{1273.15 \text{ K}} Fe(s) + CO_2(g)$$

其标准平衡常数 $K^{\ominus} = 0.5$。如果在 CO 的分压为 6000 kPa 的密闭容器中加入足量的 FeO,计算 CO 和 CO_2 的平衡分压。

解: 设反应达平衡时,CO 减少了 x kPa,相应地,CO_2 增加了 x kPa

$$FeO(s) + CO(g) \xrightleftharpoons{1273.15 \text{ K}} Fe(s) + CO_2(g)$$

p_0/kPa	6000	0
Δp/kPa	$-x$	x
p_{eq}/kPa	$6000-x$	x

在平衡状态时有

$$K^{\ominus} = \frac{p_{eq}(CO_2)/p^{\ominus}}{p_{eq}(CO)/p^{\ominus}}$$

代入数据得

$$0.5 = \frac{x/100}{(6000-x)/100}$$

$$x = 2000 \text{ (kPa)}$$

CO 和 CO_2 的平衡分压分别为

$$p_{eq}(CO) = (6000-x) \text{ kPa} = 4000 \text{ kPa}$$

$$p_{eq}(CO_2) = x \text{ kPa} = 2000 \text{ kPa}$$

（四）多重平衡规则

实际的化学过程往往有若干种平衡状态同时存在。在一个系统中,如果有几个反应同时处于平衡状态,那么系统中各物质的分压或浓度必然同时满足这几个平衡,这种现象称为**多重平衡**(multiple equilibrium)或**同时平衡**(simultaneous equilibrium)。

如果一个可逆反应可以由几个可逆反应相加(或相减)得到,则该可逆反应的标准平衡常数等于几个可逆反应的标准平衡常数的乘积(或商)。这种规律称为多重平衡规则。

某些可逆反应的标准平衡常数很难或不能通过实验测定,但利用多重平衡规则及一些已知可逆反应的平衡常数,通过计算就可以轻松得到答案。

【例 4-6】 823.15 K 时,已知下列可逆反应:

(1) $CO_2(g) + H_2(g) \xrightleftharpoons{823.15 \text{ K}} CO(g) + H_2O(g)$ $K_1^{\ominus} = 0.14$

(2) $CoO(s) + H_2(g) \xrightleftharpoons{823.15 \text{ K}} Co(s) + H_2O(g)$ $K_2^{\ominus} = 67$

计算 823.15 K 时,可逆反应:

(3) $CoO(s) + CO(g) \xrightleftharpoons{823.15 \text{ K}} Co(s) + CO_2(g)$

的标准平衡常数 $K_3^{\ominus}$。

解: 可逆反应(2)-可逆反应(1)=可逆反应(3),根据多重平衡规则,可逆反应(3)在

NOTE

823.15 K 时的标准平衡常数为

$$K_3^{\ominus} = \frac{K_2^{\ominus}}{K_1^{\ominus}} = \frac{67}{0.14} = 4.8 \times 10^2$$

在多重平衡体系中,只有几个反应都达到平衡后,体系才能真正达到化学平衡状态。也就是说,即使有个别反应先暂时达到"平衡",此"平衡"也必定受尚未达到平衡的反应影响而继续进行,各个反应之间的影响是相互的,直至都达到平衡为止。不仅如此,有时候,这种影响甚至能使原本不能自发进行的反应变得可以自发进行。当体系中一个反应的产物是另一个反应的反应物之一时,因为多重平衡的相互影响,其中一个极易进行的反应很可能带动另一个难以进行的反应,此两个反应合起来称为**偶合反应**(coupling reaction)。偶合反应对生命活动的意义十分重大,体内的许多生化反应、生理过程如 DNA 的复制、RNA 的转录、蛋白质的生物合成、细胞膜的主动运输等都不是自发反应,它们正是与其他放热反应发生偶合后,才被带动起来的。

第三节 化学平衡的移动

从微观上看,化学反应达到平衡状态时,反应并没有停止,如果外界条件发生变化,原来的平衡将被破坏,反应将在新的条件下建立新的平衡。这种由于反应条件的变化而使反应从一种平衡态变到另一种平衡态的过程称为**化学平衡的移动**(shift of chemical equilibrium)。化学平衡移动的结果,使反应物和产物的浓度或分压发生变化。如果产物的浓度或分压增大,则化学平衡向产物的方向移动,即化学平衡正向移动;如果反应物的浓度或分压增大,则化学平衡向反应物的方向移动,即化学平衡逆向移动。

影响化学平衡移动的因素主要有浓度、压力和温度。

一、浓度对化学平衡的影响

浓度对化学
平衡的影响

对于稀溶液中进行的可逆反应,在等温、等压条件下达到平衡时:$J = K^{\ominus}$。在其他条件不变时,改变平衡体系中任一反应物或产物的浓度,必然使得 $J \neq K^{\ominus}$,导致化学平衡发生移动。

当增大反应物浓度或减小产物浓度时,反应商减小,使 $J < K^{\ominus}$,系统不再处于平衡状态,可逆反应正向进行。随着反应的进行,反应物浓度逐渐降低,产物浓度逐渐增大,反应商也随之增大,当反应商增大到再次等于标准平衡常数时,系统又达到新的平衡状态。显然,达到新的平衡状态时,产物的浓度比原平衡状态时增大了。

【例 4-7】 298.15 K 时,CH_3COOH 与 C_2H_5OH 的酯化反应的标准平衡常数 $K^{\ominus} = 4.0$。在此温度下将 1.0 mol CH_3COOH 和 2.0 mol C_2H_5OH 在一固定体积的密闭容器中混合,计算乙酸的平衡转化率。

解:乙酸和乙醇发生如下酯化反应:

$$CH_3COOH(aq) + C_2H_5OH(aq) \rightleftharpoons CH_3COOC_2H_5(aq) + H_2O(aq)$$

因为是 $1:1:1:1$ 的液体物质反应生成液体物质,若混合后溶液总体积为 V L,设平衡时生成 x mol 乙酸乙酯,则乙酸的平衡浓度为 $\frac{1.0-x}{V}$ mol/L,乙醇的平衡浓度为 $\frac{2.0-x}{V}$ mol/L,生成的乙酸乙酯和水的平衡浓度都是 $\frac{x}{V}$ mol/L,则有

$$K^{\ominus} = \frac{[c_{eq}(CH_3COOC_2H_5)/c^{\ominus}] \cdot [c_{eq}(H_2O)/c^{\ominus}]}{[c_{eq}(CH_3COOH)/c^{\ominus}] \cdot [c_{eq}(C_2H_5OH)/c^{\ominus}]}$$

NOTE

代入数据得

$$4.0 = \frac{x^2/V^2}{(1.0-x) \cdot (2.0-x)/V^2} = \frac{x^2}{(1.0-x)(2.0-x)}$$

$$x = 0.84 \ \mathrm{mol}$$

故乙酸的平衡转化率为

$$\alpha_{CH_3COOH} = \frac{n_{0,CH_3COOH} - n_{eq,CH_3COOH}}{n_{0,CH_3COOH}} = \frac{1 \ \mathrm{mol} - (1-0.84) \ \mathrm{mol}}{1 \ \mathrm{mol}} \times 100\% = 84\%$$

与例 4-4 对比可知：增加一种反应物（乙醇）的浓度会打破原有的平衡，使可逆反应正向移动，从而提高另一种反应物（乙酸）的转化率。

工业生产中，常采用不断分离出产物的方法来改变平衡的移动，从而提高反应物的利用率。

相反，当减小反应物或增大产物浓度时，反应商增大，使 $J > K^\ominus$，化学平衡逆向移动，反应商逐渐减小，直至反应商重新等于标准平衡常数时，又建立起新的化学平衡。

浓度对化学平衡的影响可以归纳如下：在其他条件不变的情况下，增大反应物浓度或减小产物浓度，化学平衡将正向移动；增大产物浓度或减小反应物浓度，化学平衡将逆向移动。

二、压力对化学平衡的影响

对只有液体或固体参与的可逆反应来说，改变压力对这类反应的化学平衡影响很小，可以不予考虑。

对于气体参与的可逆反应，压力的变化和浓度的改变完全一样，并不影响标准平衡常数，但可能改变反应商，使 $J \neq K^\ominus$，化学平衡会发生移动。由于改变压力的方法不同，所以对化学平衡的影响也就不同。

（一）反应物或产物分压的变化对化学平衡的影响

等温、等容条件下，改变平衡系统中任一反应物或产物的分压，必然使 $J \neq K^\ominus$，导致化学平衡发生移动。当增大反应物的分压或减少产物的分压时，反应商减小，使 $J < K^\ominus$，化学平衡正向移动。

相反，当减小反应物的分压或增大产物的分压时，反应商增大，使 $J > K^\ominus$，化学平衡逆向移动。

改变气体分压对化学平衡的影响可以归纳如下：在其他条件不变的情况下，增大反应物的分压或减小产物的分压，化学平衡向正向移动；增大产物的分压或减小反应物的分压，化学平衡将逆向移动。此时，压力的变化和浓度的变化对化学平衡的影响相同。

反应物分压的改变使化学平衡发生移动的实例很多，如植物生长时施用碳酸氢铵，除向植物提供氮外，碳酸氢铵还会发生分解反应。

$$NH_4HCO_3(s) \Longleftrightarrow H_2O(g) + CO_2(g) + NH_3(g)$$

反应能提供一定量的 CO_2，相当于在光合作用中增大反应物 CO_2 的分压，可以促进植物的光合作用。

$$6CO_2(g) + 6H_2O(g) \xrightarrow{\text{光合}} C_6H_{12}O_6(s) + 6O_2(g)$$

（二）体积改变引起压力的变化对化学平衡的影响

对有气体参与的可逆反应，改变反应体系的体积，体系总压发生变化，使反应物和产物的分压发生相应变化，可能导致化学平衡发生移动。

在等温条件下，对已经达到平衡的可逆反应施压，将体积压缩到原来的 $1/N$，系统的总压力就增大到原来的 N 倍，反应物和产物的分压也增大到原来的 N 倍。对于气体分子数不变

压力对化学平衡的影响（微视频）

NOTE

的反应，$J=K^{\ominus}$ 始终成立，故化学平衡不发生移动；对于气体分子数减少的反应，通过计算知 $J<K^{\ominus}$，化学平衡将正向移动；对于气体分子数增大的反应，通过计算知 $J>K^{\ominus}$，化学平衡将逆向移动。

同理，在等温条件下使系统的体积膨胀到原来的 N 倍，系统的总压相应地减小到原来的 $1/N$，气体反应物和产物的分压也减小到原来的 $1/N$。对于气体分子数不变的反应，$J=K^{\ominus}$ 始终成立，故化学平衡不发生移动；对于气体分子数减少的反应，通过计算知 $J>K^{\ominus}$，化学平衡将逆向移动；对于气体分子数增大的反应，通过计算知 $J<K^{\ominus}$，化学平衡将正向移动。

可见，对于气体分子数不变的可逆反应，改变体积不影响化学平衡；对于气体分子数变化的可逆反应，增大压力时化学平衡将向分子数减少的方向移动，减小压力时化学平衡将向分子数增加的方向移动。

【例 4-8】 在 325.15 K 时，

$$N_2O_4(g) \Longrightarrow 2NO_2(g)$$

处于平衡状态，系统总压为 1.0×10^5 Pa，此时 N_2O_4 的转化率 50.2%。

（1）计算该温度下反应的标准平衡常数。

（2）若温度恒定，平衡总压增加到 1.0×10^6 Pa，计算 N_2O_4 的转化率。

解：设系统中有 1 mol N_2O_4，其转化率为 α，则

$$N_2O_4(g) \Longrightarrow 2NO_2(g)$$

| n_0/mol | 1.0 | 0 |
| n_{eq}/mol | $1.0-\alpha$ | 2α |

达到平衡时，系统内反应物和产物之和为

$$n_{总} = (1.0-\alpha)+2\alpha = 1.0+\alpha$$

若平衡总压为 P，则反应物和产物的分压为

$$p_{eq}(N_2O_4) = P\times\frac{1-\alpha}{1+\alpha} \qquad p_{eq}(NO_2) = P\times\frac{2\alpha}{1+\alpha}$$

（1）将总压 $P=1.0\times10^5$ Pa 代入标准平衡常数公式得

$$K^{\ominus} = \frac{[p_{eq}(NO_2)/p^{\ominus}]^2}{p_{eq}(N_2O_4)/p^{\ominus}} = \frac{\left[P\times\frac{2\alpha}{1+\alpha}\Big/p^{\ominus}\right]^2}{P\times\frac{1-\alpha}{1+\alpha}\Big/p^{\ominus}} = \frac{\left(\frac{1.0\times10^5}{1.0\times10^5}\times\frac{2\alpha}{1+\alpha}\right)^2}{\frac{1.0\times10^5}{1.0\times10^5}\times\frac{1-\alpha}{1+\alpha}} = \frac{4\alpha^2}{1-\alpha^2}$$

将 N_2O_4 的转化率 $\alpha=50.2\%$ 代入得

$$K^{\ominus} = \frac{4\times0.502^2}{1-0.502^2} = 1.35$$

（2）因为温度恒定，所以 K 不变，将总压 $P=1.0\times10^6$ Pa 代入 K 得

$$K^{\ominus} = \frac{[p_{eq}(NO_2)/p^{\ominus}]^2}{p_{eq}(N_2O_4)/p^{\ominus}} = \frac{\left[P\times\frac{2\alpha}{1+\alpha}\Big/p^{\ominus}\right]^2}{P\times\frac{1-\alpha}{1+\alpha}\Big/p^{\ominus}} = \frac{\left(\frac{1.0\times10^6}{1.0\times10^5}\times\frac{2\alpha}{1+\alpha}\right)^2}{\frac{1.0\times10^6}{1.0\times10^5}\times\frac{1-\alpha}{1+\alpha}} = 10\times\frac{4\alpha^2}{1-\alpha^2}$$

$$1.35 = 10\times\frac{4\alpha^2}{1-\alpha^2}$$

解得
$$\alpha=18.1\%$$

（三）惰性气体对化学平衡的影响

此处的惰性气体指的是不参与化学反应的气体物质。例如：甲烷在合成氨的反应中是惰性气体，水蒸气在乙苯脱氢生成苯乙烯的反应中也是惰性气体。惰性气体对化学平衡的影响可以分为两种情况。

（1）在温度和总压不变的情况下加入惰性气体：当可逆反应在一定温度下达到平衡时，加入惰性气体，为了保持总压不变，系统的体积会相应增大。在这种情况下，反应物和产物的分压降低的程度相同。若气体反应物的化学计量数之和与气体产物的化学计量数不相等，则 $J \neq K^{\ominus}$，化学平衡向气体分子数增加的方向移动。

（2）在温度和体积不变的情况下加入惰性气体：可逆反应在恒温、恒容下达到平衡后，加入惰性气体，系统的总压增大，但反应物和产物的分压不变，$J = K^{\ominus}$ 始终成立，化学平衡不发生移动。

三、温度对化学平衡的影响

温度对化学平衡的影响，与浓度和压力对化学平衡的影响不同。可逆反应达到平衡后，改变反应物或产物的浓度或压力，$K^{\ominus}$ 始终不变，但反应商 J 会发生变化而使 $J \neq K^{\ominus}$，导致平衡发生移动。而当温度改变时，$K^{\ominus}$ 将发生变化而使 $J \neq K^{\ominus}$，导致平衡发生移动。

可逆反应的 $K^{\ominus}$ 是温度的函数（平衡常数与温度的关系，可以用范特霍夫方程（J. H. Van't Hoff equation）表示，将在后续物理化学课程中做系统介绍），因此同一化学反应在不同温度下进行时，其标准平衡常数不同。温度对标准平衡常数的影响与反应是吸热或放热反应有关。

设 $K_1^{\ominus}$ 为反应在 T_1 时的速率常数，$K_2^{\ominus}$ 为反应在 T_2 时的速率常数，若 $T_2 > T_1$，则有

$$\ln \frac{K_2^{\ominus}}{K_1^{\ominus}} = \frac{\Delta_r H_m^{\ominus}}{R}\left(\frac{T_2 - T_1}{T_1 T_2}\right)$$

对正向吸热反应：$\Delta_r H_m^{\ominus} > 0$，当温度升高时，$K^{\ominus}$ 将增大，即 $K_2^{\ominus} > K_1^{\ominus}$，使 $J < K^{\ominus}$，化学平衡将正向（吸热方向）移动；当温度降低时，$K^{\ominus}$ 将减小，即 $K_2^{\ominus} < K_1^{\ominus}$，使 $J > K^{\ominus}$，化学平衡将逆向（放热方向）移动。

对正向放热反应：$\Delta_r H_m^{\ominus} < 0$，当温度升高时，$K^{\ominus}$ 将减小，即 $K_2^{\ominus} < K_1^{\ominus}$，使 $J > K^{\ominus}$，化学平衡将逆向（吸热方向）移动；当温度降低时，$K^{\ominus}$ 将增大，即 $K_2^{\ominus} > K_1^{\ominus}$，使 $J < K^{\ominus}$，化学平衡将正向（放热方向）移动。

可见，在其他条件不变的情况下，升高温度时化学平衡将向吸热方向移动；降低温度时化学平衡将向放热方向移动。

温度对化学平衡的影响（微视频）

四、催化剂与化学平衡

催化剂通过改变反应历程实现对反应速率的改变，从而改变反应到达化学平衡所需的时间，但催化剂对正、逆反应的反应速率的改变是同等程度的，故反应商 J 不会改变。催化剂也不能改变反应的标准平衡常数 $K^{\ominus}$，因此 $J = K^{\ominus}$ 始终成立。故在一定条件下的可逆反应体系中加入催化剂，只会改变化学反应到达平衡的时间，不会导致化学平衡发生移动。

本章小结

1. 在同一条件下能同时向两个方向进行的化学反应称为可逆反应。在化学方程式中用可逆符号表示。在可逆反应中，正反应和逆反应的反应速率相等时系统所处的状态称为化学平衡状态。

2. 化学平衡经常用平衡常数来表示。对任一可逆反应

$$a\mathrm{A(aq)} + b\mathrm{B(aq)} \Longrightarrow d\mathrm{D(aq)} + e\mathrm{E(aq)}$$

在一定温度下达到化学平衡时，各产物的相对平衡浓度以其化学计量数为幂指数的乘积与各反应物相对平衡浓度以其化学计量数为幂指数的乘积的比值为一个常数，即：

知识拓展

NOTE

$$K^{\ominus} = \frac{[c_{eq}(D)/c^{\ominus}]^d \cdot [c_{eq}(E)/c^{\ominus}]^e}{[c_{eq}(A)/c^{\ominus}]^a \cdot [c_{eq}(B)/c^{\ominus}]^b}$$

$K^{\ominus}$虽可以用浓度的幂次方的比值来表示,但它只和温度有关,可以通过实验测定。用$K^{\ominus}$可以预测可逆反应的方向、判断反应进行的限度、计算可逆反应的平衡组成,还可以和多重平衡规则联合计算某些不容易在实验室测定得到的可逆反应的$K^{\ominus}$。

3. 影响化学平衡移动的因素主要有浓度、压力和温度。

(1) 其他条件恒定,增大反应物浓度或减小产物浓度,化学平衡将正向移动;增大产物浓度或减小反应物浓度,化学平衡将逆向移动。

(2) 其他条件恒定,增大反应物的分压或减小产物的分压,化学平衡将正向移动;增大产物或减小反应物分压,化学平衡将逆向移动。对于气体分子数不变的可逆反应,改变体积不影响化学平衡;对于气体分子数变化的可逆反应,增大压力,平衡将向分子数减少的方向移动,减小压力,平衡将向分子数增多的方向移动。在温度和总压力不变的情况下加入惰性气体,若气体反应物的化学计量数之和与气体产物的化学计量数之和不相等,则化学平衡将向气体分子数增多的方向移动;若反应物与产物的计量数之和相等,平衡不移动。

(3) 其他条件恒定,升高温度时化学平衡将向吸热方向移动;降低温度时化学平衡将向放热方向移动。若$K_1^{\ominus}$为反应在T_1时的速率常数,$K_2^{\ominus}$为反应在T_2时的速率常数,假设$T_2 > T_1$,总有下式成立:

$$\ln \frac{K_2^{\ominus}}{K_1^{\ominus}} = \frac{\Delta_r H_m^{\ominus}}{R}\left(\frac{T_2 - T_1}{T_1 T_2}\right)$$

总结浓度、压力和温度对平衡系统的影响会发现,对已达到化学平衡的反应,改变外部条件时平衡总是向着减弱这种变化的方向移动,这称为 Le Chatelier 原理。

催化剂的加入会同等程度地改变正、逆反应的反应速率,因此催化剂只会改变化学反应到达平衡的时间,不会导致化学平衡发生移动。

目标检测

一、判断题

1. 某反应的平衡常数越大表示该反应的反应速率越大,产物产率越高。(   )

2. 当可逆反应达到化学平衡时,反应物的浓度等于产物的浓度。(   )

3. 某气相反应达到化学平衡时,保持其他条件恒定,给系统加压,反应物和产物的分压也随之增大相应倍数,反应必定正向移动。(   )

4. 化学反应平衡常数可用浓度表示和计算,所以平衡常数由反应物和产物的浓度决定。

5. 在其他条件恒定的情况下,升高温度,化学平衡总是向着吸热方向移动。(   )

6. 当可逆反应在一定条件下达到平衡时,反应物和产物的量不再改变,正反应和逆反应也就完全停止了。(   )

7. 在一个反应中,某一反应物的平衡转化率越大,该反应的标准平衡常数越大。(   )

二、填空题

1. 平衡浓度_____随时间变化而变化,_____随初始浓度的变化而变化,_____随温度的变化而变化。(选填"会"或"不会")

2. 下列可逆反应

$$SiCl_4(l) + 2H_2O(g) \Longleftrightarrow SiO_2(s) + 4HCl(g)$$

的标准平衡常数表达式为_____。

目标检测
答案

同步练习
及其答案

3. 某温度下，下列可逆反应：

$$CO_2(g) + Fe(s) \Longleftrightarrow CO(g) + FeO(s) \tag{1}$$

$$H_2O(g) + Fe(s) \Longleftrightarrow H_2(g) + FeO(s) \tag{2}$$

(1)(2)对应的标准平衡常数分别为 1.47 和 2.38，则该温度下可逆反应

$$CO_2(g) + H_2(g) \Longleftrightarrow CO(g) + H_2O(g)$$

的标准平衡常数 $K^\ominus = $ _____。

4. 平衡常数和平衡转化率都能表示反应进行的程度，它们的主要区别是 _____。

5. 某可逆反应在某温度下的标准平衡常数 $K^\ominus = 10$，_____（填"能"或"不能"）表示此反应在标准态下的平衡常数为 10，原因是 _____。

三、选择题

1. 293.15 K 时血红蛋白的氧合反应

$$Hb(aq) + O_2(g) \Longleftrightarrow HbO_2(aq)$$

的标准平衡常数为 85.5，则其逆反应

$$HbO_2(aq) \Longleftrightarrow Hb(aq) + O_2(g)$$

的标准平衡常数为（   ）。

A. 85.5   B. $\dfrac{1}{85.5}$ C. 85.5×2 D. 85.5^2

2. 在一定温度下，

$$CS_2(g) + 3O_2(g) \Longleftrightarrow CO_2(g) + 2SO_2(g)$$

的标准平衡常数为 K_1，则

$$\frac{1}{3}CS_2(g) + O_2(g) \Longleftrightarrow \frac{1}{3}CO_2(g) + \frac{2}{3}SO_2(g)$$

的标准平衡常数 K_2 与 K_1 的关系为（   ）。

A. $K_1 = K_2$ B. $K_1 = \dfrac{1}{K_2}$ C. $K_1 = 3K_2$ D. $K_1 = K_2^3$

3. 保持其他条件不变，往下列反应

$$C(s) + H_2O(g) \Longleftrightarrow CO(g) + H_2(g)$$

的平衡体系中，

(1) 充入水蒸气，平衡将（   ）。

(2) 增大反应体系的体积使各种气体物质的分压同等减小，平衡将（   ）。

(3) 加入某催化剂让反应速率加快，平衡将（   ）。

A. 正向移动   B. 逆向移动

C. 不移动   D. 先正向移动，后逆向移动

4. 已知下列反应

$$C(s) + H_2O(g) \Longleftrightarrow CO(g) + H_2(g)$$

是一个正向吸热的反应，在体系达到平衡后，保持其他条件恒定，给体系加热，平衡将（   ）。

A. 正向移动   B. 逆向移动

C. 不移动   D. 先正向移动，后逆向移动

5. 某温度下，在固定容积的密闭容器中，可逆反应

$$A(g) + 3B(g) \Longleftrightarrow 2C(g)$$

达到平衡时，各物质的物质的量之比为 $n(A) : n(B) : n(C) = 2 : 2 : 1$。保持温度不变，以 $2 : 2 : 1$ 的物质的量之比再充入一定量的 A、B、C，则（   ）。

A. 平衡不移动

NOTE

B.平衡会移动,当再次达到平衡时,仍有 $n(A):n(B):n(C)=2:2:1$

C.平衡会移动,当再次达到平衡时,C 的体积分数将增大

D.平衡会移动,当再次达到平衡时,C 的体积分数将减小

四、计算题

1. 肌红蛋白(Mb)是存在于肌肉组织中的一种缀合蛋白质,具有携带氧气的能力。肌红蛋白的氧合作用为

$$Mb(aq)+O_2(g)\Longrightarrow MbO_2(aq)$$

在 310.15 K 时,反应的标准平衡常数 $K^\ominus=1.3\times10^2$,试计算当 O_2 的分压为 5.3 kPa 时,氧合肌红蛋白(MbO_2)与肌红蛋白的浓度比值。

2. 蔗糖的水解反应为

$$C_{12}H_{22}O_{11}(aq)+H_2O(l)\Longrightarrow C_6H_{12}O_6(葡萄糖)(aq)+C_6H_{12}O_6(果糖)(aq)$$

若在反应过程中水的浓度不变,试计算:

(1) 若蔗糖的起始浓度为 1 mol/L,反应达到平衡时,蔗糖水解了一半,$K^\ominus$ 为多少?

(2) 若蔗糖的起始浓度为 2 mol/L,则在同样温度下达到平衡时,葡萄糖和果糖的浓度各为多少?

3. 可逆反应

$$N_2O_4(g)\Longrightarrow 2NO_2(g)$$

在 628.15 K 时标准平衡常数为 1.00,分别计算 N_2O_4 的分压为 400 kPa 和 1000 kPa 时 N_2O_4 的平衡转化率。

4. 523.15 K 时将 0.110 mol 的 $PCl_5(g)$ 注入 1 L 容器中,建立下列平衡:

$$PCl_5(g)\Longrightarrow PCl_3(g)+Cl_2(g)$$

平衡时 $PCl_3(g)$ 为 0.050 mol,试计算:

(1) 平衡时 $PCl_5(g)$ 的分压和系统的总压。

(2) 523.15 K 时该可逆反应的标准平衡常数 $K^\ominus$。

5. NO 和 CO 是汽车尾气中排放的两种大气污染物,有人提议在一定的条件下使这两种气体反应转变成 N_2 和 CO_2,以消除对大气的污染。

(1) 写出该反应的化学方程式。

(2) 写出该反应的标准平衡常数表达式。

(3) 若该反应在 298.15 K 时的标准平衡常数是 1.7×10^{60},我市大气中 N_2、CO_2、NO 和 CO 的分压分别是 78.1 kPa、0.31 kPa、0.00005 kPa 和 0.005 kPa,试判断该反应的方向。

(陈莲惠)

第五章　酸　碱　平　衡

学习目标

1. 掌握:酸碱质子理论的要点及酸碱反应的实质;同离子效应、盐效应的概念及原理;一元弱酸、一元弱碱水溶液 pH 的计算;缓冲溶液的概念和组成;缓冲溶液 pH 的计算公式;缓冲容量的影响因素。

2. 熟悉:弱酸和弱碱解离平衡的概念;共轭酸碱对 K_a 和 K_b 的关系;溶剂的拉平效应和区分效应的概念;多元弱酸、多元弱碱和两性物质溶液 pH 的计算;缓冲溶液的作用原理;缓冲溶液的配制原则和方法。

3. 了解:酸碱电离理论和酸碱电子理论;水的自递平衡与溶液的 pH;缓冲溶液在药物生产中的意义。

案例导入 5-1

患者,女,13 个月大,因呕吐、腹泻 3 天住院。起病后每天腹泻 10 余次,大便呈消化不良蛋花状,并伴有低热、嗜睡、尿少。经检测血液 pH 为 7.30,$PaCO_2$ 为 20 mmHg,HCO_3^- 为 9 mmol/L,Na^+ 为 131 mmol/L,K^+ 为 2.6 mmol/L,Cl^- 为 94 mmol/L。医生诊断为代谢性酸中毒。

1. 什么是酸中毒?

2. 该患者静脉输液应补充哪些?

酸碱反应是最普遍也是最重要的电解质反应,人体内的许多生理和病理现象与酸碱平衡有关。人体各组织器官都有其特异的 pH 环境,如血液的 pH 为 7.35～7.45,脑脊液的 pH 为 7.31～7.34,胰液的 pH 为 7.5～8.0 等。此外,许多药物的制备、储存、药理作用以及药物的吸收、分布、代谢等都与物质的酸碱性有密切的关系。因此,学习和掌握酸碱溶液的基本特性和变化规律是至关重要的。

第一节　酸　碱　理　论

人们对酸碱的认识经历了一个漫长的过程,科学家相继提出了一系列酸碱理论。其中比较重要的理论有阿仑尼乌斯(S. Arrhenius)的酸碱电离理论、布朗斯特德(J. N. Brönsted)和劳里(T. M. Lowry)的酸碱质子理论、路易斯(G. N. Lewis)的酸碱电子理论。这些理论之间相互补充,互不矛盾。

一、酸碱电离理论

1887 年瑞典化学家阿仑尼乌斯提出了酸碱电离理论。该理论认为:凡在水溶液中电离出

NOTE

来的阳离子全部是 H^+ 的化合物是**酸**(acid);电离出来的阴离子全部是 OH^- 的化合物是**碱**(base);酸碱反应的实质是 H^+ 和 OH^- 反应生成 H_2O。阿仑尼乌斯又根据强、弱电解质的概念,将在水溶液中全部电离的酸称为**强酸**,例如 HCl、HNO_3、$HClO_4$ 等;只能部分电离的酸称为**弱酸**,例如 H_2CO_3、HCN、H_2SO_3 等。在水溶液中全部电离的碱称为**强碱**,例如 $NaOH$、KOH、$Ca(OH)_2$ 等;只能部分电离的碱称为**弱碱**,例如 $NH_3·H_2O$ 等。

酸碱电离理论可以成功地解释一些物质的酸碱性,该理论简单,容易理解,直到现在,仍然普遍应用。但是酸碱电离理论将酸碱局限于水溶液中,又无法说明非水体系的酸碱性,例如将 NH_4Cl 溶于液氨中,溶液显酸性,能与金属发生反应产生氢气,且能使指示剂变色。但 NH_4Cl 在液氨这种非水溶剂中并未电离出 H^+,显然电离理论对此无法解释。其次,该理论将酸碱只局限于分子,无法解释为什么 NH_4Cl 的水溶液呈酸性、Na_2CO_3、Na_3PO_4 等的水溶液呈碱性等问题。为了解决这一局限性,1923 年,丹麦化学家布朗斯特德和英国化学家劳里提出了酸碱质子理论。

二、酸碱质子理论

(一)酸碱的定义

酸碱质子理论认为:凡能给出质子的物质就是**酸**;凡能接受质子的物质就是**碱**。例如 HCl、HAc、NH_4^+ 等都能给出质子,它们都是酸;而 NH_3、Cl^-、CO_3^{2-} 等都能接受质子,它们都是碱。酸是质子的给予体,碱是质子的接受体。酸给出一个质子后生成相应的碱,碱得到一个质子后生成相应的酸。酸碱之间的转化关系可以表示为

$$酸 \rightleftharpoons 质子 + 碱$$
$$HCl \rightleftharpoons H^+ + Cl^-$$
$$HAc \rightleftharpoons H^+ + Ac^-$$
$$H_2CO_3 \rightleftharpoons H^+ + HCO_3^-$$
$$HCO_3^- \rightleftharpoons H^+ + CO_3^{2-}$$
$$H_3O^+ \rightleftharpoons H^+ + H_2O$$
$$H_2O \rightleftharpoons H^+ + OH^-$$
$$[Fe(H_2O)_6]^{3+} \rightleftharpoons H^+ + [Fe(H_2O)_5OH]^{2+}$$

酸和碱的这种相互依存、相互转化的关系称为**共轭关系**,酸和碱的质子传递过程称为**酸碱半反应**(half reaction of acid-base)。相差一个质子的酸和碱称为**共轭酸碱对**(conjugated pair of acid-base),共轭酸碱对中的酸称为**共轭酸**(conjugate acid),而碱称为**共轭碱**(conjugate base)。在一对共轭酸碱对中,共轭酸的酸性越强,其共轭碱的碱性就越弱;反之亦然。

从酸碱半反应式可以看出酸碱可以是分子,也可以是阳离子和阴离子。有些物质既可以作为酸给出质子,又可以作为碱接受质子,例如 HCO_3^-、H_2O,这些物质称为**两性物质**(amphoteric substance)。

在酸碱质子理论中,盐均可以看作离子酸或离子碱,例如 NH_4^+、HSO_4^-、HS^-、HPO_4^{2-} 等都能给出质子,都是酸;CO_3^{2-}、F^-、Cl^-、Br^-、I^-、HSO_4^-、SO_4^{2-} 等都能接受质子,都是碱。因此,酸碱质子理论中不再有盐的概念。

(二)酸碱反应的实质

在酸碱半反应中,共轭酸给出质子转化为共轭碱。但由于质子非常小,电荷密度非常大,极易受溶液中存在的负电荷吸引,在溶液中不能单独存在。在酸给出质子的瞬间,必然存在另一种物质作为碱接受质子。因此,在酸碱质子理论中,酸碱反应的实质是两对共轭酸碱对之间质子的传递反应(protolysis reaction)。例如,HCl 与 NH_3 的酸碱反应

$$\overset{\displaystyle H^+ \;\;\;\;\;\;\;\;}{HCl+NH_3 \Longrightarrow NH_4^+ + Cl^-}$$
酸1 碱2 酸2 碱1

酸 HCl 给出质子,生成其共轭碱 Cl^-;而碱 NH_3 接受质子,生成其共轭酸 NH_4^+。在共轭酸碱对中,酸越强则给出质子的能力越强,其共轭碱接受质子的能力就越弱;碱越强则接受质子的能力越强,其共轭酸给出质子的能力就越弱。因此,酸碱反应的方向是较强的酸与较强的碱反应得到较弱的碱和较弱的酸。

酸碱反应只是质子从一个物质转移到另一个物质,质子的传递过程并不要求反应必须在水溶液中进行,在气相中以及非水溶剂中均能进行,酸碱质子理论大大扩大了酸碱反应的范围。阿仑尼乌斯电离理论中的电离反应、中和反应和水解反应都可以看作酸碱质子传递反应。例如:

$$\text{电离反应:} \overset{\displaystyle H^+ \;\;\;\;\;\;}{HAc+H_2O \Longrightarrow Ac^- + H_3O^+}$$

$$\text{中和反应:} \overset{\displaystyle H^+ \;\;\;\;\;}{HAc+OH^- \Longrightarrow Ac^- + H_2O}$$

$$\text{水解反应:} \overset{\displaystyle H^+ \;\;\;\;\;}{H_2O+Ac^- \Longrightarrow OH^- + HAc}$$

（三）酸碱的强度

酸或碱的强弱首先取决于酸碱物质的本性,同时还与反应对象和溶剂密切相关。在酸碱反应中,酸给出质子的能力越强,与其作用的碱就更易接受质子,而显示出较强的碱性;同理,碱接受质子的能力越强,与其作用的酸就更易给出质子,而显示出较强的酸性。同一物质在不同的溶剂中,由于溶剂接受或给出质子的能力不同而显示出不同的酸碱性。

在 H_2O 中,HCl 是强酸,HAc 是弱酸。这种由某种溶剂将质子酸或碱强度区分开来的作用,称为**区分效应**(differentiating effect),具有区分效应的溶剂称为**区分溶剂**。若以 NH_3 为溶剂,由于 NH_3 接受质子的能力强于 H_2O,NH_3 的碱性比 H_2O 强,HCl 和 HAc 均呈强酸性。这种原本是不同强度的质子酸或质子碱被某种溶剂拉平到同一酸或碱的强度水平的作用,称为**拉平效应**(leveling effect),具有拉平效应的溶剂称为**拉平溶剂**。在水溶液中 HCl 和 HAc 的酸性有强弱之分,H_2O 就是它们的区分溶剂,而 NH_3 是它们的拉平溶剂。又如:常见的无机酸 $HClO_4$、HCl、HNO_3 在水中都被拉平到 H_3O^+ 的水平,所以水是它们的拉平溶剂。若将溶剂水换成冰 HAc,由于 HAc 接受质子的能力比 H_2O 弱,$HClO_4$、HCl、HNO_3 把质子转移给 HAc 的能力就会显出差别,酸强度顺序为 $HClO_4 > HCl > HNO_3$,因此冰 HAc 就是它们的区分溶剂。

综上所述,酸碱质子理论扩大了酸碱的定义和酸碱的范围,解决了一些非水溶剂的酸碱反应问题,并将酸碱的强度与溶剂联系起来。然而酸碱质子理论将酸碱反应只局限在质子的给予与接受,这就不能解释无质子传递的反应,例如 $AgNO_3 + NOCl \Longrightarrow N_2O_4 + AgCl$,这个反应非常类似于酸碱反应,但因为无质子转移,酸碱质子理论无法合理解释。因此酸碱质子理论仍有一定的局限性。

三、酸碱电子理论

1923 年,美国物理化学家路易斯在酸碱电离理论和酸碱质子理论的基础上,结合物质分子内部的电子分布情况,提出了**酸碱电子理论**(electron theory of acid and base)。该理论认

NOTE

为:凡是能接受电子对的物质是**酸**;凡是能给出电子对的物质是**碱**。酸是电子对的接受体,碱是电子对的给予体。酸碱反应不再是质子传递,而是提供电子对的碱与接受电子对的酸生成共价键的反应。其过程可用方程式表示如下:

$$酸 + 碱 \rightleftharpoons 酸碱配合物$$

$$H^+ + :OH^- \rightleftharpoons H_2O$$

$$HCl + :NH_3 \rightleftharpoons [HNH_3]^+Cl^-$$

$$Cu^{2+} + 4:NH_3 \rightleftharpoons \left[\begin{array}{c} NH_3 \\ \downarrow \\ H_3N \rightarrow Cu \leftarrow NH_3 \\ \uparrow \\ NH_3 \end{array} \right]^{2+}$$

酸碱电子理论中的酸碱及酸碱反应的范围相比酸碱电离理论和酸碱质子理论更为全面。由于化合物中普遍存在配位键,可以说金属阳离子都是酸,与金属阳离子相结合的阴离子或中性分子都是碱。因此大部分的无机化合物,甚至有机化合物都可以视为路易斯酸或碱,这极大地扩大了酸碱的范围。但是由于路易斯酸碱理论过于笼统,不易掌握酸碱的特征,不能确定酸碱的强度和进行定量计算。因此,在处理水溶液中的酸碱问题时,常用酸碱电离理论或酸碱质子理论。

第二节 水的自递平衡与溶液的 pH

一、水的离子积常数

水是一种两性物质,既能给出质子,又能接受质子。因此质子在水分子之间发生转移,即从一个水分子转移至另一个水分子:

$$H_2O + H_2O \rightleftharpoons OH^- + H_3O^+$$

这种发生在同种分子之间的质子转移反应称为**质子自递反应**(proton self-transfer reaction)。其平衡常数表达式为

$$K^{\ominus} = \frac{[H_3O^+] \cdot [OH^-]}{[H_2O] \cdot [H_2O]}$$

其中,水分子浓度基本不变,可以看成是一常数,将其与 $K^{\ominus}$ 合并得:

$$K_w^{\ominus} = [H_3O^+] \cdot [OH^-] \tag{5-1}$$

$K_w^{\ominus}$ 称为水的**质子自递平衡常数**(proton self-transfer constant),又称水的**离子积**(ion-product)。$K_w^{\ominus}$ 与温度有关,不同温度其 $K_w^{\ominus}$ 不同,温度越高,$K_w^{\ominus}$ 越大。表 5-1 列出了不同温度时水的 $K_w^{\ominus}$。

表 5-1 不同温度时水的离子积

T/K	273	283	293	297	298	313
$K_w^{\ominus}$	1.139×10^{-15}	2.29×10^{-15}	6.809×10^{-15}	1.000×10^{-14}	1.008×10^{-14}	2.9×10^{-14}

如上表所示,由于 $K_w^{\ominus}$ 随温度变化不大,为了方便,室温下,取 $K_w^{\ominus} = 1.00 \times 10^{-14}$。代入公式即可得

$$[H_3O^+] = [OH^-] = 1.0 \times 10^{-7} \text{ mol/L}$$

水的离子积 $K_w^{\ominus}$ 不仅适用于纯水,也适用于任何稀的水溶液。因此可根据这一关系,计算

一定温度下水溶液中的$[H_3O^+]$与$[OH^-]$。

二、溶液的 pH

由于水溶液中 H_3O^+ 和 OH^- 的含量不同,其溶液的酸碱性也不同,中性溶液中$[H_3O^+]$ $=[OH^-]$,酸性溶液中$[H_3O^+]>[OH^-]$,碱性溶液中$[H_3O^+]<[OH^-]$。由于在许多生产和科学实验中,经常会使用较小 H_3O^+ 浓度的溶液,但是书写起来非常不便,为了更好地表达溶液的酸碱度,常用 pH 来表示,定义 pH 为 H_3O^+ 活度的负对数,即:

$$pH = -\lg a_{H^+} \tag{5-2}$$

在稀溶液中,浓度和活度的数值十分接近,因此,可用浓度的数值代替活度,故 pH 的计算公式为

$$pH = -\lg[H^+]$$

由于溶液的 H_3O^+ 和 OH^- 在一定温度下可通过水的离子积 $K_w^{\ominus}$ 联系,故溶液的酸碱性也可用 pOH 表示,pOH 是 OH^- 活度的负对数,即:

$$pH = -\lg a_{OH^-} \quad 或 \quad pOH = -\lg[OH^-] \tag{5-3}$$

室温时,水溶液中水的离子积 $K_w^{\ominus}=[H_3O^+]\cdot[OH^-]=1.00\times10^{-14}$,故有 pH+pOH= 14。则中性溶液 pH=7.00,酸性溶液 pH<7.00,碱性溶液 pH>7.00。当溶液中的 H_3O^+ 浓度为 $1\sim10^{-14}$ mol/L 时,pH 值范围在 0~14。如果溶液中的 H_3O^+ 浓度或 OH^- 浓度大于 1 mol/L,可直接用 H_3O^+ 或 OH^- 的浓度表示溶液的酸度。

在医学上,人体血液的 pH 始终要保持一个较稳定的状态,正常人血浆的 pH 相当恒定,保持在 7.35~7.45 之间,如果血液的 pH 大于 7.5,在临床上表现出明显的碱中毒。反之,当血液的 pH 小于 7.3 时,则表现出明显的酸中毒。测定溶液中 pH 的方法很多,临床上常用 pH 试纸测定患者尿液的 pH 值。如要更为精确地测定 pH,则需使用 pH 计进行测定。

第三节 酸碱解离平衡

弱电解质在水中只有一部分解离,而解离出的离子又互相吸引,重新结合再生成弱电解质,因此,弱电解质的解离过程是可逆的。当温度一定时,未解离的电解质分子与已解离的离子之间存在着解离平衡。解离平衡与其他化学平衡一样具有化学平衡的一切特征和规律。例如 HAc 在水溶液中的解离,当正、逆反应速率相等时,就达到了解离平衡。

$$HAc + H_2O \rightleftharpoons Ac^- + H_3O^+$$

弱电解质在水中解离的程度用**解离度 α**(degree of ionization)表示:

$$\alpha = \frac{达平衡时已解离的分子数}{溶液中原有的分子总数} \times 100\%$$

解离度的大小主要由电解质的本性决定,其次与溶液的浓度、温度和溶剂的种类等因素有关。

一、一元弱酸、弱碱的解离平衡

(一) 一元弱酸、弱碱的解离平衡常数

用 HB 表示一元弱酸,B^- 表示其共轭碱,则在水溶液中存在下列解离平衡:

$$HB + H_2O \rightleftharpoons B^- + H_3O^+$$

在一定温度下,达到平衡时,

NOTE

$$K_a^\ominus = \frac{[H_3O^+][B^-]}{[HB]} \tag{5-4}$$

$K_a^\ominus$ 称为**酸解离平衡常数**(dissociation constant of acid),简称酸常数;$[H_3O^+]$、$[B^-]$ 和 $[HB]$ 分别表示 H_3O^+、B^- 和 HB 的相对平衡浓度(relative concentration),是量纲为 1 的物理量。

同理,一元弱碱在水溶液中存在下列解离平衡:

$$B^- + H_2O \rightleftharpoons HB + OH^-$$

$$K_b^\ominus = \frac{[HB][OH^-]}{[B^-]} \tag{5-5}$$

$K_b^\ominus$ 称为**碱解离平衡常数**(dissociation constant of base),简称碱常数;$[OH^-]$、$[B^-]$ 和 $[HB]$ 分别表示 OH^-、B^- 和 HB 的相对平衡浓度。

$K_a^\ominus(K_b^\ominus)$ 是水溶液中酸(碱)强度的量度,其值越大,酸(碱)性越强;反之亦然。例如室温下,HAc、NH_4^+、HF 的 $K_a^\ominus$ 分别为 1.75×10^{-5}、5.6×10^{-10}、6.3×10^{-4},酸性强弱顺序为 $HF > HAc > NH_4^+$。

$K_a^\ominus$ 和 $K_b^\ominus$ 具有平衡常数的一般属性,其值的大小与酸碱的本性、温度有关,而与浓度的大小无关。但由于解离过程热效应较小,温度的改变对解离常数的影响不大,因此,在室温范围内可以忽略温度对解离常数的影响。多数弱酸、弱碱的解离平衡常数很小,为方便起见,常用 $K_a^\ominus$ 或 $K_b^\ominus$ 的负对数表示,即:$pK_a^\ominus = -\lg K_a^\ominus$,$pK_b^\ominus = -\lg K_b^\ominus$。$K_a^\ominus$ 和 $K_b^\ominus$ 可以从化学手册中查得,附录中列出了部分弱酸和弱碱的 $K_a^\ominus$ 和 $K_b^\ominus$。

(二)共轭酸的 $K_a^\ominus$ 与共轭碱 $K_b^\ominus$ 的关系

共轭酸碱对 $HB\text{-}B^-$ 在水溶液中,同时存在着共轭酸和共轭碱的解离平衡。

$$HB + H_2O \rightleftharpoons B^- + H_3O^+ \quad K_a^\ominus = \frac{[H_3O^+][B^-]}{[HB]}$$

$$B^- + H_2O \rightleftharpoons HB + OH^- \quad K_b^\ominus = \frac{[HB][OH^-]}{[B^-]}$$

$K_a^\ominus$ 与 $K_b^\ominus$ 相乘得

$$K_a^\ominus \cdot K_b^\ominus = \frac{[H_3O^+][B^-]}{[HB]} \cdot \frac{[HB][OH^-]}{[B^-]} = [H_3O^+] \cdot [OH^-]$$

$$K_a^\ominus \cdot K_b^\ominus = K_w^\ominus \tag{5-6}$$

室温下,式(5-6)可以表示为

$$pH + pOH = 14$$

从上式可以看出共轭酸的酸性越强,则 $K_a^\ominus$ 越大,其共轭碱的 $K_b^\ominus$ 越小,碱性越弱;反之亦然。

【例 5-1】 已知 25 ℃时,HCN 的 $K_a^\ominus$ 为 6.2×10^{-10},计算 CN^- 的碱解离平衡常数 $K_b^\ominus$。

解:HCN 与 CN^- 为共轭酸碱对,据式(5-6)得

$$K_b^\ominus(CN^-) = \frac{K_w^\ominus}{K_a^\ominus(HCN)} = \frac{1.0 \times 10^{-14}}{6.2 \times 10^{-10}} = 1.6 \times 10^{-5}$$

(三)稀释定律

弱电解质的解离常数($K^\ominus$)和解离度(α)都能反映弱电解质的解离程度,它们从不同角度表示弱电解质的相对强弱。因此,它们之间既有联系又有区别。以初始浓度为 c mol/L 的 HAc 溶液的解离为例:

	HAc	+	H_2O	$\rightleftharpoons$	Ac^-	+	H_3O^+
初始浓度/(mol/L)	c				0		0
平衡浓度/(mol/L)	$c(1-\alpha)$				$c\alpha$		$c\alpha$

NOTE

$$K_a^{\ominus}(\text{HAc}) = \frac{[\text{Ac}^-][\text{H}_3\text{O}^+]}{\text{HAc}} = \frac{c\alpha \cdot c\alpha}{c(1-\alpha)} = \frac{c\alpha^2}{1-\alpha}$$

当 $\dfrac{c}{K_a^{\ominus}} \geqslant 500$ 时，$1-\alpha \approx 1$，得 $\qquad K_a^{\ominus}(\text{HAc}) = c\alpha^2$

$$\alpha = \sqrt{\frac{K_a^{\ominus}(\text{HAc})}{c}} \qquad (5\text{-}7)$$

式（5-7）表示弱电解质解离度、解离常数和溶液浓度之间的定量关系，称为稀释定律。它表明，当温度一定时，弱电解质的浓度越小，解离度 α 越大；相同浓度时，弱电解质的解离常数越大，解离度也越大。

（四）一元弱酸或弱碱溶液 pH 的计算

溶液的酸碱度通常用 $[\text{H}_3\text{O}^+]$ 表示，在一元弱酸 HB 的溶液中，同时存在着弱酸的解离平衡和水的质子自递平衡，所以 $[\text{H}_3\text{O}^+]$ 来源于两方面。

$$\text{HB} + \text{H}_2\text{O} \rightleftharpoons \text{B}^- + \text{H}_3\text{O}^+ \qquad K_a^{\ominus} = \frac{[\text{H}_3\text{O}^+][\text{B}^-]}{[\text{HB}]}$$

$$\text{H}_2\text{O} + \text{H}_2\text{O} \rightleftharpoons \text{OH}^- + \text{H}_3\text{O}^+ \qquad K_w^{\ominus} = [\text{H}_3\text{O}^+][\text{OH}^-]$$

溶液中的 $[\text{HB}]$、$[\text{H}_3\text{O}^+]$、$[\text{B}^-]$ 和 $[\text{OH}^-]$ 均未知，想要精确计算溶液中的 $[\text{H}_3\text{O}^+]$ 十分烦琐，而且在实际工作中也没有必要。在计算 H_3O^+ 或 OH^- 浓度时，通常允许有不超过 $\pm 5\%$ 的相对误差，所以可以采用合适的方法进行近似计算。

设一元弱酸 HB 的初始浓度用 c_a 表示，当弱酸的酸性比水强，即 $c_a \cdot K_a^{\ominus} \geqslant 20 K_w^{\ominus}$ 时，可以忽略水的质子自递产生的 H_3O^+，溶液中的 H_3O^+ 主要来自弱酸的解离，即 $[\text{H}_3\text{O}^+] = [\text{B}^-]$。

一元和多元弱酸、弱碱 pH 的计算

$$K_a^{\ominus} = \frac{[\text{H}_3\text{O}^+][\text{B}^-]}{[\text{HB}]} = \frac{[\text{H}_3\text{O}^+]^2}{[\text{HB}]} = \frac{[\text{H}_3\text{O}^+]^2}{c_a - [\text{H}_3\text{O}^+]}$$

解一元二次方程得

$$[\text{H}_3\text{O}^+] = \frac{-K_a^{\ominus} + \sqrt{(K_a^{\ominus})^2 + 4K_a^{\ominus}c_a}}{2} \qquad (5\text{-}8)$$

当 $c_a \cdot K_a^{\ominus} \geqslant 20 K_w^{\ominus}$，且 $\dfrac{c_a}{K_a^{\ominus}} \geqslant 500$ 或 $\alpha < 5\%$ 时，相对于弱酸 HB 的初始浓度 c_a，解离产生的 H_3O^+ 浓度很小，$c_a - [\text{H}_3\text{O}^+] \approx c_a$，代入上式得

$$[\text{H}_3\text{O}^+] = \sqrt{K_a^{\ominus}c_a} \qquad (5\text{-}9)$$

同理，对于一元弱碱溶液，当 $c_b \cdot K_b^{\ominus} \geqslant 20 K_w^{\ominus}$，但 $\dfrac{c_b}{K_b^{\ominus}} \leqslant 500$ 或 $\alpha > 5\%$ 时，用近似公式计算

$$[\text{OH}^-] = \frac{-K_b^{\ominus} + \sqrt{(K_b^{\ominus})^2 + 4K_b^{\ominus}c_b}}{2} \qquad (5\text{-}10)$$

$K_b^{\ominus} \cdot c_b \geqslant 20 K_w^{\ominus}$，且 $\dfrac{c_b}{K_b^{\ominus}} \geqslant 500$ 或 $\alpha < 5\%$ 时，用最简公式进行计算

$$[\text{OH}^-] = \sqrt{K_b^{\ominus}c_b} \qquad (5\text{-}11)$$

【例 5-2】 已知 25 ℃时，HAc 的 $K_a^{\ominus}$ 为 1.75×10^{-5}，计算下列溶液的 pH。

（1）0.10 mol/L HAc 溶液。

（2）0.10 mol/L NaAc 溶液。

解：（1）$K_a^{\ominus} \cdot c_a = 1.75 \times 10^{-6} > 20 K_w^{\ominus}$，$c_a / K_a^{\ominus} = 5.7 \times 10^3 > 500$

所以 $\qquad [\text{H}_3\text{O}^+] = \sqrt{K_a^{\ominus}c_a} = \sqrt{1.75 \times 10^{-5} \times 0.10} = 1.3 \times 10^{-3} \text{ mol/L}$

$$\text{pH} = 2.89$$

（2）HAc 与 Ac^- 为共轭酸碱对，则

知识链接

NOTE

$$K_b^\ominus = \frac{K_w^\ominus}{K_a^\ominus} = \frac{1 \times 10^{-14}}{1.75 \times 10^{-5}} = 5.71 \times 10^{-10}$$

$$K_b^\ominus \cdot c_b = 5.71 \times 10^{-11} > 20K_w^\ominus, c_b/K_b^\ominus = 1.8 \times 10^8 > 500$$

所以　　　$$[OH^-] = \sqrt{K_b^\ominus c_b} = \sqrt{5.71 \times 10^{-10} \times 0.10} = 7.6 \times 10^{-6} \text{ mol/L}$$

$$pH = 14 - pOH = 14 - 5.12 = 8.88$$

二、多元弱酸、弱碱的解离平衡

（一）多元弱酸、弱碱的解离平衡常数

能够给出两个或两个以上质子的酸称为**多元酸**，能够接受两个或两个以上质子的碱称为**多元碱**。多元弱酸、弱碱水溶液中的解离是分步进行的。每一步解离都有其对应的解离平衡常数，称为**逐级解离平衡常数**。例如三元弱酸 H_3PO_4 的解离分三步进行：

$$H_3PO_4 + H_2O \rightleftharpoons H_2PO_4^- + H_3O^+ \quad K_{a1}^\ominus = \frac{[H_3O^+][H_2PO_4^-]}{[H_3PO_4]} = 6.92 \times 10^{-3}$$

$$H_2PO_4^- + H_2O \rightleftharpoons HPO_4^{2-} + H_3O^+ \quad K_{a2}^\ominus = \frac{[H_3O^+][HPO_4^{2-}]}{[H_2PO_4^-]} = 6.17 \times 10^{-8}$$

$$HPO_4^{2-} + H_2O \rightleftharpoons PO_4^{3-} + H_3O^+ \quad K_{a3}^\ominus = \frac{[H_3O^+][PO_4^{3-}]}{[HPO_4^{2-}]} = 4.79 \times 10^{-13}$$

多元弱酸的解离常数都是 $K_{a1}^\ominus \gg K_{a2}^\ominus \gg K_{a3}^\ominus \gg \cdots$，一般彼此相差 $10^4 \sim 10^5$。从 H_3PO_4 的分步解离可以看出，第二步解离比第一步困难，第三步解离又比第二步困难。

多元弱碱的解离平衡与多元弱酸类似，例如三元弱碱 Na_3PO_4 的解离：

$$PO_4^{3-} + H_2O \rightleftharpoons HPO_4^{2-} + OH^- \quad K_{b1}^\ominus = \frac{[OH^-][HPO_4^{2-}]}{[PO_4^{3-}]}$$

$$HPO_4^{2-} + H_2O \rightleftharpoons H_2PO_4^- + OH^- \quad K_{b2}^\ominus = \frac{[OH^-][H_2PO_4^-]}{[HPO_4^{2-}]}$$

$$H_2PO_4^- + H_2O \rightleftharpoons H_3PO_4 + OH^- \quad K_{b3}^\ominus = \frac{[OH^-][H_3PO_4]}{[H_2PO_4^-]}$$

其中 H_3PO_4 与 $H_2PO_4^-$、$H_2PO_4^-$ 与 HPO_4^{2-}、HPO_4^{2-} 与 PO_4^{3-} 分别是共轭酸碱对。

$$K_{a1}^\ominus \cdot K_{b3}^\ominus = K_w^\ominus \quad K_{a2}^\ominus \cdot K_{b2}^\ominus = K_w^\ominus \quad K_{a3}^\ominus \cdot K_{b1}^\ominus = K_w^\ominus$$

（二）多元弱酸、弱碱溶液 pH 的计算

二元弱酸用 H_2B 表示，起始浓度为 c_a。H_2B 的溶液中，$[H_3O^+]$ 来源于 H_2B 的两步解离和水的质子自递平衡。同理，当 $c_a \cdot K_{a1}^\ominus \geqslant 20K_w^\ominus$ 时，可以忽略水的质子自递产生的 H_3O^+。由于多元弱酸的解离逐级减弱，当 $\frac{K_{a1}^\ominus}{K_{a2}^\ominus} > 10^2$ 时，可忽略第二步解离所产生的 H_3O^+，将多元弱酸当作一元弱酸处理，$K_{a1}^\ominus = \frac{[H_3O^+][HB^-]}{[H_2B]} = \frac{[H_3O^+]^2}{c_a - [H_3O^+]}$，得

$$[H_3O^+] = \frac{-K_{a1}^\ominus + \sqrt{(K_{a1}^\ominus)^2 + 4K_{a1}^\ominus c_a}}{2} \tag{5-12}$$

若 $c_a \cdot K_{a1}^\ominus \geqslant 20K_w$，$\frac{K_{a1}^\ominus}{K_{a2}^\ominus} > 10^2$ 且 $\frac{c_a}{K_{a1}^\ominus} \geqslant 500$ 时，此时 $[H_3O^+] \approx [HB^-]$。则用最简公式

$$[H_3O^+] = \sqrt{K_{a1}^\ominus c_a} \tag{5-13}$$

若将 $[H_3O^+] \approx [HB^-]$ 代入二元弱酸的第二步解离平衡常数表达式中，得 $K_{a2}^\ominus = \frac{[H_3O^+][B^{2-}]}{[HB^-]} \approx [B^{2-}]$，因此二元弱酸第二步解离产生的 B^{2-} 的浓度与弱酸的起始浓度无关。

类似地，对于多元弱酸，总有 $K_{a1}^\ominus \gg K_{a2}^\ominus \gg K_{a3}^\ominus \gg \cdots$，通常只考虑第一步而忽略第二步及以

后解离产生的 H_3O^+，来计算溶液中$[H_3O^+]$。

同理，对于多元弱碱如 Na_2S、Na_2CO_3、Na_3PO_4 等，也可以做类似处理，即多元弱碱溶液计算$[OH^-]$时，若满足 $c_b \cdot K_{b1}^{\ominus} \geqslant 20K_w^{\ominus}$，$\dfrac{K_{b1}^{\ominus}}{K_{b2}^{\ominus}} > 10^2$ 且$\dfrac{c_b}{K_{b1}^{\ominus}} \geqslant 500$，则可按照一元弱碱计算$[OH^-]$的最简公式进行计算，即

$$[OH^-] = \sqrt{K_{b1}^{\ominus} c_b} \tag{5-14}$$

【例 5-3】 已知 25 ℃时，H_2CO_3 的 $K_{a1}^{\ominus} = 4.2 \times 10^{-7}$，$K_{a2}^{\ominus} = 4.7 \times 10^{-11}$，计算饱和 CO_2 水溶液$(c(H_2CO_3) = 0.04 \ mol/L)$ 的 pH、HCO_3^- 和 CO_3^{2-} 的浓度。

解： 因为 $c_a \cdot K_{a1}^{\ominus} > 20K_w^{\ominus}$，$\dfrac{K_{a1}^{\ominus}}{K_{a2}^{\ominus}} > 10^2$ 且$\dfrac{c_a}{K_{a1}^{\ominus}} \geqslant 500$，

所以 $\qquad [H_3O^+] = \sqrt{K_{a1}^{\ominus} c_a} = \sqrt{4.2 \times 10^{-7} \times 0.04} = 1.3 \times 10^{-4} \ mol/L$

则 $\qquad\qquad\qquad\qquad pH = 3.89$

$[HCO_3^-] \approx [H_3O^+] = 1.3 \times 10^{-4} \ mol/L$，$[CO_3^{2-}] \approx K_{a2}^{\ominus} = 4.7 \times 10^{-11}$。

三、两性物质溶液 pH 的计算

既能给出质子又能结合质子的物质称为**两性物质**。多元弱酸的酸式盐、弱酸弱碱盐和氨基酸等都是两性物质。例如 $NaHCO_3$，NH_4Ac 和 $NH_3^+—CH_2—COO^-$ 等。其有多个解离平衡，计算 pH 的精确公式比较复杂，通常需根据具体情况，进行近似处理。

以二元弱酸的酸式盐 NaHB 为例，当 $c \cdot K_{a2}^{\ominus} > 20K_w^{\ominus}$，且 $c > 20K_{a1}^{\ominus}$ 时，溶液中$[H_3O^+]$的最简计算公式为

$$[H_3O^+] = \sqrt{K_{a1}^{\ominus} K_{a2}^{\ominus}} \quad \text{或} \quad pH = \frac{1}{2}(pK_{a1}^{\ominus} + pK_{a2}^{\ominus}) \tag{5-15}$$

弱酸弱碱型的两性物质，设作为酸时的酸常数为 $K_a^{\ominus}$，作为碱时其共轭酸的酸常数为$K_a^{\ominus\prime}$。则当 $c \cdot K_a^{\ominus} > 20K_w^{\ominus}$，且 $c > 20K_a^{\ominus\prime}$ 时，溶液中$[H_3O^+]$的最简公式为

$$[H_3O^+] = \sqrt{K_a^{\ominus} K_a^{\ominus\prime}} \quad \text{或} \quad pH = \frac{1}{2}(pK_a^{\ominus} + pK_a^{\ominus\prime}) \tag{5-16}$$

当两性物质计算$[H_3O^+]$符合最简式的计算条件时，两性物质的 pH 与浓度无关。

【例 5-4】 已知 25 ℃时，H_3PO_4 的 $K_{a1}^{\ominus} = 6.92 \times 10^{-3}$，$K_{a2}^{\ominus} = 6.17 \times 10^{-8}$，$K_{a3}^{\ominus} = 4.79 \times 10^{-13}$。试计算 0.5 mol/L NaH_2PO_4 溶液的 pH。

解： NaH_2PO_4 为两性物质，其 $c \cdot K_{a2}^{\ominus} > 20K_w^{\ominus}$，且 $c > 20K_{a1}^{\ominus}$，所以

$$pH = \frac{1}{2}(pK_{a1}^{\ominus} + pK_{a2}^{\ominus}) = \frac{1}{2}(-\lg K_{a1}^{\ominus} - \lg K_{a2}^{\ominus})$$

$$= \frac{1}{2}[-\lg(6.92 \times 10^{-3}) - \lg(6.17 \times 10^{-8})] = 4.68$$

【例 5-5】 已知 25 ℃时，$K_a^{\ominus}(HCN) = 6.17 \times 10^{-10}$，$K_b^{\ominus}(NH_3) = 1.8 \times 10^{-5}$，计算 0.1 mol/L NH_4CN 溶液的 pH。

解： $K_a^{\ominus}(NH_4^+) = \dfrac{K_w^{\ominus}}{K_b^{\ominus}(NH_3)} = \dfrac{1.0 \times 10^{-14}}{1.8 \times 10^{-5}} = 5.6 \times 10^{-10}$

NH_4CN 为两性物质，其 $c \cdot K_a^{\ominus}(NH_4^+) > 20K_w^{\ominus}$，且 $c > 20K_a^{\ominus}(HCN)$，所以

$$[H_3O^+] = \sqrt{K_a^{\ominus} K_a^{\ominus\prime}} = \sqrt{K_a^{\ominus}(NH_4^+) K_a^{\ominus}(HCN)} = \sqrt{5.6 \times 10^{-10} \times 6.17 \times 10^{-10}} = 5.88 \times 10^{-10}$$

$$pH = -\lg(5.88 \times 10^{-10}) = 9.23$$

四、弱电解质解离平衡的移动

弱酸、弱碱的解离平衡和其他化学平衡一样，是相对的动态平衡。当外界条件发生改变

知识链接

NOTE

时,平衡将发生移动。

（一）同离子效应

当在弱电解质溶液中加入一种与弱电解质具有相同离子的易溶强电解质时，解离平衡向左移动，导致弱电解质解离度降低的现象，称为**同离子效应**（common-ion effect）。例如在一定浓度的 HAc 溶液中加入强电解质 NaAc，由于 NaAc 全部解离为 Na^+ 和 Ac^-，溶液中 Ac^- 的浓度较高，使 HAc 的解离平衡将向左移动，从而降低了 HAc 的解离度。

$$HAc\ +\ H_2O\ \Longleftrightarrow\ H_3O^+\ +\ \boxed{Ac^-}$$
$$\underleftarrow{\text{平衡向左移动}}\quad Na^+\ +\ \boxed{Ac^-}\ \longleftarrow NaAc$$

【例 5-6】 已知 25 ℃时，HAc 的 $K_a^\ominus=1.75\times10^{-5}$，在 0.10 mol/L HAc 溶液中加入固体 NaAc（忽略体积变化），使其浓度为 0.10 mol/L。试计算 HAc 的解离度及溶液中 $[H_3O^+]$。

解： 解离达平衡时 $[H_3O^+]=0.10\alpha$，$[Ac^-]=0.10+0.10\alpha\approx0.10$，$[HAc]=0.10-0.10\alpha\approx0.10$。

$$K_a^\ominus=\frac{[H_3O^+][Ac^-]}{[HAc]}=\frac{0.10\alpha\times0.10}{0.10}=1.75\times10^{-5}$$
$$\alpha=1.75\times10^{-4}=0.018\%$$

在例 5-2 中没有同离子效应时，0.10 mol/L HAc 溶液的 $[H_3O^+]=1.3\times10^{-3}$ mol/L，可得 α 为 1.32%。而在 0.10 mol/L HAc 溶液中加入固体 NaAc，使其浓度为 0.10 mol/L 后，α 从 1.32% 降低到 0.018%。可见同离子效应对弱电解质解离的影响十分显著。

（二）盐效应

在弱电解质中加入不含相同离子的易溶强电解质时，由于溶液的离子浓度增大，则离子强度增大，离子之间相互牵制作用增强，离子结合成分子的机会将减少，从而导致弱电解质的解离度略微增大的现象，称为**盐效应**（salt effect）。实验测定表明，当在 0.10 mol/L HAc 溶液中加入 NaCl 使其浓度为 0.10 mol/L 时，HAc 的解离度将由 1.32% 增大到 1.82%。

在产生同离子效应的同时，必然有盐效应存在，但盐效应比同离子效应弱得多，为了简化计算，通常在计算中忽略盐效应。

第四节　缓 冲 溶 液

溶液的 pH 是影响化学反应的重要因素之一，尤其是生物体内的化学反应，往往需要在一定 pH 下才能正常进行。很多药物的制备与测试条件也都需要控制溶液的酸碱性。因此保持溶液 pH 的相对稳定，在化学、药学和生命科学中都具有重要意义。

一、缓冲溶液的缓冲作用原理

（一）缓冲溶液的基本概念

能够抵抗少量外来强酸、强碱或稀释，保持 pH 基本不变的作用称为**缓冲作用**（buffer action），具有缓冲作用的溶液称为**缓冲溶液**（buffer solution）。缓冲溶液一般由具有足够浓度及适当比例的共轭酸碱对组成，这对共轭酸碱对合称为**缓冲系**（buffer system）或**缓冲对**（buffer pair）。

常见的缓冲对主要有以下三种类型。

弱酸及其共轭碱：HAc-NaAc、HCN-NaCN；弱碱及其共轭酸：NH_4Cl-NH_3；两性物质及其对应的共轭酸或碱:H_3PO_4-NaH_2PO_4、NaH_2PO_4-Na_2HPO_4。

(二)缓冲溶液的作用原理

现以 HAc-NaAc 组成的缓冲溶液为例进行分析,从而了解缓冲溶液的作用原理。

在 HAc-NaAc 组成的缓冲溶液中,HAc 是弱电解质,本身在水中的解离度就很小。NaAc 完全解离为 Na^+ 和 Ac^-,并对 HAc 的解离产生同离子效应,从而抑制了 HAc 的解离,使 HAc 几乎完全以分子形式存在于溶液中,因此,溶液中存在大量的 HAc 和 Ac^-。

$$HAc(大量) + H_2O \Longleftrightarrow H_3O^+ + Ac^-(大量)$$

缓冲溶液的
作用原理

当向溶液中加入少量强酸时,Ac^- 接受 H_3O^+ 生成 HAc,消耗外加的 H_3O^+,使上述质子转移平衡左移,达到新平衡时,溶液中 H_3O^+ 浓度没有明显增大,溶液的 pH 基本保持不变;当向溶液中加入少量强碱时,溶液中的 H_3O^+ 与外加的 OH^- 结合生成 H_2O,使上述质子转移平衡右移,HAc 进一步将质子传递给 H_2O,以补充消耗的 H_3O^+,达到新平衡时,溶液中 H_3O^+ 浓度不会明显减小,溶液的 pH 基本保持不变;当向溶液中加入少量水稀释时,由于 HAc 和 Ac^- 浓度同时减小,质子转移平衡基本不移动,因此,溶液的 pH 同样基本保持不变。

共轭碱 Ac^- 发挥了抵抗少量外来强酸的作用,称为缓冲溶液的**抗酸成分**;共轭酸 HAc 发挥了抵抗少量外来强碱的作用,称为缓冲溶液的**抗碱成分**。由此可见,缓冲溶液的缓冲作用是通过共轭酸碱对之间的质子转移平衡移动来实现的。

二、缓冲溶液 pH 的近似计算

在共轭酸碱对 HB-B^- 组成的缓冲溶液中,存在以下质子传递平衡:

$$HB + H_2O \Longleftrightarrow H_3O^+ + B^- \qquad K_a^\ominus = \frac{[H_3O^+][B^-]}{[HB]}$$

则

$$[H_3O^+] = K_a^\ominus \cdot \frac{[HB]}{[B^-]}$$

等式两边取负对数,得

$$pH = pK_a^\ominus + \lg\frac{[B^-]}{[HB]} = pK_a^\ominus + \lg\frac{[共轭碱]}{[共轭酸]} \qquad (5-17)$$

式(5-17)为计算缓冲溶液 pH 的 Henderson-Hasselbalch 方程式,也称为缓冲公式。$[B^-]$ 与 $[HB]$ 为共轭酸碱对的平衡浓度,$[B^-]+[HB]$ 为总浓度 $c_总$,$\frac{[B^-]}{[HB]}$ 称为**缓冲比**(buffer-component ratio),用 r 表示。

由于同离子效应的作用,弱酸的解离度降低,因此,HB 与 B^- 平衡时的浓度与初始浓度近似相等,$[HB] \approx c(HB)$,$[B^-] \approx c(B^-)$,得

$$pH = pK_a^\ominus + \lg\frac{c(B^-)}{c(HB)} \qquad (5-18)$$

由以上各式可得出以下结论。

(1) 缓冲溶液的 pH 主要取决于共轭酸的 $K_a^\ominus$,即与缓冲对的种类和温度有关。

(2) 由同一缓冲对组成的缓冲溶液,pH 随缓冲比的改变而改变,当缓冲比等于 1 时,pH $= pK_a^\ominus$。

(3) 少量稀释缓冲溶液时,缓冲比基本不变,所以缓冲溶液的 pH 也不变。但稀释会引起离子强度改变,使 HB 和 B^- 的活度因子以及活度都受到不同程度的影响,因此缓冲溶液的 pH 也会有微小的改变。若过分稀释,共轭酸碱的浓度太小,缓冲溶液将丧失缓冲能力。

【**例 5-7**】 25 ℃时将 100 mL 0.1 mol/L 的 NaOH 溶液加入 300 mL 0.1 mol/L 的 HAc 溶液中,忽略混合后对溶液体积的影响,求混合后溶液的 pH 是多少?已知 HAc 的 $K_a^\ominus = 1.75$

NOTE

$\times 10^{-5}$。

解:$NaOH$ 溶液与 HAc 溶液混合后会发生如下反应:

$$NaOH + HAc \Longrightarrow NaAc + H_2O$$

反应后生成 $NaAc$ 的物质的量为

$$100 \text{ mL} \times 0.1 \text{ mol/L} = 10 \text{ mmol}$$

溶液中剩余 HAc 的物质的量为

$$300 \text{ mL} \times 0.1 \text{ mol/L} - 100 \text{ mL} \times 0.1 \text{ mol/L} = 20 \text{ mmol}$$

HAc 与 $NaAc$ 为共轭酸碱对,因此可组成缓冲溶液,代入式(5-18)得

$$pH = pK_a^{\ominus} + \lg \frac{n(A^-)}{n(HA)} = pK_a^{\ominus} + \lg \frac{n(NaAc)}{n(HAc)}$$

$$= -\lg(1.75 \times 10^{-5}) + \lg \frac{10 \text{ mmol}}{20 \text{ mmol}}$$

$$= 4.76 - 0.30$$

$$= 4.46$$

三、缓冲容量与缓冲范围

(一)缓冲容量的概念

任何一个缓冲溶液的缓冲能力都有一定的限度,超出这个限度,缓冲溶液不再具有缓冲作用。1922 年,Slyke 提出用**缓冲容量**(buffer capacity)β 定量地表示缓冲溶液缓冲能力的大小。缓冲容量的定义如下:单位体积缓冲溶液的 pH 改变 1 个单位时,所能抵抗的外加一元强酸或一元强碱的物质的量。用微分式定义为

$$\beta = \frac{dn_{a(b)}}{V|dpH|} \tag{5-19}$$

式中,V 是缓冲溶液的体积,$dn_{a(b)}$ 是向缓冲溶液中加入的微小量一元强酸(dn_a)或一元强碱(dn_b)的物质的量,$|dpH|$ 为缓冲溶液 pH 的微小改变量的绝对值。β 的单位为 $mol/(L \cdot pH)$。

当 V 与 $|dpH|$ 一定时,$dn_{a(b)}$ 越大,则 β 越大,表明缓冲溶液的缓冲能力越强。当加入的一元强酸或一元强碱的量过多时,缓冲溶液的组成浓度上发生较大变化,β 接近于 0,缓冲溶液丧失缓冲作用。

(二)缓冲容量的影响因素

在 $HB-B^-$ 组成的缓冲溶液中,对式(5-19)进行微分处理,可得计算缓冲容量的一般公式:

$$\beta = 2.303 \times \frac{[HB][B^-]}{c_{\text{总}}} = 2.303 \cdot c_{\text{总}} \cdot \frac{r}{(1+r)^2} \tag{5-20}$$

由此可知,缓冲容量的大小与缓冲溶液的总浓度 $c_{\text{总}}$ 及缓冲比 r 有关。当缓冲比一定时,缓冲溶液的总浓度越大,缓冲溶液中存在的抗酸及抗碱成分越多,缓冲容量越大,因此缓冲溶液缓冲能力越强;如图 5-1 所示,在 HAc 与 $NaAc$ 组成的缓冲对 A 和 B 中,当缓冲比相同时,总浓度增大一倍,缓冲容量也几乎增大一倍。当总浓度一定时,缓冲比越接近 1,缓冲容量越大;缓冲比越偏离 1,缓冲容量越小。图 5-1 所示的曲线中,缓冲比等于 1 时,每条曲线缓冲容量达到最大值,用 β_{max} 表示,即 $\beta_{max} = 0.5758 c_{\text{总}}$。缓冲比越偏离 1,曲线逐渐下降,缓冲容量减小,缓冲能力逐渐减弱。

【例 5-8】 计算下列缓冲溶液的缓冲容量。

(1)含有 0.10 mol/L HAc 和 0.10 mol/L $NaAc$ 的缓冲溶液。

(2)含有 0.20 mol/L HAc 和 0.20 mol/L $NaAc$ 的缓冲溶液。

NOTE

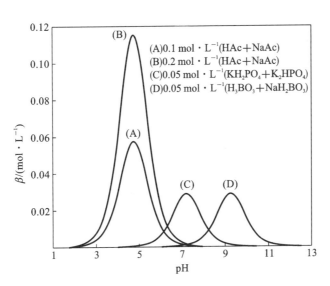

图 5-1 缓冲容量与 pH 的关系

（3）含有 0.05 mol/L HAc 和 0.15 mol/L NaAc 的缓冲溶液。

解：（1）$c_总 = 0.20$ mol/L，缓冲比 $r = \dfrac{c_{NaAc}}{c_{HAc}} = \dfrac{0.10 \text{ mol/L}}{0.10 \text{ mol/L}} = 1$

$$\beta = 0.5758c_总 = 0.5758 \times 0.20 \text{ mol/L} = 0.115 \text{ mol/L}$$

（2）$c_总 = 0.40$ mol/L，缓冲比 $r = \dfrac{c_{NaAc}}{c_{HAc}} = \dfrac{0.20 \text{ mol/L}}{0.20 \text{ mol/L}} = 1$

$$\beta = 0.5758c_总 = 0.5758 \times 0.40 \text{ mol/L} = 0.23 \text{ mol/L}$$

（3）$c_总 = 0.20$ mol/L，缓冲比 $r = \dfrac{c_{NaAc}}{c_{HAc}} = \dfrac{0.15 \text{ mol/L}}{0.05 \text{ mol/L}} = 3$

$$\beta = 2.303 \cdot c_总 \cdot \frac{r}{(1+r)^2} = 2.303 \times 0.20 \text{ mol/L} \times \frac{3}{(1+3)^2} = 0.086 \text{ mol/L}$$

实验证明，当缓冲比大于 10 或小于 0.1 时，缓冲容量 β 小于 0.01，一般认为缓冲溶液已经没有缓冲能力了。当缓冲比在 0.1～10 之间时，缓冲溶液才能发挥缓冲作用，所对应的 pH 范围从（$pK_a^\ominus - 1$）到（$pK_a^\ominus + 1$），这个 pH 范围看作缓冲作用的**有效缓冲范围**（buffer range）。不同缓冲对组成的缓冲溶液，由于其共轭酸的 $pK_a^\ominus$ 不同，因此，有效缓冲范围也各不相同。

四、缓冲溶液的选择与配制

实际工作中需要配制具有足够缓冲能力的缓冲溶液，可按照下列原则和步骤。

1. 选择合适的缓冲对

为保证配制的缓冲溶液具有较大的缓冲容量，缓冲溶液的 pH 应在所选缓冲对的缓冲范围（$pK_a^\ominus \pm 1$）内，并尽量接近缓冲对中共轭酸的 $pK_a^\ominus$。例如要配制 pH 为 4.5 的缓冲溶液，因为 HAc 的 $pK_a^\ominus = 4.75$，因此可选取 HAc-NaAc 缓冲对。其次所选的缓冲对不能与研究体系中的主物质发生反应。对药用缓冲对，必须考虑缓冲对是否稳定、无毒，是否与主药发生配伍禁忌。例如，硼酸-硼酸盐缓冲对有一定毒性，不能用作培养细菌或口服和注射用药的缓冲溶液。

2. 总浓度要适当

为使缓冲溶液具有较大的缓冲能力，缓冲溶液要有一定的总浓度。当总浓度过高时，因离子强度过大或渗透压过高等因素而不适用。缓冲溶液的总浓度通常以控制在 0.05～0.2 mol/L 范围内为宜。

NOTE

3. 计算所需缓冲对的量

缓冲对与总浓度确定之后,可根据缓冲溶液 pH 计算公式计算所需共轭酸及共轭碱的量。

4. pH 校正

按照计算配制好缓冲溶液后,由于通常不考虑离子强度等因素的影响,计算结果与实测值有一定的偏离,需用 pH 计对所配缓冲溶液的 pH 进行校正。

【例 5-9】 配制 pH＝7.40 的磷酸盐缓冲溶液,需在 200 mL 0.10 mol/L 的 H_3PO_4 溶液中加入多少毫升 0.10 mol/L 的 NaOH 溶液? 已知 H_3PO_4 的 $pK_{a1}^{\ominus}=2.16$,$pK_{a2}^{\ominus}=7.21$,$pK_{a3}^{\ominus}=12.32$(忽略溶液混合后引起的体积变化)。

解:根据 H_3PO_4 的 $pK_a^{\ominus}$ 的大小,可知应选 $H_2PO_4^{-}$-HPO_3^{2-} 为缓冲对。质子转移反应分两步进行。

(1) $H_3PO_4 + NaOH \rightleftharpoons NaH_2PO_4 + H_2O$

将 H_3PO_4 完全中和生成 NaH_2PO_4,需 0.10 mol/L NaOH 200 mL,并生成 NaH_2PO_4

$$200\ mL \times 0.10\ mol/L = 20\ mmol$$

(2) $NaH_2PO_4 + NaOH \rightleftharpoons Na_2HPO_4 + H_2O$

设中和部分 NaH_2PO_4 需 NaOH 溶液的体积 $V(NaOH)=x$ mL,则生成 Na_2HPO_4 0.10x mmol,剩余 NaH_2PO_4 为 $(20-0.10x)$ mmol。

根据

$$pH = pK_{a2}^{\ominus} + lg\frac{n(HPO_4^{2-})}{n(H_2PO_4^{-})}$$

$$7.40 = 7.21 + lg\frac{0.10x}{(20-0.10x)}$$

解得

$$x = 122\ mL$$

因此,共需 NaOH 溶液的体积为 200 mL＋122 mL＝322 mL。

实际工作中,常常不用计算,可通过化学手册或生物化学手册直接查找缓冲溶液的配制方法。医学上常用的磷酸盐缓冲溶液和 Tris&Tris-HCl[Tris-HCl 和 Tris 分别为三(羟甲基)甲胺盐酸盐和三(羟甲基)甲胺]缓冲溶液可依据表 5-2 和表 5-3 进行配制。

表 5-2 $H_2PO_4^{-}$ 和 HPO_3^{-} 组成的缓冲溶液(298 K)

pH	x mL NaOH	β	pH	x mL NaOH	β
5.80	3.6	—	7.00	29.1	0.031
5.90	4.6	0.010	7.10	32.1	0.028
6.00	5.6	0.011	7.20	34.7	0.025
6.10	6.8	0.012	7.30	37.0	0.022
6.20	8.1	0.015	7.40	39.1	0.020
6.30	9.7	0.017	7.50	41.1	0.018
6.40	11.6	0.021	7.60	42.8	0.015
6.50	13.9	0.024	7.70	44.2	0.012
6.60	16.4	0.027	7.80	45.3	0.010
6.70	19.3	0.030	7.90	46.1	0.007
6.80	22.4	0.033	8.00	46.7	—
6.90	25.9	0.033			

NOTE

注:在 50 mL 0.1 mol/L KH_2PO_4 溶液中加入 x mL 0.1 mol/L NaOH 溶液,并稀释至 100 mL,混合均匀。

表 5-3 Tris 和 Tris-HCl 组成的缓冲溶液

缓冲溶液组成/mol·kg⁻¹			缓冲溶液 pH	
$b(\text{Tris})$	$b(\text{Tris-HCl})$	$b(\text{NaCl})$	298 K	310 K
0.02	0.02	0.14	8.220	7.904
0.05	0.05	0.11	8.225	7.908
0.006667	0.02	0.14	7.745	7.428
0.01667	0.05	0.11	7.745	7.427
0.05	0.05		8.173	7.851
0.01667	0.05		7.699	7.382

注:加入 NaCl 是为了调节离子强度至 0.16,使缓冲溶液与生理盐水等渗,不影响血液中某些酶的活性。

五、缓冲溶液在药物生产中的应用

缓冲溶液在药物生产中的应用非常广泛,药物的配制、保存、疗效以及对机体的刺激性常需要在一定的 pH 下进行,才能达到预期效果。

在药物生产中根据人体的生理状况及药物的稳定性和溶解性常用缓冲溶液来调整药物溶液的 pH,以减少刺激、提高疗效。例如维生素 C 水溶液(5 mg/mL)的 pH 为 3.0,由于酸性较强,若直接用于局部注射会产生难受的刺痛,常加入 NaHCO₃ 调节其 pH 在 5.5～6.0 范围内,从而减轻注射时的疼痛,并增加其稳定性。葡萄糖和安乃近等注射液经高温灭菌后 pH 会发生很大变化,常采用 NaH₂PO₄-Na₂HPO₄、枸橼酸-枸橼酸钠等缓冲溶液进行 pH 调整,从而使这些注射液在加温灭菌后,pH 仍保持相对稳定。

人体血液的 pH 维持在 7.35～7.45 范围内,是由于血液中存在多种缓冲对,其中 H₂CO₃-HCO₃⁻ 缓冲对浓度最高,缓冲能力最强,在维持血液的 pH 中发挥最重要的作用。当血液中注射一定的酸性或碱性药物时,可自行调节 pH。人的泪液 pH 在 7.3～7.5 之间,若滴眼剂 pH 控制不当会刺激眼黏膜。所以眼部用药常使用磷酸盐缓冲溶液(NaH₂PO₄-Na₂HPO₄)、硼酸缓冲溶液、硼酸盐缓冲溶液调节 pH。

本章小结

知识拓展

1. 酸碱理论

(1)酸碱电离理论:凡在水溶液中电离出来的阳离子全部是 H⁺ 的化合物是酸;电离出来的阴离子全部是 OH⁻ 的化合物是碱。酸碱反应的实质是 H⁺ 和 OH⁻ 反应生成 H₂O 的反应。

(2)酸碱质子理论:凡能给出质子的物质就是酸;凡能接受质子的物质就是碱。相差一个质子的酸和碱称为共轭酸碱对,酸碱反应的实质是两对共轭酸碱对之间的质子的传递。

(3)酸碱电子理论:凡是能接受电子对的物质是酸;凡是能给出电子对的物质是碱。酸碱反应是提供电子对的碱与接受电子对的酸生成共价键的反应。

2. 弱酸、弱碱的解离平衡

(1)平衡常数

$$HB+H_2O \Longrightarrow B^-+H_3O^+ \qquad K_a^\ominus = \frac{[H_3O^+][B^-]}{[HB]}$$

$$B^-+H_2O \Longrightarrow HB+OH^- \qquad K_b^\ominus = \frac{[HB][OH^-]}{[B^-]}$$

$K_a^\ominus \cdot K_b^\ominus = K_w^\ominus$。共轭酸的酸性越强,则 $K_a^\ominus$ 越大,其共轭碱的 $K_b^\ominus$ 越小,碱性越弱。

NOTE

(2) 稀释定律:弱电解质的解离常数(K)和解离度(α)的关系为 $\alpha=\sqrt{\dfrac{K^{\ominus}}{c}}$。

3. 溶液 pH 计算的最简公式

一元弱酸溶液 pH 的计算:$c_a\cdot K_a^{\ominus}\geqslant20K_w^{\ominus}$,且 $\dfrac{c_a}{K_a^{\ominus}}\geqslant500$,$[H_3O^+]=\sqrt{K_a^{\ominus}c_a}$。

一元弱碱溶液 pH 的计算:$c_a\cdot K_b^{\ominus}\geqslant20K_w^{\ominus}$,且 $\dfrac{c_b}{K_b^{\ominus}}\geqslant500$,$[OH^-]=\sqrt{K_b^{\ominus}c_b}$。

多元弱酸溶液 pH 的计算:$c_a\cdot K_{a1}^{\ominus}\geqslant20K_w^{\ominus}$,$\dfrac{K_{a1}^{\ominus}}{K_{a2}^{\ominus}}>10^2$ 且 $\dfrac{c_a}{K_{a1}^{\ominus}}\geqslant500$,$[H_3O^+]=\sqrt{K_{a1}^{\ominus}c_a}$。

多元弱碱溶液 pH 的计算:$c_b\cdot K_{b1}^{\ominus}\geqslant20K_w^{\ominus}$,$\dfrac{K_{b1}^{\ominus}}{K_{b2}^{\ominus}}>10^2$ 且 $\dfrac{c_b}{K_{b1}^{\ominus}}\geqslant500$,$[OH^-]=\sqrt{K_{b1}^{\ominus}c_b}$。

两性物质溶液 pH 的计算:$c\cdot K_a^{\ominus}>20K_w^{\ominus}$,且 $c>20K_a^{\ominus\prime}$ 时,$[H_3O^+]=\sqrt{K_a^{\ominus}K_a^{\ominus\prime}}$。

4. 弱电解质解离平衡的移动

同离子效应:在弱电解质溶液中加入一种与弱电解质具有相同离子的易溶强电解质,使解离平衡向左移动,导致弱电解质解离度降低的现象。

盐效应:在弱电解质中加入不含相同离子的易溶强电解质,弱电解质的解离度略微增大的现象。

5. 缓冲溶液

概念:能够抵抗少量外来强酸、强碱或稀释,保持 pH 基本不变的溶液称为缓冲溶液。

组成:足够浓度适当比例的共轭酸碱对。

pH 计算:$pH=pK_a^{\ominus}+lg\dfrac{[共轭碱]}{[共轭酸]}$

6. 缓冲容量

意义:衡量缓冲能力的大小。

影响因素:缓冲比一定时,总浓度越大,缓冲容量越大;总浓度一定时,缓冲比越接近1,缓冲容量越大;缓冲比等于1时,缓冲容量最大。

有效缓冲范围:$(pK_a^{\ominus}-1)\sim(pK_a^{\ominus}+1)$。

7. 缓冲溶液的配制

(1)选择合适的缓冲系;(2)确定缓冲溶液的总浓度;(3)计算所需共轭酸及共轭碱的量;(4)pH 校正。

目标检测
答案

同步练习
及其答案

目标检测

一、判断题

1. H_3O^+ 的共轭碱是 OH^-。(　　)

2. 在 HAc 溶液中加入 NaAc 将产生同离子效应,使 $[H_3O^+]$ 降低;而加入 HCl 溶液也将产生同离子效应,使 $[Ac^-]$ 降低。(　　)

3. 共轭酸的 K_a 越大,则其共轭碱 K_b 越小。(　　)

4. 缓冲溶液的缓冲容量越大,缓冲溶液的缓冲范围也越大。(　　)

5. HAc 溶液和 NaOH 溶液可以任意体积比例混合配制缓冲溶液。(　　)

二、填空题

1. 已知 H_2CO_3 的浓度近似等于 $K_{a1}^{\ominus}=4.5\times10^{-7}$,$K_{a2}^{\ominus}=4.7\times10^{-11}$,$H_2CO_3$ 的共轭碱是_____,其 $K_b^{\ominus}$ 为_____。

NOTE

2. 已知 H_2S 的 $K_{a1}^{\ominus}=8.9\times10^{-8}$，$K_{a2}^{\ominus}=1.2\times10^{-13}$，则浓度为 0.1 mol/L Na_2S 溶液中 $[OH^-]$ 为_____ mol/L，其 $[H_2S]$ 为_____ mol/L。

3. 在 0.1 mol/L HAc 溶液中加入固体 NaAc，则 HAc 的浓度_____，解离度_____，pH_____，解离常数_____。（增加、减少、不变）

4. $NaHCO_3$ 和 Na_2CO_3 组成的缓冲溶液，抗酸成分是_____，抗碱成分是_____，计算该缓冲溶液 pH 的公式为_____。该缓冲系的有效缓冲范围是_____。已知：H_2CO_3 的 $pK_{a1}^{\ominus}=6.35$，$pK_{a2}^{\ominus}=10.33$。

5. 将 0.2 mol/L NaOH 溶液和 0.2 mol/L HAc 溶液按 1∶3 的体积比混合，所得缓冲溶液的 pH 为_____，该缓冲系的缓冲容量为_____。已知：HAc 的 $pK_a^{\ominus}=4.75$。

三、选择题

1. 根据酸碱质子理论，下列物质中，哪一种既具有酸又具有碱的性质？（　　）

A. CO_3^{2-}　　　　　B. Cl^-　　　　　C. HPO_4^{2-}　　　　　D. NH_4^+

2. 在浓度为 0.02 mol/L 的某一元弱酸溶液中，若弱酸的解离度为 0.01%，则该一元弱酸的解离平衡常数为（　　）。

A. 2.0×10^{-6}　　　B. 2.0×10^{-10}　　　C. 4.0×10^{-12}　　　D. 1.0×10^{-8}

3. 已知 H_2CO_3 的 $K_{a1}^{\ominus}=4.5\times10^{-7}$，$K_{a2}^{\ominus}=4.7\times10^{-11}$，则 0.5 mol/L $NaHCO_3$ 溶液的 pH 约为（　　）。

A. 4.7　　　　　B. 8.3　　　　　C. 7.3　　　　　D. 10.3

4. 已知常温下 H_3PO_4 的 $pK_{a1}^{\ominus}=2.16$，$pK_{a2}^{\ominus}=7.21$，$pK_{a3}^{\ominus}=12.32$。下列缓冲对中，最适合于配制 pH 为 2.0 的缓冲溶液的是（　　）。

A. H_3PO_4-$H_2PO_4^-$　　B. $H_2PO_4^-$-HPO_4^{2-}　　C. HPO_4^{2-}-PO_4^{3-}　　D. H_3PO_4-PO_4^{3-}

5. 下列各对溶液中，等体积混合后为缓冲溶液的是（　　）。

A. 0.1 mol/L NaOH 溶液和 0.05 mol/L H_2SO_4 溶液

B. 0.1 mol/L NaAc 溶液和 0.05 mol/L K_2SO_4 溶液

C. 0.1 mol/L HAc 溶液和 0.05 mol/L NaCl 溶液

D. 0.1 mol/L NaAc 溶液和 0.05 mol/L HCl 溶液

四、计算题

1. 计算下列溶液的 pH（准确到 0.01），已知 $K_a^{\ominus}(HAc)=1.8\times10^{-5}$，$K_b^{\ominus}(NH_3)=1.8\times10^{-5}$。

（1）10.0 mL 0.10 mol/L NH_3 水溶液与 10.0 mL 0.10 mol/L HCl 混合。

（2）20.0 mL 0.10 mol/L HAc 溶液与 20.0 mL 0.10 mol/L NaOH 混合。

2. 现有总浓度为 0.10 mol/L、pH=4.50 的 HAc-NaAc 缓冲系 500 mL，试求 HAc 与 NaAc 的浓度各为多少？缓冲溶液的缓冲容量是多少？已知 HAc 的 $pK_a^{\ominus}=4.75$。

3. 30 mL 0.1 mol/L HAc 水溶液与 10 mL 0.1 mo/L NaOH 水溶液混合后 pH 是多少？已知 $K_a^{\ominus}(HAc)=1.8\times10^{-5}$。

4. 用二元酸 H_2CO_3 与 NaOH 反应配制 pH=9.50 的缓冲溶液，需在 450 mL 0.10 mol/L 的 H_2CO_3 溶液中加入多少毫升 0.10 mol/L NaOH 溶液？已知 H_2CO_3 的 $pK_{a1}^{\ominus}=6.35$，$pK_{a2}^{\ominus}=10.33$。

（胡密霞）

NOTE

第六章　难溶强电解质的沉淀-溶解平衡

扫码看PPT

　学习目标

1. 掌握:溶度积的基本概念、溶度积和溶解度之间的换算、溶度积规则;掌握应用溶度积规则判断沉淀的生成和溶解的方法及多重平衡的综合计算。

2. 熟悉:分步沉淀、沉淀转化的概念。

3. 了解:难溶强电解质的沉淀-溶解平衡的同离子效应、盐效应及在药物生产和产品检验中的应用。

案例解析

案例导入6-1

在药品制备过程中不可避免地引入某些杂质,为了确保药品质量,必须根据国家规定的药物质量标准进行药品检验工作。在药品检验中,需进行杂质检查,很多杂质的检查是利用沉淀反应原理。

1. 药品中利用沉淀反应进行杂质检查的原理是什么?

2. 怎样进行注射用水中氯化物的检查?

3. 药品中硫酸盐、重金属离子的检查方法有哪些?

难溶强电解质的沉淀-溶解平衡在科学实验、化工和药物生产及产品检验中经常用到,比如用来制取难溶化合物、进行离子分离、除去溶液中的杂质以及重量分析等。严格地说,没有绝对不溶解的物质,只有溶解度大小之分,习惯上把溶解度小于 $0.01 \text{ g}/100 \text{ g}(\text{H}_2\text{O})$ 的物质称为"难溶化合物"。在难溶化合物中,溶解在水中会发生完全电离的电解质称为难溶强电解质,难溶强电解质的沉淀-溶解平衡是难溶强电解质与其溶解后的离子之间的平衡。例如 AgCl 属于难溶强电解质,它在水中少量溶解后,得到 Ag^+ 和 Cl^-,它们与 AgCl 之间是多相动态平衡。

第一节　溶度积与溶解度

一、溶度积

与弱电解质在水溶液中的解离过程类似,难溶强电解质的溶解过程也是可逆过程。我们以 AgCl 在水中的溶解过程为例来说明。

在一定温度下,将 AgCl 固体置于水中。在极性水分子的作用下,AgCl 固体表面上的一些 Ag^+ 和 Cl^- 以水合离子的形式进入水中,这种由于溶剂分子和溶质固体表面的粒子相互作用,使溶质离子脱离固体表面进入溶液的过程称为**溶解**(dissolution)。与此同时,随着溶液中的水合 Ag^+ 及水合 Cl^- 不断增多,它们在做无序运动时发生相互碰撞而结合成 AgCl,或受到固体表面上异电荷离子的静电吸引,重新回到 AgCl 固体表面,这种处于溶液中的溶质粒子从

 NOTE

溶液中析出转为固体的过程称为**沉淀**(precipitation)。

某温度下,当溶解过程和沉淀过程的速率相等时,体系达到动态平衡,即**沉淀-溶解平衡**(equilibrium of precipitation and dissolution)。平衡建立时,溶液中各离子浓度不再随时间改变,即溶液为该温度下溶质的饱和溶液。$AgCl(s)$与$Ag^+(aq)$及$Cl^-(aq)$间存在如下多相平衡:

$$AgCl(s) \rightleftharpoons Ag^+(aq) + Cl^-(aq)$$

上式为$AgCl$的沉淀-溶解平衡式,为简便起见,平衡式中的水合符号"aq"常常省略。

根据化学平衡定律,上述平衡常数的表达式为

$$K_{sp}^{\ominus}(AgCl) = a(Ag^+) \times a(Cl^-)$$

平衡常数$K_{sp}^{\ominus}$是饱和溶液中的水合离子活度的乘积,称为活度积常数,简称**活度积**(activity product)。由于讨论的是难溶强电解质,溶解度都很小,溶液中离子浓度较小,离子间相互作用可忽略,可以用浓度代替活度,用浓度积代替活度积。所以,上述平衡常数表达式又可表示为

$$K_{sp}^{\ominus} = \frac{[Ag^+]}{c^{\ominus}} \cdot \frac{[Cl^-]}{c^{\ominus}}$$

常简写为

$$K_{sp}^{\ominus} = [Ag^+] \cdot [Cl^-]$$

$K_{sp}^{\ominus}$是难溶强电解质沉淀-溶解平衡的平衡常数,反映了物质的溶解能力,故称为**溶度积**常数,简称溶度积(solubility product)。该常数以"sp"为下标(sp是英文 solubility product 的缩写)。表达式中$[Ag^+]$、$[Cl^-]$是平衡浓度,单位为mol/L,$c^{\ominus} = 1\ mol/L$。$K_{sp}^{\ominus}$的量纲为1。

每一种难溶强电解质,在一定温度下,都有自己的溶度积,不同类型的难溶强电解质又有其不同的溶度积表达式。如以A_mB_n表示一般难溶强电解质,其沉淀-溶解平衡式为

$$A_mB_n(s) \rightleftharpoons mA^{n+} + nB^{m-}$$

根据标准平衡常数的定义和书写规则,一定温度下,A_mB_n的溶度积可表示为

$$K_{sp}^{\ominus}(A_mB_n) = [A^{n+}]^m \cdot [B^{m-}]^n \tag{6-1}$$

溶度积常数$K_{sp}^{\ominus}(A_mB_n)$表示:一定温度下,在难溶强电解质A_mB_n的饱和溶液中,各离子相对平衡浓度以化学计量数为指数的乘积是一常数。

溶度积也是难溶强电解质溶解程度的特征常数。与其他化学平衡常数一样,$K_{sp}^{\ominus}$只与难溶强电解质的本性和温度有关,而与离子浓度无关。不同的物质有不同的溶度积常数。$K_{sp}^{\ominus}$一般随温度变化而变化,但改变不大,通常采用 298 K 时的数值。一些常见难溶强电解质的$K_{sp}^{\ominus}$(291~298 K)数值列于书后附录 C。

二、溶度积与溶解度的关系

溶度积$K_{sp}^{\ominus}$从平衡常数的角度表达了难溶强电解质的溶解程度,溶解度 S 表示难溶强电解质饱和溶液中溶解的离子浓度。因此溶解度 S 和溶度积$K_{sp}^{\ominus}$都可以用来表示难溶强电解质在饱和溶液中的溶解程度,从理论上讲,二者可以互相换算。若 S 以物质的量浓度表示,可以通过难溶强电解质的沉淀-溶解平衡式和相应的溶度积表达式求出 S 与$K_{sp}^{\ominus}$间的定量关系。

不同类型的难溶强电解质由于沉淀-溶解平衡式不同,$K_{sp}^{\ominus}$与 S 之间的定量关系也不同,下面通过具体例子进行讨论。

【例 6-1】 已知 298 K 时,难溶盐 $AgCl$、$BaSO_4$ 及 Ag_2CrO_4 的溶度积$K_{sp}^{\ominus}$分别为 1.77×10^{-10}、1.08×10^{-10} 和 1.1×10^{-12}。求 $AgCl$、$BaSO_4$ 和 Ag_2CrO_4 的溶解度 S。

解:设 $AgCl$、$BaSO_4$、Ag_2CrO_4 的溶解度分别为 $S_1(mol/L)$、$S_2(mol/L)$和 $S_3(mol/L)$。

$AgCl$ 达到沉淀-溶解平衡时,饱和溶液中 Ag^+ 和 Cl^- 的浓度在数值上等于 $AgCl$ 的溶解

NOTE

71

度,则根据 AgCl 的沉淀-溶解平衡式:

$$AgCl(s) \Longrightarrow Ag^+ + Cl^-$$

相对平衡浓度 $\qquad\qquad\qquad\qquad S_1 \qquad S_1$

根据溶度积表达式:$K_{sp}^{\ominus}(AgCl) = [Ag^+] \cdot [Cl^-] = S_1^2$

$$S_1 = \sqrt{K_{sp}^{\ominus}(AgCl)} = \sqrt{1.77 \times 10^{-10}} \text{ mol/L} = 1.33 \times 10^{-5} \text{ mol/L}$$

$BaSO_4$ 与 $AgCl$ 属于同一类型难溶强电解质,同理可计算其溶解度 S_2:

$$S_2 = \sqrt{K_{sp}^{\ominus}(BaSO_4)} = \sqrt{1.08 \times 10^{-10}} \text{ mol/L} = 1.04 \times 10^{-5} \text{ mol/L}$$

Ag_2CrO_4 达到沉淀-溶解平衡时,溶液中 Ag^+ 的浓度是 CrO_4^{2-} 的 2 倍,CrO_4^{2-} 的浓度等于被溶解的 Ag_2CrO_4 的溶解度,则:

$$Ag_2CrO_4 \Longrightarrow 2Ag^+ + CrO_4^{2-}$$

相对平衡浓度 $\qquad\qquad\qquad\qquad 2S_3 \qquad S_3$

根据溶度积表达式:$K_{sp}^{\ominus} = (2S_3)^2 \cdot S_3$

$$S_3 = \sqrt[3]{\frac{K_{sp}^{\ominus}}{4}} = \sqrt[3]{\frac{1.1 \times 10^{-12}}{4}} \text{ mol/L} = 6.5 \times 10^{-5} \text{ mol/L}$$

答:298 K 时,$AgCl$、$BaSO_4$、Ag_2CrO_4 在水中溶解度分别为 1.33×10^{-5} mol/L、1.04×10^{-5} mol/L 和 6.5×10^{-5} mol/L。

从例 6-1 的计算结果可知,$AgCl$ 和 $BaSO_4$ 同属于 AB 型难溶盐,溶解度与溶度积的换算关系式相同,由于 $K_{sp}^{\ominus}(BaSO_4) < K_{sp}^{\ominus}(AgCl)$,所以 $S(BaSO_4) < S(AgCl)$。因此对同类型的难溶强电解质,可根据 $K_{sp}^{\ominus}$ 的大小直接比较 S 的大小,即相同温度下,同类型难溶强电解质的 $K_{sp}^{\ominus}$ 越大,则溶解度 S 也越大,反之亦然。

$AgCl$(或 $BaSO_4$)与 Ag_2CrO_4(A_2B 型)为不同类型难溶盐,由于两者溶解度与溶度积的定量关系式不同,尽管 $K_{sp}^{\ominus}(Ag_2CrO_4) < K_{sp}^{\ominus}(AgCl)$、$K_{sp}^{\ominus}(Ag_2CrO_4) < K_{sp}^{\ominus}(BaSO_4)$,但是 $S(Ag_2CrO_4) > S(AgCl)$,$S(Ag_2CrO_4) > S(BaSO_4)$。因此,对不同类型的难溶强电解质,不能直接用 $K_{sp}^{\ominus}$ 的大小来比较 S 的大小,必须由 $K_{sp}^{\ominus}$ 计算出 S 才能得出正确结论。

以 A_mB_n 表示任一类型的难溶强电解质,若某温度下其溶解度为 S,则其饱和溶液中存在如下平衡:

$$A_mB_n(s) \Longrightarrow mA^{n+} + nB^{m-}$$

相对平衡浓度 $\qquad\qquad\qquad\qquad mS \qquad nS$

$$K_{sp}^{\ominus}(A_mB_n) = [A^{n+}]^m \cdot [B^{m-}]^n$$
$$= (mS)^m \cdot (nS)^n$$
$$= m^m \cdot n^n \cdot S^{m+n}$$
$$S = \sqrt[m+n]{\frac{K_{sp}^{\ominus}}{m^m \cdot n^n}} \qquad\qquad (6-2)$$

在用式(6-2)进行溶解度与溶度积的定量换算时,须注意以下问题。

(1) 仅适用于溶解度很小的难溶强电解质。溶解度小,达到平衡时溶液中离子浓度小,离子间相互作用弱,用浓度代替活度进行计算误差就小。换算时,溶解度的单位须是 mol/L。

(2) 仅适用于溶解后解离出的离子在水溶液中不发生任何化学反应的难溶强电解质,不适用于易水解的难溶强电解质。如某些难溶性的硫化物、碳酸盐和磷酸盐等水溶液中,阴离子容易发生水解而转化为其他形式的离子,因此不能忽略离子的水解反应。

(3) 仅适用于溶解后一步完全解离的难溶强电解质。如 $Fe(OH)_3$ 在水溶液中分三步解离:

$$Fe(OH)_3(s) \Longrightarrow Fe(OH)_2^+ + OH^- \qquad K_1^{\ominus}$$

$$Fe(OH)_2^+ \Longrightarrow Fe(OH)^{2+} + OH^- \qquad K_2^\ominus$$

$$Fe(OH)^{2+} \Longrightarrow Fe^{3+} + OH^- \qquad K_3^\ominus$$

对于总电离平衡式,虽存在$[Fe^{3+}] \cdot [OH^-]^3 = K_{sp}^\ominus$的关系,但溶液中$[Fe^{3+}]$与$[OH^-]$之比并不等于$1:3$;又如$HgCl_2$等共价型难溶强电解质,溶解部分并不都以简单离子存在。但是,在通常的近似计算中,我们常常忽略以上因素的影响。如难溶硫化物、难溶氢氧化物的近似计算。

因此,用$K_{sp}^\ominus$可以比较难溶强电解质溶解度的大小。在一定温度下,同种类型的难溶强电解质,$K_{sp}^\ominus$越大则溶解度越大。不同类型的难溶强电解质,则不能$K_{sp}^\ominus$的大小来比较溶解度的大小,必须经过换算才能得出结论。

三、溶度积规则

沉淀-溶解平衡是一个动态平衡,当溶液中的离子浓度发生变化时,平衡就会发生移动,直至离子浓度幂的乘积等于溶度积,达到新的平衡。例如某温度下,对于沉淀-溶解平衡:

$$A_m B_n(s) \Longrightarrow mA^{n+} + nB^{m-}$$

$$K_{sp}^\ominus(A_m B_n) = [A^{n+}]^m \cdot [B^{m-}]^n$$

将任意条件下溶液中离子浓度幂的乘积称为**离子积**(ionic product),以Q表示,则

$$Q = (c_{A^{n+}})^m \cdot (c_{B^{m-}})^n$$

Q和$K_{sp}^\ominus$的表达形式类似,但其含义不同。$K_{sp}^\ominus$表示难溶强电解质的饱和溶液中离子浓度幂的乘积,仅是Q的一个特例。在任意条件下,Q和$K_{sp}^\ominus$间的关系有下面三种可能:

当$Q = K_{sp}^\ominus$时,溶液是饱和溶液,即达到沉淀-溶解平衡状态。

当$Q < K_{sp}^\ominus$时,溶液是不饱和溶液,无沉淀析出;若体系中有固体存在,沉淀物溶解,直至达新的平衡(饱和)为止。

当$Q > K_{sp}^\ominus$时,溶液是过饱和溶液,沉淀从溶液中析出,直至饱和为止。

上述Q与$K_{sp}^\ominus$的关系及其结论称为**溶度积规则**(the rule of solubility),是沉淀-溶解平衡移动规律的总结,利用溶度积规则可以判断沉淀的生成和溶解,或者沉淀和溶液是否处于平衡状态,它是沉淀反应的基本规则。

第二节 沉淀-溶解平衡的移动

沉淀-溶解平衡是一种动态平衡,当改变平衡条件时,平衡将会发生移动,或者生成沉淀,或者使沉淀溶解。

一、沉淀的生成

(一)沉淀的生成

根据溶度积规则,欲使某物质生成沉淀,必须满足$Q > K_{sp}^\ominus$,通常采用加入沉淀剂的方法,增大离子浓度,使溶液中离子起始浓度的离子积大于溶度积常数,平衡向生成沉淀的方向移动。

【例6-2】 将0.010 mol/L NaCl溶液和同浓度的$AgNO_3$溶液等体积混合后,有无AgCl沉淀生成?已知:$K_{sp}^\ominus(AgCl) = 1.77 \times 10^{-10}$。

解:两溶液等体积混合后,$c(Ag^+) = 0.0050$ mol/L,$c(Cl^-) = 0.0050$ mol/L。

$$Q = c(Ag^+) \cdot c(Cl^-) = 0.0050 \times 0.0050 = 2.5 \times 10^{-5} > K_{sp}^\ominus(AgCl) = 1.77 \times 10^{-10}$$

 NOTE

混合溶液中有 AgCl 沉淀生成。

【例 6-3】 1.0×10^{-4} mol/L 的 $MgCl_2$ 溶液和等体积 0.10 mol/L 的氨水混合,会不会生成 $Mg(OH)_2$ 沉淀？已知 $K_{sp}^{\ominus}[Mg(OH)_2] = 5.62 \times 10^{-12}$，$K_b^{\ominus}(NH_3) = 1.74 \times 10^{-5}$。

解：两溶液等体积混合后,溶液中:

$$c(Mg^{2+}) = c(MgCl_2) = 5.0 \times 10^{-5} \text{ mol/L}$$

$c(OH^-)$ 等于混合溶液中的 NH_3 发生碱式电离产生的 $[OH^-]$:

$$NH_3 + H_2O \Longrightarrow NH_4^+ + OH^-$$

$c(NH_3) = 0.0500$ mol/L，$\dfrac{c}{K_b^{\ominus}(NH_3)} \geqslant 500$，可用最简式求算 $[OH^-]$:

$$c(OH^-) = [OH^-] = \sqrt{K_b^{\ominus} \cdot c} = \sqrt{1.74 \times 10^{-5} \times 0.0500} \text{ mol/L} = 9.33 \times 10^{-4} \text{ mol/L}$$

$$Q = [Mg^{2+}] \cdot [OH^-]^2 = 0.0500 \times (9.33 \times 10^{-4})^2 = 4.35 \times 10^{-8} > K_{sp}^{\ominus}[Mg(OH)_2]$$

答：根据溶度积规则,溶液中有 $Mg(OH)_2$ 沉淀生成。

(二)分步沉淀

上面讨论的是溶液中只生成一种沉淀的情况。溶液里常常同时会有多种离子,当加入某种试剂时,往往这些离子都能与之反应生成多种沉淀。在这种情况下,离子的沉淀按什么顺序进行呢？第二种离子沉淀时,第一种离子沉淀到什么程度呢？

【例 6-4】 在含有 0.0100 mol/L Cl^- 和 0.0100 mol/L I^- 的溶液中逐滴加入 $AgNO_3$ 溶液,哪一种离子先沉淀下来？当第二种离子开始沉淀时第一种离子是否沉淀完全？(忽略滴加 $AgNO_3$ 溶液引起的体积变化)

解：根据溶度积规则,AgCl 和 AgI 刚开始沉淀时所需要的 Ag^+ 浓度分别为

$$[Ag^+]_1 = \frac{K_{sp}^{\ominus}(AgCl)}{[Cl^-]} = \frac{1.77 \times 10^{-10}}{0.0100} \text{ mol/L} = 1.77 \times 10^{-8} \text{ mol/L}$$

$$[Ag^+]_2 = \frac{K_{sp}^{\ominus}(AgI)}{[I^-]} = \frac{8.52 \times 10^{-17}}{0.0100} \text{ mol/L} = 8.52 \times 10^{-15} \text{ mol/L}$$

结果表明,AgI 开始沉淀时所需 $[Ag^+]$ 比 AgCl 开始沉淀时所需 $[Ag^+]$ 小得多,所以 AgI 先沉淀出来。当 Cl^- 开始沉淀时,溶液对于 AgCl 来说已达饱和,这时 Ag^+ 同时满足两个沉淀平衡,即

$$AgCl(s) \Longrightarrow Ag^+ + Cl^- \quad [Ag^+]_1 = \frac{K_{sp}^{\ominus}(AgCl)}{[Cl^-]}$$

$$AgI(s) \Longrightarrow Ag^+ + I^- \quad [Ag^+]_2 = \frac{K_{sp}^{\ominus}(AgI)}{[I^-]}$$

$$[Ag^+]_1 = \frac{K_{sp}^{\ominus}(AgCl)}{[Cl^-]} = \frac{K_{sp}^{\ominus}(AgI)}{[I^-]}$$

设 Cl^- 浓度不随 $AgNO_3$ 的加入而变化,则

$$[I^-] = \frac{K_{sp}^{\ominus}(AgI)}{K_{sp}^{\ominus}(AgCl)} \cdot [Cl^-] = \frac{8.52 \times 10^{-17}}{1.77 \times 10^{-10}} \times 0.0100 \text{ mol/L} = 4.81 \times 10^{-9} \text{ mol/L}$$

由于沉淀-溶解平衡的存在,在加入沉淀剂沉淀某种离子时,不管加入的沉淀剂如何过量,总会有极少量的待沉淀离子留在溶液中。一般认为,只要溶液中残留离子浓度不大于 1.0×10^{-5} mol/L,用一般化学方法已无法定性检出,就可以认为该离子已经沉淀完全了。所以上面计算中,当 AgCl 开始沉淀时,I^- 已沉淀完全。

加入一种沉淀剂,使溶液中原有多种离子按照达到溶度积的先后顺序分别沉淀出来的现象称为**分步沉淀**(fractional precipitation)。离子沉淀的顺序取决于沉淀物的 $K_{sp}^{\ominus}$ 和被沉淀离子的浓度,对于同种类型的沉淀,若 $K_{sp}^{\ominus}$ 相差较大,则 $K_{sp}^{\ominus}$ 小的先沉淀,$K_{sp}^{\ominus}$ 大的后沉淀；若 $K_{sp}^{\ominus}$ 相

差不大,且被沉淀离子浓度又相差过于悬殊,则要具体问题具体分析。对于不同类型的沉淀,则不能直接根据 $K_{sp}^{\ominus}$ 判断,必须通过计算结果来判断沉淀的先后顺序。例如在 0.01 mol/L Cl^- 和 0.01 mol/L CrO_4^{2-} 的溶液中逐滴加入 $AgNO_3$ 溶液,AgCl 和 Ag_2CrO_4 开始沉淀时所需 Ag^+ 浓度分别为

$$[Ag^+]=\frac{K_{sp}^{\ominus}(AgCl)}{[Cl^-]}=\frac{1.77\times10^{-10}}{0.010}\ mol/L=1.77\times10^{-8}\ mol/L$$

$$[Ag^+]'=\sqrt{\frac{K_{sp}^{\ominus}(Ag_2CrO_4)}{[CrO_4^{2-}]}}=\sqrt{\frac{1.12\times10^{-12}}{0.010}}\ mol/L=1.06\times10^{-5}\ mol/L$$

虽然 $K_{sp}^{\ominus}(AgCl)>K_{sp}^{\ominus}(Ag_2CrO_4)$,但沉淀 Cl^- 所需 Ag^+ 浓度较小,反而是 AgCl 先沉淀。

分步沉淀的方法常被用来分离溶液中的混合离子,一般说来,两种沉淀的溶度积相差越大,则分离得越完全。沉淀的先后顺序,除与溶度积有关以外还与溶液中被沉淀离子的初始浓度有关。

(三)沉淀的转化

在含有沉淀的溶液中,加入适当的溶剂,使这种沉淀转化为另一种沉淀的过程称为**沉淀的转化**(transformation of precipitation)。沉淀的转化一般有两种情况。

1. 难溶强电解质转化为更难溶的强电解质

在含有 AgCl 固体的溶液中逐滴加入 0.1 mol/L NaI 溶液,搅拌后,可以看到沉淀由乳白色变为黄色,转化反应为

$$AgCl(s)+I^- \Longleftrightarrow AgI(s)+Cl^-$$

该反应标准平衡常数为

$$K^{\ominus}=\frac{[Cl^-]}{[I^-]}=\frac{[Cl^-]\cdot[Ag^+]}{[I^-]\cdot[Ag^+]}=\frac{K_{sp}^{\ominus}(AgCl)}{K_{sp}^{\ominus}(AgI)}=\frac{1.77\times10^{-10}}{8.52\times10^{-17}}=2.08\times10^6$$

根据转化平衡常数的大小可以判断转化的可能性。沉淀转化的平衡常数 $K^{\ominus}$ 很大,因此转化反应不仅能自发进行,而且进行得很完全。$K^{\ominus}>1$,转化可以进行;$K^{\ominus}$ 越大,转化进行的程度越大;$K^{\ominus}\geqslant10^6$,转化反应进行得比较完全。

2. 难溶强电解质转化为稍易溶的难溶强电解质

一般来说,由难溶强电解质转化为更难溶的强电解质,由于转化反应的 $K^{\ominus}>1$,转化较容易实现。反过来,由溶解度小的沉淀转化为溶解度较大的沉淀,由于转化反应的 $K^{\ominus}<1$,这种转化比较困难。但当两种沉淀溶解度相差不是太大时,控制一定的条件,还是可以进行的。

以钡盐的制备为例。钡的重要矿物资源之一是重晶石($BaSO_4$),它很难溶于酸(如盐酸、硝酸等)。以重晶石为原料制取钡盐的方法之一是将它转化为可以用盐酸溶解的 $BaCO_3$。转化反应如下:

$$BaSO_4(s)+CO_3^{2-} \Longleftrightarrow BaCO_3(s)+SO_4^{2-}$$

$$K^{\ominus}=\frac{[SO_4^{2-}]}{[CO_3^{2-}]}=\frac{K_{sp}^{\ominus}(BaSO_4)}{K_{sp}^{\ominus}(BaCO_3)}=\frac{1.08\times10^{-10}}{2.58\times10^{-9}}=\frac{1}{24}$$

该转化反应平衡常数不是太小。因此只要控制溶液的 $c(CO_3^{2-})>24c(SO_4^{2-})$,反应即可正向进行。实际操作中,可用饱和 Na_2CO_3 溶液处理 $BaSO_4$ 固体,即在 $BaSO_4$ 固体上加入饱和 Na_2CO_3 溶液,充分搅拌,静置。取出上清液,再向 $BaSO_4$ 固体上继续加入饱和 Na_2CO_3 溶液,多次重复该过程,即可使转化反应进行得比较完全。

必须指出的是,这种转化只适用于溶解度相差不大的沉淀之间。如果两沉淀的溶解度相差很大,转化反应的 $K^{\ominus}$ 很小,这种转化将十分困难,甚至是不可能的。

二、沉淀的溶解

根据溶度积规则,欲使沉淀溶解,需满足 $Q<K_{sp}^{\ominus}$。使 Q 减小的方法有许多种,例如生成

弱电解质、发生氧化还原反应、生成配位化合物等方法,均可以使相关离子浓度减小,从而达到 $Q<K_{sp}^{\ominus}$ 的目的。

(一)生成弱电解质使沉淀溶解

许多难溶强电解质遇到酸、碱、盐溶液时,由于反应生成 H_2O、弱酸、弱碱以及难电离的盐等弱电解质而发生溶解。

1. 生成 H_2O 使沉淀溶解

难溶金属氢氧化物如 $Mg(OH)_2$、$Cu(OH)_2$、$Fe(OH)_3$、$Al(OH)_3$ 等会与酸发生中和反应生成 H_2O,致使溶液中 OH^- 浓度降低,使难溶氢氧化物的 $Q<K_{sp}^{\ominus}$ 而溶解。以 $Cu(OH)_2$ 为例,其沉淀-溶解平衡式为

$$Cu(OH)_2(s) \rightleftharpoons Cu^{2+} + 2OH^-$$

向体系中加入酸,则 H^+ 与饱和溶液中的 OH^- 反应生成弱电解质 H_2O,降低了 OH^- 的浓度,从而使 $Cu(OH)_2$ 溶液中的 $Q<K_{sp}^{\ominus}$,随着酸的加入,平衡不断向溶解的方向移动。若加入 HCl,则酸溶解反应平衡式为

$$Cu(OH)_2(s) + 2H^+ \rightleftharpoons Cu^{2+} + 2H_2O$$

酸溶解反应的标准平衡常数为

$$K^{\ominus} = \frac{[Cu^{2+}]}{[H^+]^2} = \frac{[Cu^{2+}] \cdot [OH^-]^2}{[H^+]^2 \cdot [OH^-]^2} = \frac{K_{sp}^{\ominus}[Cu(OH)_2]}{(K_w^{\ominus})^2} = \frac{2.2 \times 10^{-20}}{(1.0 \times 10^{-14})^2} = 2.2 \times 10^8 > 10^6$$

可见,反应容易进行,$Cu(OH)_2$ 在 HCl 中可以溶解完全。

若加入 HAc,则酸溶解反应平衡式为

$$Cu(OH)_2(s) + 2HAc \rightleftharpoons Cu^{2+} + 2Ac^- + 2H_2O$$

酸溶解反应的标准平衡常数为

$$K^{\ominus} = \frac{[Cu^{2+}] \cdot [Ac^-]^2}{[HAc]^2} = \frac{[Cu^{2+}] \cdot [Ac^-]^2 \cdot [H^+]^2 \cdot [OH^-]^2}{[HAc]^2 \cdot [H^+]^2 \cdot [OH^-]^2}$$

$$= \frac{K_{sp}^{\ominus}[Cu(OH)_2] \cdot [K_a^{\ominus}(HAc)]^2}{(K_w^{\ominus})^2} = \frac{2.2 \times 10^{-20} \times (1.74 \times 10^{-5})^2}{(1.0 \times 10^{-14})^2} = 0.067$$

该溶解反应平衡常数 $K^{\ominus}<1$,可见,HAc 溶解 $Cu(OH)_2$ 有一定的难度。从酸溶解反应平衡常数 $K^{\ominus}$ 的表达式不难看出,酸溶解反应的难易程度与金属氢氧化物的溶度积、所用酸的强度及水的离子积有关。金属氢氧化物的 $K_{sp}^{\ominus}$ 越大、所用的酸越强,则 $K^{\ominus}$ 越大,金属氢氧化物越易溶,反之,则越难溶。

2. 生成弱酸使沉淀溶解

许多弱酸盐型难溶强电解质,如 $CaCO_3$、$BaCO_3$、FeS、ZnS 等能在强酸溶液中生成弱酸而溶解。以 FeS 为例,其沉淀-溶解平衡式为

$$FeS(s) \rightleftharpoons Fe^{2+} + S^{2-}$$

若向该平衡体系中加 HCl,由于 HCl 提供的 H^+ 与 S^{2-} 结合生成弱酸 H_2S,溶液中 S^{2-} 浓度减小,$Q<K_{sp}^{\ominus}$,则 FeS 开始溶解。酸溶解反应平衡式为

$$FeS(s) + 2H^+ \rightleftharpoons Fe^{2+} + H_2S$$

该反应标准平衡常数为

$$K^{\ominus} = \frac{[Fe^{2+}] \cdot [H_2S]}{[H^+]^2} = \frac{[Fe^{2+}] \cdot [H_2S] \cdot [S^{2-}]}{[H^+]^2 \cdot [S^{2-}]} = \frac{K_{sp}^{\ominus}(FeS)}{K_{a1}^{\ominus} \cdot K_{a2}^{\ominus}}$$

$$= \frac{6.3 \times 10^{-18}}{1.32 \times 10^{-7} \times 7.08 \times 10^{-15}} = 6.74 \times 10^3$$

反应的 $K^{\ominus}$ 较大,说明 FeS 易溶于 HCl。上述关系式也说明,难溶弱酸盐的 $K_{sp}^{\ominus}$ 越大、生成的弱酸越弱($K_a^{\ominus}$ 越小),则溶解反应的平衡常数 $K^{\ominus}$ 越大,难溶弱酸盐在酸中溶解性越好。反

之,难溶弱酸盐在酸中溶解性越差。

3. 生成弱碱

对于某些 $K_{sp}^{\ominus}$ 较大的难溶金属氢氧化物,如 $Mg(OH)_2$、$Mn(OH)_2$ 等,除了可以通过加入强酸溶解外,还可以通过加入铵盐生成弱电解质 $NH_3 \cdot H_2O$ 而溶解。例如,在 $Mg(OH)_2$ 固体的饱和溶液中加入 NH_4Cl,则溶液中 OH^- 与 NH_4^+ 结合生成弱电解质 $NH_3 \cdot H_2O$,使 OH^- 浓度减少,导致 $Mg(OH)_2$ 溶液中 $Q < K_{sp}^{\ominus}$,$Mg(OH)_2$ 的沉淀-溶解平衡向溶解的方向进行。溶解反应平衡式为

$$Mg(OH)_2(s) + 2NH_4^+ \rightleftharpoons Mg^{2+} + 2NH_3 \cdot H_2O$$

溶解反应的标准平衡常数为

$$K^{\ominus} = \frac{[Mg^{2+}] \cdot [NH_3 \cdot H_2O]^2}{[NH_4^+]^2} = \frac{[Mg^{2+}] \cdot [NH_3 \cdot H_2O]^2 \cdot [OH^-]^2}{[NH_4^+]^2 \cdot [OH^-]^2}$$

$$= \frac{K_{sp}^{\ominus}[Mg(OH)_2]}{[K_b^{\ominus}(NH_3 \cdot H_2O)]^2} = \frac{5.61 \times 10^{-12}}{(1.74 \times 10^{-5})^2} = 1.85 \times 10^{-2}$$

该反应的平衡常数 $K^{\ominus}$ 虽然不是很大,但也不是太小,若加入足量的 NH_4Cl 即可促进平衡右移,还是可以实现 $Mg(OH)_2$ 的溶解。

从上面的计算看出,难溶金属氢氧化物能否溶于铵盐主要与其 $K_{sp}^{\ominus}$ 有关。难溶金属氢氧化物的 $K_{sp}^{\ominus}$ 越大,则溶解反应越容易进行,反之越难。如 $K_{sp}^{\ominus}$ 较小的 $Al(OH)_3$ 难溶于 NH_4Cl 溶液中,只能通过加入强酸溶解。

4. 生成难电离的盐

尽管绝大多数盐都是强电解质,但也有少数盐是弱电解质,如 $Pb(Ac)_2$ 等。某些难溶二价铅盐如果遇到醋酸盐溶液,则会因为生成弱电解质 $Pb(Ac)_2$ 而溶解。例如 $PbSO_4$ 可以被饱和的 $NaAc$ 溶解,溶解反应平衡式为

$$PbSO_4(s) + 2Ac^- \rightleftharpoons SO_4^{2-} + Pb(Ac)_2$$

(二)发生氧化还原反应使沉淀溶解

有些难溶强电解质难溶于酸,甚至是高浓度的强酸,只有遇到强氧化性酸或其他强氧化剂才能被溶解。如 CuS 的溶度积非常小,仅为 6.3×10^{-36}。如果 CuS 遇到强氧化性酸,如热的稀 HNO_3,溶液中的 S^{2-} 可被氧化成单质 S 从溶液中析出,导致溶液中 S^{2-} 浓度降低,使 $Q < K_{sp}^{\ominus}$,CuS 沉淀溶解。溶解反应平衡式如下:

$$3CuS(s) + 8HNO_3(稀) \longrightarrow 3Cu(NO_3)_2 + 2NO\uparrow + 3S\downarrow + 4H_2O$$

(三)发生配位反应使沉淀溶解

某些难溶强电解质,既难溶于非氧化性强酸,也难溶于氧化性酸。但它们能与配位剂反应生成配合物而溶解。如难溶性的卤化银,在其饱和溶液中的 Ag^+ 可以与某些配位剂反应生成配合物,使 Ag^+ 浓度减小,$Q < K_{sp}^{\ominus}$,达到溶解的目的。$AgCl$ 能溶于 $NH_3 \cdot H_2O$ 中,$AgBr$ 能溶于 $Na_2S_2O_3$ 溶液中,AgI 能溶于 KCN 溶液中。溶解反应平衡式如下:

$$AgCl(s) + 2NH_3 \rightleftharpoons [Ag(NH_3)_2]^+ + Cl^-$$

$$AgBr(s) + 2S_2O_3^{2-} \rightleftharpoons [Ag(S_2O_3)_2]^{3-} + Br^-$$

$$AgI(s) + 2CN^- \rightleftharpoons [Ag(CN)_2]^- + I^-$$

另外,有些极难溶的电解质,需既有氧化还原反应作用又有配位反应作用的双重功能试剂才可能将其溶解。如 $K_{sp}^{\ominus}$ 仅为 4.0×10^{-53} 的 HgS,必须用王水(1 体积浓 HNO_3 加 3 体积浓 HCl)才能将其溶解,反应式如下:

$$3HgS(s) + 2NO_3^- + 12Cl^- + 8H^+ \longrightarrow 3[HgCl_4]^{2-} + 3S\downarrow + 2NO\uparrow + 4H_2O$$

其中 Hg^{2+} 与 Cl^- 结合成稳定的 $[HgCl_4]^{2-}$,S^{2-} 被 HNO_3 氧化为单质 S,溶液中的 Hg^{2+}

配位平衡
与沉淀反
应的转化
(微视频)

与 S^{2-} 浓度同时减小，$Q<K_{sp}^{\ominus}$，使 HgS 沉淀溶解。

三、同离子效应与盐效应

同离子效应和盐效应对酸碱平衡产生影响，同样对沉淀-溶解平衡过程也有影响。

1. 同离子效应

在难溶强电解质溶液中，加入与难溶强电解质具有相同离子的易溶强电解质，使难溶强电解质的溶解度降低的现象，称为沉淀-溶解平衡中的**同离子效应**（common ion effect）。

例如，在 AgCl 的饱和溶液中加入 NaCl，存在如下平衡关系：

$$AgCl(s) \Longrightarrow Ag^+ + Cl^-$$
$$NaCl \Longrightarrow Na^+ + Cl^-$$

由于 NaCl 的加入，溶液中 Cl^- 浓度增大，此时 $Q>K_{sp}^{\ominus}$，上述平衡将左移，生成更多的 AgCl 沉淀，直至建立新的平衡 $Q=K_{sp}^{\ominus}$ 为止。其结果导致 AgCl 的溶解度减小。

【例 6-5】 已知 298.15 K 时，AgCl 在纯水中的溶解度为 1.33×10^{-5} mol/L，分别计算 AgCl 在 0.10 mol/L HCl 溶液和 0.20 mol/L $AgNO_3$ 溶液中的溶解度。（已知 $K_{sp}^{\ominus}(AgCl)=1.77\times10^{-10}$。）

解：(1) 设 AgCl 在 0.10 mol/L HCl 溶液中的溶解度为 S_1，则有

$$AgCl(s) \Longrightarrow Ag^+ + Cl^-$$

平衡浓度/(mol/L) $\qquad\qquad\qquad S_1 \quad S_1+0.10$

根据溶度积规则 $\qquad K_{sp}^{\ominus}(AgCl)=S_1 \cdot (S_1+0.10)\approx 0.10S_1$

$$S_1=1.77\times10^{-9} \text{ mol/L}$$

(2) 设 AgCl 在 0.20 mol/L $AgNO_3$ 溶液中的溶解度为 S_2，则平衡时有

$$[Ag^+]=0.20+S_2\approx 0.20 \text{ mol/L}, [Cl^-]=S_2$$

根据溶度积规则 $\qquad K_{sp}^{\ominus}(AgCl)=[Ag^+] \cdot [Cl^-]=0.20S_2$

$$S_2=8.8\times10^{-10} \text{ mol/L}$$

由计算结果可知，在 AgCl 的平衡体系中，加入含有共同离子 Ag^+ 或 Cl^- 的试剂后，AgCl 的溶解度均降低很多。在一定浓度范围内，加入的同离子量越多，其溶解度降低得越多。因此，实际工作中常利用加入适当过量的沉淀剂，产生同离子效应，使沉淀反应更趋完全。

2. 盐效应

在难溶强电解质的饱和溶液中加入不含相同离子的易溶强电解质，使难溶强电解质的溶解度略有增大的现象，称为**盐效应**（salt effect）。例如在难溶强电解质 AgCl 的饱和溶液中，加入 KNO_3 固体，则有

$$AgCl(s) \Longrightarrow Ag^+ + Cl^-$$
$$KNO_3 \Longrightarrow K^+ + NO_3^-$$

KNO_3 在溶液中完全电离成 K^+ 和 NO_3^-，使溶液中的离子总数增大，Ag^+ 和 Cl^- 分别被众多的 K^+ 和 NO_3^- 包围，离子间相互作用增强，离子强度 I 增大，使得活度因子 γ 减小，有效离子浓度（即活度）a 减小，最终导致平衡右移，结果 AgCl 溶解度稍有增大。

需要指出的是，在产生同离子效应的同时，也产生盐效应。但由于稀溶液中，同离子效应的影响较大，盐效应的影响较小，一般两效应共存时，以同离子效应的影响为主，而忽略盐效应的影响。

综上所述，根据同离子效应，要使沉淀完全，必须加入过量的沉淀剂，一般沉淀剂过量 20%～50% 为宜。如果沉淀剂浓度太大，有时还可能引起盐效应等副反应使沉淀溶解度增大。

第三节 沉淀反应的应用

沉淀反应的应用是多方面的,如药物生产中某些难溶无机药物的制备,某些易溶药物产品中杂质的分离去除,以及药品质量分析和难溶硫化物、难溶氢氧化物的分离等方面,都涉及一些沉淀-溶解平衡的问题。

一、在药物生产上的应用

许多难溶强电解质是由两种易溶电解质溶液互相混合制备的。通常是将原料分别溶解,控制适当的反应条件(如溶液浓度、反应温度、pH、混合的速度和方式、放置时间等)来制备沉淀。为制取纯度高、质量好的沉淀,不同的产品需经过反复实验来确定最佳的制备条件。现以《中国药典》2015 年版中的药物 $BaSO_4$、$Al(OH)_3$、$NaCl$ 的制备为例加以说明。

(一)硫酸钡的制备

由于 X 射线不能透过 Ba^{2+},因此临床上可用钡盐作 X 线造影剂,诊断胃肠道疾病。然而 Ba^{2+} 对人体有毒害,在钡盐中能够作为诊断胃肠道疾病的 X 线造影剂的只有 $BaSO_4$,因为 $BaSO_4$ 既难溶于水,也难溶于酸。

$BaSO_4$ 的制备一般以氯化钡和硫酸钠为原料,或向可溶性钡盐溶液中加入硫酸,离子反应方程式如下:

$$Ba^{2+} + SO_4^{2-} = BaSO_4$$

生产 $BaSO_4$ 最适宜的条件如下:在适当浓度的 $BaCl_2$ 热溶液中,缓慢地加入沉淀剂(Na_2SO_4 或 H_2SO_4),不断搅拌溶液,待 $BaSO_4$ 沉淀析出后,让沉淀和溶液一起放置一段时间(称为沉淀的陈化作用)。最后得到纯净的大颗粒 $BaSO_4$ 沉淀。将沉淀过滤、洗涤、干燥后,检查杂质,测定含量,符合《中国药典》的质量标准即可供药用。

(二)氢氧化铝的制备

氢氧化铝可用于肠胃类抑制胃酸用原料药,常用作复方制剂,是维 U 颠茄铝胶囊、氢氧化铝片等的主要组分,亦可用于药用辅料。

生产氢氧化铝是用矾土(主要成分为 Al_2O_3)作为原料,使之溶于硫酸中,生成的硫酸铝再与碳酸钠溶液作用,得到氢氧化铝胶状沉淀。反应方程式如下:

$$Al_2O_3 + 3H_2SO_4 = Al_2(SO_4)_3 + 3H_2O$$
$$Al_2(SO_4)_3 + 3Na_2CO_3 + 3H_2O = 2Al(OH)_3\downarrow + 3Na_2SO_4 + 3CO_2\uparrow$$

氢氧化铝是胶体沉淀,具有含水量高、体积大的特点。最适宜的生产条件是在较浓的热溶液中进行沉淀,加入沉淀剂的速度可以快一些,溶液的 pH 保持在 8~8.5,沉淀完全后不必老化,可以立即过滤,经过洗涤、干燥、检查杂质,测定含量,符合《中国药典》质量标准即可供药用。

(三)药用氯化钠的精制

药用氯化钠是从粗食盐中除去所含杂质而制得的。粗食盐中含有 K^+、Mg^{2+}、Ca^{2+}、Fe^{3+}、重金属离子、SO_4^{2-}、I^-、Br^- 等杂质离子,以及砂粒和有机物杂质等。精制过程大体分为以下几个步骤。

(1)将粗食盐在火上煅炒,使有机物炭化,再用蒸馏水溶解、过滤,并浓缩成为饱和溶液。

(2)在其饱和溶液中加入过量沉淀剂 $BaCl_2$ 溶液,使 SO_4^{2-} 转化成 $BaSO_4$ 沉淀,放置 1 h 以后,过滤弃沉淀,保留滤液。

（3）在滤液中加入饱和 H_2S 溶液，再加入 Na_2CO_3 和 NaOH 混合溶液，使 pH 达到 10～11，这时重金属离子生成硫化物或氢氧化物，Fe^{3+} 生成 $Fe(OH)_3$，Ca^{2+} 生成 $CaCO_3$，Mg^{2+} 生成 $Mg_2(OH)_2CO_3$，上一步过量的 Ba^{2+} 生成 $BaCO_3$，静置，使沉淀完全，过滤弃杂质，保留滤液。

（4）在滤液中加入盐酸，中和多余的碱，调节 pH 达 3～4，加热蒸发浓缩，并除去多余的 H_2S。

（5）浓缩上述溶液至 NaCl 晶体几乎全部析出，趁热减压过滤。K^+、I^-、Br^-、NO_3^- 等离子可随母液弃去。

（6）所得 NaCl 晶体在 100 ℃时烘干（残附的 HCl 会以气体挥发）。

在氯化钠的精制过程中，包含利用沉淀反应进行物质分离提纯时需要考虑的共性因素。

①沉淀剂的选择：选择的沉淀剂沉淀效率要高，在不引入新杂质的前提下尽可能选用能同时除去几种杂质离子的沉淀剂。过量沉淀剂在后续反应中应该容易除去。

②沉淀剂的用量和浓度：在利用沉淀反应除去杂质离子时，总是加入过量的、浓的沉淀剂，使沉淀反应趋于完全，一般以过量 20%～50% 为宜。

③沉淀的条件：溶液的浓度，反应的温度，溶液的 pH，混合的速度以及放置时间等都有一定要求。

④成品中残留的杂质含量：绝对不溶的沉淀是不存在的，因此在利用沉淀反应除去杂质后的成品中仍夹杂有微量的杂质，但它不影响实际应用，所以在《中国药典》中规定了药物的杂质含量限度。符合《中国药典》规定的杂质含量限度标准即可作为药用。

二、在药品质量控制上的应用

沉淀-溶解平衡在药品质量分析检验工作中经常用到，为保证药品的质量，必须根据国家规定的药品质量标准进行药品检验工作。对药品的质量鉴定，主要包括对杂质种类的检查和杂质含量测定两方面。

沉淀反应在杂质检查中的应用：将一定浓度的沉淀剂加到产品的溶液中，观察是否与要检查的离子产生沉淀。已知产品溶液的用量和沉淀剂的浓度与体积，根据 $K_{sp}^{\ominus}$ 的值，可以计算出杂质含量是否符合规定的限度。

（一）注射用水中氯离子的检查

取水样 50 mL，加稀硝酸（2.0 mol/L）5 滴，硝酸银溶液（0.10 mol/L）1.0 mL，放置半分钟，不得发生混浊现象。这个检查反应所根据的原理是 Ag^+ 和 Cl^- 可以形成难溶的 AgCl 沉淀。加硝酸的作用是防止 CO_3^{2-} 和 OH^- 等离子的干扰。Ag_2CO_3 和 Ag_2O 都是难溶的，但在酸性溶液中不能生成。反应方程式为

$$Ag^+ + Cl^- =\!=\!= AgCl \downarrow$$
$$2Ag^+ + CO_3^{2-} =\!=\!= Ag_2CO_3 \downarrow$$
$$4Ag^+ + 4OH^- =\!=\!= 2AgOH \downarrow + Ag_2O \downarrow + H_2O$$

根据注射用水样品的体积、所用试剂的浓度和体积，以及 AgCl 的 $K_{sp}^{\ominus}$，可通过上述方法计算出注射用水中 Cl^- 允许存在的限度，即：

$$[Ag^+] = \frac{1}{50+1} \times 0.1 = 2.0 \times 10^{-3} \ mol/L$$

$$K_{sp}^{\ominus} = [Ag^+] \cdot [Cl^-] = 1.77 \times 10^{-10}$$

$$[Cl^-] = \frac{K_{sp}^{\ominus}}{[Ag^+]} = \frac{1.77 \times 10^{-10}}{2.0 \times 10^{-3}} = 8.9 \times 10^{-8} \ mol/L$$

以上计算说明，$[Cl^-] > 8.9 \times 10^{-8}$ mol/L 时，将产生 AgCl 沉淀，使溶液混浊。8.9×10^{-8} mol/L 就是允许 Cl^- 存在的限度。

NOTE

（二）硫酸根的检验

检查药品中含有微量硫酸盐的方法：利用硫酸盐与新鲜配制的 $BaCl_2$ 溶液在酸性溶液中作用生成 $BaSO_4$ 沉淀，将它与一定量的标准 K_2SO_4 与 $BaCl_2$ 在同一条件下用同样方法处理所生成的沉淀比较，以计算样品中硫酸盐的限度。

（三）重金属离子的检验

在药品的杂质检验中，重金属离子是很重要的一项检查项目。所谓重金属离子是指在弱酸性（pH 约为 3）溶液中，能与饱和 H_2S 溶液作用生成难溶硫化物的金属离子，如 Zn^{2+}、Cu^{2+}、Co^{2+}、Ni^{2+}、Ag^+、Pb^{2+}、Bi^{3+}、As^{3+}、Sb^{3+}、Sn^{2+} 等。因为在药品的生产过程中，以混入铅杂质的机会最多，而且铅又易蓄积中毒，所以检查时常以铅为代表。检查方法是取供试品适量，加氢氧化钠溶液 5 mL 与水 20 mL 溶解后，置于比色管中，加硫化钠试液 5 滴，摇匀，与一定量的标准铅溶液同样处理后的颜色进行比较，以判断样品中重金属的含量是否合格。

三、沉淀的分离

利用沉淀反应，可以进行混合离子的分离。其中应用较多的是利用氢氧化物、硫化物沉淀进行金属离子的分离。

（一）氢氧化物沉淀的分离

除碱金属和锶、钡的氢氧化物外，大多数金属氢氧化物都是难溶强电解质。由于难溶氢氧化物的溶度积大小不同，因此难溶氢氧化物开始沉淀和沉淀完全时所需 OH^- 浓度不同，通过控制溶液不同 pH 范围可以使不同的氢氧化物沉淀，以达到分离金属离子的目的。

【**例 6-6**】 将含 0.0020 mol/L Pb^{2+} 的溶液与含 0.040 mol/L Cr^{3+} 的溶液等体积混合后，逐滴加入 NaOH 溶液，已知 $K_{sp}^{\ominus}[Pb(OH)_2]=1.43\times10^{-15}$，$K_{sp}^{\ominus}[Cr(OH)_3]=6.3\times10^{-31}$，若要使 Cr^{3+} 先沉淀出来，而 Pb^{2+} 不沉淀，溶液的 pH 应如何控制？

解：当 $Cr(OH)_3$ 沉淀完全时，$c(Cr^{3+})=1.0\times10^{-5}$ mol/L

$$c(OH^-)=\sqrt[3]{\frac{6.3\times10^{-31}}{1.0\times10^{-5}}}=4.0\times10^{-9} \text{ mol/L}$$

$$pOH=8.40$$

$$pH=5.60$$

要 $Pb(OH)_2$ 不沉淀，需 $Q=c(Pb^{2+})\cdot[c(OH^-)]^2<K_{sp}^{\ominus}[Pb(OH)_2]$

即

$$c(OH^-)<\sqrt{\frac{1.43\times10^{-15}}{0.001}}=1.2\times10^{-6} \text{ mol/L}$$

$$pOH>5.96$$

$$pH<8.04$$

故应控制溶液的 pH 在 5.60～8.04。

【**例 6-7**】 计算欲使 0.01 mol/L Fe^{3+} 开始沉淀和沉淀完全时的 pH。（已知 $K_{sp}^{\ominus}[Fe(OH)_3]$ 为 2.79×10^{-39}。）

解：①开始沉淀所需的 pH。

$$Fe(OH)_3(s)\rightleftharpoons Fe^{3+}+3OH^-$$

$$[OH^-]=\sqrt[3]{\frac{K_{sp}^{\ominus}}{[Fe^{3+}]}}=\sqrt[3]{\frac{2.79\times10^{-39}}{0.01}}=6.53\times10^{-13} \text{ mol/L}$$

$$pH=14-pOH=14-12.19=1.81$$

②沉淀完全所需 pH。

$$[\text{OH}^-]=\sqrt[3]{\frac{K_{sp}^{\ominus}}{[\text{Fe}^{3+}]}}=\sqrt[3]{\frac{2.79\times10^{-39}}{1.0\times10^{-5}}}=6.53\times10^{-12}\ \text{mol/L}$$

$$\text{pH}=14-\text{pOH}=14-11.19=2.81$$

答：使 0.01 mol/L Fe^{3+} 开始沉淀的 pH 为 1.81，使 Fe^{3+} 沉淀完全的 pH 为 2.81。

（二）硫化物沉淀的分离

许多金属硫化物溶解度很小，但彼此之间溶度积相差比较大，可利用这个特点进行某些离子之间的相互分离。

根据溶度积规则，溶液中能否生成金属硫化物沉淀，与溶液中 S^{2-} 和金属离子的浓度有关，即当 $Q>K_{sp}^{\ominus}$ 时，就可生成金属硫化物沉淀。金属硫化物是弱酸 H_2S 的盐，溶液中 S^{2-} 浓度又与溶液中 H^+ 浓度直接有关，因此控制溶液的酸度，通入 H_2S 气体就可达到硫化物沉淀的分离。

H_2S 是一种二元弱酸，其饱和水溶液中 S^{2-} 浓度可由 H_2S 的解离常数关系求得。

$$\frac{[\text{H}^+]^2\cdot[\text{S}^{2-}]}{[\text{H}_2\text{S}]}=K_{a1}^{\ominus}\cdot K_{a2}^{\ominus}$$

$$[\text{S}^{2-}]=K_{a1}^{\ominus}\cdot K_{a2}^{\ominus}\cdot\frac{[\text{H}_2\text{S}]}{[\text{H}^+]^2}$$

对于常见二价金属离子生成的硫化物，具有如下的沉淀-溶解平衡

$$\text{MS(s)}\Longleftrightarrow\text{M}^{2+}+\text{S}^{2-}$$

其溶度积表达式为

$$K_{sp}^{\ominus}=[\text{M}^{2+}]\cdot[\text{S}^{2-}]$$

则

$$[\text{S}^{2-}]=\frac{K_{sp}^{\ominus}}{[\text{M}^{2+}]}$$

如果把不同硫化物沉淀所需的 S^{2-} 浓度与这种 S^{2-} 浓度下的最高 H^+ 浓度两者之间的关系联系起来，就能得出不同硫化物沉淀时的最高 H^+ 浓度：

$$[\text{H}^+]^2=\frac{K_{a1}^{\ominus}\cdot K_{a2}^{\ominus}\cdot[\text{H}_2\text{S}]\cdot[\text{M}^{2+}]}{K_{sp}^{\ominus}(\text{MS})}$$

或

$$[\text{H}^+]=\sqrt{\frac{K_{a1}^{\ominus}\cdot K_{a2}^{\ominus}\cdot[\text{H}_2\text{S}]\cdot[\text{M}^{2+}]}{K_{sp}^{\ominus}(\text{MS})}}$$

式中，$K_{a1}^{\ominus}=1.32\times10^{-7}$，$K_{a2}^{\ominus}=7.08\times10^{-15}$，$\text{H}_2\text{S}$ 饱和溶液的浓度为 0.10 mol/L。由上式可见硫化物开始沉淀时的 pH 与金属硫化物的溶度积有关，也与溶液中金属离子的起始浓度有关。同理，如果当沉淀完毕后留下的金属离子小于 1.0×10^{-5} mol/L，就认为沉淀已达到完全的程度，也可计算出溶液中的氢离子浓度应控制的范围。

【例 6-8】 在 0.10 mol/L ZnCl_2 溶液中不断通入 H_2S 气体达到饱和，计算使 ZnS 沉淀完全时的 pH。若溶液中含有 0.10 mol/L ZnCl_2 和 0.10 mol/L Mn^{2+}，能否利用控制溶液 pH 使两种离子分离？（已知 $K_{sp}^{\ominus}(\text{ZnS})=2.5\times10^{-22}$，$K_{sp}^{\ominus}(\text{MnS})=2.5\times10^{-13}$，$\text{H}_2\text{S}$ 的解离常数 $K_{a1}^{\ominus}\cdot K_{a2}^{\ominus}=9.35\times10^{-22}$。）

解：ZnS 沉淀完全，溶液中 $c(\text{Zn}^{2+})\leqslant10^{-5}$ mol/L，此时溶液中 S^{2-} 的浓度为

$$c(\text{S}^{2-})\geqslant\frac{K_{sp}^{\ominus}(\text{ZnS})}{c(\text{Zn}^{2+})}=\frac{2.5\times10^{-22}}{10^{-5}}=2.5\times10^{-17}\ \text{mol/L}$$

根据 H_2S 的解离平衡，$c(\text{S}^{2-})=[\text{S}^{2-}]$。

$$\text{H}_2\text{S}\Longleftrightarrow2\text{H}^++\text{S}^{2-}$$

$$[\text{S}^{2-}]=K_{a1}^{\ominus}\cdot K_{a2}^{\ominus}\cdot\frac{[\text{H}_2\text{S}]}{[\text{H}^+]^2}$$

$$K_{a1}^{\ominus} \cdot K_{a2}^{\ominus} = \frac{[H^+]^2 \cdot [S^{2-}]}{[H_2S]}$$

整理得
$$[H^+] \leqslant \sqrt{\frac{K_{a1}^{\ominus} \cdot K_{a2}^{\ominus} \cdot c(Zn^{2+}) \cdot [H_2S]}{K_{sp}^{\ominus}(ZnS)}}$$

将 $c(Zn^{2+}) = 1.0 \times 10^{-5}$ mol/L,饱和$[H_2S] = 0.10$ mol/L 代入上式,得

$$[H^+] \leqslant \sqrt{\frac{9.35 \times 10^{-22} \times 1.0 \times 10^{-5} \times 0.10}{2.5 \times 10^{-22}}}$$

$$[H^+] \leqslant 1.93 \times 10^{-3} \text{ mol/L}$$

$$pH \geqslant 2.71$$

所以控制溶液 pH 在 2.71 以上即可使 ZnS 沉淀完全。

若要使 Mn^{2+} 和 Zn^{2+} 分离,需要 Zn^{2+} 沉淀完全,而 Mn^{2+} 不沉淀。则:

$$c(S^{2-}) \geqslant \frac{K_{sp}^{\ominus}(MnS)}{c(Mn^{2+})}$$

$$[H^+] \geqslant \sqrt{\frac{K_{a1}^{\ominus} \cdot K_{a2}^{\ominus} \cdot c(Mn^{2+}) \cdot [H_2S]}{K_{sp}^{\ominus}(MnS)}}$$

$$= \sqrt{\frac{9.35 \times 10^{-22} \times 0.10 \times 0.10}{2.5 \times 10^{-13}}} = 6.11 \times 10^{-6} \text{ mol/L}$$

$$pH \leqslant 5.11$$

即溶液 pH 在 2.71～5.11 之间时,Zn^{2+} 沉淀完全,Mn^{2+} 还没开始沉淀,利用控制 pH 可以使两种离子分离。

本章小结

1. 沉淀-溶解平衡、溶度积和溶解度

某温度下,当溶解过程和沉淀过程的速率相等时,体系达到动态平衡,即沉淀-溶解平衡。一定温度下,难溶强电解质 A_mB_n 达到沉淀-溶解平衡状态时,溶解出来的各离子相对平衡浓度以化学计量数为指数的乘积是一常数,用 $K_{sp}^{\ominus}$ 表示。即:$K_{sp}^{\ominus}(A_mB_n) = [A^{n+}]^m \cdot [B^{m-}]^n$。

$K_{sp}^{\ominus}$ 是难溶强电解质沉淀-溶解平衡的平衡常数,反映了物质的溶解能力,故称为溶度积常数,简称溶度积。

溶度积 $K_{sp}^{\ominus}$ 从平衡常数的角度表达了难溶强电解质的溶解程度,与溶解度 S 之间的定量关系为

$$S = \sqrt[m+n]{\frac{K_{sp}^{\ominus}}{m^m \cdot n^n}}$$

知识拓展

2. 溶度积规则

将任意条件下溶液中离子浓度幂的乘积称为离子积,以 Q 表示:$Q = (c_{A^{n+}})^m \cdot (c_{B^{m-}})^n$,则在任意条件下,$Q$ 和 $K_{sp}^{\ominus}$ 间的关系有下面三种可能。

当 $Q = K_{sp}^{\ominus}$ 时,溶液是饱和溶液,即达到沉淀-溶解平衡状态。

当 $Q < K_{sp}^{\ominus}$ 时,溶液是不饱和溶液,无沉淀析出;若体系中有固体存在,沉淀物溶解,直至达到新的平衡(饱和)为止。

当 $Q > K_{sp}^{\ominus}$ 时,溶液是过饱和溶液,沉淀从溶液中析出,直至饱和为止。

上述 Q 与 $K_{sp}^{\ominus}$ 的关系及其结论称为溶度积规则,是沉淀-溶解平衡移动规律的总结,利用溶度积规则可以判断沉淀的生成和溶解,或者沉淀和溶液是否处于平衡状态,它是沉淀反应的基本规则。

 NOTE

3. 沉淀-溶解平衡的移动

（1）沉淀的生成。

根据溶度积规则，当 $Q>K_{sp}^{\ominus}$ 时，就会有沉淀生成。通常采用加入沉淀剂的方法，使溶液中离子起始浓度的离子积大于溶度积常数，平衡向生成沉淀的方向移动，就可以使难溶强电解质生成沉淀。

完全沉淀：一般认为，只要溶液中某种离子浓度不大于 1.0×10^{-5} mol/L，就可以认为该离子已经沉淀完全。

分步沉淀：加入一种沉淀剂，使溶液中原有多种离子按照达到溶度积的先后顺序分别沉淀的现象称为分步沉淀。利用分步沉淀可以实现离子的分离。

沉淀转化：在含有沉淀的溶液中，加入适当的溶剂，使这种沉淀转化为另一种沉淀的过程称为沉淀的转化。沉淀的转化一般有两种情况：一种是难溶强电解质转化为更难溶的强电解质，另一种是难溶强电解质转化为稍易溶的难溶强电解质。

（2）沉淀的溶解。

根据溶度积规则，欲使沉淀溶解，需满足 $Q<K_{sp}^{\ominus}$。使 Q 减小的方法如下：生成弱电解质（弱酸、弱碱和难电离的水或盐等）、发生氧化还原反应、生成配位化合物等。

4. 同离子效应与盐效应

在难溶强电解质溶液中，加入与难溶强电解质具有相同离子的易溶强电解质，使难溶强电解质的溶解度降低的现象，称为沉淀-溶解平衡中的同离子效应。在一定浓度范围内，加入的同离子量越多，其溶解度降低得越多。因此，实际工作中常利用加入适当过量的沉淀剂，产生同离子效应，使沉淀反应更趋完全。

在难溶强电解质的饱和溶液中加入不含相同离子的易溶强电解质，使难溶强电解质的溶解度略有增大的现象，称为盐效应。

同离子效应和盐效应同时存在。但在稀溶液中，同离子效应的影响远大于盐效应的影响，一般情况下以同离子效应的影响为主，而忽略盐效应的影响。利用同离子效应使沉淀完全时要加入过量沉淀剂，一般沉淀剂过量 20%～50% 为宜。如果沉淀剂浓度太大，有时还可能引起盐效应等副反应，使沉淀溶解度增大。

5. 沉淀反应的应用

（1）在药物生产上的应用。

许多难溶强电解质是由两种易溶电解质溶液互相混合制备的。通常是将原料分别溶解，控制适当的反应条件（如溶液浓度、反应温度、pH、混合的速度和方式、放置时间等）来制备沉淀。为制取纯度高、质量好的沉淀，不同的产品需经过反复实验来确定最佳的制备条件。如药物 $BaSO_4$、$Al(OH)_3$、$NaCl$ 等的制备。

（2）在药品质量控制上的应用。

沉淀-溶解平衡经常应用于药品质量评价工作中，为保证药品的质量，必须根据国家规定的药品质量标准进行药品检验工作。对药品的质量鉴定，主要包括对杂质种类的检查和杂质含量测定两方面。如注射用水中氯离子的检查、硫酸根的检验、重金属离子的检验等。

（3）沉淀的分离。

利用沉淀反应，可以进行混合离子的分离。其中应用较多的是利用氢氧化物、硫化物沉淀进行金属离子的分离。

NOTE

目标检测

目标检测
答案

同步练习
及其答案

一、判断题

1. 一定温度下,向含有 AgCl 固体的溶液中加入适量的水使 AgCl 溶解,再次达到平衡时,AgCl 的溶度积不变,其溶解度也不变。( )

2. 忽略溶解度与溶度积换算的三个条件,AB_2 和 A_2B 型难溶强电解质,它们的溶解度 S 与 $K_{sp}^{\ominus}$ 的换算关系都是 $K_{sp}^{\ominus}=4S^3$。( )

3. 如果溶液中有多种离子,且都能与沉淀剂反应生成沉淀,则 $K_{sp}^{\ominus}$ 小的先沉淀。( )

4. 等物质的量的 NaCl 与 $AgNO_3$ 混合后,全部生成 AgCl 沉淀,因此溶液中无 Cl^- 和 Ag^+ 存在。( )

5. 在 AgCl 溶液中,加入适量 NaCl 溶液可以使 AgCl 溶解度减小。( )

6. 要使沉淀完全,必须加入过量的沉淀剂,加入的沉淀剂越多,则生成的沉淀越多。( )

7. 如果溶液中有多种离子,且都能与沉淀剂反应生成沉淀,则可以利用分步沉淀达到分离离子的目的。( )

8. 用纯水洗涤 $CaCO_3$ 沉淀比用 Na_2CO_3 洗涤 $CaCO_3$ 沉淀损失得要多。( )

9. 沉淀转化反应的平衡常数大于 1,转化即可进行,平衡常数大于 1.0×10^6,则转化进行得很完全。( )

10. 在 $K_2Cr_2O_7$ 溶液中,逐滴加 $Pb(NO_3)_2$ 溶液,可得到黄色 $PbCrO_4$ 沉淀。( )

二、填空题

1. 与其他平衡常数一样,$K_{sp}^{\ominus}$ 只与难溶强电解质的_____和_____有关,而与_____无关。

2. 沉淀生成的必要条件是_____,溶解的必要条件是_____,沉淀溶解达到平衡的必要条件是_____。

3. 某溶液中离子浓度小于_____ mol/L,就认为该离子完全沉淀了。

4. 沉淀转化能否进行,主要根据_____来判断。

5. 在含有大量固体 $BaSO_4$ 的溶液中,经一段时间达到平衡后,该溶液称为_____溶液。该溶液中 $c(Ba^{2+})$ 和 $c(SO_4^{2-})$ 的离子积 Q _____ $K_{sp}^{\ominus}$(大于、等于、小于)。加入少量 Na_2SO_4 后 $BaSO_4$ 的溶解度_____(增大、减小),这种现象称为_____。

6. 已知 $K_{sp}^{\ominus}[Fe(OH)_2]=8.0\times10^{-16}$,$K_{sp}^{\ominus}[Fe(OH)_3]=4.0\times10^{-38}$,在相同浓度的 Fe^{2+} 和 Fe^{3+} 溶液中,逐滴加入 NaOH 溶液,_____先沉淀,通过控制溶液中的_____可使两离子分离。

7. 往试管中加入 2 mL 0.1 mol/L $MgCl_2$ 溶液,滴入数滴浓氨水,有_____生成,再向试管中加入少量 NH_4Cl 固体并摇动,则发生_____,最后一步离子方程式为_____。

8. 药用氯化钠是从粗食盐中除去所含杂质而制得的。粗食盐中所含主要杂质是 K^+、Mg^{2+}、Ca^{2+}、Fe^{3+} 等金属离子,SO_4^{2-}、I^-、Br^- 等,以及砂粒和有机杂质。沉淀 Mg^{2+} 一般加入的试剂是_____,沉淀 Ca^{2+} 一般加入的试剂是_____,沉淀 SO_4^{2-} 一般加入的试剂是_____。

三、计算题

1. 已知 $Mg(OH)_2$ 的溶度积为 5.61×10^{-12},求 $Mg(OH)_2$ 在下列情况时的溶解度(以 mol/L 表示,不考虑副反应),已知:$K_{sp}^{\ominus}[Mg(OH)_2]=5.61\times10^{-12}$。

NOTE

（1）在纯水中。

（2）在 1.0×10^{-2} mol/L NaOH 溶液中。

（3）在 1.0×10^{-2} mol/L $MgCl_2$ 溶液中。

2. 在 100 mL 0.02 mol/L $MgCl_2$ 溶液中，加入 100 mL 0.1 mol/L 氨水，有无 $Mg(OH)_2$ 沉淀生成？欲使生成的沉淀溶解，则在该体系中需加入多少克 NH_4Cl？

已知：$K_{sp}^{\ominus}[Mg(OH)_2]=5.61\times10^{-12}$，$K_b^{\ominus}(NH_3 \cdot H_2O)=1.74\times10^{-5}$。

3. 向 1.0×10^{-2} mol/L $CdCl_2$ 溶液中通入 H_2S 气体，求：（1）开始生成 CdS 沉淀时的 $[S^{2-}]$。（2）Cd^{2+} 沉淀完全时，$[S^{2-}]$ 为多少？已知 $K_{sp}^{\ominus}(CdS)=8.0\times10^{-27}$。

4. 计算使 0.1 mol 的 MnS、ZnS、CuS 溶解于 1 L 的 HCl 中所需 HCl 的最低浓度。

已知：$K_{sp}^{\ominus}(MnS)=2.5\times10^{-13}$；$K_{sp}^{\ominus}(ZnS)=1.6\times10^{-24}$；$K_{sp}^{\ominus}(CuS)=6.3\times10^{-36}$。

5. 在 0.10 mol/L $ZnCl_2$ 溶液中不断通入 H_2S 气体达到饱和，如何控制溶液的 pH 使 ZnS 不沉淀？已知 $K_{sp}^{\ominus}(ZnS)=2.5\times10^{-22}$。

（曹秀莲）

第七章 氧化还原反应

 学习目标

　　1. 掌握:氧化还原反应的概念及实质;氧化值的概念及有关计算;电极电势的概念及应用;影响电极电势的因素——Nernst 方程的应用。
　　2. 熟悉:离子-电子法配平氧化还原方程式;原电池的组成;电池符号;氧化还原反应平衡及其应用。
　　3. 了解:原电池的概念;电极电势的产生;电极电势图及其应用。

扫码看 PPT

 案例导入7-1

　　我们要经常食用水果和蔬菜,是因为水果和蔬菜富含维生素 C,它会让我们年轻又健康,可我们发现,如果切好一盘水果(苹果、梨等),在空气中放置一段时间,水果表面很快出现褐色斑点。

　　1. 维生素 C 能让我们年轻又健康的原理是什么?
　　2. 水果切面颜色出现褐色斑点的原因是什么? 如何保持切开水果的鲜艳色泽?
　　3. 生活中类似的氧化还原反应还有哪些?

案例解析

　　氧化还原反应(redox reaction)是广泛存在于自然界并在工业生产中具有重要用途的一类化学反应。氧化还原反应与地球上生命体的产生、进化及繁衍生息等密切相关。人体所需能量主要来自淀粉在体内的氧化,许多与衰老和疾病相关的自由基反应也是氧化还原反应。植物的光合作用、呼吸作用、固氮作用以及许多代谢过程都涉及氧化还原反应。人们熟知的各种燃料的燃烧、金属的冶炼、许多新材料的制备、化学电池的制造及使用、工业电解和电镀等,都是在氧化还原反应的基础上才能得以实现。

　　在药学领域中,许多药物是通过氧化还原反应发挥作用的。例如,外用消毒使用的高锰酸钾、过氧化氢(俗称双氧水)和碘酒等都是利用它们的氧化性,而一些抗氧剂如亚硫酸钠、维生素 C 和维生素 E 等则起还原剂的作用。因此,学习氧化还原反应的理论知识,无论是对于了解生命的奥秘,掌握药物的制备、性质、功能并探索其作用机制,还是对后续课程的学习都是十分必要的。

　　本章将介绍氧化还原反应的基本原理,重点讨论电极电势的概念、用途以及影响电极电势的因素。

第一节　氧化还原反应的基本概念

一、氧化还原反应的实质

　　在酸碱反应和沉淀反应中,参与反应的各种物质在反应前后不涉及电子的得失,这类反应

 NOTE

属于非氧化还原反应。如果参与反应的物质在反应前后有电子的转移或偏移,这类反应就称为**氧化还原反应**(redox reaction)。失去电子的物质是**还原剂**(reductant),它使另一种物质发生还原反应,失去电子的过程称为**氧化**(oxidation)。获得电子的物质是**氧化剂**(oxidant),它使另一种物质发生氧化反应,得到电子的过程称为**还原**(reduction)。氧化还原反应的实质是还原剂和氧化剂发生电子的得失或偏移,同时伴随有能量的变化。

例如,金属钠在氯气中燃烧:

$$Na+1/2Cl_2 === NaCl$$

一个氧化还原反应可以看成是由两个半反应(half reaction)组成的。在上面的反应中,Na失去一个电子,是还原剂,经过氧化半反应变成了 Na^+;Cl得到一个电子,是氧化剂,经过还原半反应生成了 Cl^-。

$$Na - e^- \rightleftharpoons Na^+$$
$$1/2Cl_2 + e^- \rightleftharpoons Cl^-$$

在一个半反应中,获得电子前(或失去电子后)的物质形式称为**氧化型物质**(oxidized species),获得电子后(或失去电子前)的物质形式称为**还原型物质**(reduced species);这两种物质形式构成一对氧化还原电对,简称**电对**(redox electric couple)。它们之间的关系可表示为

$$氧化型(Ox) + ne^- \rightleftharpoons 还原型(Red)$$

每个氧化还原半反应中都有一对氧化还原电对。为书写方便,氧化还原电对常表示为Ox/Red,不必考虑在 Ox/Red 中氧化型与还原型的配平问题。例如,上面反应中的 2 个氧化还原电对 Na^+ 和 Na、Cl_2 和 Cl^- 可分别表示为 Na^+/Na、Cl_2/Cl^-。

二、氧化值

在一些化学反应中,电子并不完全离开某个原子,而只是从一个原子向另一个原子偏移。例如:碳在氧气中燃烧生成 CO_2,碳在反应中并没有完全失去它最外层的 4 个电子,只是在共用的状态下偏向氧而已。为了描述原子中电子的得失或偏移程度,更好地理解氧化还原反应,人们在化合价和元素电负性的基础上提出了氧化值(oxidation number)的概念。

氧化值是指某元素一个原子的表观电荷数(apparent charge number)。计算表观电荷数时,可以把每个化学键中的电子指定给电负性较大的原子。例如,在 NaCl 中,Cl 的电负性比Na 大,所以 Cl 的氧化值为-1,Na 的氧化值为$+1$。对于共价化合物,可以把共用电子对指定给电负性大的原子,这样得到的正、负表观电荷数就等于正、负氧化值。例如,在 H_2O 分子中,O 的电负性比 H 大,因此把 O 原子和每个 H 原子之间的成键电子都归于 O 原子,则 O 的氧化值为-2,而 H 的氧化值为$+1$。

元素氧化值的确定可按照如下规则。

(1) 单质中元素的氧化值为零。如 Na、Be、H_2 和 Cl_2 中各元素的氧化值都等于零。

(2) 在化合物中,所有元素氧化值的代数和等于零;在多原子离子中,所有元素氧化值的代数和等于该离子所带的电荷数;单原子离子的氧化值等于它所带的电荷数。

(3) H 的氧化值一般为$+1$。但在活泼金属氢化物(如 NaH、CaH_2)中,H 的氧化值为-1。

(4) O 的氧化值一般为-2;但在过氧化物(如 H_2O_2、Na_2O_2)中为-1,在超氧化物(如 KO_2)中为-0.5,在 OF_2 中为$+2$。

(5) 氟是电负性最大的元素,故氟化物中氟的氧化值总是-1。

可用氧化值的变化来判断氧化剂和还原剂。在化学反应中,某元素的氧化值升高,该物质是还原剂;某元素的氧化值降低,该物质是氧化剂。例如,在下列反应中,Cl 的氧化值从$+1$降低到-1,表明次氯酸钠是氧化剂,Cl 在反应中被还原;Fe 的氧化值从$+2$升高到$+3$,表明铁

NOTE

是还原剂,Fe 被氧化。硫酸分子的任何原子都没有改变氧化值,它只是作为反应介质。

$$NaClO + 2FeSO_4 + H_2SO_4 \rightleftharpoons NaCl + Fe_2(SO_4)_3 + H_2O$$

若氧化值的升高和降低都发生在同一种物质的同一种元素中,则该物质既是氧化剂又是还原剂,这类氧化还原反应称为**歧化反应**(disproportionation reaction)。例如:

$$Cl_2 + H_2O \rightleftharpoons HClO + HCl$$
$$4KClO_3 \rightleftharpoons 3KClO_4 + KCl$$

应当注意,在判断共价化合物的氧化值时,不要与共价数(某元素原子形成共价键的数目)混淆。例如,在 CH_4、C_2H_4、C_2H_2 分子中,C 的共价数均为 4,而其氧化值则依次分别为 -4、-2 和 -1。单独书写氧化值时,与数学中的正负数表示方法相同,但正号不省去。在分子式或化合物中需注明元素的氧化值时,一般在相应元素符号或名称后用罗马数字以括号形式标明,正号可以省去,负号则不能省去。

在一些情况下,化合物中元素的氧化值与化合价具有相同的值,但两者有区别。化合价反映原子间形成化学键的能力,通常都是整数。而氧化值是对元素原子外层电子偏离状态的人为规定值,并不是某一个元素所带的真实电荷;当多个同种原子以不同形态处于同一个分子或原子团中时,氧化值通常使用其平均值,可以是整数,也可以是非整数。如下面的结构所示,在 $S_2O_3^{2-}$ 中 S 的平均氧化值为 $+2$,在 $S_4O_6^{2-}$ 中 S 的平均氧化值为 $+2.5$。

第二节 氧化还原反应方程式的配平

配平反应方程式是了解氧化还原反应的一个重要环节,它的理论基础是质量和电荷守恒定律。多种配平方法中,氧化值法适用范围较广,而离子-电子法(又称半反应法)较易为初学者所掌握。

一、离子-电子法

离子-电子法根据以下原则配平方程式:①在反应中氧化剂得到的电子总数与还原剂失去的电子总数相等;②方程式两边各种元素的原子数相等。

【例7-1】 配平 $K_2Cr_2O_7$ 与 KI 在稀 H_2SO_4 中的反应方程式。

解:(1)写出离子反应方程式:

$$Cr_2O_7^{2-} + H^+ + I^- \longrightarrow Cr^{3+} + I_2 + H_2O$$

(2)将氧化还原反应拆分成两个半反应:

氧化半反应:
$$I^- - ne^- \longrightarrow I_2$$

还原半反应:
$$Cr_2O_7^{2-} + H^+ + ne^- \longrightarrow Cr^{3+} + H_2O$$

(3)分别配平两个半反应:

$$2I^- - 2e^- \rightleftharpoons I_2 \qquad\qquad ①$$
$$Cr_2O_7^{2-} + 14H^+ + 6e^- \rightleftharpoons 2Cr^{3+} + 7H_2O \qquad\qquad ②$$

(4)将两个半反应分别乘以相应系数(最小公倍数),使其得、失电子数相等,再将两个半反应相加,得到一个配平的氧化还原反应离子反应方程式。

即 $3×① + 1×②$ 得

$$Cr_2O_7^{2-} + 14H^+ + 6I^- =\!=\!= 2Cr^{3+} + 7H_2O + 3I_2$$

（5）在配平的离子反应方程式中添加不参与反应的正、负离子，写出相应的化学式，即得到配平的氧化还原反应方程式：

$$K_2Cr_2O_7 + 7H_2SO_4 + 6KI =\!=\!= Cr_2(SO_4)_3 + 3I_2 + 4K_2SO_4 + 7H_2O$$

在配平过程中，若半反应式两边的氧原子数不等，应根据反应的介质条件（酸碱性），添加 H^+、OH^- 或 H_2O，以配平半反应式。在酸性介质中，半反应式中不能出现 OH^-；在碱性介质中，半反应式中不能出现 H^+。

【例 7-2】 在碱性介质中，单质溴能将亚铬酸钠氧化成铬酸钠，请写出该反应的离子反应式并配平。

解：（1）写出离子反应式：

$$CrO_2^- + Br_2 + OH^- \longrightarrow CrO_4^{2-} + Br^- + H_2O$$

（2）将氧化还原反应拆分成两个半反应：

氧化半反应：$CrO_2^- \longrightarrow CrO_4^{2-}$

还原半反应：$Br_2 \longrightarrow 2Br^-$

（3）分别配平半反应式（包括原子数和电荷数）。在碱性介质中，多氧一边加 H_2O，少氧一边加 OH^-。

$$CrO_2^- + 4OH^- =\!=\!= CrO_4^{2-} + 2H_2O + 3e^- \qquad ①$$

$$Br_2 + 2e^- =\!=\!= 2Br^- \qquad ②$$

（4）确定两个半反应得、失电子数的最小公倍数，将各半反应配上系数后，两式相加。$2×①+3×②$ 得

$$2CrO_2^- + 3Br_2 + 8OH^- =\!=\!= 2CrO_4^{2-} + 6Br^- + 4H_2O$$

离子-电子法不需要计算元素的氧化值，但它仅适用于在水溶液中进行的反应。对于非水溶液反应体系，可采用其他方法配平反应方程式。

二、氧化值法

氧化值法根据以下原则配平方程式：①在反应中氧化剂得到的电子总数与还原剂失去的电子总数相等，氧化值升高的总数等于氧化值降低的总数；②方程式两边各种元素的原子数相等；③有离子参加的氧化还原反应，反应前后所带电荷总数相等。

【例 7-3】 配平方程式：$Zn + HNO_3 \longrightarrow Zn(NO_3)_2 + NO\uparrow + H_2O$

解：（1）标出反应前后发生变化的元素的氧化值。

$$\overset{0}{Zn} + H\overset{+5}{N}O_3 \longrightarrow \overset{+2}{Zn}(NO_3)_2 + \overset{+2}{N}O\uparrow + H_2O$$

（2）列出元素氧化值的变化，即某元素的一个原子氧化值升高或降低的数值：

$$Zn + HNO_3 \longrightarrow Zn(NO_3)_2 + NO\uparrow + H_2O$$

（氧化值升高 $+2$，降低 -3）

（3）求氧化值升降的最小公倍数，使氧化值升高和降低的总数相等：

$$Zn + HNO_3 \longrightarrow Zn(NO_3)_2 + NO\uparrow + H_2O$$

$(+2)×3$, $(-3)×2$

（4）先配平氧化值发生变化的物质系数，再用观察法配平其他物质的系数：

$$3Zn + 8HNO_3 \longrightarrow 3Zn(NO_3)_2 + 2NO\uparrow + 4H_2O$$

NOTE

（5）仔细检查两边各种元素的原子总数及电荷总数是否相等。

$$3Zn+8HNO_3\Longrightarrow 3Zn(NO_3)_2+2NO\uparrow+4H_2O$$

第三节　电极电势

一、原电池和电极电势

（一）原电池

1. 原电池的组成

将一块 Zn 片置入 $CuSO_4$ 溶液中。经过一段时间后，可以观察到 Zn 片逐渐溶解变小，$CuSO_4$ 溶液的蓝色渐渐变浅；而 Zn 片上不断有紫红色的 Cu 析出，同时溶液温度升高。产生以上现象的原因是 Zn 和 $CuSO_4$ 之间发生了氧化还原反应。

$$Zn+Cu^{2+}\Longrightarrow Zn^{2+}+Cu$$

由于 Zn 片与 $CuSO_4$ 溶液接触，电子可从 Zn 直接转移给 Cu^{2+}，这些电子的转移是无序的，反应放出的化学能转变成热能。

上述氧化还原反应可以在如图 7-1 所示的装置中进行。

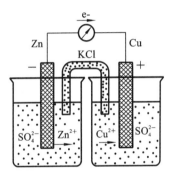

图 7-1　Cu-Zn 原电池

连接两个烧杯的 U 形管称为盐桥（salt bridge），管内充满饱和 KCl 或 KNO_3 溶液制成的冻胶。合上开关，可以观察到检流计的指针偏转，表明导线中有电流通过。由检流计指针偏转方向可知，电子从 Zn 电极流向 Cu 电极。电流与电子的运动方向相反，电子流入的电极为**正极**（cathode），对应于氧化剂电对；电子流出的电极为**负极**（anode），对应于还原剂电对。盐桥中的 K^+ 和 Cl^- 分别向两端扩散，构成电流通路，并使两端溶液保持电中性。

上述两电极发生的反应可以表示为

Zn 电极发生氧化反应：$Zn(s)-2e^-\Longrightarrow Zn^{2+}$

Cu 电极发生还原反应：$Cu^{2+}+2e^-\Longrightarrow Cu$

电池总反应：$Zn+Cu^{2+}\Longrightarrow Zn^{2+}+Cu$

图 7-1 装置中发生的反应与 Zn 和 Cu^{2+} 直接接触所发生的反应实质是一样的，只不过该装置使氧化和还原反应分别在负极和正极进行，电子由 Zn 电极向 Cu 电极定向流动而形成了电流。这种将氧化还原反应的化学能转变为电能的装置称为**原电池**（primary cell），它由两个半电池（half cell）、盐桥和导线组成。半电池也称为**电极**（electrode）。每个半电池（电极）含有同一元素不同氧化值的物质，高氧化值的物质为氧化型，低氧化值的物质为还原型，二者构成氧化还原电对。两个半电池反应（或两个电极反应）相加即得**电池反应**（cell reaction）。盐桥是由饱和 KCl 溶液和琼脂装入 U 形管中制成的。通过盐桥，阴离子 Cl^- 向锌半电池移动，阳离子 K^+ 向铜半电池移动，从而使铜盐和锌盐溶液维持电中性。从理论上讲，任何自发进行的氧化还原反应都可设计成原电池。

2. 原电池的符号

原电池的组成用图表示太繁杂。在电化学中，常用电池组成式来表示原电池，称为电池符号。书写电池符号的规定如下所示。

NOTE

（1）将负极写在左边，并用"（－）"表示；正极写在右边，用"（＋）"表示。

（2）用单垂线"｜"表示相与相之间的界面，双垂线"‖"表示盐桥。

（3）用化学式表示电池中各物质的组成，纯净物质后面用括号注明物质的状态（如 g，l，s），溶液中要标明各种物质的浓度或活度，同一溶液中的不同物质之间用"，"隔开；气体应注明分压。

（4）如果半电池的氧化还原电对是不能导电的物质，则需使用外加惰性物质作为电极导体，如铂或石墨等。该电极导体不参与反应，只起传递电子的作用。

按上述规定，Cu-Zn 原电池可用电池符号表示为

$$（－）Zn(s)\,|\,Zn^{2+}(c_1)\,\|\,Cu^{2+}(c_2)\,|\,Cu(s)（＋）$$

3. 常用的电极类型

电极的种类很多，常用的有以下 4 种类型。

（1）金属-金属离子电极。将金属片或金属棒浸入其盐溶液中构成的电极，简称金属电极。如 Cu-Zn 原电池中的锌电极：

电极符号　$Zn(s)\,|\,Zn^{2+}(c)$

电极反应式　$Zn^{2+}(aq)+2e^-\Longrightarrow Zn(s)$

电极平衡式以还原半反应的形式给出，无论其在原电池中是发生氧化反应还是还原反应。

（2）气体-离子电极。将吸附有气体的惰性电极浸入溶解有该气体对应离子的溶液中构成的电极。常见的有氢气电极、氯气电极等。如氢气电极：

电极符号　$Pt(s)\,|\,H_2(p)\,|\,H^+(c)$

电极反应式　$2H^+(aq)+2e^-\Longrightarrow H_2(g)$

（3）金属-金属难溶盐-阴离子电极。在金属表面覆盖一层该金属的难溶盐（或氧化物），然后将其浸入含有难溶盐对应的阴离子溶液中构成的电极。该类电极简称金属难溶盐电极。

例如氯化银电极，它是将表面涂有 AgCl 薄层的银丝插入 1 mol/L KCl（或 HCl）溶液中制得的。

电极符号　$Ag(s)\,|\,AgCl(s)\,|\,Cl^-(c)$

电极反应式　$AgCl(s)+e^-\Longrightarrow Ag(s)+Cl^-(aq)$

（4）氧化-还原电极。将惰性电极浸入溶解有同一元素的两种不同氧化值离子的溶液中构成的电极。如 Fe^{3+}/Fe^{2+} 电极：

电极符号　$Pt(s)\,|\,Fe^{3+}(c_1),Fe^{2+}(c_2)$

电极反应式　$Fe^{3+}(aq)+e^-\Longrightarrow Fe^{2+}(aq)$

（二）电极电势

1. 电极电势的产生

在 Cu-Zn 原电池中，导线中有电流通过，这表明两个电极之间存在电势差。由指针的偏转方向可知电子的流动方向。为什么电子从 Zn 原子流向 Cu^{2+} 而不是相反？这与金属的性质有关。

实验证明，当金属片插入它的盐溶液时，金属表面的正离子（M^{n+}）在溶剂分子（通常为 H_2O 分子）和阴离子的作用下会进入溶液中，而把电子留在金属片上，这是溶解过程。金属越活泼、其离子浓度越稀，这一趋势就越大。另一方面，溶液中无规则运动的水合金属离子由于运动碰到金属表面，受到自由电子的吸引，并在获得电子后重新沉积到金属表面上，这称为沉积过程。

当金属溶解的速率与金属离子沉积的速率相等时，建立了如下动态平衡：

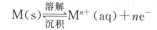

原电池和电极电势

NOTE

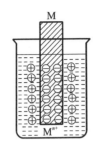

若金属溶解的倾向大于金属离子沉积的倾向,达到平衡时,金属表面因留有较多电子而带负电荷。由于静电作用,溶液中的正离子就会排布在金属板表面附近的液层中,于是在金属与溶液的界面处形成如图 7-2 所示的**双电层**(double electric layer),在金属与溶液之间就会产生一个恒定的电势差。

图 7-2　金属电极双电层

这种由于双电层的建立而在金属和其盐溶液之间产生的电势差称为该金属的**电极电势**(electrode potential),记为 $E(M^{n+}/M)$。电极反应式表示为

$$M^{n+} + ne^- \Longrightarrow M$$

金属越活泼,溶解的倾向越大,达到平衡时金属表面电子密度就越大,该金属的电极电势越低;反之,金属越不活泼,溶解倾向越小,而沉积倾向越大,该金属的电极电势就越高。

不同电极的电极电势也不相同。如果将两个不同的电极组成原电池,就会产生电势差和电流。在没有电流通过的情况下,正、负两极的电极电势之差称为原电池的**电动势**(electromotive force),用符号 E_{MF} 表示。

$$E_{MF} = E_+ - E_- \tag{7-1}$$

式中,E_+ 为正极的电极电势,E_- 为负极的电极电势。

一个原电池电动势的大小和反应自发进行的方向取决于两个电极的电极电势,而电极电势则主要由电极的本性所决定。此外,溶液温度、浓度、pH 及离子强度等因素也都对电极电势产生一定的影响。当这些条件确定了,电极电势就有确定的数值。

2. 标准氢电极和标准电极电势

电极电势的大小反映了电对中氧化型物质获取电子转变为还原型物质的倾向。只要知道任意两电对的电极电势,就可以比较这两个电对中氧化型的氧化能力(或还原型的还原能力)的相对大小,进而可以判断两电对之间化学反应自发进行的方向。

目前我们还无法测得任何一个电极的绝对电极电势,人们选择特定的电极作为参比电极(reference electrode),与其他电极组成原电池,以此获得其他电极的相对电极电势。

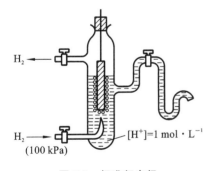

图 7-3　标准氢电极

(1) 标准氢电极。按照 IUPAC 的建议,采用的基准参比电极是标准氢电极(standard hydrogen electrode,SHE),其他电极都用标准氢电极作为比较标准。标准氢电极的构造如图 7-3 所示。

将镀有铂黑的铂片浸入含有活度为 1 mol/L(常用浓度为 1 mol/L 溶液代替)的 H^+ 溶液中,并不断通入压力为 100 kPa(标准压力)的纯净 H_2 气流,使铂黑吸附氢气达到饱和,同时溶液中的氢气也达到饱和状态。这样,吸附的 H_2 与溶液中的 H^+ 之间建立了如下动态平衡:

$$2H^+(a=1 \text{ mol/L}) + 2e^- \Longrightarrow H_2(g, p^\ominus)$$

此时,该电极的电势即为标准氢电极的电极电势,规定它在 298.15 K 时的数值为零,记作:$E^\ominus(H^+/H_2) = 0.0000 \text{ V}$,右上角的"$\ominus$"表示标准态。

(2) 饱和甘汞电极。在实际应用时,常选用易于制作保存、电势稳定的饱和甘汞电极(saturated calomel electrod,SCE)作为参比电极,其构造如图 7-4 所示。

电极反应为

$$Hg_2Cl_2(s) + 2e^- \Longrightarrow 2Hg(l) + 2Cl^-(aq)$$

NOTE

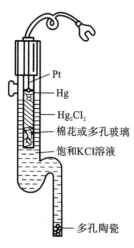

Pt
Hg
Hg₂Cl₂
棉花或多孔玻璃
饱和KCl溶液

多孔陶瓷

图 7-4　饱和甘汞电极

电极符号：

$$Hg(l)\,|\,Hg_2Cl_2(s)\,|\,Cl^-(c)$$

电极液多使用 KCl 溶液，有 3 种不同浓度，各自对应于不同的电极电势值：

$$c=0.1\ mol/L,\ E(Hg_2Cl_2/Hg)=0.334\ V$$

$$c=1\ mol/L,\ E^{\ominus}(Hg_2Cl_2/Hg)=0.280\ V$$

饱和 KCl 溶液，$E(Hg_2Cl_2/Hg)=0.241\ V$

3. 标准电极电势

按照化学热力学标准态的规定，将各种电极都做成标准态电极。将标准氢电极与各种待测电极组成原电池，测出各电极相对于标准氢电极的电极电势。

IUPAC 建议把标准氢电极作为负极：

$$(-)Pt(s)\,|\,H_2(p^{\ominus})\,|\,H^+(c^{\ominus})\,\|\,待测电极(+)$$

根据式(7-1)，$E_{测}=E_{MF}^{\ominus}=E_+^{\ominus}-E_-^{\ominus}$。因为 $E_-^{\ominus}=E^{\ominus}(H^+/H_2)=0.0000\ V$，所以 $E_{测}=E_+^{\ominus}-0.0000=E_+^{\ominus}$，即待测电极的**标准电极电势**(standard electrode potential)；由于是将待测电极作为发生还原反应的正极，因此又称为**标准还原电势**(standard reduction potential)，用符号 $E^{\ominus}(Ox/Red)$ 表示。

当组成原电池的电极中各物质均处在标准态时，电池的电动势称为**标准电动势**(standard electromotive force)，记为 $E_{MF}^{\ominus}$，由式(7-1)得

$$E_{MF}^{\ominus}=E_+^{\ominus}-E_-^{\ominus} \tag{7-2}$$

标准态是指参加电极反应的各种物质在指定温度(通常为 298.15 K)且符合以下条件：溶液浓度(严格讲应为活度)为标准浓度 $c^{\ominus}=1\ mol/L$，气体的分压为标准压力 $p^{\ominus}=100\ kPa$；液体和固体为纯物质。

例如，在 298.15 K 时，将标准锌电极与标准氢电极组成电池，电池符号为

$$(-)Pt(s)\,|\,H_2(p^{\ominus})\,|\,H^+(c^{\ominus})\,\|\,Zn^{2+}(c^{\ominus})\,|\,Zn(s)(+)$$

实验测得该电池的标准电动势 $E_{MF}^{\ominus}=-0.7626\ V$，则锌电极的标准电极电势为

$$E^{\ominus}(Zn^{2+}/Zn)=-0.7626\ V$$

同样，若将标准铜电极与标准氢电极组成原电池，电池符号为

$$(-)Pt(s)\,|\,H_2(p^{\ominus})\,|\,H^+(c^{\ominus})\,\|\,Cu^{2+}(c^{\ominus})\,|\,Cu(s)(+)$$

实验测得该电池的标准电动势 $E_{MF}^{\ominus}=+0.340\ V$，则铜电极的标准电极电势 $E^{\ominus}(Cu^{2+}/Cu)=+0.340\ V$。

电对 Zn^{2+}/Zn 的标准电极电势带负号，表明 Zn 失去电子的倾向大于 H_2，或 Zn^{2+} 得到电子的倾向小于 H^+；电对 Cu^{2+}/Cu 的标准电极电势带正号，表明铜失去电子的倾向小于 H_2，或 Cu^{2+} 得到的电子倾向大于 H^+。

用标准氢电极作为参比标准，可以测定其他各种电极的标准电极电势。附录 D 中列出了部分常见物质在水溶液中的标准电极电势。

二、影响电极电势的因素

标准电极电势是在标准态下测定的，而化学反应实际上经常在非标准态下进行。温度、压力、浓度和溶液的酸碱度等对电极电势都有着不同程度的影响。

（一）Nernst 方程

对于氧化还原电对，氧化型与还原型物质的关系可以用下面还原半反应的形式反映。

NOTE

$$氧化型(Ox)+ne^- \Longrightarrow 还原型(Red)$$

Nernst 从理论上推导出电极电势与温度、浓度等因素之间的关系式。

$$E = E^{\ominus} + \frac{RT}{nF}\ln\frac{[氧化型]}{[还原型]} \qquad (7\text{-}3)$$

此式称为 Nernst 方程。式中，E 为某电对在任意状态时的电极电势；$E^{\ominus}$ 为该电对的标准电极电势；R 为摩尔气体常数；T 为热力学温度；n 为电极反应中电子转移数；F 为法拉第常数；[氧化型]、[还原型]分别表示电极反应中在氧化型、还原型一侧各物质的相对浓度（或相对压强）幂的乘积，纯固体、纯液体的浓度为常数，作为 1 处理。

当温度为 298.15 K 时，将常数 $R=8.314$ J/(K·mol) 和 $F=96500$ C/mol 代入式(7-3)，再把自然对数换成常用对数，则 Nernst 方程可表示为

$$E = E^{\ominus} + \frac{0.0592}{n}\lg\frac{[氧化型]}{[还原型]} \qquad (7\text{-}4)$$

这就是常用的电极电势的 Nernst 方程（Nernst equation）。可见，当体系温度一定时，对确定的氧化还原电对来说，其电极电势主要与反应电子转移数有关，另外还与[氧化型]和[还原型]的比值大小有关。

（二）Nernst 方程的应用

1. 物质的浓度对电极电势的影响

从电极反应的 Nernst 方程可知，在其他浓度（或分压）恒定的条件下，增加氧化型的浓度，电极电势增大，氧化型得电子能力增强；增加还原型的浓度，电极电势减小，还原型失电子能力增强。

Nernst 方程
的应用

【例 7-4】 计算电对 H^+/H_2 分别在 $c(H^+)=1.00$ mol/L 和 $c(NH_3)=1.00$ mol/L 两种溶液以及纯水中的电极电势，设氢气的分压为标准分压 $p^{\ominus}$，$T=298.15$ K。

解： 查电对的电极反应和标准电极电势得

$$2H^+ + 2e^- \Longrightarrow H_2$$
$$E^{\ominus}(H^+/H_2) = 0.0000 \text{ V}$$

已知 $n=2$，$p(H_2)=p^{\ominus}$，代入式(7-4)：

①当 $c(H^+)=1.0$ mol/L 时：$E(H^+/H_2) = 0.0592 \times \lg 1 = 0$ V

②在 $c(NH_3)=1.00$ mol/L 的溶液中，用一元弱碱最简式求 $[OH^-]$：

$$[OH^-] = \sqrt{K_b^{\ominus}c} = \sqrt{1.80 \times 10^{-5} \times 1} = 4.23 \times 10^{-3} \text{ mol/L}$$

则

$$[H^+] = K_w^{\ominus}/[OH^-] = 2.36 \times 10^{-12} \text{ mol/L}$$
$$E(H^+/H_2) = 0.0592 \times \lg(2.36 \times 10^{-12}) = -0.686 \text{ V}$$

③在纯水中，$[H^+]=10^{-7}$ mol/L，$E(H^+/H_2) = 0.0592 \times \lg(1.0 \times 10^{-7}) = -0.431$ V

该计算结果表明，当电对中物质的浓度改变时，电极电势也随之改变。因此，对于同一种电极，当电对氧化型或还原型的浓度不同时，它们也可以组成原电池，称为**浓差电池**（concentration cell）。

2. 溶液酸度对电极电势的影响

对于有 H^+ 或 OH^- 参加的电极反应，电极电势除了受氧化型物质或还原型物质浓度的影响外，还与溶液的 pH 有关。

【例 7-5】 计算下列反应在 298.15 K 的电极电势，并与标准态比较。

$$Cr_2O_7^{2-}(1.00 \text{ mol/L}) + 14H^+(1.00 \times 10^{-7} \text{ mol/L}) + 6e^- \Longrightarrow 2Cr^{3+}(1.00 \text{ mol/L}) + 7H_2O$$

解： 查附录 D 得：$E^{\ominus}(Cr_2O_7^{2-}/Cr^{3+}) = 1.36$ V

根据式(7-4)，得

NOTE

$$E(\text{Cr}_2\text{O}_7^{2-}/\text{Cr}^{3+}) = E^{\ominus}(\text{Cr}_2\text{O}_7^{2-}/\text{Cr}^{3+}) + \frac{0.0592}{6}\lg\frac{c(\text{Cr}_2\text{O}_7^{2-})c(\text{H}^+)^{14}}{c(\text{Cr}^{3+})^2}$$

$$= 1.36 + \frac{0.0592}{6}\lg\frac{1.00 \times (1.00 \times 10^{-7})^{14}}{1.00^2} = 0.393 \text{ V}$$

与标准态相比,由于 H^+ 浓度从 1.00 mol/L 降至 1.00×10^{-7} mol/L,平衡向左移动,导致 $E(\text{Cr}_2\text{O}_7^{2-}/\text{Cr}^{3+}) < E^{\ominus}(\text{Cr}_2\text{O}_7^{2-}/\text{Cr}^{3+})$,即 $\text{Cr}_2\text{O}_7^{2-}$ 的氧化能力减弱,而 Cr^{3+} 的还原性增强。通常,若要提高含氧酸盐(例如 $\text{Cr}_2\text{O}_7^{2-}$、$\text{MnO}_4^-$ 等)的氧化能力,可将其置于较强的酸性(稀硫酸等)介质中使用。

【例 7-6】 在温度为 298.15 K 时,请分别判断下列条件下 HAsO_4 与 I_2 进行反应时,自发反应的方向。

(1)在标准态下。

(2)$c(\text{H}^+) = 1.00 \times 10^{-7}$ mol/L,其余物质的浓度均为 1.00 mol/L。

解: (1)由附录 D 查得

$$\text{I}_2 + 2\text{e}^- \Longrightarrow 2\text{I}^- \quad E^{\ominus}(\text{I}_2/\text{I}^-) = 0.536 \text{ V}$$

$$\text{H}_3\text{AsO}_4 + 2\text{H}^+ + 2\text{e}^- \Longrightarrow \text{HAsO}_2 + 2\text{H}_2\text{O} \quad E^{\ominus}(\text{H}_3\text{AsO}_4/\text{HAsO}_2) = 0.560 \text{ V}$$

$$E_{\text{MF}}^{\ominus} = E^{\ominus}(\text{H}_3\text{AsO}_4/\text{HAsO}_2) - E^{\ominus}(\text{I}_2/\text{I}^-) = 0.560 - 0.536 > 0$$

所以在标准态时下列反应正向可自发进行:

$$\text{H}_3\text{AsO}_4 + 2\text{I}^- + 2\text{H}^+ \Longrightarrow \text{HAsO}_2 + \text{I}_2 + 2\text{H}_2\text{O}$$

(2)$c(\text{H}^+) = 1.00 \times 10^{-7}$ mol/L,其余物质的浓度均为 1.00 mol/L。

根据式(7-4),得

$$E(\text{H}_3\text{AsO}_4/\text{HAsO}_2) = E^{\ominus}(\text{H}_3\text{AsO}_4/\text{HAsO}_2) + \frac{0.0592}{2}\lg\frac{c(\text{H}_3\text{AsO}_4)c(\text{H}^+)^2}{c(\text{HAsO}_2)}$$

$$= 0.560 + \frac{0.0592}{2}\lg\frac{(1.00 \times 10^{-7})^2}{1} = 0.146 \text{ V}$$

$$E_{\text{MF}} = E^{\ominus}(\text{I}_2/\text{I}^-) - E^{\ominus}(\text{H}_3\text{AsO}_4/\text{HAsO}_2) = 0.536 - 0.146 > 0$$

所以该条件下自发进行的反应为

$$\text{HAsO}_2 + \text{I}_2 + 2\text{H}_2\text{O} \Longrightarrow \text{H}_3\text{AsO}_4 + 2\text{I}^- + 2\text{H}^+$$

以上计算结果表明,改变介质的酸碱性可以改变该氧化还原反应的方向。

$$\text{HAsO}_2 + \text{I}_2 + 2\text{H}_2\text{O} \underset{\text{较强酸性}}{\overset{\text{近中性或碱性}}{\Longleftrightarrow}} \text{H}_3\text{AsO}_4 + 2\text{I}^- + 2\text{H}^+$$

3. 生成沉淀对电极电势的影响

在一个氧化还原反应系统中,加入能与氧化剂或还原剂反应并生成沉淀的试剂,会导致其浓度降低,从而改变电对的电极电势。这种改变有时甚至使一些原来不能进行的反应也得以发生。

【例 7-7】 在标准银电极中加入 NaCl 使其产生 AgCl 沉淀,达到平衡时,保持溶液中 $[\text{Cl}^-] = 1.00$ mol/L,该溶液中银电极的电极电势为多少?

解: 由附录 D 查得

$$\text{Ag}^+(1.00 \text{ mol/L}) + \text{e}^- \Longrightarrow \text{Ag} \quad E^{\ominus} = 0.7991 \text{ V}$$

若向银电极中加入 NaCl,且产生 AgCl 沉淀

$$\text{Ag}^+ + \text{Cl}^- \Longrightarrow \text{AgCl}$$

达到平衡时,如果 $[\text{Cl}^-] = 1.00$ mol/L,则氧化型物质的浓度为

$$[\text{Ag}^+] = K_{\text{sp}}^{\ominus}/[\text{Cl}^-] = 1.77 \times 10^{-10} \text{ mol/L}$$

根据式(7-4),得

NOTE

$$E(\mathrm{Ag^+/Ag}) = E^{\ominus}(\mathrm{Ag^+/Ag}) + \frac{0.0592}{2}\lg\frac{1.77\times10^{-10}}{1} = 0.222\ \mathrm{V}$$

由此可见,当加入的沉淀剂与氧化型物质作用生成沉淀时,氧化型物质的浓度降低,电极电势降低,平衡向生成氧化型物质的方向移动。实际上,在该条件下计算所得的电极电势 $E(\mathrm{Ag^+/Ag})$ 就是电对 $\mathrm{AgCl/Ag}$ 的标准电极电势 $E^{\ominus}(\mathrm{AgCl/Ag})$,其电极反应为

$$\mathrm{AgCl(s) + e^- \Longrightarrow Ag(s) + Cl^-}\ (1.00\ \mathrm{mol/L}) \quad E^{\ominus}(\mathrm{AgCl/Ag}) = 0.222\ \mathrm{V}$$

一般来说,卤化银的溶度积减小,$E^{\ominus}(\mathrm{AgX/Ag})$ 也减小($\mathrm{X = Cl、Br、I}$);也就是说,$K_{\mathrm{sp}}^{\ominus}$ 越小,$\mathrm{Ag^+}$ 的平衡浓度越小,AgX 的氧化能力越弱,Ag 的还原能力越强。当加入的沉淀剂与还原型物质作用形成沉淀时,还原型物质的浓度降低,平衡向还原型物质的方向移动,电极电势增大。在工作中,利用标准电极电势,还可以求算一些难溶强电解质的 $K_{\mathrm{sp}}^{\ominus}$。

【例 7-8】 在 298.15 K,标准 $\mathrm{Hg^{2+}/Hg}$ 电极的电极电势 $E^{\ominus}(\mathrm{Hg^{2+}/Hg}) = 0.851\ \mathrm{V}$,在电解液中加入 $\mathrm{S^{2-}}$,平衡时 $[\mathrm{S^{2-}}] = 1.00\ \mathrm{mol/L}$,测得电极电势中 $E(\mathrm{Hg^{2+}/Hg}) = -0.689\ \mathrm{V}$,求 HgS 的 $K_{\mathrm{sp}}^{\ominus}$。

解:$\mathrm{Hg^{2+}(aq) + 2e^- \Longrightarrow Hg(l)} \quad E^{\ominus}(\mathrm{Hg^{2+}/Hg}) = 0.851\ \mathrm{V}$

$$\mathrm{Hg^{2+}(aq) + S^{2-}(aq) \Longrightarrow HgS(s)}$$

当反应达到平衡且 $[\mathrm{S^{2-}}] = 1.00\ \mathrm{mol/L}$ 时,有 $[\mathrm{Hg^{2+}}] = K_{\mathrm{sp}}^{\ominus}/[\mathrm{S^{2-}}]$

根据式(7-4),可得 $E(\mathrm{Hg^{2+}/Hg}) = E^{\ominus}(\mathrm{Hg^{2+}/Hg}) + \dfrac{0.0592}{2}\lg c(\mathrm{Hg^{2+}})$

代入数据得 $-0.689 = 0.851 + 0.0295\times\lg K_{\mathrm{sp}}^{\ominus}$

解方程得 $K_{\mathrm{sp}}^{\ominus} = 6.51\times10^{-53}$

综上所述,浓度对电极电势的影响可归纳如下。

(1) 对于与酸度无关的电对,其氧化型浓度与还原型浓度的比值越大,电极电势也越大。

(2) 对于有 $\mathrm{H^+}$ 或 $\mathrm{OH^-}$ 参与反应的电对,溶液的 pH,即 $\mathrm{H^+}$ 或 $\mathrm{OH^-}$ 浓度也影响其电极电势。$\mathrm{H^+}$ 或 $\mathrm{OH^-}$ 的化学计量数越大,则 $[\mathrm{H^+}]$ 或 $[\mathrm{OH^-}]$ 对电极电势的影响也越大。

(3) 如果电对中氧化型物质生成沉淀,则沉淀物的 $K_{\mathrm{sp}}^{\ominus}$ 越小,新电对的标准电极电势越小;相反,如果电对中还原型物质生成沉淀,则沉淀的 $K_{\mathrm{sp}}^{\ominus}$ 越小,所形成新电对的标准电极电势就越大。如果氧化型和还原型物质均生成沉淀,而且氧化型沉淀的 $K_{\mathrm{sp}}^{\ominus}$ 小于还原型沉淀的 $K_{\mathrm{sp}}^{\ominus}$,新电对的电极电势将减小;反之,则电极电势将增大。

(4) 若溶液中有弱电解质或配合物生成,电极电势也会发生变化。配合物生成对电极电势的影响见第九章。

三、电极电势的应用

(一) 判断氧化剂和还原剂的相对强弱

在实际工作中,常常需要确定氧化剂和还原剂的相对强弱,标准电极电势为此提供了便捷的途径。由前面的讨论可知,电极电势是氧化还原电对中氧化型物质获得电子能力、还原型物质失去电子能力大小的度量值。标准电极电势 $E^{\ominus}$ 的大小显示出氧化型物质的氧化能力或还原型物质的还原能力。$E^{\ominus}$ 越小还原型物质的还原能力越强,而与其对应的氧化型物质的氧化能力越弱;$E^{\ominus}$ 越大,氧化型物质的氧化能力越强,而与其对应的还原型物质的还原能力越弱。

如 $E^{\ominus}(\mathrm{Cl_2/Cl^-}) = 1.396\ \mathrm{V}$,$E^{\ominus}(\mathrm{I_2/I^-}) = 0.536\ \mathrm{V}$,因 $E^{\ominus}(\mathrm{Cl_2/Cl^-}) > E^{\ominus}(\mathrm{I_2/I^-})$,故 $\mathrm{Cl_2}$ 是比 $\mathrm{I_2}$ 强的氧化剂,而 $\mathrm{I^-}$ 是比 $\mathrm{Cl^-}$ 强的还原剂;即 $\mathrm{Cl_2}$ 可以氧化 $\mathrm{I^-}$ 生成 $\mathrm{Cl^-}$ 和 $\mathrm{I_2}$。

在附录 D 中,电对按照 $E^{\ominus}(\mathrm{Ox/Red})$ 由低到高排列,各电对氧化型物质的氧化能力,自上而下依次增强,最强的氧化剂是氟气;还原型物质的还原能力自上而下依次减弱,最强的还原剂是单质锂。在标准态,选择 $E^{\ominus}$ 大的氧化型物质作氧化剂,$E^{\ominus}$ 小的还原型物质作还原剂,两

NOTE

97

者发生反应,据此书写氧化还原反应方程式。在实验室中,使用的氧化剂的 $E^{\ominus}$ 一般都大于 1 V,常见的氧化剂有 $KMnO_4$、MnO_2、$K_2Cr_2O_7$、H_2O_2、浓硫酸、浓硝酸等。还原剂 $E^{\ominus}$ 则往往小于或稍大于 0 V,常见的还原剂有 Na、Zn、Fe、S^{2-}、I^-、Sn^{2+} 和 $S_2O_3^{2-}$ 等。比较氧化剂和还原剂在非标准态下的相对强弱时,需要用 Nernst 方程进行计算,求出在指定条件下的 E,然后再进行比较。

(二)判断氧化还原反应自发进行的方向

任何一个氧化还原反应在理论上都可以设计成原电池。实验表明,当电池的标准电动势 $E_{MF}^{\ominus} > 0$ 时,处于标准态的反应系统正向自发进行,反之则逆向自发进行。

【例 7-9】 在标准态下,判断下列氧化还原反应自发进行的方向:

$$Hg^{2+}(aq) + Cu(s) \Longrightarrow Hg(l) + Cu^{2+}(aq) \qquad ①$$
$$Hg_2Cl_2(s) + Cu(s) \Longrightarrow Hg(l) + Cu^{2+}(aq) + 2Cl^-(aq) \qquad ②$$

解: 查标准电极电势表:

$$Hg^{2+} + 2e^- \Longrightarrow Hg \quad E^{\ominus}(Hg^{2+}/Hg) = +0.851 \text{ V}$$
$$Cu^{2+} + 2e^- \Longrightarrow Cu \quad E^{\ominus}(Cu^{2+}/Cu) = +0.340 \text{ V}$$
$$Hg_2Cl_2(s) + 2e^- \Longrightarrow 2Hg + 2Cl^- \quad E^{\ominus}(Hg_2Cl_2/Hg) = +0.268 \text{ V}$$

对反应①有:

$$E_{MF}^{\ominus} = E_+^{\ominus} - E_-^{\ominus} = E^{\ominus}(Hg^{2+}/Hg) - E^{\ominus}(Cu^{2+}/Cu) = 0.851 - 0.340 = 0.511 > 0$$

故反应①在标准态下正向自发进行。

同理,反应②:

$$E_{MF}^{\ominus} = E_+^{\ominus} - E_-^{\ominus} = E^{\ominus}(Hg_2Cl_2/Hg) - E^{\ominus}(Cu^{2+}/Cu) = 0.268 - 0.340 = -0.072 < 0$$

注意,为使电池反应自发进行,选择 $E^{\ominus}$ 大的作为正极,$E^{\ominus}$ 小的作为负极。当有多种氧化剂或还原剂存在时,标准电动势 $E_{MF}^{\ominus}$ 最大的优先进行反应。处于非标准态的氧化还原反应,如果已知对应状态时两电对的电极电势,同样可以利用电动势 E_{MF} 来判断氧化还原反应自发进行的方向。

(三)为设计电解池提供参考电势

如果给原电池外加一个与电池电动势相等的电势,电池反应将处于平衡状态。当外加电势大于电池电动势时,电池反应将反向进行,原电池就转变为**电解池**(electrolytic cell)。此时,正极称为阳极(anode),发生氧化反应,负极称为阴极(cathode),发生还原反应。

电解池常用于工业电镀,制备活泼金属、活泼气体、强氧化剂和还原剂,提纯单质以及进行电化学合成等。设计电解池时,一般要先查阅标准电极电势表,以确定电极反应式和电解池外加电势值 $E_{(电解池)}$,电解池正常工作的必要条件为

$$E_{电解池} > E_{原电池} = E_阳 - E_阴 \qquad (7-5)$$

第四节 氧化还原反应平衡及其应用

一、电池的电动势与化学反应的 Gibbs 自由能

化学热力学的一个重要结论:在等温等压条件下,一个化学反应将向着 Gibbs 自由能($\Delta_r G$)减小的方向自发进行。当反应自发进行时,系统 Gibbs 自由能的降低值等于该条件下系统做的最大有用功(非体积功)。

$$-\Delta_r G = -W'_{max}, \text{即 } \Delta_r G = W'_{max}$$

化学热力学规定,系统对外做功为负值。在上述条件下,如果将一个氧化还原反应设计成原电池,若该原电池中的非体积功只有电功一种,即系统所做的有用功为电功 $W_电$。

$$\Delta_r G = W'_{max} = W_电 \tag{7-6a}$$

这个关系式表明,电池的电能来源于化学反应的化学能。在反应中,当 n mol 电子自发地从低电势区流到高电势区,即从负极流向正极,反应自由能($\Delta_r G_m$)的减少转变为电能并做了功,$W_电 = -nFE_{MF}$。代入式(7-6a),得

$$\Delta_r G_m = -nFE_{MF} \tag{7-6b}$$

该式显示 Gibbs 自由能 $\Delta_r G$ 与电池电动势 E_{MF} 之间的关系,其中 n 代表电池反应中转移的电子数;F 为 1 mol 电子所带的电量,称为法拉第常数,其值为 96500 C/mol 或 96500 J/(V·mol)。

上述两个关系式将电池的电动势与氧化还原反应的 Gibbs 自由能联系起来,可用于判断氧化还原反应的方向和限度。

$\Delta_r G_m < 0, E_{MF} > 0$ 反应正向自发进行。

$\Delta_r G_m = 0, E_{MF} = 0$ 反应达到或处于平衡态。

$\Delta_r G_m > 0, E_{MF} < 0$ 反应逆向自发进行。

当电池中所有物质都处在标准态时,电池的电动势为标准电动势 $E_{MF}^{\ominus}$。在这种情况下,$\Delta_r G_m^{\ominus}$ 就是标准 Gibbs 自由能 $\Delta_r G_m^{\ominus}$。则式(7-6b)可以写为

$$\Delta_r G_m^{\ominus} = -nFE_{MF}^{\ominus} \tag{7-7}$$

在标准态下,若电池反应:

$\Delta_r G_m^{\ominus} < 0, E_{MF}^{\ominus} > 0$ 反应正向自发进行;

$\Delta_r G_m^{\ominus} = 0, E_{MF}^{\ominus} = 0$ 反应达到或处于平衡态;

$\Delta_r G_m^{\ominus} > 0, E_{MF}^{\ominus} < 0$ 反应逆向自发进行。

因此,无论是标准态还是非标准态下,只要知道原电池的电动势 $E_{MF}^{\ominus}$,就可以判断氧化还原反应自发进行的方向。

可通过测量电池电动势求得一个氧化还原反应的 Gibbs 自由能:在标准态下测得原电池的 $E_{MF}^{\ominus}$,求出该电池的最大电功,就可以得到反应的 $\Delta_r G_m^{\ominus}$。反之,也可以用易于获取的 Gibbs 自由能数据求难以测量的电池电动势。

【例 7-10】 在标准态下,计算下列反应的 $\Delta_r G_m^{\ominus}$ 并判断其反应的方向。

$$2Fe^{3+}(aq) + 2I^-(aq) = 2Fe^{2+}(aq) + I_2(s)$$

解:查表可知:

$$E^{\ominus}(Fe^{3+}/Fe^{2+}) = 0.771 \text{ V} \quad E^{\ominus}(I_2/I^-) = 0.536 \text{ V}$$

根据所给的反应方程式,应以 Fe^{3+}/Fe^{2+} 为正极,I_2/I^- 为负极,组成电池。电池的电动势为

$$E_{MF}^{\ominus} = E^{\ominus}(Fe^{3+}/Fe^{2+}) - E^{\ominus}(I_2/I^-) = 0.771 - 0.536 = 0.235 \text{ V}$$

电池反应的 $n = 2$ mol,代入式(7-5):

$$\Delta_r G_m^{\ominus} = -nFE_{MF}^{\ominus} = -(2 \times 96500 \times 0.235) = -45.355 \text{ kJ/mol}$$

根据 $\Delta_r G_m^{\ominus} < 0$ 或 $E_{MF}^{\ominus} > 0$ 判断,该反应在标准态下正向自发进行。

【例 7-11】 求下列电池在 298.15 K 时的电动势 $E_{MF}^{\ominus}$ 和 $\Delta_r G_m^{\ominus}$,并写出相关反应式,判断在标准态下此反应是否能自发进行。

$$(-)Zn | Zn^{2+}(c^{\ominus}) \| H^+(c^{\ominus}) | H_2(p^{\ominus}) | Pt(+)$$

解:正极反应:$2H^+ + 2e^- \Longrightarrow H_2$

负极反应:$Zn - 2e^- \Longrightarrow Zn^{2+}$

NOTE

电池反应式：$Zn+2H^+ \Longrightarrow Zn^{2+}+H_2$

查附录 D 可知：$E^\ominus(Zn^{2+}/Zn)=-0.763$ V，$E^\ominus(H^+/H_2)=0.0000$ V

根据式(7-2)得：$E^\ominus_{MF}=E^\ominus(H^+/H_2)-E^\ominus(Zn^{2+}/Zn)=0.0000-(-0.763)=0.763$ V

$$\Delta_rG^\ominus_m=-nFE^\ominus_{MF}=-(2\times96500\times0.763)=-147.3 \text{ kJ/mol}$$

在标准态下，该反应正向自发进行。

二、氧化还原反应的平衡常数

根据氧化还原反应的 $\Delta_rG^\ominus_m$ 或该反应构成原电池的 $E^\ominus_{MF}$ 均可判断氧化还原反应的方向，但只有平衡常数才能定量地说明反应进行的限度。下面介绍计算氧化还原反应平衡常数的方法。

根据化学热力学，标准 Gibbs 自由能 $\Delta_rG^\ominus_m$ 与标准平衡常数 $K^\ominus$ 之间有以下关系：

$$\Delta_rG^\ominus_m=-RT\ln K^\ominus=-2.303RT\lg K^\ominus \tag{7-8}$$

在标准态下，把氧化还原反应组成原电池，将式(7-7)与式(7-8)合并，得

$$-nFE^\ominus_{MF}=-RT\ln K^\ominus$$

$$\ln K^\ominus=\frac{nFE^\ominus_{MF}}{RT} \tag{7-9}$$

在 $T=298.15$ K 时，可得

$$\lg K^\ominus=\frac{nE^\ominus_{MF}}{0.0592}=\frac{n(E^\ominus_+-E^\ominus_-)}{0.0592} \tag{7-10}$$

由式(7-10)可知，对于给定的氧化还原反应，它的标准平衡常数（$K^\ominus$）仅与标准电动势（$E^\ominus_{MF}$）有关，而与物质的浓度无关。当 $E^\ominus_{MF}=0$ 时，反应处于平衡状态，此时 $K=1$；当 $E^\ominus_{MF}>0$ 时，$K>1$，反应正向自发。$E^\ominus_{MF}$ 越大，反应正向自发进行的趋势也越大。

【例 7-12】 试计算下列反应在 298.15 K 时的标准平衡常数 $K^\ominus$。

$$Zn+Cu^{2+} \Longrightarrow Zn^{2+}+Cu$$

解： 由附录 D 查得 $E^\ominus(Cu^{2+}/Cu)=0.340$ V $E^\ominus(Zn^{2+}/Zn)=-0.763$ V

代入式(7-2) $E^\ominus_{MF}=0.340-(-0.763)=1.103$ V

由式(7-10)得 $\lg K^\ominus=\dfrac{nE^\ominus_{MF}}{0.0592}=\dfrac{2\times1.103}{0.0592}=37.26$，$K^\ominus=1.8\times10^{37}$

上述反应的 $K^\ominus$ 非常大，表明该反应进行得很完全，即达平衡时，Cu^{2+} 几乎都被 Zn 置换沉积为金属铜。

【例 7-13】 计算下列反应在 298.15 K 的标准平衡常数。

$$2I^-(aq)+Fe^{3+}(aq) \Longrightarrow I_2+Fe^{2+}$$

解： 查表可知与该反应相关的标准电极电势为

$$Fe^{3+}+e^- \Longrightarrow Fe^{2+} \quad E^\ominus(Fe^{3+}/Fe^{2+})=0.771 \text{ V}$$

$$I_2+2e^- \Longrightarrow 2I^- \quad E^\ominus(I_2/I^-)=0.536 \text{ V}$$

$$E^\ominus_{MF}=E^\ominus(Fe^{3+}/Fe^{2+})-E^\ominus(I_2/I^-)=0.235 \text{ V}$$

代入式(7-9)

$$\lg K^\ominus=\frac{nE^\ominus_{MF}}{0.0592}=\frac{2\times0.235}{0.0592}$$

$$K^\ominus=9.25\times10^7$$

此例中 $K^\ominus$ 的计算值达 10^7 数量级，表明该反应正向进行的趋势或完全程度很大。通常，当 $n=2$，$E>0.2$ V 时，或 $n=1$，$E>0.4$ V 时，$K>10^6$，平衡常数已相当大，反应进行得比较完全。

应当指出,化学反应的平衡常数只表明反应进行的趋势大小,并不能说明该反应进行的快慢。因此,一个氧化还原反应能否自发进行且应用于实际,除了从热力学角度($\Delta_r G_m^\ominus$ 或 $E_{MF}^\ominus$ 或 $K^\ominus$,$\Delta_r G_m$ 或 E)考虑外,还必须考虑动力学因素——反应速率。

第五节 元素电势图及其应用

一、元素电势图

一些元素具有多种氧化态,各氧化态之间可组成不同电对。为了直观地了解一种元素不同氧化态之间的氧化还原关系,可以将该元素的不同氧化态按氧化值从高到低排列,在各氧化态之间用直线连接,在直线上方标出两种氧化态转换的标准电极电势 $E^\ominus$,这种表明元素各种氧化态之间电极电势变化的图称为元素的标准电极电势图,简称**元素电势图**(element potential diagram),又称**拉蒂默图**(Latimer diagram)。

根据溶液的 pH 不同,又可以分为酸性介质元素电势图和碱性介质元素电势图。$E_A^\ominus$ 表示溶液 $c(H^+) = 1.00\ mol/L$,$E_B^\ominus$ 表示溶液 $c(OH^-) = 1.00\ mol/L$。

例如,在酸性溶液中,4 种氧化态的铁可发生如下电极反应:

$$Fe^{3+} + e^- \rightleftharpoons Fe^{2+} \quad E^\ominus(Fe^{3+}/Fe^{2+}) = +0.771\ V$$

$$Fe^{2+} + 2e^- \rightleftharpoons Fe \quad E^\ominus(Fe^{2+}/Fe) = -0.44\ V$$

$$FeO_4^{2-} + 8H^+ + 3e^- \rightleftharpoons Fe^{3+} + 4H_2O$$

根据元素电势图的定义,Fe 元素的电势图表示为

$$E_A^\ominus/V \quad FeO_4^{2-} \underline{\quad 2.200 \quad} Fe^{3+} \underline{\quad 0.771 \quad} Fe^{2+} \underline{\quad -0.447 \quad} Fe$$

$$\underline{\qquad\qquad -0.037 \qquad\qquad}$$

根据此电势图,可以方便地了解 Fe 元素各氧化态的存在形式、氧化态之间的变化关系及变化趋势、氧化态之间组成电对的标准电极电势,还可以了解各氧化态的稳定性。最左边的 FeO_4^{2-} 氧化值最高(+6),只能作为氧化剂;最右边的 Fe 氧化值最低(0),只能作为还原剂;而 Fe^{2+} 相对于其右边的 Fe 是氧化剂,相对于其左边的 Fe^{3+} 则是还原剂。由该电势图还可以看出,虽然 $E^\ominus(Fe^{2+}/Fe)$ 和 $E^\ominus(Fe^{3+}/Fe)$ 都小于 $E^\ominus(H^+/H_2)$(0.0000 V),但在稀盐酸或稀硫酸等非氧化性酸中,Fe 被氧化为 Fe^{2+}(而非 Fe^{3+})更有利。因为 $E^\ominus(Fe^{3+}/Fe^{2+})$ 小于 $E^\ominus(O_2/H_2O) + 1.229\ V$,所以在酸性介质中 Fe^{2+} 易被空气中 O_2 氧化为 Fe^{3+},即 Fe^{2+} 在酸性介质中不稳定。

二、元素电势图的应用

从元素电势图中不仅可以直观地看出一种元素各氧化态之间电极电势的大小及相互关系,还可以用于判断歧化反应能否进行和计算与其相关电对的 $E^\ominus$。

(一)判断氧化剂和还原剂的强弱

元素电势图把不同氧化态间的标准电极电势标示在同一张图中,对图中元素的各种氧化态进行分析比较就可判断各氧化态的氧化或还原能力的大小。

例如,锰元素的电势图

在酸性溶液中 $E_A^\ominus/V$ 为

NOTE

$$E_A^{\ominus}/V \quad MnO_4^- \xrightarrow{0.558} MnO_4^{2-} \xrightarrow{2.240} MnO_2 \xrightarrow{0.907} Mn^{3+} \xrightarrow{1.541} Mn^{2+} \xrightarrow{-1.185} Mn$$

（上方括号 1.507；下方括号 1.679 与 1.224）

在碱性溶液中 $E_B^{\ominus}/V$ 为

$$E_B^{\ominus}/V \quad MnO_4^- \xrightarrow{0.558} MnO_4^{2-} \xrightarrow{0.600} MnO_2 \xrightarrow{-0.250} Mn^{3+} \xrightarrow{0.150} Mn^{2+} \xrightarrow{-1.560} Mn$$

（下方括号 0.595 与 −0.050）

由图中数据判断，在酸性溶液中，MnO_4^- 和 MnO_2 都是较强的氧化剂，且 MnO_4^- 强于 MnO_2；但在碱性溶液中，两者的氧化能力都不强。Mn 在酸性或碱性溶液中都是较强的还原剂，且在碱性溶液中还原能力强于在酸性溶液中。

（二）判断中间氧化态的物质能否发生歧化反应

某元素中间氧化态与左右相邻氧化态之间的元素电势图为

$$A_1 \xrightarrow{E^{\ominus}(左)} A_2 \xrightarrow{E^{\ominus}(右)} A_3$$

若 $E^{\ominus}(左) < E^{\ominus}(右)$，则元素中间氧化态的物质 A_2 不能稳定存在，将发生歧化反应，产物为 A_1 和 A_3。反之，如果 $E^{\ominus}(左) > E^{\ominus}(右)$，则元素中间氧化态 A_2 可稳定存在，而不会发生歧化反应；当溶液中 A_1 和 A_3 同时存在时，它们将发生反应生成 A_2。

【例 7-14】 铜的元素电势图如下，试判断 Cu^+ 能否发生歧化反应。

$$E_A^{\ominus}/V \quad Cu^{2+} \xrightarrow{+0.159} Cu^+ \xrightarrow{+0.520} Cu$$

解：如电势图所示，$E^{\ominus}(左) < E^{\ominus}(右)$。因此，酸性溶液中 Cu^+ 歧化反应自发进行。

$$2Cu^+ \xlongequal{\quad} Cu + Cu^{2+}$$

在酸性溶液中 Cu^+ 会生成 Cu^{2+} 和 Cu，同时说明 Cu^{2+} 和 Cu 可以共存于溶液中。

【例 7-15】 在酸性介质中，根据铁元素的电势图判断 Fe^{2+} 能否发生歧化反应。

解：与 Fe^{2+} 相关的铁元素的电势图为

$$E_A^{\ominus}/V \quad Fe^{3+} \xrightarrow{+0.771} Fe^{2+} \xrightarrow{-0.44} Fe$$

由图可知，$E^{\ominus}(左) > E^{\ominus}(右)$，所以 Fe^{2+} 不能发生歧化反应，自发的反应为

$$2Fe^{3+} + Fe \xlongequal{\quad} 3Fe^{2+}$$

应当注意，根据 $E^{\ominus}$ 判断一个元素的中间态能否发生歧化反应只是热力学上的预测，而且是在标准态；在实际工作中还应考虑具体反应条件和动力学因素。

（三）利用电势图求未知相关电对的标准电极电势

若已知两个或两个以上相邻电对的标准电极电势，即可求出与其相关电对的标准电极电势。例如，若某元素的电势图为

$$A_1 \xrightarrow[n_1]{\Delta_r G_{m1}^{\ominus},E_1} A_2 \xrightarrow[n_2]{\Delta_r G_{m2}^{\ominus},E_2} A_3$$

（下方括号 $\dfrac{\Delta_r G_m^{\ominus},E_x}{n}$）

根据式（7-7），标准 Gibbs 自由能与电对标准电极电势之间的关系为

$$\Delta_r G_{m1}^{\ominus} = -n_1 F E_1^{\ominus}$$

$$\Delta_r G_{m2}^{\ominus} = -n_2 F E_2^{\ominus}$$

$$\Delta_r G_m^{\ominus} = -n F E_x^{\ominus}$$

其中，n_1、n_2、n 为电极反应转移的电子数，其中 $n = n_1 + n_2$，$\Delta_r G_m^{\ominus} = \Delta_r G_{m1}^{\ominus} + \Delta_r G_{m2}^{\ominus}$

 NOTE

即,$-(n_1+n_2)FE_x^\ominus=-n_1FE_1^\ominus+(-n_2FE_2^\ominus)$,整理得

$$E_x^\ominus=\frac{n_1E_1^\ominus+n_2E_2^\ominus}{n_1+n_2} \tag{7-11}$$

若有 i 个相邻的电对,则

$$E_x^\ominus=\frac{n_1E_1^\ominus+n_2E_2^\ominus+\cdots+n_iE_i^\ominus}{n_1+n_2+\cdots+n_i} \tag{7-12}$$

【例 7-16】　利用溴元素的电势图求 $E^\ominus(BrO_3^-/Br^-)$ 值。

$$E_B^\ominus/V \quad BrO_3^- \xrightarrow{+1.50} BrO^- \xrightarrow{+1.59} Br_2 \xrightarrow{+1.07} Br^-$$

解:根据式(7-12)有:

$$E_x^\ominus(BrO_3^-/Br^-)=\frac{n_1E_1^\ominus+n_2E_2^\ominus+n_3E_3^\ominus}{n_1+n_2+n_3}=+1.44\ V$$

本章小结

知识拓展

1. 氧化还原反应的基本概念

(1) 参与反应的物质在反应前后有电子的转移或偏移,这类反应称为氧化还原反应。失去电子的物质是还原剂(reductant),它使另一种物质发生还原反应,失去电子的过程称为氧化(oxidation)。获得电子的物质是氧化剂(oxidant),它使另一种物质发生氧化反应,得到电子的过程称为还原(reduction)。氧化还原反应的实质是还原剂和氧化剂发生电子的得失或偏移,同时伴随有能量的变化。

(2) 氧化值是指某种元素一个原子的表观电荷数(apparent charge number)。计算表观电荷数时,可以把每个化学键中的电子指定给电负性较大的原子。

2. 电极电势

(1) 由于双电层的建立而在金属和它的盐溶液之间产生的电势差称为该金属的电极电势。不同电极的电极电势也不相同。正、负两极的电极电势之差称为原电池的电动势(electromotive force),用符号 E_{MF} 表示。

$$E_{MF}=E_+-E_-$$

当组成原电池的电极中各物质均处在标准态时,电池的电动势称为标准电动势(standard electromotive force),记为 $E_{MF}^\ominus$,由式(7-1)得

$$E_{MF}^\ominus=E_+^\ominus-E_-^\ominus$$

(2) 标准电极电势是在标准态下测定的,而化学反应实际上经常在非标准态下进行。温度、压力、浓度和溶液的酸碱度等对电极电势都有不同程度的影响。Nernst 从理论上推导出电极电势与温度、浓度等因素之间的关系式:

$$E=E^\ominus+\frac{0.0592}{n}\lg\frac{[氧化型]}{[还原型]}$$

3. 氧化还原反应平衡及其应用

(1) 在反应中,当 n mol 电子自发地从低电势区流到高电势区,即从负极流向正极,反应自由能(用 Δ_rG_m 表示)的减少转变为电能并做功,$W_电=-nFE_{MF}$。

$$\Delta_rG_m=-nFE_{MF}$$

(2) 根据化学热力学,标准 Gibbs 自由能 $\Delta_rG_m^\ominus$ 与标准平衡常数 $K^\ominus$ 之间有以下关系:

$$\Delta_rG_m^\ominus=-RT\ln K^\ominus=-2.303RT\lg K^\ominus$$

在标准态下,把氧化还原反应组成原电池:

$$\lg K^\ominus=\frac{nE_{MF}^\ominus}{0.0592}=\frac{n(E_+^\ominus-E_-^\ominus)}{0.0592}$$

▶ NOTE

目标检测

一、判断题

1. 电对的标准电极电势越高,说明其氧化型物质的氧化能力越强,还原型物质的还原能力越强。( )

2. 标准电极电势和标准平衡常数一样,都与反应方程式的系数有关。( )

3. 已知原电池中两电极的标准电极电势,就能判断该电池反应自发进行的方向。( )

4. 凡是元素的氧化值居中的物质都可以发生歧化反应。( )

5. $KMnO_4$ 作为氧化剂时,加酸可以提高其氧化能力。( )

6. 在氧化还原反应中,任何单质都只能作为还原剂,不能作为氧化剂。( )

7. 氢电极的电极电势被规定为零。( )

二、填空题

1. 在原电池中,电子流出的电极为_____极;电子流入的电极为_____极;正极发生的反应是_____反应;负极发生的反应是_____反应;原电池可将_____能转化为_____能。

2. 所有电对的标准电极电势都是相对于_____电极而言的,其电极电势规定为_____ V,该电极的标准态为 $p^{\ominus}(H_2)$_____ kPa,$c^{\ominus}(H^+)$_____ mol/L。

3. 如果反应 $2Fe^{3+}+Cu$====$2Fe^{2+}+Cu^{2+}$ 和 $Fe+Cu^{2+}$====$2Fe^{2+}+Cu$ 均可正向自发进行,则可判断,最强的氧化剂为_____,最强的还原剂为_____。

4. 在铜锌原电池中,若向锌电极中加入浓氨水,电池电动势将_____;向同电极中加入浓氨水,电池电动势将_____。

5. 根据电势图 $Fe^{3+}\xrightarrow{0.771}Fe^{2+}\xrightarrow{-0.447}Fe$,可求得 $E^{\ominus}(Fe^{3+}/Fe)$ 为_____。

三、选择题

1. 电极电势产生的原因是( )。

A. 金属与溶液的界面上存在双电子层结构

B. 金属表面存在自由电子

C. 溶液中存在金属离子

D. 以上都不正确

2. 在 Na_2SO_3、$Na_2S_2O_3$ 和 $Na_2S_2O_4$ 中,S 的氧化值分别为( )。

A. $+6$,$+4$,$+2$　　　 B. $+6$,$+2.5$,$+4$　　 C. $+6$,$+2$,$+2.5$　　 D. $+4$,$+2$,$+3$

3. 当溶液中 H^+ 浓度增大时,氧化能力不增强的氧化剂是( )。

A. $Cr_2O_7^{2-}$ 　　　　　　　　　　　　B. $PtCl_6^{2-}$(还原型为 $PtCl_4^{2-}$)

C. MnO_2 　　　　　　　　　　　　　　D. NO_3^-

4. 298 K 时,$E^{\ominus}(Au^+/Au)=1.68$ V,$E^{\ominus}(Au^{3+}/Au)=1.50$ V,$E^{\ominus}(Fe^{3+}/Fe^{2+})=0.77$ V,则反应 $2Fe^{2+}+Au^{3+}$====$2Fe^{3+}+Au^+$ 的平衡常数 $K^{\ominus}$ 的数量级最接近于( )。

A. 10^{21} 　　　　　　 B. 10^{24} 　　　　　　 C. 10^{15} 　　　　　　 D. 10^{-22}

5. 为增加铜锌原电池的电动势,可采取的措施是( )。

A. 增加负极 $ZnSO_4$ 浓度 　　　　　　 B. 增加正极 $CuSO_4$ 浓度

C. 正极加氨水 　　　　　　　　　　　　D. 增加锌电极质量

四、计算题

1. 电池反应为 $Zn+2H^+$(x mol/L)====Zn^{2+}(1.00 mol/L)$+H_2$(100 kPa),298.15 K

时,测得其电池的电动势为$+0.46$ V,求该氢电极溶液中的 pH 是多少?($E^{\ominus}(\text{Zn}^{2+}/\text{Zn})=$ -0.7626 V)

2. 温度为 298.15 K 时,电池总反应 $\text{AgI}(\text{s})+\text{e}^-\!=\!\!=\!\!\text{Ag}(\text{s})+\text{I}^-(\text{aq})$所对应的电极电势大小为 $E^{\ominus}(\text{AgI}/\text{Ag})=-0.152$ V,$E^{\ominus}(\text{Ag}^+/\text{Ag})=+0.7991$ V。在标准态时,完成以下问题。

(1) 写出原电池符号(应自发进行)。

(2) 写出电极反应及电池总反应式。

(3) 计算原电池的 $E^{\ominus}_{\text{MF}}$。

(4) 计算电池反应的 $\Delta_r G^{\ominus}_m$。

(5) 求 AgI 的 $K^{\ominus}_{\text{sp}}$。

3. 求在 pH$=$14 的溶液中,电对 Ni^{2+}/Ni 的电极电势。已知:
$$K^{\ominus}_{\text{sp}}(\text{Ni(OH)}_2)=5.47\times10^{-16} \quad E^{\ominus}(\text{Ni}^{2+}/\text{Ni})=-0.257 \text{ V}$$

4. 计算 298.15 K 时,下列反应的标准平衡常数并讨论反应的限度。

(1) $\text{Ag}^++\text{Fe}^{2+}\!=\!\!=\!\!\text{Ag}+\text{Fe}^{3+}$

(已知:$E^{\ominus}(\text{Fe}^{3+}/\text{Fe}^{2+})=0.771$ V,$E^{\ominus}(\text{Ag}^+/\text{Ag})=0.7991$ V)

(2) $5\text{Br}^-+\text{BrO}_3^-+6\text{H}^+\!=\!\!=\!\!3\text{Br}_2+3\text{H}_2\text{O}$

(已知:$E^{\ominus}(\text{Br}_2/\text{Br}^-)=1.065$ V,$E^{\ominus}(\text{BrO}_3^-/\text{Br}_2)=1.478$ V)

5. 在 298.15 K 时,已知反应:$2\text{Ag}^++\text{Zn}\!=\!\!=\!\!2\text{Ag}+\text{Zn}^{2+}$,开始时 Ag^+ 和 Zn^{2+} 的浓度分别是 0.100 mol/L 和 0.30 mol/L,达到平衡时,溶液中 Ag^+ 浓度为多少?已知 $E^{\ominus}(\text{Ag}^+/\text{Ag})$ $=+0.7991$ V,$E^{\ominus}(\text{Zn}^{2+}/\text{Zn})=+0.7626$ V。

(吴建丽)

第八章　原子结构和元素周期表

扫码看PPT

学习目标

　　1. 掌握：量子数的物理意义及取值；原子轨道的角度分布图；多电子基态原子核外电子排布规律和电子组态；元素在元素周期表中的位置与原子电子组态的关系。

　　2. 熟悉：波函数、概率密度、电子云、电子云的角度分布图、径向分布函数图；元素性质的周期性变化规律。

　　3. 了解：核外电子运动的量子力学概念。

案例解析

案例导入8-1

　　肿瘤放射治疗（简称放疗）是治疗恶性肿瘤，也是治疗癌症的主要手段之一。大约70%的癌症患者在治疗癌症的过程中需要用放射治疗，约有40%的癌症可以用放射治疗根治。放射治疗在肿瘤治疗中的作用和地位日益突出。

　　1. 什么是放射治疗？

　　2. 放射治疗用于治疗恶性肿瘤的原理是什么？

　　原子结构（atomic structure）是深层次认识物质世界的基础。现代量子力学（quantum mechanics）揭示了微观世界粒子运动的规律，阐明了原子核外电子运动和元素性质周期性变化的规律。

　　原子由原子核和核外高速运动的电子组成。在一般化学反应中，原子核不发生变化，只是核外电子的运动状态改变。本章重点用量子力学的观点说明核外电子的运动规律，阐述元素性质周期性变化与核外电子排布即电子组态（electronic configuration）的内在联系。

第一节　核外电子运动的特征

一、量子化特征

　　英国物理学家卢瑟福（E. Rutherford）于1910年通过α粒子（带正电的氦离子流）穿过金箔时，部分α粒子发生散射的实验，证明原子内存在一个小而重的、带正电荷的微小空间（后来称为"原子核"）（图8-1）。根据这一发现，1911年卢瑟福提出了"行星系式"原子模型：原子的正电荷和质量主要集中在原子中心的原子核上，质量很小的电子像行星绕着太阳一样绕核高速运行。但该模型存在一些缺陷：按照经典电磁理论，高速运行的电子会连续发射电磁波，得到连续光谱。且电子能量不断减少，电子运动轨道的半径也将不断减小，最终，电子堕入核内，"原子毁灭"。但事实是原子光谱是不连续的线性光谱，原子也没有毁灭。

NOTE

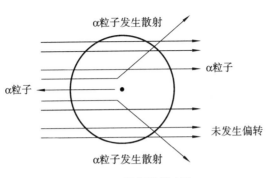

图 8-1 α粒子散射实验

（一）原子光谱

在一个连接着两个电极且抽成真空的玻璃管内,填充极少量氢气,在电极上加高电压,使之放电发光。此光通过光栅分光后在黑色屏幕上呈现出可见光区（400～700 nm）的四条谱线:H_α、H_β、H_γ 和 H_δ,波长分别为 656.3 nm、486.1 nm、434.0 nm 和 410.2 nm,这一系列谱线称为巴耳末（Balmer）系谱线（图 8-2）。在紫外区有莱曼（Lyman）系谱线,在近红外区有帕邢（Paschen）系谱线等。大量实验证明,每种元素的原子辐射都具有由一定频率成分构成的特征光谱,它们是一条条离散的谱线,称为线状光谱,即原子光谱,不同原子的光谱各不相同,氢原子光谱最为简单。

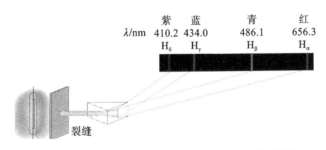

图 8-2 氢原子光谱仪和可见光区氢原子光谱的谱线

（二）玻尔氢原子模型

1900 年,德国理论物理学家普朗克（M. Planck）为了解释受热黑体辐射现象,提出了辐射量子理论,即量子论,他认为在微观领域能量是不连续的,物质吸收或释放的能量都是不连续的,只能是最小能量单位 ε_0 的整数倍,这个最小能量单位 ε_0 称为**量子**（quantum）,普朗克揭示了微观世界的一条规律,微观粒子的能量是量子化的,即不连续性的。

1913 年,丹麦物理学家玻尔（N. Bohr）在卢瑟福（E. Rutherford）的"行星系式"原子模型和爱因斯坦（A. Einstein）的光量子学说（光的最小能量单位是光量子,光量子的能量与光的频率成正比 $E = h\upsilon$,物质以光的形式吸收或放出的能量只能是光量子能量的整数倍）的基础上借鉴了普朗克的量子论,提出了氢原子的玻尔模型（图 8-3）。

(1) 定态假设:核外电子只能在有确定半径和能量的轨道上运动。电子在这些轨道上运动时不辐射能量也不吸收能量,总处在一种"稳定能量"的状态,简称**定态**（stationary state）。每个定态都对应有一个**能级**（energy level）。能量最低的定态称为**基态**

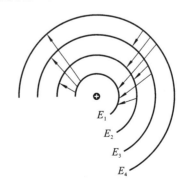

图 8-3 玻尔氢原子模型

NOTE

(ground state)。从外界获得能量时，处于基态的电子可以跃迁到离核较远、能量较高的轨道上($n=2,3,\cdots$)，这些状态称为**激发态**(excited state)。

(2) 量子化条件假设：电子不是在任意轨道上绕核运动，而是在一些符合一定条件的轨道上运动。电子运动的角动量 $p(p=mvr)$，必须等于 $h/2\pi$ 的整数倍，即

$$p = mvr = nh/2\pi \quad (n=1,2,3,\cdots) \tag{8-1}$$

式中，m 是电子的质量；v 是电子运动的速度；r 是轨道半径；h 是普朗克常数；π 是圆周率；n 是正整数。

式(8-1)被称为玻尔的量子化条件。这些符合量子化条件的轨道称为稳定轨道，它具有固定的能量 E。

(3) 频率假设：当原子从外界获得能量时，电子可以跃迁到离核较远的轨道上，即电子被激发到较高能量的轨道上，这时原子处于激发态。处于激发态的电子不稳定，可跃迁到离核较近的轨道上，同时释放出光能。光的频率取决于离核较远轨道的能量与离核较近轨道的能量之差。

$$h\nu = E_2 - E_1$$

式中，ν 为光的频率，h 为普朗克常量。

$$E = -\frac{Z^2}{n^2} \times 2.18 \times 10^{-18} \text{ J} \quad (n=1,2,3,4,\cdots) \tag{8-2}$$

式中，Z 为核电荷数，n 为正整数。

玻尔理论成功地阐释了原子的稳定性、氢原子光谱的产生和不连续性。通过玻尔模型求出的氢原子光谱中各条谱线的波长与实验基本吻合。玻尔理论揭示了微观体系物质运动的一个基本特征——物理量的量子化。玻尔理论在经典理论向量子理论过渡中起着承前启后的重要作用。

玻尔理论未能冲破经典牛顿力学的束缚，因此不能解释多电子原子光谱，也不能说明氢原子光谱的精细结构。玻尔理论属于旧量子论，只是在经典物理学基础上加上了人为的量子化假设，必将被彻底的量子力学理论所代替。

二、波粒二象性

1924 年，法国物理学家德布罗意(L. de. Braglie)在普朗克和爱因斯坦的光量子论以及玻尔的原子理论的启发下，仔细分析了光的微粒学和波动学的发展历史，提出质量为 m、速度为 v 的物质微粒运动具有波粒二象性的"物质波"假设，并指出适合于光子的能量公式 $E=h\nu$，也适合于实物粒子，提出了德布罗意关系式，即：

$$\lambda = \frac{h}{p} = \frac{h}{mv} \tag{8-3}$$

式中，λ 为微粒的波长，h 为普朗克常数，p 为微粒的动量，m 为微粒的质量，v 为微粒的运动速度。德布罗意关系式把微观粒子的粒子性 p 和波动性 λ 统一起来。人们称这种与微观粒子相联系的波为德布罗意波或物质波。

1927 年，美国物理学家戴维森(C. J. Davisson)和革末(L. H. Germer)用电子束通过镍的单晶(作为衍射光栅)投射到照相底片上，得到了完全类似于单色光通过小孔的衍射图像，如图8-4 所示。同年，英国物理学家汤姆逊(G. P. Thomson)采用多晶金属薄膜进行电子衍射实验，也得到了类似的衍射图像。电子能发生衍射现象，证明了微观粒子的波动性。

衍射是波动的典型特征。戴维森和汤姆逊的电子衍射实验是电子波存在的确实证据。为此，他们两人合得了 1937 年诺贝尔物理学奖。

NOTE 　　**【例 8-1】**　(1) 电子在 1 V 电压下的速度为 5.9×10^5 m/s，电子质量 $m=9.1\times10^{-31}$ kg，h

为 6.626×10^{-34} J·s,电子波的波长是多少? (2) 质量为 1.0×10^{-2} kg 的子弹以 1.0×10^{3} m/s 的速度运动,波长是多少?

解: (1) $h = 6.626 \times 10^{-34}$ kg·m²/s

根据德布罗意关系式 $\lambda = \dfrac{h}{mv}$ 可得

$$\lambda = \frac{6.626 \times 10^{-34} \ \text{kg·m}^2/\text{s}}{9.1 \times 10^{-31} \ \text{kg} \times 5.9 \times 10^{5} \ \text{m/s}} = 1.2 \times 10^{-9} \ \text{m}$$

(2) $\lambda = \dfrac{6.626 \times 10^{-34} \ \text{kg·m}^2/\text{s}}{1.0 \times 10^{-2} \ \text{kg} \times 1.0 \times 10^{3} \ \text{m/s}} = 6.6 \times 10^{-35}$ m

由式(8-3)及例 8-1 可以得出物体的直径、质量和速度越大,相应的波长就越小。当波长远小于物质直径时,波动性就不显著,主要表现为粒子性。而微观世界粒子质量和直径均很小,其波动性就显著。因此波粒二象性只有在微观粒子中才有意义,这也体现了物质的"尺寸效应(size effect)"。当物质细分到纳米大小时,其物理性质就发生了突变,因此,纳米技术在药物制剂中的应用越来越广泛。

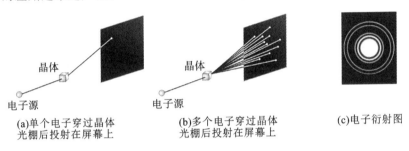

(a)单个电子穿过晶体 (b)多个电子穿过晶体 (c)电子衍射图
光栅后投射在屏幕上   光栅后投射在屏幕上

图 8-4　电子束通过金属单晶得到的衍射图

实物微粒的二象性具有以下特点。

(1) 只有当实物粒子足够小,运动速率足够快时,粒子才能表现出显著的波动性,如果粒子直径远大于波长,波动性就不显著,如例 8-1 中子弹的波动性就不显著。

(2) 实物波是概率波(probability wave)。实物波的物理意义与经典的机械波、电磁波均不同。机械波是介质质点的振动在空间的传播,电磁波是电磁场的振动在空间的传播。而实物波并无类似直接的物理意义,实物微粒的波动性是以概率形式表现出来的行为。电子波只反映电子在特定空间出现的概率大小。

(3) 具有显著波动性的实物微粒的运动不能用经典力学描述。经典力学中的宏观物体运动时,它们的位置(坐标)和动量(或速度)可以同时准确测定。但微观粒子如电子的运动具有与宏观物体完全不同的波动性运动特点。1927 年,德国物理学家海森堡(W. Heisenberg)提出了著名的**不确定原理**(uncertainty principle)关系式:

$$\Delta x \cdot \Delta p_x \geqslant \frac{h}{4\pi} \tag{8-4}$$

式中,Δx 为 x 方向坐标的测量误差,Δp_x 为 x 方向的动量 p 的测量误差,h 为普朗克常数。

由不确定原理关系式可知,微观粒子的运动坐标和动量无法同时准确测定:微观粒子的坐标测得越准,其动量(速度)就测得越不准;反之,微观粒子的动量测得越准,其坐标就测得越不准。需要强调的是,微观粒子运动坐标和动量的不确定性并非由于测量技术的限制,而是其波动性的内在特征。

【例 8-2】 宏观物体与微观粒子的不确定度计算。(已知:$h = 6.626 \times 10^{-34}$ kg·m²/s)

解: 对于宏观物体,如质量为 0.01 kg、速度为 1000 m/s 的子弹,若其速度的不确定度为其运动速度的 1%,则其位置的不确定度为

NOTE

$$\Delta x = \frac{h}{m\Delta v_x} = \frac{6.626\times10^{-34}\ kg\cdot m^2/s}{0.01\ kg\times10\ m/s} = 6.63\times10^{-33}\ m$$

对微观粒子,如电子,其质量为 9.1×10^{-31} kg,如其速度和速度不确定度均与子弹相同,在这种情况下,其位置的不确定度为

$$\Delta x = \frac{h}{m\Delta v_x} = \frac{6.626\times10^{-34}\ kg\cdot m^2/s}{9.1\times10^{-31}\ kg\times10\ m/s} = 7.3\times10^{-5}\ m$$

通过宏观物体与微观粒子的不确定度计算可得,宏观物体的运动可以同时具有确定的位置和动量。而微观粒子不能同时具有确定的位置和动量,这就表明微观粒子不存在确定的轨道,只能用在不同位置出现的概率密度来描述运动状态,这也正是德布罗意波的意义所在。

不确定原理并不意味着微观粒子的运动无规律可言,只是说它不符合经典力学的规律,而应该用量子力学来描述。

第二节　核外电子运动状态及特征

一、Schrödinger 方程

为了描述具有波粒二象性的微观粒子的运动状态,奥地利物理学家薛定谔(E. Schrödinger)在1926年提出了著名的 **Schrödinger 方程**:

$$\frac{\partial^2\Psi}{\partial x^2} + \frac{\partial^2\Psi}{\partial y^2} + \frac{\partial^2\Psi}{\partial z^2} + \frac{8\pi^2 m}{h^2}(E-V)\Psi = 0 \tag{8-5}$$

式中,E 为系统的总能量,它等于势能和动能之和;V 是系统的总势能,表示原子核对电子的吸引能;m 为微观粒子的质量,h 为普朗克常数;Ψ 称为**波函数**(wave function),是 Schrödinger 方程的一组合理解,用来描述电子各种可能的运动状态。

Schrödinger 方程在量子力学中的地位等同于牛顿运动定律在经典力学中的地位。由于薛定谔在发展原子理论方面的卓越贡献,他荣获了 1933 年诺贝尔物理学奖。

波函数 Ψ 是空间坐标的函数,如图 8-5 所示,空间某点 P 有直角坐标(x,y,z)和球坐标(r,θ,φ)两种表达形式,故波函数也可表示为 $\Psi(x,y,z)$ 和 $\Psi(r,\theta,\varphi)$,后者更方便。

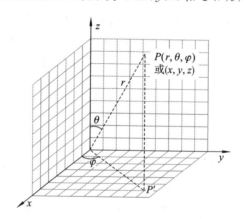

图 8-5　直角坐标转换成球坐标

$$x = r\sin\theta\cos\varphi;\ y = r\sin\theta\sin\varphi;\ z = r\cos\theta;\ r = \sqrt{x^2+y^2+z^2}$$

量子力学用波函数 $\Psi(r,\theta,\varphi)$ 和其相应的能量 E 来描述核外电子的运动状态。

二、波函数和原子轨道

Schrödinger 方程有无数个解,只有符合某些条件才是合理的解,每个合理的解都受到三个常数 n、l、m 的限制,n、l、m 称为**量子数**(quantum number)(其取值和意义后面详细讲解),每个解都有一定的能量 E 与其对应。

Schrödinger 方程的每个解可表示为两部分函数的乘积,即:

$$\psi_{n,l,m}(r,\theta,\varphi) = R_{n,l}(r)Y_{l,m}(\theta,\varphi) \tag{8-6}$$

式中,$R_{n,l}(r)$ 仅与距离 r 有关,称作**径向波函数**(radial wave function),由 n 和 l 决定;$Y_{l,m}(\theta,\varphi)$ 仅与方位角 (θ,φ) 有关,称作**角度波函数**(angular wave function),由 l 和 m 决定。$R_{n,l}(r)$ 表明 θ、φ 一定时,波函数 ψ 随 r 的变化关系,$Y_{l,m}(\theta,\varphi)$ 表明 r 一定时,波函数 ψ 随 θ、φ 的变化关系。这两个函数虽然不能代表完整的波函数,但可以从波函数的径向和角度两个侧面去观察电子的运动状态。

氢原子核外仅有一个电子,是最简单的原子,电子在核外运动时的势能只决定于核对它的吸引,它的 Schrödinger 方程可以精确求解。

解出的氢原子的部分波函数 $\psi_{n,l,m}(r,\theta,\varphi)$ 及其相应能量列于表 8-1 中。

表 8-1　氢原子的几个波函数及其能量

n	l	m	$R_{n,l}(r)$	$Y_{l,m}(\theta,\varphi)$	能量/J
1	0	0	$2\left(\dfrac{1}{a_0}\right)^{3/2}\mathrm{e}^{-r/a_0}$	$\sqrt{\dfrac{1}{4\pi}}$	-2.18×10^{-18}
2	0	0	$\dfrac{1}{2\sqrt{2}}\left(\dfrac{1}{a_0}\right)^{3/2}\left(2-\dfrac{r}{a_0}\right)\mathrm{e}^{-r/2a_0}$	$\sqrt{\dfrac{1}{4\pi}}$	$-2.18\times10^{-18}/2^2$
		0	$\dfrac{1}{2\sqrt{6}}\left(\dfrac{1}{a_0}\right)^{3/2}\left(\dfrac{r}{a_0}\right)\mathrm{e}^{-r/2a_0}$	$\sqrt{\dfrac{3}{4\pi}}\cos\theta$	$-2.18\times10^{-18}/2^2$
	1		$\dfrac{1}{2\sqrt{6}}\left(\dfrac{1}{a_0}\right)^{3/2}\left(\dfrac{r}{a_0}\right)\mathrm{e}^{-r/2a_0}$	$\sqrt{\dfrac{3}{4\pi}}\sin\theta\cos\varphi$	$-2.18\times10^{-18}/2^2$
		±1	$\dfrac{1}{2\sqrt{6}}\left(\dfrac{1}{a_0}\right)^{3/2}\left(\dfrac{r}{a_0}\right)\mathrm{e}^{-r/2a_0}$	$\sqrt{\dfrac{3}{4\pi}}\sin\theta\sin\varphi$	$-2.18\times10^{-18}/2^2$

注:$a_0=52.9$ pm。

量子力学借用玻尔原子模型中原子轨道的概念,将波函数也称为**原子轨道**(atomic orbital),但二者的含义截然不同。例如,玻尔认为基态氢原子的原子轨道是半径等于 52.9 pm 的球形轨道。这里引用的"轨道"只是量子力学借用了经典力学的术语,指电子的一种空间运动状态,或者说是电子在核外运动的某个空间范围。

三、四个量子数

由于 Schrödinger 方程的解受三个量子数 n、l、m 的限制,所以当 n、l、m 的取值和组合一定时,就确定了一个波函数,一个波函数就是一个原子轨道。

三个量子数的取值限制和它们的物理意义如下。

主量子数(principal quantum number)$\boldsymbol{n}$ 它的取值为正整数,即 1,2,3,4…它决定电子在核外空间出现概率最大的区域离核的远近,并且是决定多电子原子电子能量高低的主要因素。$n=1$ 时,电子出现概率最大的区域离核最近,能量最低。n 越大,表示电子出现概率最大的区域离核越远,能量越高。主量子数 n 相同的电子能量相近,故将这些电子划归为一组称为电子

四个量子数

NOTE

层,分别用光谱学符号 K,L,M,N,O,P,Q…表示。

对核外只有一个电子的氢原子或类氢离子来说电子的能量完全由主量子数 n 决定。

轨道角动量量子数(orbital angular momentum quantum number)l 简称角量子数,l 的取值受主量子数 n 的限制,它只能取 0 到 $n-1$ 的整数,即 $0,1,2,3,\cdots,(n-1)$,共 n 个数值,对应的光谱学符号分别为 s,p,d,f,g…

l 决定原子轨道的角度分布即原子轨道的形状。如 $l=0$ 时,原子轨道呈球形分布;$l=1$ 时,原子轨道呈双球形分布等。在多电子原子中,n 相同,l 不同,原子轨道的形状和能量也不同,故原子轨道的能量与 n、l 有关,量子数 (n,l) 组合与能级相对应。n 相同、l 越小,其能量越低:$E_{ns}<E_{np}<E_{nd}<E_{nf}$。(但对单电子的氢原子或类氢离子来说,$E_{ns}=E_{np}=E_{nd}=E_{nf}$。)$l$ 也表示同一电子层中具有不同能量状态的电子**亚层**(sub-shell)或能级,如 $n=2$、$l=1$ 是指 2p 电子亚层或能级。

磁量子数(magnetic quantum number)m 它的取值受轨道角动量量子数 l 的限制。对给定的 l,$m=0,\pm1,\pm2,\cdots,\pm l$,共 $2l+1$ 个值。

m 决定原子轨道在空间的伸展方向,并与原子轨道相对应。例如 $l=0$ 时,磁量子数 $m=0$,只有一个取值,表示 s 轨道只有一个取向;而 $l=1$ 时,m 有三个取值,即 $m=0,\pm1$,说明 p 轨道在空间有三种取向,即共有 3 个 p 轨道,分别为 p_x、p_y、p_z。这 3 个 p 轨道在同一能级,轨道能量相同,称为**简并轨道**(degenerate orbital)或等价轨道。当 $l=2$ 时,有 5 个简并轨道。

综上所述,一个原子轨道由 n、l、m 构成的一组量子数确定。如:$n=2$,$l=0$,$m=0$,对应的原子轨道为 $\psi_{2,0,0}$ 或 ψ_{2s},当 $n=2$,$l=1$ 时,$m=0$,对应的原子轨道为 $\psi_{2,1,0}$ 或 ψ_{2p_z}。3 个量子数与原子轨道间的关系见表 8-2。

表 8-2 量子数组合和轨道数

主量子数 n	角量子数 l	磁量子数 m	原子轨道(波函数) ψ	同一电子层的轨道数(n^2)
1	0	0	ψ_{1s}	1
2	0	0	ψ_{2s}	4
	1	0	ψ_{2p_z}	
		±1	ψ_{2p_x},ψ_{2p_y}	
3	0	0	ψ_{3s}	9
	1	0	ψ_{3p_z}	
		±1	ψ_{3p_x},ψ_{3p_y}	
	2	0	$\psi_{3d_{z^2}}$	
		$\pm1,\pm2$	$\psi_{3d_{xz}}$,$\psi_{3d_{x^2-y^2}}$,$\psi_{3d_{xy}}$,$\psi_{3d_{yz}}$	

自旋量子数(spin quantum number)m_s 波尔理论成功地解释了氢原子光谱的产生及其规律性。但使用高分辨率的分光镜观察氢原子光谱时,会发现在磁场中每一条谱线又分裂为两条波长相差甚微的谱线,即得到氢原子光谱的精细结构。例如,当电子由 2p 轨道跃迁到 1s 轨道得到的不是一条谱线,而是靠得很近的两条谱线。这一现象不但无法用波尔理论解释,也无法用 n、l、m 三个量子数进行解释。因为 2p 和 1s 都只是一个能级,这种跃迁只能产生一条谱线。1925 年荷兰莱顿大学的研究生 G. Uhlenbeck 和 S. Goudsmit 提出了电子自旋的假设,认为电子除了绕核做运动之外,还有自身旋转运动,具有自旋角动量,由自旋量子数 m_s 决定。后来 O. stern 和 W. Gerlach 用实验证实了电子自旋现象的存在。

NOTE

处于同一原子轨道上的电子有两种自旋相反的运动状态,分别用自旋角动量量子数 $+\dfrac{1}{2}$

和 $-\dfrac{1}{2}$ 来确定,也可用正向箭头↑和反向箭头↓表示。

综上所述,n、l、m 三个量子数可以决定一个原子轨道。但原子中每个电子的运动状态则必须用 n、l、m、m_s 四个量子数来描述。一组量子数(n、l、m、m_s)可分别表示一个电子所处轨道的电子层、亚层、空间伸展方向和自旋方向。

四、概率密度和电子云

具有波粒二象性的电子并不像宏观物体那样,沿着固定的轨道运动。我们不可能同时准确地测定核外某电子在某一瞬间所处的位置和运动速度,但是我们能用统计的方法去讨论该电子在核外空间某一区域内出现机会的多少,用概率表示。$|\psi|^2$ 表示核外电子出现的概率密度,电子在核外空间某区域内出现的概率等于概率密度与该区域体积的乘积。

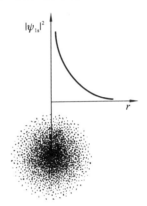

例如:氢原子核外只有一个电子,电子的位置虽不确定,但它具有统计规律性。$|\psi_{1s}|^2$ 表示氢原子 1s 电子在核外空间某点(r,θ,φ)出现的概率密度,离核越近概率密度越大。

为了形象地表示基态氢原子核外空间各处电子出现的概率密度大小的分布情况,将空间各处的 $|\psi_{1s}|^2$ 的大小用疏密程度不同的小黑点表示出来。这种在单位体积内黑点数与 $|\psi_{1s}|^2$ 成正比的图形称为**电子云**(electron cloud),如图 8-6 所示。离核越近,电子云越密集,即电子出现的概率密度越大;离核越远,电子云越稀疏,电子出现的概率密度越小。

图 8-6 氢原子 $|\psi_{1s}|^2$-r 图与 1s 电子云图

注意,不要把电子云中的一个个小黑点看成一个个电子,因为氢原子核外只有一个电子。还要注意,这里讲的是概率密度,不是概率。

五、波函数和电子云的空间形状

绘制原子轨道的图形对解释电子在原子核外空间的概率密度分布和能量高低有直观的效果,并有助于理解共价键的方向性和分子的几何结构等实际图像问题。对波函数进行变量分离,可写成函数 $R_{n,l}(r)$ 和 $Y_{l,m}(\theta,\varphi)$ 的积:$\psi_{n,l,m}(r,\theta,\varphi)=R_{n,l}(r)\cdot Y_{l,m}(\theta,\varphi)$。$R_{n,l}(r)$ 称为波函数的径向部分或**径向波函数**(radial wave function),$Y_{l,m}(\theta,\varphi)$ 称为波函数的角度部分或**角度波函数**(angular wave function)。对这两个波函数分别作图,可以从波函数的径向和角度两个侧面观察电子的运动状态,即径向分布函数图和角度分布图。

(一)原子轨道的角度分布图

角度分布图是角度波函数 $Y_{l,m}(\theta,\varphi)$ 随方位角(θ,φ)变化的图形,以原子核为原点建立球极坐标系,从原点引一线段,方位角为(θ,φ),长度为 $|Y|$,所有线段的端点在空间形成一个曲面,并在曲面各部分标记 Y 值的正、负号,就得到波函数的角度分布图。

例如,s 轨道对应的量子数 $l=0$,$m=0$,由表 8-3 得 $Y_s(\theta,\varphi)=Y_{0,0}(\theta,\varphi)=\dfrac{1}{\sqrt{4\pi}}=0.282$,这说明 s 轨道的角度波函数是一常数,不随 θ、φ 而变,即 s 轨道的角度分布图是一个半径为 0.282 的球面,球面内标记为正号。

p_z 轨道对应的量子数 $l=1$,$m=0$,由表 8-3 得 $Y_{p_z}=Y_{1,0}=\sqrt{\dfrac{3}{4\pi}}\cos\theta$,根据 θ 的不同值求出 Y_{p_z} 的值:

NOTE

表 8-3　Y_{p_z} 与 θ 的关系

$\theta/°$	0	30	60	90	120	150	180
$\cos\theta$	1	0.866	0.5	0	-0.5	-0.866	-1
Y_{p_z}	0.489	0.423	0.244	0	-0.244	-0.423	-0.489

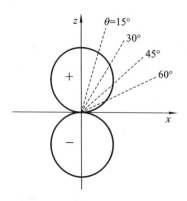

图 8-7　p_z 原子轨道角度分布图

从原点出发,引出不同 θ 值的射线,在射线上截取长度为对应的 $|Y_{p_z}|$ 值的点,连接各点,并将所得图形绕 z 轴旋转 360°,便得到一个沿着 z 轴方向伸展的等径外切的双球(图 8-7),这就是 p_z 轨道的角度分布图,图中的正负号为 Y_{p_z} 的正负值。

用类似的方法可以得到 s、p、d 原子轨道的角度分布图(图 8-8)。角度分布图反映了原子轨道的形状。s 轨道是球形;p 轨道是双球形,p_x 轨道的两个球沿 x 轴的方向伸展,p_y 的两个球沿 y 轴的方向伸展,p_z 的两个球沿 z 轴的方向伸展;d 轨道是花瓣形,d_{xy}、d_{yz} 和 d_{xz} 的波瓣分别沿两坐标轴间 45°的方向伸展。d_{z^2} 轨道的角度分布图沿 z 轴伸展,xy 平面还有一个较小环形分布。$d_{x^2-y^2}$ 轨道的角度分布图沿 x 轴和 y 轴伸展。

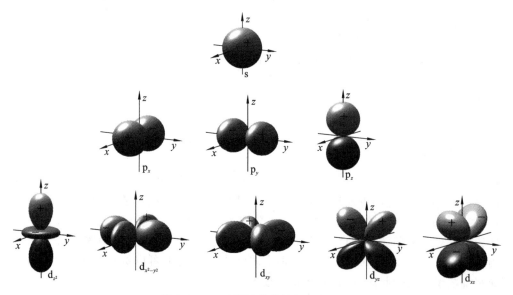

图 8-8　s、p、d 原子轨道的角度分布图

由于角度波函数与主量子数无关,只与 l 和 m 有关,因此,只要原子轨道的 l、m 相同,其角度分布图都是一样的,即 1s、2s、3s 的角度分布图一样,2p、3p、4p 的图也一样……

原子轨道角度分布图中的正负号是因为 θ、φ 的函数值在不同象限取正负不同。当两个原子之间形成化学键时,两原子各自轨道同号波瓣重叠有利于形成化学键,异号波瓣重叠则减弱或抵消成键效应。

(二)电子云及其角度分布图

用角度波函数的平方 $|Y_{l,m}(\theta,\varphi)|^2$ 可描述核外空间不同方位角特定点上电子出现概率密度的变化,由 $|Y_{l,m}(\theta,\varphi)|^2$ 随方位角 θ、φ 的变化作图得到概率密度角度分布图,又称为电子云角度分布图。如图 8-9 所示,s 电子云为球形,p 电子云为纺锤形,d 电子云为花瓣形等。

NOTE

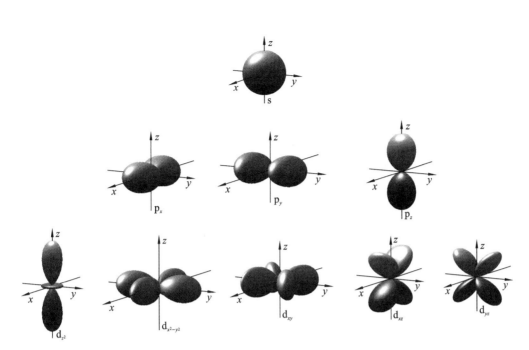

图 8-9　s,p,d 电子云的角度分布图

电子云的角度分布图与原子轨道的角度分布图形状十分类似,但两者的物理意义并不同。电子云角度分布图所表现的是概率密度随方位角的分布,没有正负号。形状上电子云的角度分布图比原子轨道的角度分布图也要"瘦"一些。电子云角度分布图与电子云的形状也很相似,但应注意的是,电子云所描述的是 $|\psi|^2$,而电子云角度分布图所描述的仅是 $|Y|^2$。

（三）径向分布函数图

电子在核外出现的概率等于概率密度乘以体积,考虑一个以原子核为中心,半径为 r、微单位厚度为 $dr(r \rightarrow r+dr)$ 的同心圆薄球壳夹层,其体积是 $4\pi r^2 dr$,则核外电子在该薄球壳出现的概率为 $|\psi|^2_{n,l}(r)4\pi r^2 dr$。

角度波函数 $Y_{l,m}(\theta, \varphi)$ 视为常数,令 $D(r)=R^2_{n,l}(r)4\pi r^2$,并命名为**径向分布函数**(radial distribution function),它是半径 r 的函数,作 $D(r)$-r 图,称为径向分布函数图。设想薄球壳夹层的厚度 dr 趋向于 0,则径向分布函数图表示电子在离核距离为 r 处的球面上出现的概率(图 8-10)。

图 8-10 是氢原子各种轨道的径向分布函数图。从径向分布函数图可以得出以下结论。

（1）对比图 8-6 和图 8-10,可见在基态氢原子中,1s 轨道 $D(r)$ 的极大值在 $r=a_0=52.9$ pm(玻尔半径)的球面上,它与概率密度 $|\psi|^2$ 极大值($r \rightarrow 0$)不一致。核附近 $|\psi|^2$ 虽然很大,但在此处 r 很小;在远离核处,r 越来越大,但 $|\psi|^2$ 却越来越小,这两个相反因素决定 1s 径向分布函数图在 a_0 出现一个峰,从量子力学的观点来理解,玻尔半径就是电子出现概率最大的球壳离核的距离。

（2）径向分布函数图中的峰数有($n-l$)个,例如,1s 有 1 个峰,4s 有 4 个峰,2p 有 1 个峰,3p 有 2 个峰……,峰所在地方就是电子出现概率大的位置。

（3）n 越大,主峰距核越远,好像电子处于不同的电子层。

（4）n 相同,l 越小,峰数越多,最小峰离核越近,说明离核较远的电子具有深入核附近的能力,这种能力称为**钻穿能力**(penetration capacity)。钻穿能力顺序为 $ns>np>nd>nf$。

在多电子原子中,情况要复杂一些,例如 4s 的第一个峰竟能钻穿到比 3d 主峰离核还近的区域。这说明玻尔原子模型中假设的固定轨道是不存在的,外层电子也可以在内层出现,这正反映了电子的波动性。

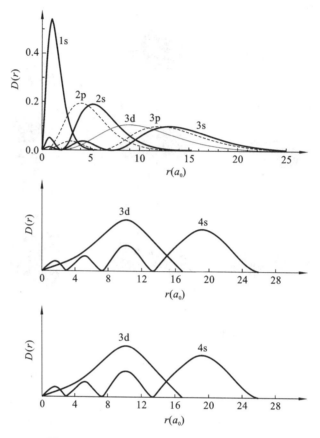

图 8-10 氢原子各种轨道的径向分布函数图

第三节 核外电子排布与元素周期律

氢原子和类氢离子核外只有一个电子,该电子仅受到核的吸引,可以精确求解出波函数及对应的能量。但多电子原子的核外电子除受核的吸引外,还受到其他电子对它的排斥作用,情况要复杂得多,难以精确求解。但氢原子结构的某些结论还可应用到多电子原子结构中,采用近似方法处理多电子原子,可得到近似能级。

一、多电子原子的原子轨道能级

(一)屏蔽效应

处理多电子原子能量问题时,认为内层和同层其他电子对某个电子 i 的排斥,相当于抵消了一部分核电荷,屏蔽了原子核对电子 i 的引力作用,称为**屏蔽效应**(screening effect),用屏蔽常数(screening constant)σ 表示被抵消掉的核电荷,电子 i 只受到“有效核电荷”Z^* 的作用,$Z^* = Z - \sigma$,称为**有效核电荷**(effective nuclear charge)。这样就把多电子原子简化为核电荷数为 $Z - \sigma$ 的单电子原子。

多电子原子中电子 i 的能量公式可表示为

$$E_i = -\frac{(Z-\sigma)^2}{n^2} \times 2.18 \times 10^{-18} \text{ J} \tag{8-7}$$

式(8-6)表明,多电子原子电子的能量和 Z、n、σ 有关。Z 越大,相同轨道的能量越低,例如基

NOTE

态氟原子的 1s 轨道就比基态氢原子的 1s 轨道的能量低。σ 越大,电子受到的屏蔽作用就越强,受核的束缚作用就越小,其能量就越高。l 相同,n 越大的电子受到的屏蔽效应越强,能量越高。

$$E_{ns} < E_{(n+1)s} < E_{(n+2)s} < \cdots$$
$$E_{np} < E_{(n+1)p} < E_{(n+2)p} < \cdots$$

对某一电子来说,σ 的大小既与起屏蔽作用的电子数以及这些电子所处的轨道有关,也同该电子本身所在的轨道有关。美国物理学家斯莱特(J. C. Slater)提出计算 σ 的经验规则。

(1) 将原子中的轨道按下列顺序分组。

(1s)、(2s,2p)、(3s,3p)、(3d)、(4s,4p)、(4d)、(4f)、(5s,5p)、(5d)…

(2) 上述顺序中处于电子 i 右侧各组轨道中的电子对电子 i 无屏蔽作用,$\sigma = 0$。

(3) 同组电子间屏蔽作用为 $\sigma = 0.35$(同组为 1s 电子时 σ 为 0.30)。

(4) $(n-1)$ 层电子对 n 层电子的屏蔽作用为 $\sigma = 0.85$,$(n-2)$ 层电子对 n 层电子的屏蔽作用为 $\sigma = 1.00$。

(5) 若被屏蔽的电子处于 nd 或 nf 轨道,则所有内层电子对其的屏蔽作用为 $\sigma = 1.00$。

在计算原子中某电子的 σ 时,可将有关屏蔽电子对该电子的 σ 相加而得到。

(二) 钻穿效应与能级交错

影响多电子能级高低的另一个因素是钻穿能力。n 相同 l 不同时,l 越小的电子钻穿能力越强,离核越近,其受到原子核的引力越强,同时其他电子对它的屏蔽效应越弱,电子能量也就越低:$E_{ns} < E_{np} < E_{nd} < E_{nf}$。这种由于电子钻穿能力不同而引起电子能级能量改变的现象称为**钻穿效应**(penetration effect)。

4s 轨道电子钻穿能力强,有相当的概率出现在核附近,它的第一个峰比 3d 的主峰离核更近,有效避开了 3d 电子对它的屏蔽效应,反过来削弱了核对 3d 电子的吸引力,见图 8-11。因此,在多电子原子中 n 较小的 3d 电子的能量略高于 n 较大的 4s 电子的能量。这种现象称为"能级交错",进一步说明多电子原子中电子的能量不仅要由 n 也要由 l 决定。

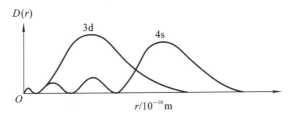

图 8-11　钻穿能力与能级交错

氢原子只有 1 个电子,无屏蔽效应,其激发态能量与 l 无关。

(三) 原子轨道的近似能级

1932 年,美国化学家鲍林(L. C. Pauling)根据光谱实验数据和理论计算结果,总结出多电子原子的原子轨道近似能级图(图 8-12)。用小圆圈代表原子轨道,能量相近的划成一组,称为能级组。从该图可以看出以下规律。

(1) n 不同,l 相同:n 越大,主峰离核越远,同时内层电子的屏蔽作用增强,使轨道能量升高:$E_{1s} < E_{2s} < E_{3s} < E_{4s} \cdots$

(2) n 相同,l 不同:l 越小,它本身的钻穿能力越强,离核越近,受到其他电子的屏蔽作用就越弱,因此轨道能量就越低:$E_{ns} < E_{np} < E_{nd} < E_{nf} \cdots$

(3) n,l 都不同:情况较复杂,会出现 n 小的反而能量高的能级交错现象,如:$E_{3d} > E_{4s}$、$E_{4f} > E_{6s}$。

我国著名化学家北京大学徐光宪(1920—2015 年)教授在 1956 年根据光谱实验数据,对

NOTE

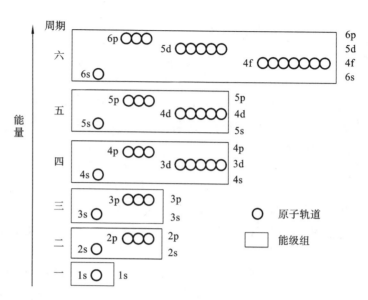

图 8-12　鲍林原子轨道近似能级图

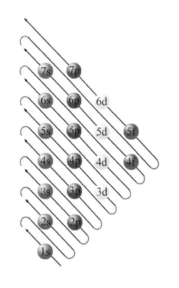

图 8-13　原子轨道的近似能级顺序

基态多电子原子轨道的能级高低提出一种定量的依据规则，即轨道的 $(n+0.7l)$ 值越大，轨道能级越高，并把 $(n+0.7l)$ 值的第一位数字相同的各能级合并为一个能级组，此结果与鲍林近似能级顺序吻合。组内能级间的能量间隔较小，组与组之间的能量间隔较大。

原子轨道近似能级顺序可以用图 8-13 来帮助掌握。图中按原子轨道能量高低的顺序排列，下方的轨道能量低，上方的轨道能量高。用斜线贯穿各原子轨道，由下而上就可以得到近似能级顺序。

（四）Cotton 原子轨道能级图

量子力学理论和光谱实验证明，随着原子序数的增加，原子核对电子的吸引力增强，原子轨道的能量逐渐降低，而且各原子轨道能量降低的程度是不同的，因此，各轨道能级顺序会发生改变。

1962 年，美国化学家科顿（F. A. Cotton）在光谱实验数据的基础上总结出原子轨道能级图（图 8-14），反映了原子轨道能级与原子序数的关系。

从图 8-13 中可以看到，对于单电子原子如 ^{1}H，轨道能级是由主量子数 n 决定的（如 3s、3p、3d 处于同一能量点上）。对于多电子原子，如 ^{3}Li、^{19}K 等轨道的能量则是由主量子数 n 和角量子数 l 决定的。ns、np 轨道的能级随原子序数的增加而降低的坡度较为正常，而 nd、nf 降低的过程就很特殊，由于原子轨道能级降低的坡度不同，出现了能级交错的现象。

又如原子序数 Z 为 31～57 时，$E_{6s} < E_{4f} < E_{5d}$，这些能级交错现象很好地反映在科顿原子轨道能级图中，屏蔽效应和钻穿效应可以近似地解释这种现象。

二、核外电子排布原理

原子的核外电子排布称为**电子组态**（electronic configuration），根据量子力学理论和光谱实验数据，基态原子电子组态的排布可以根据原子轨道能级顺序和以下三条规则来确定。

NOTE

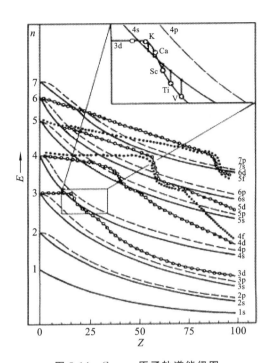

图 8-14 Cotton 原子轨道能级图

（右上角的方框内为 $Z=20$ 附近的原子轨道能级顺序放大图）

（一）能量最低原理（the lowest energy principle）

按照原子轨道近似能级顺序，核外电子优先排布在能量最低的轨道，以使整个原子系统能量最低、最稳定。

（二）泡利不相容原理（Pauli's exclusion principle）

奥地利物理学家泡利（W. E. Pauli）于 1925 年提出，在同一原子中不会出现运动状态（4 个量子数）完全相同的两个电子。或者说，在一个原子轨道上最多只能容纳两个自旋方向相反的电子。

（三）洪特规则（Hund's rule）

德国物理学家洪特（F. H. Hund）于 1925 年指出，电子在能量相同的轨道（即简并轨道）上排布时，优先以自旋相同的方式分占不同的轨道。因为这样的排布方式使总能量最低。

例如，基态碳原子的电子排布为 $1s^2 2s^2 2p^2$，对应的电子排布图如图 8-15 所示，2p 的 2 个电子以相同的自旋方式分占 2 个简并轨道。

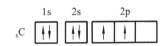

图 8-15 碳原子的电子排布图

洪特还指出，简并轨道全充满（如 p^6、d^{10}、f^{14}）、半充满（如 p^3、d^5、f^7）或全为空（如 p^0、d^0、f^0）时系统能量处于较低的稳定状态。如：Cr 原子核外有 24 个电子，Cr 原子的电子组态为 $1s^2 2s^2 2p^6 3s^2 3p^6 3d^5 4s^1$，而不是 $1s^2 2s^2 2p^6 3s^2 3p^6 3d^4 4s^2$；Cu 原子的电子组态为 $1s^2 2s^2 2p^6 3s^2 3p^6 3d^{10} 4s^1$，而不是 $1s^2 2s^2 2p^6 3s^2 3p^6 3d^9 4s^2$。注意，在书写原子电子组态时，一律按电子层的顺序写，如 Cr 原子的最外层电子排布应为 $3d^5 4s^1$ 而不是 $4s^1 3d^5$。

在书写核外电子排布式时，为了避免电子结构式过长，通常把内层电子已达到稀有气体结构的部分写成稀有气体的元素符号外加方括号的形式来表示，这部分称为原子实或原子芯。如钾的电子结构式也可以表示为 $[Ar]4s^1$，铁的电子结构式表示为 $[Ar]3d^6 4s^2$。

原子内层电子由于能量较低而不活泼，因此参与化学反应的只是外层（或次外层）原子轨道上的电子，这部分电子称为价电子（valence electron）。相应的电子层称为价电子层或价层。

NOTE

119

离子的电子组态是在基态原子的电子组态基础上得到电子(负离子)或失去电子(正离子)。但要注意,在填充电子时 4s 能量比 3d 低,但填满电子后 4s 的能量则高于 3d,所以形成离子时,先失去最外层 4s 上的电子。例如:

Fe^{2+}:$[Ar]3d^6 4s^0$ (失去 4s 上的 2 个电子)。

Fe^{3+}:$[Ar]3d^5 4s^0$ (先失去 4s 上 2 个电子,再失去 3d 上 1 个电子)。

三、原子结构与元素周期律的关系

元素周期律(periodic law of elements),指元素性质随元素核电荷数的递增呈周期性变化的规律。原子核外电子组态的周期性变化是元素周期律的基础。元素周期律的发现是化学发展过程中的一个重要里程碑。

(一)周期与能级组

元素周期表有 7 行,即 7 个周期。能级组的划分是元素划分为周期的根本原因。每当电子开始填充到一个新的能级组时,就标志着新增加了一层;相应地,就开启了一个新的周期。周期表中的每一个周期对应于一个能级组(表 8-4)。元素所在周期数与该元素的原子核外电子的最高能级所在能级组数相一致,也与原子核外电子最外层电子的主量子数 n 一致,如:$_{13}$Al $1s^2 2s^2 2p^6 3s^2 3p^1$,$n=3$,所以它处于元素周期表中第 3 周期。因此,元素所在的周期序数等于该元素原子的电子层数。

表 8-4 能级组与周期的关系

周期数	周期	能级组	对应的能级	起止元素	元素种类数
1	特短周期	1	1s	$_1$H→$_2$He	2
2	短周期	2	2s2p	$_3$Li→$_{10}$Ne	8
3	短周期	3	3s3p	$_{11}$Na→$_{18}$Ar	8
4	长周期	4	4s3d4p	$_{19}$K→$_{36}$Kr	18
5	长周期	5	5s4d5p	$_{37}$Rb→$_{54}$Xe	18
6	特长周期	6	6s4f5d6p	$_{55}$Cs→$_{86}$Rn	32
7	未完周期	7	7s5f6d	$_{87}$Fr→未完成	应有 32

每一个周期所含原子数目与对应能级组中原子轨道最多能容纳的电子数目一致。每个周期第一个元素从 ns^1 开始到 $1s^2$(He)或 $ns^2 np^6$,即以稀有气体结束。

(二)族与原子的价层电子组态

价层电子组态相似的元素排在同一列,称为**族**(group)。元素周期表中共有 18 列,除了第 8~10 列合起来称为一族外,其余每一列为一族。

主族:周期表中共有 8 个主族。凡内层轨道全充满,最后 1 个电子填入 ns 或 np 亚层上的都是主族元素,族号用罗马数字后面加"A"表示,从 I A 到 VII A 和零族。价层电子组态为 $ns^{1~2}$ 或 $ns^2 np^{1~6}$,主族元素族数=该族元素原子最外层电子数=该族元素原子价电子数。例如元素 $_{13}$Al,电子组态是 $1s^2 2s^2 2p^6 3s^2 3p^1$,最后一个电子填入 3p 亚层,为主族元素,价层电子构型为 $3s^2 3p^1$,价层电子数为 3,故为 III A 族。零族元素是稀有气体,其最外层已填满,价层电子构型为 $1s^2$ 或 $ns^2 np^6$,呈稳定结构。

副族:周期表中有共 8 个副族。凡最后一个电子填入 $(n-1)$d 或 $(n-2)$f 亚层上的都是副族元素,族号用罗马数字后加"B"表示,从 I B 到 VII B 和 VIII,副族元素都是金属元素。对于副族元素,最外层电子、次外层 d 电子、倒数第三层 f 电子都可以参与化学反应,都属于价电子。

NOTE

ⅢB～ⅦB 族元素的族数等于价电子数,例如元素 $_{25}$Mn 的电子组态是 $1s^2 2s^2 2p^6 3s^2 3p^6 3d^5 4s^2$,价层电子构型是 $3d^5 4s^2$,属于ⅦB 族。ⅠB、ⅡB 价层电子排布为 $(n-1)d^{10} ns^{1\sim2}$,ns 上的电子数等于族数。Ⅷ族处在元素周期表ⅠB 和ⅦB 之间,共有三列。最后 1 个电子填充在$(n-1)$d 亚层上。它们的价层电子构型是$(n-1)d^{6\sim10} ns^{0\sim2}$,电子总数是 $8\sim10$。此族多数元素在化学反应中的价数并不等于族数。

由于电子填入副族元素轨道时,最后填充在内层$(n-1)$d 轨道上,所以将副族元素称为过渡元素。在第 6、7 周期中,ⅢB 位置上,有两个系列的元素新增的电子都是依次填充在$(n-2)$f 轨道上,这些元素习惯上称为内过渡元素,第一内过渡系列的首位元素是镧,故称这一系列元素为镧系元素。第二内过渡系列的首位元素是锕,故称这一系列元素为锕系元素。

(三) 元素在周期表中的分区

根据元素最后一个电子填充的能级不同,把价电子构型相似的元素合并成区(block),可以将元素周期表中的元素分为 5 个区,如表 8-5 所示。

表 8-5　元素周期表中元素的分区

	ⅠA																0
1		ⅡA											ⅢA	ⅣA	ⅤA	ⅥA	ⅦA
2	s区												p区				
3			ⅢB	ⅣB	ⅤB	ⅥB	ⅦB	Ⅷ	ⅠB	ⅡB							
4			d区						ds区								
5																	
6																	
7																	

镧系	f区
锕系	

s 区元素:最后 1 个电子填充在 ns 轨道上,价层电子的构型为 ns^1 或 ns^2,包括ⅠA 和ⅡA 族,除氢原子和氦原子外它们都是活泼金属,容易失去价层电子形成 +1 或 +2 价离子。

p 区元素:最后 1 个电子填充在 np 轨道上,价层电子构型为 $ns^2 np^{1\sim6}$,包括ⅢA～ⅦA 族元素。大部分为非金属。零族稀有气体也属于 p 区。随着最外层电子数目的增加,原子失去电子的趋势越来越弱,得到电子的趋势越来越强。

d 区元素:价层电子构型为 $(n-1)d^{1\sim10} ns^{0\sim2}$,最后 1 个电子基本都是填充在$(n-1)$层 d 轨道上,包括ⅢB～Ⅷ族元素。这些元素都是金属,常有可变化的氧化值。

ds 区元素:价层电子构型为 $(n-1)d^{10} ns^{1\sim2}$,即次外层 d 轨道是充满的,最外层轨道上有 $1\sim2$ 个电子。它们既不同于 s 区,也不同于 d 区,故称为 ds 区,它包括ⅠB 和ⅡB 族。它们都是金属。

f 区元素:最后 1 个电子填充在$(n-2)$f 轨道上,价层电子构型为 $(n-2)f^{0\sim14} ns^2$ 或 $(n-2)f^{0\sim14}(n-1)d^{0\sim2} ns^2$,包括镧系和锕系元素。

【例 8-3】 已知两元素的原子序数分别为 29、35。(1) 试写出元素原子的电子组态;

(2) 指出元素在元素周期表中所属周期、族和区;(3) 写出它们的价层电子组态。

解:(1) 29 号元素原子的电子组态为 $1s^2 2s^2 2p^6 3s^2 3p^6 3d^{10} 4s^1$ 或 $[Ar]3d^{10} 4s^1$。

35 号元素原子的电子组态为 $1s^2 2s^2 2p^6 3s^2 3p^6 3d^{10} 4s^2 4p^5$ 或 $[Ar]3d^{10} 4s^2 4p^5$。

(2) 29 号元素最外层电子的主量子数 $n=4$,所以它属于第 4 周期。最后一个电子填入次外层的 3d 轨道,并且是全填满,所以它位于 I B 族,属于 ds 区元素。

35 号元素最外层电子的主量子数 $n=4$,所以它属于第 4 周期。内层电子全充满,价层电子总数为 7,最后一个电子填入最外层的 4p 轨道,所以它位于 ⅦA 族,属于 p 区元素。

(3) 29 号元素的价层电子组态:$3d^{10} 4s^1$,35 号元素的价层电子组态:$4s^2 4p^5$。

第四节　元素基本性质的周期性

随着元素原子序数的增加,原子核外的电子层结构呈周期性变化。因此元素的基本性质如原子半径、电离能、电子亲和能和电负性等,也呈现明显的周期性。

一、原子半径

按照量子力学的观点,电子在核外运动没有固定轨道。因此,对于原子来说并没有一个界限分明的界面。通常所说的**原子半径**(atomic radius)指的是原子在分子或晶体中表现的大小。

(一)原子半径的类型

根据原子与原子间的作用力不同,原子半径一般可分为共价半径、金属半径和范德华半径三种。原子半径的大小与它所形成的化学键的类型(离子键、共价键、金属键)、临近原子的大小和数目等因素有关。

(1) 范德华半径(van der Waals radii)r_v。

分子晶体中,分子间以范德华力结合,相邻两原子核间距的一半,即为范德华半径,如图 8-16(a)所示,主要适用于稀有气体(零族元素)。

(2) 共价半径(covalent radii)r_c。

同种元素的两个原子以共价单键相结合时的核间距离的一半,称为共价半径,如图 8-16(b)所示。例如,H_2 的共价键键长是 74 pm,所以 H 原子的共价半径就是 37 pm。

共价半径具有加和性。例如,Cl 的共价半径是 99 pm,C 的共价半径是 77 pm,则 C—Cl 键键长应为 99 pm+77 pm=176 pm,CCl$_4$ 中 C—Cl 键的实测值为 177.6 pm,与计算值基本吻合。这说明共价半径取决于成键原子本身,受相邻原子的影响较小。

(3) 金属半径(metal radii)r_m。

把金属晶体看成是由球状金属原子堆积而成,假定相邻的两个原子彼此互相接触,它们核间距离的一半,称为金属半径,如图 8-16(c)所示。

一般来说,同一元素的金属半径比其共价半径大些。这是因为形成共价键时,轨道的重叠程度大些。而范德华半径的值总是最大,因为分子间作用力不能将单原子分子拉得更紧密。

对同一种元素,这三种半径数值差别可能很大,故在比较不同元素原子半径的相对大小时,应选择同一类型的原子半径。表 8-6 列出了各种原子的原子半径,表中除稀有气体为范德华半径外,其余均为共价半径。

NOTE

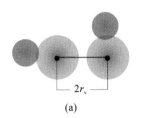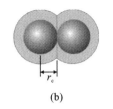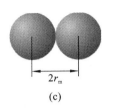

(a)   (b)   (c)

图 8-16　原子半径示意图

表 8-6　元素的原子半径(单位:pm)

H 37																	He 122
Li 152	Be 111											B 88	C 77	N 70	O 66	F 64	Ne 160
Na 186	Mg 160											Al 143	Si 117	P 110	S 104	Cl 99	Ar 191
K 227	Ca 197	Sc 161	Ti 145	V 132	Cr 125	Mn 124	Fe 124	Co 125	Ni 125	Cu 128	Zn 133	Ga 122	Ge 123	As 121	Se 117	Br 114	Kr 198
Rb 248	Sr 215	Y 181	Zr 160	Nb 143	Mo 136	Tc 136	Ru 133	Rh 135	Pd 138	Ag 144	Cd 149	In 163	Sn 141	Sb 141	Te 137	I 133	Xe 217
Cs 265	Ba 217	*	Hf 159	Ta 143	W 137	Re 137	Os 134	Ir 136	Pt 136	Au 144	Hg 160	Tl 170	Pb 175	Bi 155	Po 167	At 145	Rn 145

* 镧系元素

La 188	Ce 183	Pr 183	Nd 182	Pm 181	Sm 180	Eu 204	Gd 180	Tb 178	Dy 177	Ho 177	Er 176	Tm 175	Yb 194	Lu 173

(二) 原子半径的变化规律

从表 8-6 中可以看出,同一周期从左到右随原子核电荷数的增多,核对电子的引力增强,由于同一周期主族元素的内层电子数不变,即内层电子对外层电子的屏蔽效应不变,故同一周期主族元素原子半径逐渐减小。而同一周期副族元素随原子序数增加,新增加的电子进入次外层的 d 亚层,对外层电子的屏蔽效应增强,d 电子之间的排斥作用也倾向于使半径增大,结果同一周期副族元素的原子半径变化的总趋势为缓慢缩小,其间有小幅度起伏。

镧系元素新增加的电子填充到 $(n-2)$f 亚层上,这虽然对屏蔽效应有较大贡献,但 1 个 f 电子不能"抵消"掉 1 个核电荷。因此,随着原子序数的增加,镧系元素原子半径在总趋势上逐渐减小,这种现象称为**镧系收缩**(lanthanide contraction)。

镧系收缩的结果,使第六周期过渡元素的原子半径与第五周期过渡元素的原子半径相近,导致了锆(Zr)和铪(Hf)、铌(Nb)和钽(Ta)、钼(Mo)和钨(W)等在性质上极为相似,分离困难;同时镧系各元素之间的原子半径也非常相近,性质相似,分离非常困难,这种现象称为**镧系收缩效应**(lanthanide contraction effect)。

尽管同一主族元素由上到下核对外层电子的引力增大,但元素的原子电子层数增加,内层电子对外层电子的屏蔽效应起主导作用,所以同一主族元素由上到下原子半径逐渐增大。同一副族元素从上到下原子半径总的趋势也增大,但幅度较小。

NOTE

二、电离能

基态气体原子失去第一个电子成为气态＋1 价离子时所需的最低能量称为第一电离能，用 I_1 表示；气态＋1 价离子失去第二个电子成为气态＋2 价离子所需要的能量称为第二电离能，用 I_2 表示，依此类推。

同一元素各级电离能的大小有如下规律：$I_1 < I_2 < I_3 < \cdots$，因为原子失去一个电子形成正离子后，有效核电荷数 Z^* 增加，离子半径越来越小，原子核对电子的引力增大，所以失去电子逐渐变难，需要的能量逐渐升高。

电离能的数值主要取决于原子有效核电荷数、原子半径和电子构型。元素的第一电离能最重要，I_1 是衡量元素原子失去电子的能力和元素金属性的一种尺度。元素的第一电离能的数据可由发射光谱实验得到，随着原子序数的增加，第一电离能也呈周期性变化，如图 8-17所示。

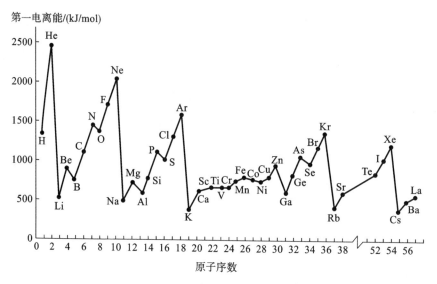

图 8-17　元素第一电离能周期性变化示意图

一般来说，同一周期中，从左到右随着原子序数的增加，核电荷数逐渐增加，原子半径逐渐减小，原子核对外层电子的引力越来越大，元素原子更加不容易失去电子，因此主族元素的第一电离能从左到右逐渐增大。

但同一周期中，第一电离能的变化不像原子半径变化的那样规律，当元素的价层电子处于全空、半充满或全充满状态时，其稳定性偏高，不容易失去电子，因此其第一电离能也偏高。每一周期中稀有气体原子具有最高的电离能，因为它们有 $ns^2 np^6$ 的稳定电子层组态。此外，图 8-17 所示曲线有小的起伏，如 N、P 元素的电离能分别比 O、S 元素的电离能高，这是因为前者为 $ns^2 np^3$ 构型，p 亚层半充满，失去一个 p 电子破坏了半充满状态，电离能较高。后者为 $ns^2 np^4$ 构型，失去一个 p 电子后，p 亚层变成半充满状态，电离能较低。

而同一周期过渡元素，随着原子序数的增加，电子填充到屏蔽作用较大的内层，抵消了核电荷增加所产生的影响，因此元素的第一电离能变化不大。

同一族元素，从上往下原子半径增大起主要作用，半径越大，核对电子的引力越小，越易失去电子，电离能越小。

三、电子亲和能

当气态的基态原子得到一个电子形成－1 价气态负离子时，所放出的能量称为该元素的第一电子亲和能,用 A_1 表示。由 -1 价气态负离子得到一个电子成为 -2 价气态负离子时所放出的能量称为第二电子亲和能,用 A_2 表示,依此类推。

元素的电子亲和能越大,表示原子得到电子的倾向越大,其非金属性也越强。

一般元素的第一电子亲和能为负值,表示得到一个电子形成负离子时放出能量,也有的元素 A_1 为正值,表示得电子时要吸收能量,这说明该元素的原子变成负离子非常困难。元素的第二电子亲和能一般均为正值,说明由 -1 价的离子变成 -2 价的离子也要吸热,主要是由于 -1 价离子对加入的第二个电子具有排斥作用。

碱金属和碱土金属的电子亲和能都很小,说明它们形成负离子的倾向很小,非金属性很弱。所以可以认为电子亲和能是元素非金属性的一种标度。

ⅥA 和 ⅦA 族的第一种元素 O 和 F 的电子亲和能并非最大,而比同族中第二种元素甚至第三种元素要小。这是因为 O 和 F 的原子半径过小,电子云密度过高,以致当原子结合一个电子形成负离子时,由于电子间的互相排斥使放出的能量减小。而 S 和 Cl 原子半径较大,接受电子时电子间的排斥力较小,所以在同族中电子亲和能是最大的。

四、电负性

元素的电离能表示元素原子失去电子的倾向性,而电子亲和能则表示元素原子得到电子的倾向性。但在许多化合物形成时,元素的原子经常既不失电子也不得电子,电子只是在它们的原子之间发生偏移。因此仅从电离能和电子亲和能来衡量元素的金属性或非金属性是不全面的。

鲍林在 1932 年提出电负性(electronegativity)的概念。**电负性**是指元素的原子在分子中吸引成键电子能力的相对大小,用符号 χ(希文,读作[kai])来表示。电负性大,原子在分子中吸引成键电子的能力强,反之就弱。鲍林提出的电负性的概念,较全面地反映了元素金属性和非金属性的强弱。鲍林在把 F 的电负性指定为 3.98 的基础上,从相关分子的键能数据出发进行计算,并与 F 的电负性 3.98 对比,得到其他元素的电负性数值,因此鲍林的电负性是一个相对数值。后来经过其他科学家校正的电负性数值列于表 8-7 中。

表 8-7　元素电负性

H 2.20																
Li 0.98	Be 1.57											B 2.04	C 2.55	N 3.04	O 3.44	F 3.98
Na 0.93	Mg 1.31											Al 1.61	Si 1.90	P 2.19	S 2.58	Cl 3.16
K 0.82	Ca 1.00	Sc 1.36	Ti 1.54	V 1.63	Cr 1.66	Mn 1.55	Fe 1.80	Co 1.88	Ni 1.91	Cu 1.90	Zn 1.65	Ga 1.81	Ge 2.01	As 2.18	Se 2.55	Br 2.96
Rb 0.82	Sr 0.95	Y 1.22	Zr 1.33	Nb 1.60	Mo 2.16	Tc 1.90	Ru 2.28	Ru 2.20	Pd 2.20	Ag 1.93	Cd 1.69	In 1.78	Sn 1.96	Sb 2.05	Te 2.10	I 2.66
Cs 0.79	Ba 0.89	La 1.10	Hf 1.30	Ta 1.50	W 2.36	Re 1.90	Os 2.20	Ir 2.20	Pt 2.28	Au 2.54	Hg 2.00	Tl 2.04	Pb 2.33	Bi 2.02	Po 2.00	At 2.20

根据电负性的大小,可以衡量元素的金属性和非金属性。一般认为 $\chi > 2$ 的元素多为非金属元素,元素的电负性越大,生成阴离子的倾向越大,非金属性越强。反之,$\chi < 2$ 的元素多为金属元素,电负性越小,元素原子越倾向于失去电子生成阳离子,金属性越强。

NOTE

根据电负性数据以及其他键参数,可以预测化合物中化学键的类型。

电负性的周期性变化与元素的金属性、非金属性的周期性变化基本一致。即同一周期中从左到右元素的电负性依次增大;同族中自上而下元素的电负性逐渐减小(副族元素规律不明显)。在所有元素中,周期表右上方的 F 的电负性最大,χ 为 3.98,其次是 O(3.44)、Cl(3.16)、N(3.04),它们都具有很强的非金属性。除放射性元素 Fr 外,周期表左下方的 Cs 的电负性最小,χ 为 0.79,其金属性最强。

本章小结

本章介绍了原子结构的基础知识,主要内容如下。

(1) 核外电子运动状态的现代量子力学模型——Schrödinger 方程、德布罗意关系式和海森堡不确定原理,说明微观粒子的运动没有确定的轨道,服从概率分布。

(2) 四个量子数:主量子数 n 的取值为正整数,其决定电子在核外空间出现概率最大的区域离核的远近,是决定多电子原子电子能量高低的主要因素。轨道角动量量子数 l 是取值为 0 到 $n-1$ 的整数,决定原子轨道的形状。磁量子数 m 的取值为 $0, \pm 1, \pm 2, \cdots, \pm l$,共有 $(2l+1)$ 个值,决定原子轨道在空间的伸展方向,并与原子轨道相对应。自旋量子数 m_s 表示处于同一原子轨道上的电子有两种自旋相反的运动状态。n, l, m 三个量子数可以决定一个原子轨道。但原子中每个电子的运动状态则必须用 n, l, m, m_s 四个量子数来描述。

(3) 波函数的图形:对波函数进行变量分离,写成函数 $R_{n,l}(r)$ 和 $Y_{l,m}(\theta, \varphi)$ 的积:$\psi_{n,l,m}(r, \theta, \varphi) = R_{n,l}(r) \cdot Y_{l,m}(\theta, \varphi)$。$R_{n,l}(r)$ 称为波函数的径向部分或径向波函数,$Y_{l,m}(\theta, \varphi)$ 称为波函数的角度部分或角度波函数。

(4) 多电子原子的能级是核外电子排布的基础,泡利不相容原理、能量最低原理和洪特规则是核外电子排布所遵循的基本规律。

(5) 元素周期表是元素周期性质的表现形式,原子的电子组态是构成元素周期表的基础。元素在元素周期表中所处的周期数等于它的最外电子层数 n。凡是内层轨道全充满,最后 1 个电子填入 ns 或 np 亚层的,都是主族元素,价层电子的总数等于族数。凡是最后 1 个电子填入 $(n-1)d$ 或 $(n-2)f$ 亚层上的,都属于副族元素,也称为过渡元素,其中镧系和锕系元素称为内过渡元素。根据元素最后一个电子填充的能级不同,把价电子构型相似的元素合并成区,可以将元素周期表中的元素分为 5 个区,分别是 s 区、p 区、d 区、ds 区和 f 区。

(6) 随着元素原子序数的增加,原子核外的电子层结构呈周期性变化。因此元素的基本性质如原子半径、电离能、电子亲和能和电负性等,也呈现明显的周期性。

目标检测

一、判断题

1. M 电子层原子轨道的主量子数都等于 3。(　　)

2. 最外层电子组态为 ns^1 或 ns^2 的元素,都在 s 区。(　　)

3. 基态氢原子的能量具有确定值,但它的核外电子的位置不确定。(　　)

4. s 电子在球面轨道上运动,p 电子在双球面轨道上运动。(　　)

5. 依据能级由低到高的顺序、遵守泡利不相容原理排布电子就能写出基态原子的电子组态。(　　)

二、填空题

1. 已知基态 Na 原子的价电子处于最外层的 3s 轨道,试用 n、l、m、m_s 量子数来描述它的运动状态_____。

2. 屏蔽作用使电子的能量_____,钻穿作用使电子的能量_____。

3. 29 号元素 Cu 原子的核外电子排布为_____,其位于元素周期表第四周期,第_____族。

4. A 原子比 B 原子多一个电子,已知 A 原子是原子量最小的活泼金属,则 B 原子是_____。

5. 基态原子中 3d 能级半充满的元素是_____和_____。1～36 号元素中,基态原子核外电子中未成对电子最多的元素是_____。

三、选择题

1. 某一电子有下列成套量子数$(n$、l、m、$m_s)$,其中不可能存在的是(　　)。

A. 3,2,2,1/2 　　　　　　　　　　B. 3,1,-1,1/2

C. 1,0,0,$-1/2$ 　　　　　　　　　D. 2,-1,0,1/2

2. 下列说法中,正确的是(　　)。

A. 主量子数为 1 时,有自旋相反的两个轨道

B. 主量子数为 3 时,3s、3p、3d 共三个轨道

C. 在除氢以外的原子中,2p 能级总是比 2s 能级高

D. 电子云是电子出现的概率随 r 变化的图像

3. 基态$_{24}$Cr 的电子组态是(　　)。

A. $[Ar]4s^2 3d^4$ 　　　B. $[Kr]3d^4 4s^2$ 　　　C. $[Ar]3d^5 4s^1$ 　　　D. $[Xe]4s^1 3d^5$

4. 某元素原子的基态电子组态是$[Xe]4f^{14}5d^{10}6s^2$,该元素属于(　　)。

A. 第六周期,ⅡA 族,s 区 　　　　　B. 第六周期,ⅡB 族,ds 区

C. 第六周期,ⅡB 族,f 区 　　　　　D. 第六周期,ⅡA 族,d 区

5. 有下列外层电子组态的原子中,电负性最小的是(　　)。

A. $3s^1$ 　　　　　　B. $4s^1$ 　　　　　　C. $3s^2 3p^6$ 　　　　　　D. $4s^2 4p^5$

四、简答题

1. $n=4$ 的电子层有几个亚层? 相应的轨道角动量量子数分别是多少? 写出每个亚层的符号。每个亚层有几个轨道? 写出每个轨道的轨道符号和 3 个量子数。

2. p 轨道的角度分布图形和电子云图形各有什么特点?

3. 什么是屏蔽作用? 为什么在多电子原子中 $E_{3s} < E_{3p} < E_{3d}$?

4. 填写下表。(基态)

元素符号	位置(区、周期、族)	价层电子组态	单电子数
Mn			
Zn	ds 区、4 周期、ⅡB		0

5. 用斯莱特规则分别求 Ti 原子 3p 和 3d 轨道上电子的屏蔽常数。

6. 写出下列原子或离子的电子组态和价层电子构型:Ge、Zn^{2+}、Co^{3+}、Ni^{2+}、Br^-、Se。

7. 将下列原子按电负性降低的顺序排列,并解释理由。

As、F、S、Ca、Zn、Cs

8. 基态原子价层电子排布满足下列条件之一的是哪一类或哪一种元素?

(1) 具有 5 个 p 电子。

(2) 有 2 个量子数为 $n=4$、$l=0$ 的电子,有 1 个量子数为 $n=3$、$l=2$ 的电子;

(3) 3d 为半充满,4s 有 2 个电子。

(孙立平)

第九章 化学键与分子结构

学习目标

1. 掌握:现代价键理论的基本内容;杂化轨道理论的要点及应用;价层电子对互斥理论在分子空间构型方面的应用;应用分子轨道理论合理解释分子的整体性质。

2. 熟悉:离子键理论;共价键的类型和键参数;键的极性和分子的极性;分子间作用力的产生以及氢键的形成条件。

3. 了解:离子键和共价键的形成条件、过程和成键本质特点;分子间作用力和氢键的形成过程、类型和本质特点,以及对物质物理性质的影响。

案例导入9-1

1864 年,诺贝尔用硝酸甘油制造出安全炸药 TNT。TNT 成为 19 世纪 60 年代的明星分子。在临床上,硝酸甘油是缓解心绞痛的药物,但其治疗的分子水平机制困惑了医学家、药学家 100 多年,直至 20 世纪 80 年代,美国的药理学家对其机制进行了阐述。原来硝酸甘油能缓慢释放出一氧化氮(nitric oxide,NO),使血管扩张,具有广泛的生理功能。

1. 过量 NO 为什么可造成细胞的损伤?

2. 试用分子轨道理论说明 NO 分子的结构。

3. NO 分子为什么有顺磁性? 其化学活泼性及键级如何?

4. 比较 NO 分子和 NO^+ 分子离子的稳定性。

分子由原子组成,分子是参与化学反应的基本单元,物质的化学性质主要取决于分子的性质,而分子的性质取决于分子的内部结构。因此,研究分子的内部结构对于了解物质的性质和反应规律具有十分重要的意义。

研究分子结构的主要内容是研究原子是如何结合成分子的,即化学键问题。**化学键**(chemical bond)是存在于分子或晶体中相邻原子或离子之间强烈的相互作用力。根据形成分子或晶体的元素及相邻原子或离子间结合力性质的不同,化学键可分为离子键、共价键(含配位键)和金属键,本章重点讨论前两者。

分子和分子之间还存在着一种较弱的相互作用力,使分子聚集成液体或固体,这种分子之间较弱的相互作用力称为**分子间作用力**(intermolecular force),范德华力和氢键是最常见的两类。

本章重点讨论共价键理论、分子的空间构型和分子间作用力。

NOTE

第一节 离 子 键

一、离子键的形成

1916 年德国化学家科塞尔(W. Kossel)根据稀有气体具有稳定结构的事实,提出了离子键理论(theory of ionic bond),对离子型化合物(ionic compound)的形成及性质做出科学的解释。电负性相差较大的金属和非金属元素,如电负性小的活泼金属元素的原子(如钠原子)与电负性大的活泼非金属元素的原子(如氯原子)相互接近时,它们的最外层都有达到稀有气体元素 8 电子稳定结构的倾向,Na 最外层电子排布式为 $3s^1$,容易失去 1 个电子形成 Na^+,Cl 最外层电子排布式为 $3s^23p^5$,容易获得 1 个电子形成 Cl^-,阳离子 Na^+ 与阴离子 Cl^- 之间由于静电引力相互吸引。Na^+ 与 Cl^- 之间除了静电吸引外,还存在两离子外层电子及两原子核之间的相互排斥作用。随着 Na^+ 与 Cl^- 的相互接近,它们之间的排斥作用增大,当两者间的静电吸引作用与排斥作用达到平衡时,系统的能量降低至最低点,形成离子键,即离子型化合物 NaCl。其过程如图 9-1 所示。

$$Na(1s^22s^22p^63s^1) \xrightarrow{-e^-} Na^+(1s^22s^22p^63s^0)$$
$$Cl(1s^22s^22p^63s^23p^5) \xrightarrow{+e^-} Cl^-(1s^22s^22p^63s^23p^6)$$
$$\searrow \nearrow NaCl$$

图 9-1 氯化钠的形成过程

这种通过阳离子与阴离子间的静电作用所形成的化学键称为**离子键**(ionic bond)。从离子键的形成过程可以看出,当电负性小的活泼金属原子(如 K、Na、Ca 等)与电负性大的活泼非金属原子(如 Cl、Br 等)相遇时,都能形成离子键。从电负性的角度来看,当两种元素的电负性差值 $\Delta X > 1.7$ 时,易形成离子键。

由离子键形成的化合物称为**离子型化合物**。这类化合物包括大多数无机盐类和许多金属氧化物。在通常情况下,离子型化合物主要以晶体的形式存在,它们具有较高的熔点和沸点,在熔融状态或溶于水后均能导电。

二、离子键的特征

(一)离子键没有方向性

离子的电荷分布是球形对称的,只要条件许可,它在空间的任何方向上都可以与带相反电荷的离子相互吸引,且静电作用是相同的。在离子晶体中,每一个阴离子或每一个阳离子周围排列的带相反电荷的离子数目都是固定的。例如,在 NaCl 晶体中,每个 Na^+ 等距离地被 6 个 Cl^- 包围,同样每个 Cl^- 等距离地被 6 个 Na^+ 包围(图 9-2);又如在 CsCl 晶体中,每个 Cs^+ 周围有 8 个 Cl^-,同样每个 Cl^- 周围有 8 个 Cs^+。在这里,由于 Cs^+ 的离子半径比 Na^+ 的大,所以 Cs^+ 周围可以容纳更多的 Cl^-。这说明在离子型化合物中,一个离子并非只在某一个方向,而是在所有方向上尽可能与相反电荷离子发生静电吸引作用,因此,离子键没有方向性。

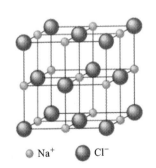

● Na^+ ● Cl^-

图 9-2 NaCl 晶体示意图

NOTE

（二）离子键没有饱和性

在形成离子键时,只要离子周围的空间条件允许,每一个离子都可以同时与尽可能多的相反电荷离子互相吸引形成离子键。所以说离子键没有饱和性。由于在离子型化合物的晶体中,每个离子周围总是排列着一定数目的相反电荷离子,并不存在单个分子,所以"NaCl"并不是氯化钠的分子式,它仅表示在氯化钠晶体中钠离子和氯离子的最简个数比是1∶1。

离子型化合物中的离子不是刚性电荷,阴阳离子原子轨道也有部分重叠。离子化合物中离子键的成分取决于元素电负性差值的大小。元素的电负性差值越大,所形成的化学键中离子键成分就越大。一般来说,当两种元素的电负性差值大于1.7时,它们之间主要形成离子键;当两种元素的电负性差值小于1.7时,它们之间主要形成共价键。

三、键的离子性

离子是离子型化合物的基本结构单元,离子的性质决定了离子键的强度和离子型化合物的性质。离子电荷数、离子半径和离子的价层电子构型构成了离子的三个重要特征。

（一）离子电荷数

离子型化合物形成过程中相应原子失去或得到的电子数称为**离子电荷数**(number of ionic charge)。阳离子和阴离子的电荷数主要取决于相应原子的价层电子构型、电离能、电子亲和能等。一般情况下,阳离子的电荷数多为+1或+2,最高为+4;阴离子的电荷数多为−1或−2;含氧酸根阴离子或配位阴离子的电荷数多为−3或−4。离子电荷数往往会影响离子型化合物的某些化学性质和物理性质。例如Co^{2+}和Co^{3+},尽管是同种元素形成的离子,但由于电荷数不同,性质差别较大,前者在水溶液中可以稳定存在,后者具有极强的氧化性,在水溶液中不能存在。

离子电荷数是影响离子键强度的重要因素,当离子的半径相近时,根据库仑定律,离子电荷数越大,对相反电荷离子的吸引力越强,形成离子键的强度就越大,离子型化合物的熔点和沸点就越高。例如:NaCl的熔点约为1074 K,而MgO的熔点约为3073 K,说明离子型化合物电荷数越多,相互作用力越强,熔点越高。

（二）离子半径

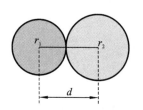

图 9-3　离子半径与核间距关系

因单个离子不存在明确的界面,所以离子半径是在假定离子型化合物中相邻的离子彼此接触的前提下测定的。在离子型化合物中,如图9-3所示,设d为离子型化合物中相邻阴、阳离子的核间距,d便是阴、阳离子的半径之和,即$d=r_1+r_2$。阴、阳离子的核间距d可以通过X射线衍射实验测定。

如果已测得阴、阳离子的核间距,并且已知一个离子的半径,则可以求出另一个离子的半径。例如测得NaF晶体中Na^+与F^-的核间距为230 pm,已知$r_{F^-}=133$ pm,则$r_{Na^+}=230-133=97$ pm。因为这种方法得到的离子半径是阴、阳离子在晶体中相互作用时表现的半径,所以也称为有效离子半径,简称离子半径。一些常见单原子离子的离子半径列于表9-1。

表 9-1　一些常见单原子离子的离子半径

离子	半径/pm	离子	半径/pm	离子	半径/pm	离子	半径/pm
Li^+	60	Sc^{3+}	81	Fe^{3+}	64	As^{3+}	47
Na^+	95	Y^{3+}	93	Co^{2+}	72	Sb^{3+}	90
K^+	133	La^{3+}	106	Mn^{2+}	80	F^-	133

续表

离子	半径/pm	离子	半径/pm	离子	半径/pm	离子	半径/pm
Rb^+	148	Cu^+	96	Mn^{7+}	46	Cl^-	181
Cs^+	169	Ag^+	126	B^{3+}	20	Br^-	195
Be^{2+}	31	Au^+	137	Al^{3+}	50	I^-	216
Mg^{2+}	65	Zn^{2+}	74	Ga^{3+}	62	O^{2-}	140
Ca^{2+}	99	Cd^{2+}	97	H^-	208	S^{2-}	184
Sr^{2+}	113	Hg^{2+}	110	N^{3-}	171	Se^{2-}	198
Ba^{2+}	135	Fe^{2+}	75	P^{3-}	212	Te^{2-}	221

离子半径具有以下一些变化规律。

（1）各主族元素的离子，当电荷数相等时，离子半径随着原子序数的增大而递增。例如：

$$r(F^-) < r(Cl^-) < r(Br^-) < r(I^-)$$

离子半径/pm　　　　133　　　181　　　195　　　216

（2）同一周期主族元素正离子半径随族数递增而减小，阴离子半径比较接近。例如：

$$r(Na^+) > r(Mg^{2+}) > r(Al^{3+})$$

离子半径/pm　　　　95　　　65　　　50

$$r(O^{2-}) \approx r(F^-) \qquad r(S^{2-}) \approx r(Cl^-) \qquad r(Se^{2-}) \approx r(Br^-)$$

离子半径/pm　　　140　　　133　　　184　　　181　　　198　　　195

（3）若同一元素能形成几种不同电荷的阳离子，则高价阳离子的半径小于低价阳离子的半径。例如：

$$r(Fe^{3+}) < r(Fe^{2+}) \qquad r(Co^{3+}) < r(Co^{2+})$$

离子半径/pm　　　64　　　75　　　63　　　72

离子半径的大小可近似反映离子的相对大小，是分析离子型化合物物理性质的重要依据之一。当离子的电荷数相同时，离子半径越小，阳离子与阴离子之间的吸引力就越大，离子键的强度也就越大，离子化合物的熔、沸点越高。如 MgO、CaO、SrO、BaO 熔点依次降低。

（三）离子的价层电子构型

离子的**价层电子构型**（electron configuration）是指原子失去或得到电子后的外层电子构型。不同元素的原子可以形成相同电子构型的离子，而同一元素的原子处于不同价态时可以形成不同电子构型的离子。原子获得电子趋于使其电子构型与相应的稀有气体原子相同，因此常见的简单阴离子一般都具有稳定稀有气体构型，即 8 电子构型，价层电子组态为 ns^2np^6，如 F^-、Cl^-、O^{2-}、S^{2-} 等；原子失去电子时，由于失去的价电子数不同，而形成不同电子构型的离子。离子的价层电子构型可以分为以下几种类型。

（1）2 电子构型（$1s^2$）：最外层有 2 个电子的离子，如 Li^+、Be^{2+} 等。

（2）8 电子构型（ns^2np^6）：最外层有 8 个电子的离子，如 Na^+、Ca^{2+}、Al^{3+}、F^- 等。

（3）不规则电子构型（$ns^2np^6nd^{1\sim9}$）：最外层有 9～17 个电子的离子，具有不饱和电子构型，如 Mn^{2+}、Fe^{3+}、Co^{2+}、Ni^{2+} 等 d 区元素的离子。

（4）18 电子构型（$ns^2np^6nd^{10}$）：最外层有 18 个电子的离子，如 Ag^+、Zn^{2+}、Cd^{2+}、Hg^{2+}、Cu^+、Au^+ 等 ds 区元素的离子，Sn^{4+}、Pb^{4+}、Bi^{3+} 等 p 区高氧化数金属离子。

（5）18+2 电子构型 $[(n-1)s^2(n-1)p^6(n-1)d^{10}ns^2]$：次外层有 18 个电子，最外层有 2 个电子的离子，如 Sn^{2+}、Pb^{2+}、Sb^{3+}、Bi^{3+} 等 p 区低氧化数金属离子。

离子的价层电子构型对离子的性质及离子键的强度具有一定的影响，从而影响离子型化

NOTE

合物的性质。例如碱金属与铜族元素都能形成+1价离子,但形成的离子分别是8电子构型和18电子构型,导致两族元素形成化合物的性质有较大差异,如NaCl晶体易溶于水,而CuCl晶体难溶于水。

第二节　共价键理论

共价键理论

离子键理论虽然能很好地解释离子型化合物的形成和性质,但对于同核双原子分子H_2、O_2、N_2为什么会形成,是什么作用使相同的原子结合成分子等问题,却不能用离子键理论来解释。因为在这类分子的形成过程中原子间并无明显的电子得失,组成分子的原子不可能通过静电引力而结合在一起。共价键理论就是说明这类化学键的形成、特点及本质的理论。近代化学键理论主要有两种,即价键理论和分子轨道理论。

早期的共价键理论即八隅律(octet rule),是1916年由美国化学家路易斯(G. N. Lewis)提出的:相互键合的原子若有未成对的价电子,则在一定条件下,可通过电子配对,达到稀有气体的8电子稳定结构,形成化学键。两原子共用一对电子,形成一个共价键;共用两对电子可形成两个共价键。这种靠共用电子对形成的化学键称为**共价键**(covalent bond),形成的分子称为共价分子,例如,H_2、N_2和NH_3的电子配对情况可表示为

$$H\!:\!H \qquad :N\!\vdots\vdots\!N: \qquad H\!:\!\overset{\cdot\cdot}{\underset{H}{N}}\!:\!H$$

路易斯的共价键理论初步揭示了共价键与离子键的区别,首次指出原子间共用电子对可以形成共价键,成功解释了相同元素的原子可相互结合形成分子,如H_2、O_2、N_2等,不同元素的原子也可形成分子,如H_2S、CO_2等。但该理论却无法阐明以下几个问题。

(1)为何两个带负电荷的电子不相互排斥,反而能互相配对形成共价键?

(2)在一部分共价分子中,中心原子的最外层电子数并没有达到或超过稀有气体原子的外层8电子组态,为什么也能稳定存在?如BF_3中的B,成键后为6电子结构;PCl_5中的P为10电子结构。

(3)一对电子配对时可形成一个化学键,其本质原因是什么?

(4)某些分子(如O_2、NO)或离子含有单电子,但也可以较稳定地存在。

尽管路易斯的共价键理论有许多不尽如人意的地方,但电子配对的共价键概念却为现代共价键理论奠定了重要基础,人们将路易斯的共价键概念称为经典共价键理论。

1927年,德国化学家海特勒(W. Heitler)和伦敦(F. London)运用量子力学原理解释H_2分子的形成,从理论上初步阐明了共价键的本质。后来鲍林(L. Pauling)和斯莱特(J. C. Slater)把这一成果推广到其他双原子分子中,特别是价层电子对互斥理论和杂化轨道理论的建立,可以预测和解释多原子分子的结构,从而奠定了**现代价键理论**(valence bond theory, VB)的基础。现代价键理论(价键理论和杂化轨道理论)简称VB理论,又称电子配对理论。1932年,美国化学家马利肯(R. S. Muliken)和德国化学家洪德(F. Hund)等人同样在共价键本质阐述的基础上,把成键分子看成一个整体,提出共价键的**分子轨道理论**(molecular orbital theory, MO)。这样,就形成了两种现代共价键理论:现代价键理论和分子轨道理论。这些理论从不同方面反映了共价键的本质。

一、价键理论

(一)共价键的形成和本质

海特勒和伦敦运用量子力学原理处理两个氢原子形成氢分子的过程,得到H_2分子的能

量(E)与核间距(r)的关系曲线,如图 9-4 所示。

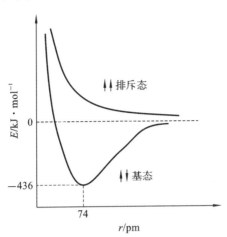

图 9-4 H_2 分子形成过程中能量 E 随核间距 r 变化示意图

每一个 H 原子有一个 1s 成单电子,如果两个 H 原子中的两个单电子自旋方向相反,当两个 H 原子互相靠近时,随两个原子核间距的缩短,体系的能量逐渐降低,当核间距 r 减小到 74 pm时,能量降低到最低值,为 -436 kJ/mol。若两个 H 原子进一步靠近,便开始产生强的排斥力,能量急剧上升。说明两个 H 原子在核间距 74 pm 处形成了稳定的共价键,生成了 H_2 分子。该状态称为 H_2 分子的**基态**(ground state)。基态的形成是因为两个 H 原子的 1s 轨道发生了重叠,在两核间出现电子云密度较大的区域,形成共价键,如图 9-5(a)所示,该电子云密集区一方面降低了两个原子核间的正电排斥,另一方面又增加了两个原子核对核间电子云较大区域的吸引,这两方面都有利于体系能量的降低,从而形成稳定的 H_2 分子。

如果两个 H 原子的电子自旋方向相同,随着两个 H 原子核间距的缩短,体系的能量越来越高,其能量始终高于两个 H 原子单独存在的能量,这种能量状态表明,当电子自旋方向相同的两个 H 原子相互靠近时,它们之间始终存在着一种排斥力,这样不能形成稳定的 H_2 分子,只能以两个游离的 H 原子存在,这种不稳定的状态称为 H_2 分子的**排斥态**(repellent state)。图 9-5(b)也表明,排斥态中两核间电子云密度几乎为零,此时核间排斥力起主要作用,体系能量升高,不能在两个 H 原子之间形成共价键,两个 H 原子不能成键。

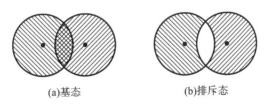

(a)基态　　　　　　　(b)排斥态

图 9-5 两个 H 原子相互接近时原子轨道重叠示意图

综上所述,共价键形成的基本条件是成键两原子有自旋相反的成单电子,成键时成单电子所在的原子轨道必须发生最大程度的有效重叠。两原子间可形成共价键的数目取决于成键原子的成单电子数。共价键的本质:原子轨道的重叠使体系能量降低而成键,即将分子中两端成键原子外侧的电子聚集到两个原子核之间,增加了两个原子核之间区域的电子云密度,聚集在两个原子核之间的稠密电子云同时受到两个原子核的吸引,也就是两个原子核之间的电子云将两个原子核结合在一起形成共价键。

（二）价键理论的基本要点

将 H_2 分子形成的研究结果推广到其他双原子分子和多原子分子,就形成了价键理论。

133

价键理论的要点如下。

（1）两个原子相互接近时，只有自旋方向相反的未成对电子可以配对（两原子轨道有效重叠），核间电子云密度较大，体系能量降低，形成稳定的共价键。一个原子含有几个未成对电子，就可与几个自旋方向相反的未成对电子配对形成几个共价键，这就是电子配对原则。

（2）当两个原子形成共价键时，其原子轨道尽可能地发生最大程度的重叠，重叠程度越大，两核间电子云密度越大，形成的共价键越稳定，这就是原子轨道最大重叠原理。

（三）共价键的特征

共价键与离子键不同，它具有饱和性和方向性。

（1）共价键的饱和性。

一个基态原子能提供的未成对电子数目是确定的，原子形成共价键的数目也是确定的，因此共价键具有饱和性。例如，两个 H 原子电子相互配对形成一个共价单键后，成单电子已全部配对，H_2 分子中已无成单电子，就不可能再与第三个 H 原子结合形成 H_3 分子。又如 NH_3 分子中 N 原子的价层有 5 个电子，其中 3 个是成单电子，因此 N 原子最多只能与 3 个 H 原子形成 3 个共价键。

（2）共价键的方向性。

形成共价键时应满足原子轨道最大重叠原理，即成键原子轨道应沿着合适的方向以达到最大程度的有效重叠，这样便决定了共价键的方向性。在原子轨道中，除 s 轨道呈球形对称外，p、d、f 轨道均有一定的空间取向，s、p、d、f 轨道的相互重叠需要一定的取向，才能满足最大重叠原理，从而形成稳定的共价键，因此共价键具有方向性。例如，在形成 HCl 分子时，只有当 H 原子的 1s 轨道与 Cl 原子的 $3p_x$ 轨道沿 x 轴方向相互重叠，才能实现最大程度的重叠，形成稳定的共价键，如图 9-6(a)所示。其他方向的重叠，如图 9-6(b)和图 9-6(c)所示，因原子轨道没有重叠或很少重叠，则不能成键或形成很弱的键。

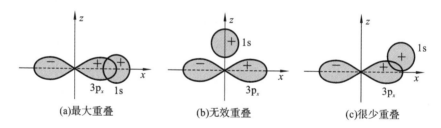

图 9-6　氯化氢分子的成键示意图

（四）共价键的类型

根据形成共价键时原子轨道的重叠方式不同，共价键可以分为 σ 键和 π 键。

（1）σ 键。

当成键的两个原子相互接近时，两个成键原子轨道沿键轴（两原子核间连线）方向以"头碰头"方式进行有效重叠，这样形成的共价键称为 **σ 键**。σ 键的特点是原子轨道的重叠部分沿键轴呈圆柱形对称，以键轴为对称轴旋转任何角度，轨道重叠的程度及符号均不改变。如果以 x 轴作为键轴，可形成 σ 键的原子轨道有 s 轨道与 s 轨道、s 轨道与 p_x 轨道、p_x 轨道与 p_x 轨道的重叠。例如 H_2、HCl、Cl_2 分子的形成，如图 9-7 所示。

由于形成 σ 键时，成键原子轨道沿键轴方向重叠，重叠程度大，所以 σ 键的键能大，稳定性高。

（2）π 键。

当成键的两个原子相互接近时，相互平行的成键原子轨道垂直于键轴以"肩并肩"的方式发生有效重叠，则形成 **π 键**（图 9-8）。π 键重叠部分的对称性与 σ 键不同，它以通过键轴的一

NOTE

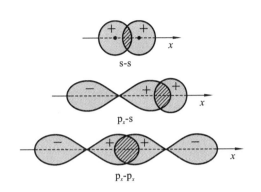

图 9-7 σ键的形成示意图

个平面为对称面,上下两部分形状相同,但符号相反,呈镜面反对称,π键绕键轴旋转会发生断裂。可发生这种重叠的原子轨道是 p_y-p_y,p_z-p_z,p-d 等。

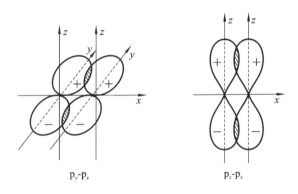

图 9-8 π键的形成示意图

从原子轨道重叠程度来看,π键的重叠程度要比σ键的重叠程度小得多,且π键电子云分布在键轴平面两侧,容易受外电场的影响而变形,所以π键的键能比σ键的键能小,π键的稳定性低于σ键,表现在π键较易断开,化学性质活泼,容易参与化学反应。如烯烃、炔烃中的π键易断裂发生加成反应。

原子结合形成分子时究竟形成σ键还是π键,与成键原子的价层电子结构有关。如果原子只有1个未成对电子,无论它在价层的s轨道还是p轨道,优先形成1个σ键;如果未成对电子较多,两个原子之间形成共价双键时,有1个σ键和1个π键;两个原子之间形成共价三键时,有1个σ键和2个π键。在两原子间所形成的共价键只能有1个σ键,其余为π键。例如,Cl原子的价层电子构型为 $3s^2 3p^5$,只有1个未成对的p电子,所以 Cl_2 分子中只有1个氯与氯原子间的 p_x-p_x σ键。而 N_2 分子中则有1个σ键,2个π键,如图9-9所示。因为N原子的电子构型为 $1s^2 2s^2 2p_x^1 2p_y^1 2p_z^1$,有3个未成对的p电子分别占据3个互相垂直的p轨道,分布为 p_x^1、p_y^1、p_z^1。当两个N原子沿 x 轴相互接近时,各以一个 p_x 轨道沿键轴方向以"头碰头"的方式重叠,形成1个σ键,而2个N原子相互平行的两个 $2p_y$、两个 $2p_z$ 轨道只能以"肩并肩"的方式进行重叠,形成两个相互垂直的 p_y-p_y、p_z-p_z π键,故分子结构式可用 N≡N 表示。

二、杂化轨道理论

价键理论可以成功地说明共价键的形成、本质和特征,但是,利用此理论解释多原子分子的空间构型时遇到了困难。例如,价键理论虽然能解释碳的4价,但是2s和2p两种轨道的形状和能量都不同,故无法解释 CH_4 分子中的4个C—H键性质的等同性;再如,形成 H_2O 分子时,O原子中两个相互垂直的2p轨道与两个H原子的1s轨道分别重叠,形成两个O—H

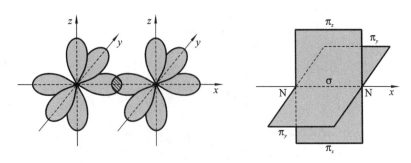

图 9-9 N₂ 分子形成示意图

键,其夹角应该是 $90°$,而实测值为 $104°45'$。

为了合理地解释多原子分子或多原子离子的空间构型,1931 年鲍林(L. Pauling)和斯莱特(J. C. Slater)以价键理论为基础,根据电子具有波的特性、波可以叠加的原理,提出了**杂化轨道理论**(hybrid orbital theory)。该理论在成键能力、分子的空间构型等方面进一步补充和发展了现代价键理论,成为化学键理论的重要组成部分。

杂化轨道理论

(一)杂化及杂化轨道的概念

原子轨道在成键的过程中并不是一成不变的。杂化轨道理论认为,中心原子在形成分子的过程中,为了实现轨道最大限度的重叠,提高成键能力,在成键原子的影响下,中心原子中能量相近的不同类型原子轨道(即波函数)进行线性组合,即混"杂"同"化",重新分配能量和确定空间方向,组成数目相等的新的原子轨道,改变了原有轨道的状态,这种轨道重新组合的过程称为**杂化**(hybridation),原子轨道杂化后生成的新轨道称为**杂化轨道**(hybrid orbit)。

(二)杂化轨道理论的基本要点

(1)只有在形成分子的过程中,为了提高成键能力,中心原子能量相近(通常是同层或同一能级组)的原子轨道才能进行杂化,孤立的原子是不能发生杂化的。常见的杂化类型有 s-p 型杂化和 s-p-d 型杂化。

(2)原子轨道杂化过程所形成的杂化轨道数目等于参与杂化的原子轨道的总数。

(3)杂化轨道的成键能力强于未杂化的各类原子轨道。这是因为杂化轨道在空间的伸展方向发生了变化,电子云的分布更集中,更有利于满足轨道最大程度重叠原理。

(4)中心原子的杂化轨道用于与配位原子形成 σ 键或排布孤对电子,而不能以空轨道的形式存在。

(5)杂化的原子轨道成键时,在空间的取向以轨道间排斥力最小为原则,轨道间尽可能远离,在空间取最大夹角分布,使相互间的排斥能最小,以保持体系能量较低,形成稳定的共价键。杂化方式不同,夹角不同,决定了共价分子有不同的空间构型。因此,杂化轨道理论可用于解释简单的多原子分子的空间构型。

需要说明的是,在原子间形成共价键的过程中,中心原子被激发产生电子跃迁、杂化及轨道的重叠是同时进行的,后续分步描述仅为便于理解。

(三)杂化轨道的类型

根据参与杂化的原子轨道种类,轨道的杂化有 s-p 型杂化和 s-p-d 型杂化两种主要类型。对于非过渡元素,由于 ns、np 能级比较接近,往往采用 s-p 型杂化;对于过渡元素 $(n-1)d$,ns,np 能级比较接近,常采用 d-s-p 型杂化(在配位化合物部分介绍)。其中 s-p 型杂化根据参加杂化的 s 轨道、p 轨道的数目不同,又可分为 sp、sp^2、sp^3 三种类型。

(1)sp 杂化。

由中心原子价层的 1 个 ns 轨道和 1 个 np 轨道组合为 2 个 sp 杂化轨道的过程称为 sp 杂

NOTE

化,所形成的杂化轨道称为 sp 杂化轨道。每一个 sp 杂化轨道含有 $\frac{1}{2}$ s 轨道成分和 $\frac{1}{2}$ p 轨道成分,因此兼有 s 和 p 的特征,即 sp 杂化轨道继承了它的"双亲",具有 s 轨道和 p 轨道的"遗传特征",既有些像 s 轨道(呈球状),又有些像 p 轨道(哑铃状),因此呈葫芦状,更利于成键。根据量子力学原理进行计算的结果表明,sp 杂化轨道呈直线形分布,2 个 sp 杂化轨道的极大值分布方向相反,轨道对称轴之间的夹角等于 180°。当 2 个 sp 杂化轨道与其他原子轨道重叠成键后就形成直线形分子。sp 杂化过程及 sp 杂化轨道的形状如图 9-10 所示。

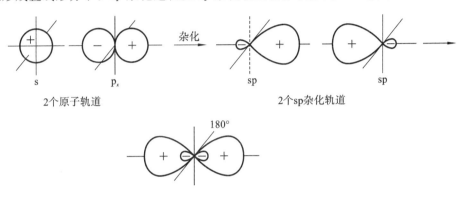

图 9-10　sp 杂化轨道的形成及空间取向示意图

例如 $BeCl_2$ 分子的形成,中心原子 Be 采取 sp 杂化。基态 Be 原子的价层电子构型为 $2s^2$,杂化轨道理论认为,当 Be 原子与 Cl 原子形成 $BeCl_2$ 分子时,基态 Be 原子 2s 轨道上的 1 个电子被激发到 2p 空轨道上,价层电子构型变为 $2s^1 2p_x^1$,这 2 个含有单电子的 2s 轨道和 $2p_x$ 轨道进行杂化,形成夹角为 180°的 2 个能量相同的 sp 杂化轨道,每个轨道中有 1 个未成对电子。Be 原子用 2 个各有 1 个未成对电子的 sp 杂化轨道分别与 2 个 Cl 原子中含有未成对电子的 $3p_x$ 轨道进行重叠,形成 2 个完全等同的 $\sigma_{sp\text{-}p}$ 键(Be—Cl 键)。这样既解释了 Be 的氧化值等于 2,又表明形成的两个价键必然等同。

由于 Be 原子的 2 个 sp 杂化轨道间的夹角是 180°,空间构型为直线形,因此所形成的 $BeCl_2$ 分子的空间构型为直线形,其形成过程如图 9-11 所示。

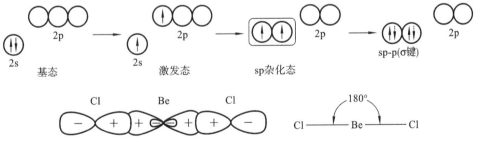

图 9-11　$BeCl_2$ 的分子构型和 sp 杂化轨道的空间取向

又如乙炔(CH≡CH)分子的形成,乙炔分子中 2 个碳原子由碳碳三键所连接,由物理方法测得乙炔是直线形分子,4 个原子位于同一直线上。此外,实验测得 C≡C 键的键能是 835.1 kJ/mol,小于 3 个 C—C 键的键能之和(3×345.6 kJ/mol),由此说明乙炔分子中的三键不是由普通单键组成的。应用 sp 杂化理论,很容易解释上述事实。中心原子 C 的价层电子构型为 $2s^2 2p^2$。杂化轨道理论认为,在形成 C_2H_2 分子时,每个基态 C 原子 2s 轨道上的 1 个电子激发到 2p 轨道上,价层电子构型变为 $2s^1 2p_x^1 2p_y^1 2p_z^1$,各含有 1 个未成对电子的 2s 轨道和 $2p_x$ 轨道进行杂化,生成 2 个 sp 杂化轨道。2 个 C 原子各以 1 个 sp 杂化轨道沿对称轴方向互相重叠,形成 1 个 C—Cσ 键;2 个 C 原子又各以另一个 sp 杂化轨道与氢原子的 1s 轨道重叠,

NOTE

形成 2 个 C—H σ 键,这 3 个 σ 键连成一直线,构成 CH≡CH 分子的直线形骨架结构。C 原子中其余 2 个未参与杂化的 $2p_y$ 和 $2p_z$ 轨道分别与另一个 C 原子的 2 个未参加杂化的 $2p_y$ 和 $2p_z$ 轨道双双平行,从侧面进行重叠,形成 2 个相互垂直的 π 键,如图 9-12 所示。

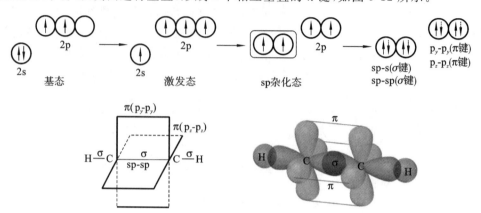

图 9-12 C 原子的 sp 杂化及 C_2H_2 分子形成示意图

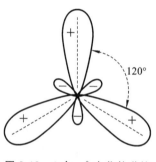

图 9-13 3 个 sp^2 杂化轨道的空间取向示意图

（2）sp^2 杂化。

中心原子的 1 个 ns 轨道和 2 个 np 轨道"混合",组成 3 个相等的新轨道,即 sp^2 杂化轨道,这一过程称为 sp^2 杂化。每个 sp^2 杂化轨道含有 $\frac{1}{3}$ s 轨道成分和 $\frac{2}{3}$ p 轨道成分,也呈葫芦状。为使轨道间的排斥能最小,3 个 sp^2 杂化轨道的对称轴位于同一平面,呈正三角形分布,夹角为 120°,如图 9-13 所示。未参与杂化的 1 个 p 轨道与该平面垂直。当 3 个 sp^2 杂化轨道分别与其他 3 个相同的原子轨道进行重叠成键后,就形成空间构型为正三角形的分子。

例如 BF_3 是平面三角形构型。中心原子基态 B 的价层电子构型为 $2s^2 2p_x^1$,在形成 BF_3 分子的过程中,B 原子的 1 个电子从 2s 轨道激发到 $2p_y$ 空轨道上,其价层电子构型变为 $2s^1 2p_x^1 2p_y^1$,然后含有未成对电子的 1 个 2s 轨道和 2 个 2p 轨道进行杂化,形成 3 个完全等同的 sp^2 杂化轨道,对称地分布在 B 原子周围,互成 120°,呈平面三角形分布。每个 sp^2 杂化轨道中各有一个未成对电子。B 原子用这 3 个 sp^2 杂化轨道分别与 1 个 F 原子含有未成对电子的 2p 轨道重叠,形成 3 个 σ_{sp^2-p} 键(B—F 键)。所以 BF_3 分子的空间构型是平面正三角形结构,其形成过程如图 9-14 所示。

乙烯分子 $CH_2=CH_2$ 中的 2 个碳原子也是采取 sp^2 杂化成键的。物理方法测定,乙烯分子中所有原子位于同一平面,键角接近 120°。应用 sp^2 杂化理论,很容易解释上述实验事实。

乙烯分子中的每个 C 原子采取 sp^2 杂化,形成 3 个 sp^2 杂化轨道。2 个 C 原子各用 1 个 sp^2 杂化轨道,彼此沿着对称轴方向相互重叠,构成 1 个 C—C σ 键;然后 2 个 C 原子各以剩下的 2 个 sp^2 杂化轨道与 H 原子的 1s 轨道重叠,形成 4 个 C—H σ 键。这 6 个碳氢原子形成的 5 个 σ 键构成了 $CH_2=CH_2$ 分子的平面形结构。每个 C 原子还各剩下 1 个未参与杂化的 $2p_z$ 轨道,它们垂直于 6 个碳氢原子所在的平面,互相平行,互相从侧面发生重叠,构成双键中的 π 键,从而形成乙烯分子,如图 9-15 所示。

（3）sp^3 杂化。

由中心原子的 1 个 ns 轨道和 3 个 np 轨道组合成 4 个等价的 sp^3 杂化轨道的过程称为

NOTE

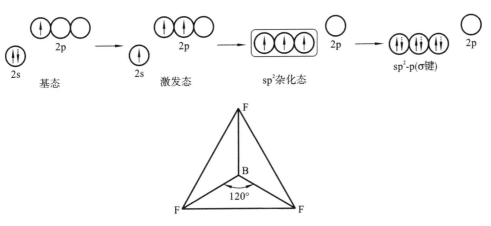

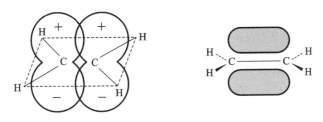

图 9-14 BF$_3$ 的形成和 sp^2 杂化轨道的空间取向示意图

图 9-15 乙烯分子结构示意图

sp^3 杂化,每个 sp^3 杂化轨道中含有 $\frac{1}{4}$ s 轨道成分和 $\frac{3}{4}$ p 轨道成分。为使轨道间的排斥能最小,4 个 sp^3 杂化轨道分别指向四面体的四个顶点方向,sp^3 杂化轨道间的夹角均为 109°28′,呈正四面体分布。故当 4 个 sp^3 杂化轨道分别与其他 4 个相同原子的轨道重叠成键后,就会形成正四面体构型的分子,如图 9-16 所示。

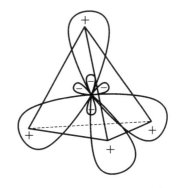

图 9-16 4 个 sp^3 杂化轨道的空间取向示意图

以甲烷(CH_4)为例,实验测得 CH_4 是正四面体构型。杂化轨道理论认为,在形成 CH_4 分子的过程中,中心原子 C 的 2s 轨道上的 1 个电子激发到空的 $2p_z$ 轨道上,价层电子构型变为 $2s^1 2p_x^1 2p_y^1 2p_z^1$,只剩 1 个电子的 2s 轨道与各具有 1 个电子的 3 个 2p 轨道进行 sp^3 杂化,形成 4 个成分、能量、轨道形状完全等同,夹角为 109°28′ 的 sp^3 杂化轨道,这 4 个 sp^3 杂化轨道分别与 4 个 H 原子的 1s 轨道重叠,形成 4 个 C—Hσ 键,构成 CH_4 的正四面体骨架结构,如图 9-17 所示。

(4)等性杂化与不等性杂化。

根据杂化后形成的几个杂化轨道的能量是否相同,将轨道的杂化分为等性杂化和不等性杂化。

能量相近的原子轨道杂化后,形成的几个杂化轨道所含原来轨道成分的比例相等,能量完全相同,这种杂化称为**等性杂化**(equivalent hybridization)。通常参与杂化的原子轨道均含有单电子或均是空轨道,其杂化是等性杂化。如上述的三种 s-p 型杂化,$BeCl_2$ 和 CH≡CH 分子中的中心原子 Be 和 C 为 sp 等性杂化;BF$_3$ 和 CH_2=CH_2 中的中心原子 B 和 C 为 sp^2 等性杂化;CH_4 分子中的 C 为 sp^3 等性杂化。

如果杂化后所形成的几个杂化轨道所含原来轨道成分的比例不相等,能量不完全相同,则称为**不等性杂化**(nonequivalent hybridization)。通常,若参与杂化的原子轨道不仅含有未成

NOTE

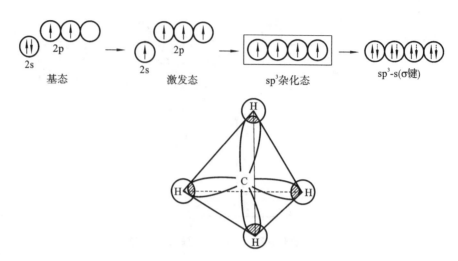

图 9-17 C 原子的 sp³ 杂化和 CH₄ 分子构型示意图

对电子,同时还含有**孤对电子**(lone-pair electron),则杂化后的轨道由于所含电子数不同,被成对电子占据的杂化轨道与其他杂化轨道的成分稍有不同,因而导致杂化轨道的能量不完全相同,这样的杂化是不等性的。

NH_3、H_2O、PH_3、H_2S 等分子中含有孤对电子的中心原子 N、O、P、S 在成键时采用 sp³ 不等性杂化。

例如 NH_3 分子的形成。实验得出 NH_3 分子的空间构型为三角锥形,键角为 $107°18'$。中心原子 N 原子的基态价层电子构型为 $2s^2 2p_x^1 2p_y^1 2p_z^1$。假设不杂化就成键,键角应该为 $90°$,显然与事实不符。形成 NH_3 分子时,N 原子中具有孤对电子的 2s 轨道与 3 个各含 1 个电子的 2p 轨道进行 sp³ 不等性杂化,形成 4 个 sp³ 不等性杂化轨道。其中 3 个 sp³ 成键杂化轨道的能量相等,含有较多的 2p 轨道成分,每个 sp³ 成键杂化轨道中含 $\frac{1}{4}$ s 轨道成分和 $\frac{3}{4}$ p 轨道成分,且各有 1 个单电子,分别与 3 个 H 原子的 1s 轨道重叠,形成 3 个 sp³-sN—Hσ 键。另 1 个 sp³ 杂化轨道由 N 原子的孤对电子占据,含较多的 2s 轨道成分,因未参与成键,其电子云密集在 N 原子周围,对相邻的成键电子对的排斥挤压作用较大,压缩 N—H 键之间的夹角,使其键角小于 $109°28'$,为 $107°18'$,与实验结果相符,因此,NH_3 分子的空间构型呈三角锥形(图9-18)。

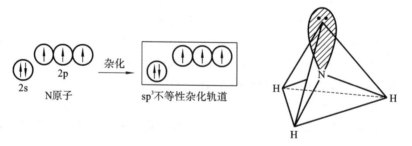

图 9-18 N 原子的 sp³ 不等性杂化及 NH_3 分子构型

与上述情况相似,H_2O 分子中的氧原子也采用了 sp³ 不等性杂化。基态 O 原子的价层电子构型为 $2s^2 2p_x^2 2p_y^1 2p_z^1$,在形成 H_2O 分子的过程中,O 原子的 2s 轨道与 3 个 2p 轨道杂化,形成 4 个 sp³ 杂化轨道,其中 2 个 sp³ 杂化轨道各占有 1 个未成对电子,能量稍高,含 0.20s 轨道成分和 0.80p 轨道成分;另外 2 个 sp³ 杂化轨道各占有 1 对孤对电子,能量稍低,含 0.30s 轨道成分和 0.70p 轨道成分,故得到能量不同的两组二重简并的 sp³ 杂化轨道。因此,此 sp³ 杂化为不等性杂化。O 原子用 2 个各含有 1 个未成对电子的 sp³ 杂化轨道分别与 2 个 H 原子的

NOTE

1s 轨道重叠,形成 2 个 sp^3-sO—Hσ 键,而余下的 2 个 sp^3 杂化轨道中的 2 对孤对电子,不参与成键,对 2 个 O—Hσ 键产生较大的排斥作用,使 H_2O 分子中 O—H 键的键角被压缩至 $104°45'$。因此,H_2O 分子中 O 原子与 2 个氢原子之间排列成三角形,空间构型呈 V 形(图9-19)。

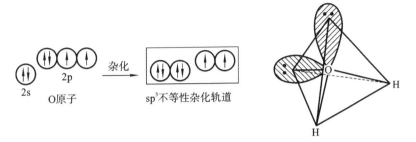

图 9-19 O 原子的 sp^3 不等性杂化及 H_2O 分子构型

由于 O 原子比 N 原子多一对孤对电子,随着孤对电子数增多,键角变小,因此 H_2O 分子的键角比 NH_3 分子的键角小。

上述 s-p 型的三种杂化类型及其分子的空间构型之间的关系可归纳于表 9-2。

表 9-2　s-p 型的三种杂化类型和分子的空间构型

杂化类型	sp	sp^2	sp^3		
参与杂化的原子轨道	1 个 ns+1 个 np	1 个 ns+2 个 np	1 个 ns+3 个 np		
杂化轨道数	2 个 sp	3 个 sp^2	4 个 sp^3		
杂化轨道构型	直线形	三角形	四面体形		
杂化轨道中孤对电子数	0	0	0	1	2
分子空间构型	直线形	三角形	正四面体	三角锥形	V 形
实例	$BeCl_2$,CH≡CH	BF_3,CH_2=CH_2	CH_4,CCl_4	NH_3	H_2O
杂化轨道间夹角	180°	120°	109°28′	107°18′	104°45′

三、价层电子对互斥理论

杂化轨道理论用于解释和预见共价分子的空间结构无疑是成功的,但当中心原子的杂化方式难以确定时,用此理论便受到了限制。为了方便地预测多原子分子和多原子离子的空间构型,1940 年由英国科学家西奇维克(H. N. Sidgwick)和美国科学家鲍威尔(H. M. Powell)首倡,后经加拿大科学家吉利斯皮(R. J. Gillespie)和尼霍姆(R. S. Nyholm)在 20 世纪 60 年代加以发展的**价层电子对互斥理论**(valence shell electron pair repulsion theory,VSEPR 法),可以比较简便而准确地预测许多主族元素间形成的$[AB_m]^{n\pm}$ 型分子或离子的空间构型。

(一)VSEPR 法的基本要点

(1)当 1 个中心原子 A 和 m 个配位原子 B 形成多原子分子或多原子离子 AB_m 时,共价分子或离子的空间构型取决于中心原子 A 的价层电子对的数目(VPN)。中心原子的价层电子对包括价层的成键电子对和未参与成键的孤对电子。

(2)分子的空间构型采取价层电子对相互排斥作用最小的构型。价层电子对间存在着排斥力,这将使它们处于尽可能远的相对位置上,以使彼此间斥力最小,使体系能量最低;价层电子对同时又都受到原子核的吸引,因此,分子最稳定的构型取决于这两种作用的平衡所决定的各价层电子对的最佳排布方式。设想中心原子的价电子层为一个球面,球面上相距最远的两

NOTE

点是直径的两个端点,相距最远的三点是通过球心的内接三角形的 3 个顶点……以此类推,5 点对应着三角双锥的 5 个顶点,6 点对应着八面体的顶点。因此,中心原子的价层电子对之间的静电斥力最小的排布方式如表 9-3 所示。

表 9-3　价层电子对的空间排布方式

价层电子对数	2	3	4	5	6
电子对排布方式	直线形	平面三角形	四面体	三角双锥	八面体

(3) 价层电子对之间的排斥力大小与电子对距离核的远近、电子对之间的夹角有关。价层电子对离中心原子越近,相互间的排斥力越大。由于孤对电子离核最近,因此孤电子对之间的斥力最大;成键电子对受两个原子核的吸引,电子云比较紧缩,而孤对电子只受到中心原子的吸引,电子云比较"肥大",对邻近电子对的斥力也较大,故孤对电子与成键电子对之间的斥力次之;成键电子对间斥力最小。即中心原子的价层电子对之间在夹角角度相同或相近的情况下,排斥力大小的顺序如下:

孤电子对-孤电子对＞孤电子对-成键电子对＞成键电子对-成键电子对

例如,H_2O、NH_3、CH_4 分子中键角分别为 $104°45'$、$107°18'$、$109°28'$。这是由于 H_2O 分子中有两对孤对电子,它们之间的斥力最大,将两个成键电子对之间的键角压缩到 $104°45'$;NH_3 分子中只有一对孤对电子,它对成键电子对的斥力减小,故成键电子对之间的键角较大;CH_4 中没有孤对电子,所以成键电子对的斥力最小,因此成键电子对之间的键角最大。

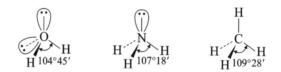

(4) 除孤对电子外,重键(如共价双键或共价三键)电子对对键角的大小也有一定的影响。由于双键和三键比单键的成键电子数多,排斥力也较大,排斥力的大小顺序为三键＞双键＞单键。重键中因有 π 键的存在,电子云占有较大空间,排斥力大于 σ 电子对,故会导致结构发生变化。一般来说,单键与单键的键角较小,单键与双键、双键与双键之间的键角较大。例如 $COCl_2$ 的分子结构如下:

$COCl_2$ 分子中的中心碳原子价层电子对数虽然为 3,但 3 对电子的性质不同,其中 2 对为 σ 电子对,1 对为双键电子对。有重键的键角变大(大于 120°),没有重键的键角变小(小于 120°)。

(5) 当中心原子相同时,与中心原子键合的配位原子的电负性越大,配位原子对成键电子对的吸引力越强,使成键电子对越偏离中心原子,从而减小了中心原子与成键电子对之间的斥力,因此键角也相应减小。据此可推测或解释某些分子键角的相对大小。例如,NF_3 和 NH_3 分子比较,F 的电负性为 4.0,大于 H 的电负性 2.1,F 吸引成键电子对的能力强,NF_3 分子中的成键电子对离 N 原子较远,成键电子对之间斥力较小,因此可推测 NF_3 分子中的键角应小于 NH_3 分子中的键角。实验测知 NF_3 分子的键角为 $102°6'$,确实比 NH_3 分子的键角 $107°18'$ 小。若配位原子相同,中心原子的电负性越大,成键电子对就越偏向中心原子,成键电子对之间的斥力就越大,因而键角也增大。例如:

分子	SbH_3	AsH_3	PH_3	NH_3
中心原子的电负性	1.9	2.0	2.1	3.0
键角	$91°18'$	$91°50'$	$93°18'$	$107°18'$

（二）分子空间构型的推测

利用价层电子对互斥理论推测分子或离子的空间构型的具体步骤如下。

（1）计算中心原子的价层电子对数。由价层电子对互斥理论的要点可知，用该理论判断分子几何构型的关键是确定中心原子的价层电子对数。一般来说，在多原子共价分子或原子团中，中心原子是电负性小或原子数少的原子，中心原子的价层电子对数可用下式计算：

$$价层电子的对数 = \frac{中心原子价电子数 + 配位原子提供的电子数}{2}$$

确定中心原子的价层电子对数应注意以下问题。

①中心原子的价电子数等于其所在的族数。价层电子对互斥理论主要讨论主族元素间形成的 $[AB_m]^{n±}$ 型分子或离子的空间构型。例如，$BeCl_2$、BF_3、CH_4、PCl_5、SF_6、IF_5、XeF_4 等分子，它们的中心原子分别属于ⅡA、ⅢA、ⅣA、ⅤA、ⅥA、ⅦA、零族元素，提供的价电子数分别为 2、3、4、5、6、7、8（He 除外）。

②配位原子通常为 H、O、S 和卤素原子，计算配位原子提供的价电子数时，H 和卤素原子各提供 1 个电子，价层电子数记为 1；O 或 S 原子不提供电子，这是因为中心原子提供共用电子对与 O 原子和 S 原子形成配位共价键，故配位原子的价层电子数记为 0。

例如：SO_3 分子中，中心 S 原子的价层电子对数为 $(6+0)/2=3$。

③如果中心原子的价层电子数为奇数，计算出的中心原子价层电子对数出现小数时，则在原整数位进 1，按整数计算。例如在 NO_2 分子中，N 原子的价层电子对数 $=\frac{(5+0)}{2} \approx 3$。

④对复杂离子，在计算中心原子价层电子对数时，还应减去阳离子或加上阴离子所带电荷数。如 NH_4^+ 中，中心 N 原子的价层电子对数 $=\frac{(5+4-1)}{2}=4$；SO_4^{2-} 中 S 原子的价层电子对数 $=\frac{(6+0+2)}{2}=4$。

⑤若分子中存在双键或三键时，可将重键当作单键（即当作一对成键电子）看待。

（2）根据中心原子的价层电子对数，从表 9-4 中找到相应的价层电子对排布方式，这种排布方式可使中心原子的价层电子对之间静电斥力最小。

表 9-4 中心原子的价层电子对排布方式与 AB_m 型共价分子或离子的空间构型

价层电子对数	价层电子对排布	分子类型	成键电子对数	孤对电子数	分子空间构型	实例
2	直线形 :—A—:	AB_2	2	0	直线形	$BeCl_2$，CO_2
3	平面三角形	AB_3	3	0	平面三角形	BF_3，SO_3，NO_3^-
		AB_2	2	1	V 形	$PbCl_2$，SO_2，O_3，NO_2^-
4	四面体	AB_4	4	0	正四面体	CH_4，CCl_4，SO_4^-，PO_4^{3-}
		AB_3	3	1	三角锥形	NH_3，NF_3，ClO_3^-
		AB_2	2	2	V 形	H_2O，H_2S，SCl_2

NOTE

价层电子对数	价层电子对排布	分子类型	成键电子对数	孤对电子数	分子空间构型	实例
5	三角双锥	AB_5	5	0	三角双锥形	PCl_5，AsF_5
		AB_4	4	1	变形四面体	SF_4，$TeCl_4$
		AB_3	3	2	T 形	ClF_3，BrF_3
		AB_2	2	3	直线形	XeF_2，I_3^-
6	八面体	AB_6	6	0	八面体	SF_6，AlF_6^-
		AB_5	5	1	四方锥形	ClF_5，IF_5
		AB_4	4	2	平面四方形	XeF_4，ICl_4^-

（3）确定中心原子的孤对电子数，推断分子的空间构型。根据中心原子的价层电子对的排布方式，把配位原子排布在中心原子的周围，每一对价层电子连接一个配位原子，未结合配位原子的价层电子对就是孤对电子。AB_m 的孤对电子数也可通过下式计算

$$孤对电子数＝价层电子对数－成键电子数$$

例如，SF_4 分子的孤对电子数＝$5-4=1$。

若中心原子的价层电子对全部是成键电子对，孤对电子数为 0，则多原子分子或多原子离子的空间构型与中心原子的价层电子对的排布方式是相同的。如 $BeCl_2$、BF_3、CH_4、PCl_5、SF_6 的空间构型分别是直线形、三角形、正四面体、三角双锥、正八面体。

若价层电子对中有孤对电子，则多原子分子或多原子离子的空间构型与价层电子对的排布方式不相同，发生"畸变"。应根据成键电子对、孤对电子之间的静电斥力大小，选择斥力最小的结构，即为其空间构型。例如，NH_3 分子的价层电子对数为 4，价层电子对排布方式为四面体，但分子的空间构型为三角锥，因为四面体的一个顶点被孤对电子占据。又如 H_2O 分子，价层电子对中有两对孤对电子，价层电子对排布方式为四面体，而分子的空间构型是 V 形，两对孤对电子占据了四面体的两个顶点。

（三）价层电子对互斥理论的应用实例

下面通过一些实例来说明价层电子对互斥理论如何判断分子的空间构型。

（1）CCl_4 分子的空间构型。

C 原子有 4 个价电子，4 个 Cl 原子提供 4 个电子，C 原子的价层电子对数为 4。由表 9-4 可知，C 原子的价层电子对排布应为四面体，由于价层电子对全部是成键电子对，因此 CCl_4 分子属于 AB_4 型分子，其空间构型为正四面体。

（2）H_2S 分子的空间构型。

在 H_2S 分子中，中心原子 S 的价层电子对数为 $\dfrac{(6+2)}{2}=4$。由于 S 原子有 2 个配位原子，则 4 对价层电子对有 2 对为成键电子对，孤对电子数＝$4-2=2$。根据表 9-4 可知，S 原子的价层电子对排布应为四面体。其中有 2 个顶点被成键电子对占据，另 2 个顶点被孤对电子所占据。因此 H_2S 分子属于 AB_2 型分子，其空间构型为 V 形。

（3）I_3^- 离子的空间构型。

I_3^- 中一个碘原子为中心原子，有 7 个价电子，两个碘原子为配位原子，可以写作 II_2^-，再加上得到的 1 个电子，中心碘原子的价层电子对数 $=\dfrac{(7+1\times2+1)}{2}=5$。由表 9-4 可知，价层电

子对的排布为三角双锥。孤对电子数为 $5-2=3$，I_3^- 属于 AB_2 型分子，3 对孤对电子占据三角双锥的平面三角形的 3 个顶点，因此该离子的空间构型为直线形。

（4）ClO_2 分子的空间构型。

中心 Cl 原子有 7 个价电子，配位 O 原子不提供电子，Cl 原子的价层电子对数 $=\dfrac{(7+0)}{2}=$ 3.5，当成 4 对处理。由表 9-4 可知，价层电子对的排布为四面体。O 原子接受中心原子的 1 对电子成键，4 对价层电子对中有两对成键电子，另两对为未成键的孤对电子。ClO_2 分子属于 AB_2 型分子，其空间构型为 V 形。

（5）HCHO 分子的空间构型。

$$\begin{array}{c} H \\ | \\ H-C=O \end{array}$$ 分子中，C 为中心原子，1 个 C＝O 双键看作 1 对成键电子，2 个 C—H 单键为 2 对成键电子，故中心原子 C 的价层电子对数为 3。在有多重键存在时，多重键同孤对电子相似，对成键电子对也有较大斥力，影响分子中的键角。由于 C＝O 为双键，所以 $\angle HCH<$ $\angle HCO$，故分子的空间构型为平面三角形，而不是平面正三角形。

（6）ClF_3 分子的空间构型。

在 ClF_3 分子中，中心原子 Cl 有 7 个价电子，3 个 F 原子各提供 1 个电子，中心原子的价层电子对数 $=\dfrac{(7+3)}{2}=5$，价层电子对的排布为三角双锥。中心原子的 5 对价层电子对中，有 3 对成键电子对和 2 对孤对电子。三角双锥的 5 个顶角有 3 个被成键电子对所占据，2 个被孤对电子所占据。因此，ClF_3 分子有三种可能的结构，如图 9-20 所示。

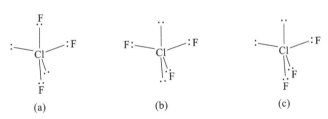

图 9-20 ClF_3 分子的三种可能结构

在图 9-20（a）、（b）、（c）三种结构中，最小夹角为 90°，所以只考虑 90°角的排斥作用。由于 (a)、(b) 两种结构中没有夹角 90°的孤对电子-孤对电子的排斥作用，它们的静电斥力较小，应比 (c) 稳定；而 (a) 和 (b) 结构相比，(a) 的夹角 90°的孤对电子-成键电子对数最少，因此在这三种结构中 (a) 是最稳定的结构，ClF_3 分子的结构应为 (a)，即 T 形。

综上所述，价层电子对互斥理论和杂化轨道理论是从不同的角度来探讨分子的几何构型，而所得的结果大致相同。价层电子对互斥理论能简明、直观地判断共价分子或离子的空间构型，尤其是在一系列稀有气体元素化合物构型的预测上，多被实验证实是正确的。但正如任何理论都有它的适用范围一样，VSEPR 理论也有一定的局限性。

（1）只适用于中心原子是主族元素的简单分子或离子的几何构型的判断，对过渡元素和长周期主族元素形成的分子常与实验结果不吻合。这是因为价层内 d 亚层电子多，电子云的空间分布错综复杂，对分子的几何构型往往会产生影响。除非价层的 d 亚层恰好是全空、半满或全满，在这三种状态下，d 电子云可以近似认为是球形对称的，对分子的空间构型影响不大。

（2）只适用于讨论孤立的分子或离子，不适用于讨论固体的空间结构。

（3）只能对分子的构型做出定性的描述，而不能得出定量的结果，如不能给出键角、键长的数据，也不能说明原子结合时的成键原理及键的强度。因此，讨论分子结构时，往往先用 VSEPR 理论确定分子或离子的空间构型，再用杂化轨道理论说明成键原理。

NOTE

四、分子轨道理论

现代价键理论直观、简明地说明了共价键的本质和形成，而且它的轨道杂化理论在解释分子的空间构型方面是相当成功的，因此长期以来在化学界影响很深，直至目前人们仍用它来说明一些分子的价键形成和空间构型。但是，现代价键理论也有局限性，其假设分子中电子仍占据各原子的原子轨道，共用电子对也只是在两成键原子之间的小区域运动，是一种近似理论，因而难以解释许多分子的结构和性质。如：①按照 VB 法，O_2、B_2 中电子均已成对，应为反磁性物质。但是，磁性测定实验结果表明 O_2、B_2 是顺磁性物质，O_2 中有 2 个自旋方向相同的成单电子，B_2 中也有 2 个成单电子，VB 法无法解释；②有些稳定的分子，其中参与成键的电子是奇数，经光谱实验证实只有一个电子的氢分子离子 H_2^+ 是可以稳定存在的；③ VB 法在解释较复杂的分子如 O_3、许多配位化合物分子以及有离域 π 键的有机分子结构时也与实际偏差较大。

为了克服现代价键理论所遇到的困难，20 世纪 20 年代末，美国化学家马利肯（R. S. Mulliken）和德国化学家洪德（F. Hund）提出了另外一种共价键理论——分子轨道理论（molecular orbital theory），也称 MO 法。它以量子力学为基础，从另一个角度揭示共价键和共价分子的形成问题。该理论立足于分子的整体性，认为在共价分子中原子轨道已不复存在，它们均以适当的方式形成分子轨道。分子中的电子在不同的分子轨道中运动。分子轨道理论比较全面地反映了分子中电子的各种运动状态，既能很好地说明共价单键、双键和三键的形成，又能解释在分子和离子体系中单电子键和三电子键的存在，圆满地阐明了一些现代价键理论无法解释的事实。近年来，由于计算机虚拟仿真技术的不断应用，分子轨道理论发展很快，已成功地说明很多分子的结构和反应性能问题，在共价键理论中占有非常重要的地位，在药物设计等领域得到了广泛应用。

（一）分子轨道理论要点

（1）分子轨道 Ψ。

分子轨道理论认为，原子在形成分子时，所有电子都有贡献，分子中的电子不再从属于某个原子，也不局限于 2 个相邻原子之间，而是在整个分子轨道中运动。分子中每个电子的空间运动状态用波函数 Ψ（称为分子轨道）来描述，每个波函数 Ψ 都有相对应的能量和形状，$|\Psi|^2$ 为分子中的电子概率密度。分子轨道与原子轨道的不同之处主要是分子轨道是多中心（多个原子核）的，而原子轨道只有一个中心（单原子核）。原子轨道名称用 s、p、d、f 等符号表示，而分子轨道名称用希腊文 σ、π、δ 等符号表示。类似于原子轨道，分子轨道也处于一系列分立的能级上。

（2）成键分子轨道和反键分子轨道。

作为一种近似处理，可以认为分子轨道是由其组成原子的能级相近的原子轨道线性组合而成的。即用原子轨道相加、相减组成分子轨道；组合形成的分子轨道数目等于参与组合的原子轨道的数目，n 个原子轨道组合成 n 个分子轨道，其中一半是成键分子轨道，一半是反键分子轨道，但是轨道能量不同。以 H_2 为例，当两个 H 原子（分别标为 a、b）结合形成分子时，2 个 H 原子的 1s 原子轨道有两种组合方式。

$$\Psi_{1s} = C_1 \Psi_{1s(a)} + C_2 \Psi_{1s(b)}$$

$$\Psi_{1s}^* = C_1 \Psi_{1s(a)} - C_2 \Psi_{1s(b)}$$

式中，C_1 和 C_2 是常数。

Ψ_{1s} 是正负符号相同的两个原子轨道加强性的重叠（波函数相加），电子在两原子核间概率密度增大，对两个核产生强烈的吸引作用，其能量低于原来原子轨道的能量，对成键有利，该种组合方式形成**成键分子轨道**(bonding molecular orbital)。另一种组合方式 Ψ_{1s}^* 是正负符号相反的两个原子轨道削弱性重叠(波函数相减),由于电子在两原子核间概率密度减小,其能量高于原来原子轨道的能量,不利于成键,该种组合方式形成**反键分子轨道**(antibonding molecular orbital)(注意反键不表示不能成键)。

由于用原子轨道波函数相加、相减得到的分子轨道波函数是原子轨道波函数的一次函数,所以称**分子轨道由原子轨道线性组合**(linear combination of atomic orbitals)而成,简称 LCAO。

(3)原子轨道有效组成分子轨道的条件。

原子轨道形成分子轨道时,并非任何两个原子轨道都可形成两个分子轨道。原子轨道线性组合要遵循以下三条基本原则。

①对称性匹配原则:只有对称性相同的原子轨道才能组成分子轨道。若原子轨道对键轴具有相同的对称性,则原子轨道对称性相同或匹配。可以理解为两个原子轨道以两个原子核连线为轴(x 轴)旋转 $180°$ 时,原子轨道角度分布的正、负号都发生改变或都不发生改变。例如图 9-21(a),s 轨道与 p_x 轨道对键轴具有相同的对称性(均具有圆柱形对称),则 s 轨道与 p_x 轨道是对称性相同的轨道,或对称性匹配,可以组成分子轨道。而图 9-21(b)中,s 轨道与 p_y 或 p_z 轨道对键轴的对称性不同(呈镜面反对称),则 s 轨道与 p_y 或 p_z 轨道是对称性不相同的轨道,或对称性不匹配,不能组成分子轨道。另外,图 9-21(c)中 p_x 轨道与 p_x 轨道、p_y 轨道与 p_y 轨道以及 p_z 轨道与 p_z 轨道均是对称性相同的原子轨道,可以组成分子轨道。而 p_x 轨道与 p_y(或 p_z 轨道)是对称性不相同的轨道,不能组成分子轨道,如图 9-21(d)所示。

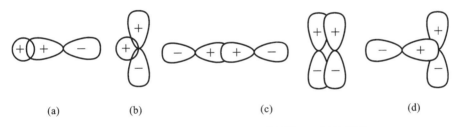

(a)   (b)   (c)   (d)

图 9-21 原子轨道对称性匹配和对称性不匹配示意图

②能量相近原则:只有能量相近的原子轨道才能有效地组合成分子轨道,而且能量越相近,形成的分子轨道越有效。如 H 的 1s 轨道和 O 的 2p 轨道能量近似可组成分子轨道,而 Na 原子的 3s 轨道和 O 原子的 2p 轨道由于能量相差太大,则不能有效地组成分子轨道,只可发生电子转移形成离子键。

③轨道最大重叠原则:与价键理论相同,在对称性匹配的条件下,两个原子轨道进行线性组合时,其重叠程度越大,则形成的成键分子轨道能量比原子轨道能量降低得越多,成键效应越强,形成的化学键越牢固。

以上三条组合原则中,最根本的是对称性原则,它决定原子轨道是否能形成分子轨道。而能量相近与轨道最大重叠原则只决定原子轨道组合成分子轨道的效率。

(4)电子在分子轨道上的排布也遵守泡利不相容原理、能量最低原理和洪特规则,得到分子的基态电子构型。具体排布时,应先知道分子轨道的能级顺序。目前这个顺序主要借助分子光谱实验来确定。

(5)在分子轨道理论中,用键级(bond order)表示键的牢固程度。键级的定义为

$$键级 = \frac{成键电子数-反键电子数}{2}$$

键级也可以是分数。一般来说,键级越大,键能越大,原子间形成的共价键越牢固,分子就越稳定。键级为零,则表明原子不可能结合成分子。

（二）分子轨道的形成

根据对称性匹配原则，原子轨道的组合主要有 s-s 组合、s-p 组合、p-p 组合等方式。形成分子轨道时，原子轨道的重叠方式不同，形成的分子轨道也不同。常见的是 σ 分子轨道和 π 分子轨道。

（1）s-s 原子轨道组合：当 2 个原子的 ns 原子轨道能量相等或近似时，原子轨道沿 x 轴（键轴）只能以"头碰头"方式重叠，形成 σ 分子轨道，如图 9-22 所示。若 ns 原子轨道相加（原子轨道同号重叠），电子进入下面的 σ_{ns} 分子轨道，两核间电子云密度较大，对两核的吸引力能有效地抵消两核之间的斥力，形成的分子轨道能量低于原子轨道，对分子的稳定有利，使分子中原子间发生键合作用，故 σ_{ns} 分子轨道称为成键分子轨道。若 ns 轨道相减（原子轨道异号重叠），电子进入上面的 σ_{ns}^* 分子轨道，两核间电子云的分布偏于两核外侧，在核间的分布稀疏，不能抵消两核之间的斥力，不利于两个原子的结合，形成的分子轨道能量高于原子轨道，因此上面这种分子轨道称为反键分子轨道，用 σ_{ns}^* 表示。ns 原子轨道的组合过程及分子轨道电子云角度分布图如图 9-22 所示，反键分子轨道在两核间有节面，而成键分子轨道没有。

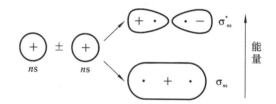

图 9-22　s-s 原子轨道组合成分子轨道

（2）s-p_x 原子轨道组合：当 1 个原子的 ns 轨道与另一个原子的 np_x 轨道能量相等或近似时，ns 轨道与 np_x 轨道为对称性匹配轨道，可以组成分子轨道。当 ns 轨道与 np_x 轨道同号重叠时，形成一个能量较低的成键分子轨道 σ_{sp_x}，当两轨道异号重叠时形成一个反键分子轨道 $\sigma_{sp_x}^*$。这种 s-p_x 组合形成的分子轨道如图 9-23 所示。

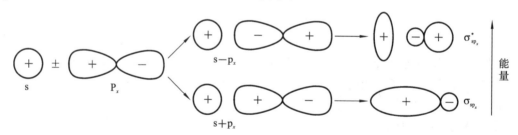

图 9-23　s-p_x 原子轨道组合成分子轨道

（3）p-p 原子轨道组合：每个原子的 np 轨道共有 3 个，np_x、np_y 和 np_z，它们在空间的分布是互相垂直的。因此，不同原子的 np_x 轨道有两种重叠方式，即"头碰头"方式和"肩并肩"方式。

两个原子能量近似的 np_x 轨道沿连接 2 个原子核的连线（x 轴）以"头碰头"方式进行线性组合，形成 2 个 σ 分子轨道，如图 9-24 所示。其中成键分子轨道用符号 σ_{np_x} 表示，反键分子轨道用符号 $\sigma_{np_x}^*$ 表示。$\sigma_{np_x}^*$ 分子轨道的能量比组合该分子轨道的 np_x 原子轨道的能量要高，而 σ_{np_x} 分子轨道的能量比组合该分子轨道的 np_x 原子轨道的能量要低。如卤素单质的分子（X_2）形成为 p_x-p_x 原子轨道组合成 σ 分子轨道的方式。

当选定键轴为 x 轴时，2 个原子能量近似的 np_y-np_y 或 np_z-np_z 轨道垂直于键轴，以"肩并肩"方式发生重叠，组合成 2 个 π 分子轨道，如图 9-25 所示。成键 π 分子轨道用符号 π_{np_y} 或 π_{np_z} 表示，能量比组合该分子轨道的 np_y 或 np_z 原子轨道的能量低；反键 π 分子轨道用符号

NOTE

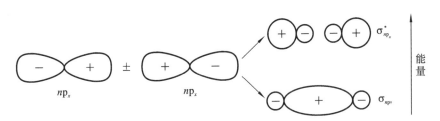

图 9-24 p_x-p_x 原子轨道组合成分子轨道

$\pi^*_{np_y}$ 或 $\pi^*_{np_z}$ 表示，能量比 np_y 或 np_z 原子轨道的能量高。比较图 9-25 与图 9-24 可见，π 分子轨道有通过键轴的节面，而 σ 分子轨道没有通过键轴的节面。

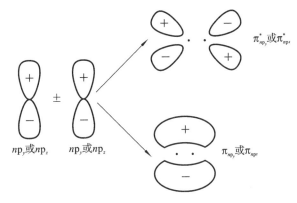

图 9-25 两个原子的 p_y-p_y（或 p_z-p_z）轨道组合成分子轨道

因此，两个原子的 np 轨道组合共形成 6 个分子轨道：σ_{np_x} 和 $\sigma^*_{np_x}$，π_{np_y} 和 $\pi^*_{np_y}$，π_{np_z} 和 $\pi^*_{np_z}$。其中 σ_{np_x} 轨道因重叠程度较大而能量最低，π_{np_y} 和 π_{np_z} 轨道或 $\pi^*_{np_y}$ 和 $\pi^*_{np_z}$ 轨道的形状相同，能量相等，是简并轨道，只是空间取向为 90°角。np 轨道形成的分子轨道的能量关系汇总于图 9-26。需要注意的是，图 9-26 提供的只是一般情况，不同分子的分子轨道的能量关系不会完全相同，正如原子轨道能级图存在能级交错现象，分子轨道能级图也有能级交错现象。

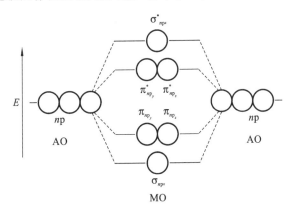

图 9-26 np 组合形成的分子轨道能级图

分子轨道的类型还有许多如 p-d，d-d 等，在此不一一介绍。

分布在 σ 分子轨道上的电子称为 σ 电子。分布在成键 σ 分子轨道上的电子称为成键 σ 电子，成键电子使分子的稳定性增强；分布在反键 σ 分子轨道上的电子称为反键 σ 电子，反键电子使分子的稳定性减弱。由 σ 电子的成键作用构成的共价键称为 σ 键，由 1 个 σ 成键电子构成的共价键称为单电子 σ 键；由 1 对 σ 成键电子构成的共价键称为 σ 键或共价单键；由一对 σ 成键电子和一个 σ 反键电子构成的共价键称为三电子 σ 键。一对 σ 成键电子和一对 σ 反键电

子不能形成共价键。

分布在 π 分子轨道上的电子称为 π 电子,由 π 电子的成键作用构成的共价键称为 π 键。由 1 个成键 π 电子构成的共价键称为单电子 π 键;由一对成键 π 电子构成的共价键称为双电子 π 键,简称 π 键;由一对成键 π 电子和一个反键 π 电子构成的共价键称为三电子 π 键。一对成键 π 电子和一对反键 π 电子不能形成共价键。

(三)分子轨道理论的应用

每个分子轨道都有确定的能量,将分子轨道按能级由低到高排列,可得到分子轨道能级图。

(1)同核双原子分子的分子轨道能级图。

同原子轨道一样,理论上分子轨道的能量可以通过求解薛定谔方程得到,但实际上,除了最简单的 H_2 分子外,其他分子的薛定谔方程还不能精确求解。目前,分子轨道能量高低的次序主要是借助光谱实验来确定的。图 9-27 是第二周期元素形成的同核双原子分子的分子轨道能级图。因第二周期中不同元素的 2s、2p 轨道能量之差不同,所形成的同核双原子分子的分子轨道能级图有两种情况。

一种是组成原子的 2s 和 2p 轨道的能量相差较大(>1500 kJ/mol),在组合成分子轨道时,2s 和 2p 轨道之间相互影响较小,故主要是两原子的 s-s 和 p-p 轨道的线性组合,形成如图 9-27(a)所示的分子轨道能级顺序,此时,π_{2p} 轨道的能级高于 σ_{2p}。第二周期中的 O_2 和 F_2 分子的分子轨道能级排列符合此顺序。

另一种是组成原子的 2s 和 2p 轨道的能量相差较小(<1500 kJ/mol),当原子相互接近组合成分子轨道时,不仅会发生 s-s 组合、p-p 组合,而且还会发生 s-p 轨道间的重叠,导致分子轨道能级顺序的改变,发生能级交错现象,形成如图 9-27(b)所示的能级顺序,此时,σ_{2p_x} 轨道能级高于 π_{2p_y} 和 π_{2p_z}。第二周期元素组成的同核双原子分子中,除 O_2、F_2 外,其他双原子分子如 Li_2、Be_2、B_2、C_2、N_2 等的分子轨道能级排列均符合此顺序。

分子轨道能级顺序有两种表示方法,一种是如图 9-27 所示的分子轨道能级图;另一种是分子轨道表示式,按分子轨道能量由低至高的顺序依次排列,括号内为简并轨道。如第二周期同核双原子分子的两种分子轨道表示式如下:

$$[\sigma_{1s}\sigma_{1s}^*\sigma_{2s}\sigma_{2s}^*\sigma_{2p_x}(\pi_{2p_y}\pi_{2p_z})(\pi_{2p_y}^*\pi_{2p_z}^*)\sigma_{2p_x}^*]$$ 适用于 O_2、F_2、Ne_2

$$[\sigma_{1s}\sigma_{1s}^*\sigma_{2s}\sigma_{2s}^*(\pi_{2p_y}\pi_{2p_z})\sigma_{2p_x}(\pi_{2p_y}^*\pi_{2p_z}^*)\sigma_{2p_x}^*]$$ 适用于从 Li_2 到 N_2

第一、二周期元素的同核双原子分子中,H_2、N_2、O_2、F_2 分子早已熟悉;H_2^+、He_2^+、Li_2、B_2、C_2 分子虽较少见,但在气相中已被检测到并进行了研究;而 Be_2、Ne_2 分子则至今未发现。下面通过几个具体的实例来说明分子轨道理论的应用。

①H_2 分子与 H_2^+ 分子离子。

H_2 分子是最简单的同核双原子分子,2 个 1s 原子轨道组合成 2 个分子轨道:σ_{1s} 成键分子轨道和 σ_{1s}^* 反键分子轨道。H_2 分子中的 2 个电子按能量最低原理以不同的自旋方式进入能量最低的 σ_{1s} 成键轨道,组成分子后系统的能量比组成分子前系统的能量要低,因此 H_2 分子可以稳定存在。σ_{1s} 轨道上的 1 对电子形成 1 个 σ 键,其电子排布式(又称为电子构型)可写为 $H_2[(\sigma_{1s})^2]$,键级为 1,见图 9-28(a)。

H_2^+ 分子离子只有 1 个电子,见图 9-28(b),根据同核双原子分子轨道能级图可写出其电子排布式为 $H_2^+[(\sigma_{1s})^1]$。由于有 1 个电子进入能量最低的 σ_{1s} 成键轨道,体系能量降低,H_2^+ 分子离子有共价键能,形成 1 个单电子 σ 键,因此从理论上推测 H_2^+ 分子离子是可能存在的。而用价键理论则无法说明其存在的事实,这说明分子轨道理论比价键理论更全面。H_2^+ 分子离子的键级为 0.5,所形成的单电子 σ 键的键能较小,因此 H_2^+ 分子离子易发生解离。H_2^+ 分

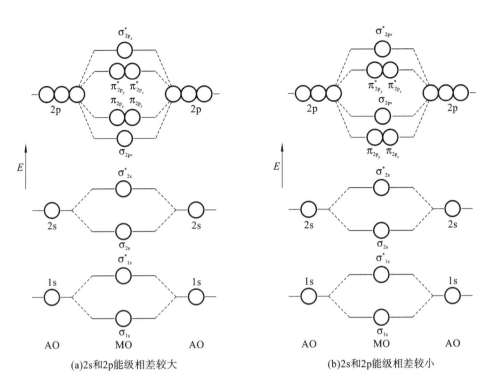

(a)2s和2p能级相差较大　　　　　　　　　(b)2s和2p能级相差较小

图 9-27　同核双原子分子的两种分子轨道能级图

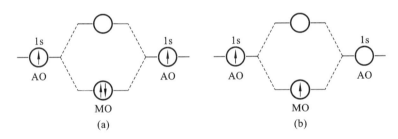

(a)　　　　　　　　　　　　(b)

图 9-28　H_2 分子与 H_2^+ 分子离子的分子轨道能级图

子离子中有 1 个单电子,所以具有顺磁性。

②He_2 分子与 He_2^+ 分子离子。

He_2 分子有 4 个电子。分子轨道理论认为,假如 He 能形成双原子分子 He_2,则应有如图 9-29(a)所示的电子排布,电子排布式为 $He_2[(\sigma_{1s})^2(\sigma_{1s}^*)^2]$,即进入 σ_{1s} 和 σ_{1s}^* 轨道上的电子均为 2 个,虽然进入 σ_{1s} 成键轨道的电子对使分子体系的能量降低,但进入 σ_{1s}^* 反键轨道的电子对却使体系能量升高,所以对体系能量的影响相互抵消。因此,与 Be_2 分子一样,从理论上可以预测 He_2 分子是不存在的,这正是稀有气体为单原子分子的原因所在。

虽然 He_2 分子不存在,但 He_2^+ 分子离子的存在已被光谱实验所证实。He_2^+ 分子离子有 3 个电子,如图 9-29(b)所示,比 2 个 He 原子少 1 个电子,根据能量最低原理和泡利不相容原理,He_2^+ 分子离子的电子排布式为 $He_2^+[(\sigma_{1s})^2(\sigma_{1s}^*)^1]$,有 2 个电子排布在能量最低的 σ_{1s} 成键分子轨道上,1 个电子排布在能量较高的 σ_{1s}^* 反键分子轨道上,成键轨道上电子的能量与反键轨道上电子的能量未完全抵消,体系总的能量降低,说明 He_2^+ 分子离子是可以存在的,事实上在宇宙空间中可以发现 He_2^+ 分子离子的存在。He_2^+ 分子离子的键级$(2-1)/2=0.5$,所形成的三电子 σ 键的键能较小,故 He_2^+ 分子离子易发生解离。He_2^+ 分子离子中有 1 个单电子,因此具有顺磁性。

③Li_2 分子。

Li 的 1s、2s 原子轨道组成相应的分子轨道,其能级顺序如图 9-27(b)所示。双原子 Li_2 分

NOTE

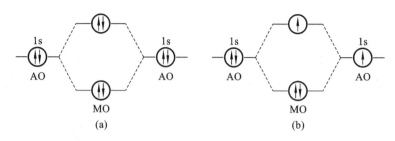

图 9-29 He₂ 分子和 He₂⁺ 分子离子的分子轨道能级图

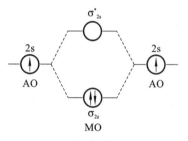

图 9-30 Li₂ 分子的分子轨道能级示意图

子中共有 6 个电子,它们分别进入 σ_{1s}、σ_{1s}^* 和 σ_{2s} 轨道,在 σ_{1s} 和 σ_{1s}^* 轨道上分布的电子能量相互抵消,对成键不起作用;只有进入 σ_{2s} 轨道上的 2 个电子对成键有贡献,所以图 9-30 只给出外层两个 2s 原子轨道组成的分子轨道及电子在其中分布的情况(下面对其他分子也做类似处理)。因此 Li₂ 分子可以存在,分子中有 1 个 σ 键,事实上在锂蒸气中确实存在 Li₂ 分子。Li₂ 分子的分子轨道表示式为 $[(\sigma_{1s})^2(\sigma_{1s}^*)^2(\sigma_{2s})^2]$ 或 $[KK(\sigma_{2s})^2]$(KK 代表内层已填满的分子轨道)。

④O₂ 分子。

O 原子的电子层构型是 $1s^2 2s^2 2p^4$。O₂ 分子中共有 16 个电子,对照图 9-27(a),O₂ 分子中的电子排布式如下:

$$O_2[(\sigma_{1s})^2(\sigma_{1s}^*)^2(\sigma_{2s})^2(\sigma_{2s}^*)^2(\sigma_{2p})^2(\pi_{2p_y})^2(\pi_{2p_z})^2(\pi_{2p_y}^*)^1(\pi_{2p_z}^*)^1]$$
$$\text{或 } O_2[KK(\sigma_{2s})^2(\sigma_{2s}^*)^2(\sigma_{2p})^2(\pi_{2p})^4(\pi_{2p}^*)^2]$$

O₂ 分子中的最后 2 个电子进入 π_{2p}^* 轨道,根据洪特规则,它们分别占据能量相等的 2 个反键轨道,每个轨道里有 1 个电子,它们以自旋平行方式分别占据 $\pi_{2p_y}^*$ 和 $\pi_{2p_z}^*$ 分子轨道,O₂ 分子中有 2 个自旋方式相同的单电子,这一事实成功解释了 O₂ 分子的顺磁性。

在 O₂ 分子中,σ_{2p_x} 轨道上的 2 个电子对成键有贡献(图 9-31),形成一个 σ 键,而 $(\pi_{2p_y})^2(\pi_{2p_y}^*)^1$ 和 $(\pi_{2p_z})^2(\pi_{2p_z}^*)^1$ 各有 3 个电子,可认为形成 2 个三电子 π 键,O₂ 分子的结构应写为

$$:\ddot{O}\underline{\overset{\cdots}{}}\ddot{O}:$$

中间实线代表 σ 键,上下各三个点代表 3 个三电子 π 键。由于每个三电子 π 键中有 2 个电子在成键轨道上,1 个电子在反键轨道上,反键上的电子抵消了一部分成键轨道的能量,所以每个三电子 π 键相当于半个 π 键,两个三电子 π 键相当于一个正常 π 键,O₂ 分子中仍相当于形成一个双键,使得 O₂ 分子的键能实际上与双键差不多,只有 498 kJ/mol(N≡N 键的键能为 946 kJ/mol, C≡C 键的键能为 835 kJ·mol⁻¹,C=C 键的键能为 602 kJ/mol)。O₂ 分子的活泼性与其分子中存在的三电子 π 键有一定关系。O₂ 分子的键级 = $\dfrac{(10-6)}{2}=2$。分子轨道理论对 O₂ 分子顺磁性和活泼性的解释证明了分子轨道理论的成功。

⑤N₂ 分子。

组成 N₂ 分子的 N 原子的电子层构型是 $1s^2 2s^2 2p^3$。N₂ 分子中共有 14 个电子,按能量由低到高的顺序分布,每个分子轨道容纳 2 个自旋方式不同的电子,N₂ 分子的电子排布式应为

$$N_2[(\sigma_{1s})^2(\sigma_{1s}^*)^2(\sigma_{2s})^2(\sigma_{2s}^*)^2(\pi_{2p_y})^2(\pi_{2p_z})^2(\sigma_{2p})^2]$$
$$\text{或 } N_2[KK(\sigma_{2s})^2(\sigma_{2s}^*)^2(\pi_{2p})^4(\sigma_{2p})^2]$$

NOTE

N₂ 分子轨道能级及电子排布如图 9-32 所示。这里对成键有贡献的主要是 $(\pi_{2p_y})^2(\pi_{2p_z})^2$

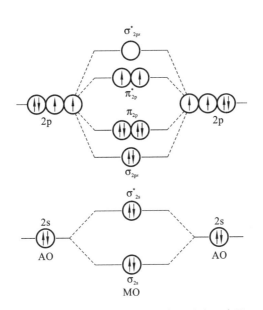

图 9-31 O_2 分子轨道能级及电子排布示意图

和 $(\sigma_{2p})^2$ 轨道上的这 3 对电子,构成 N_2 分子中的 2 个 π 键和 1 个 σ 键,键级 $=\dfrac{(10-4)}{2}=3$。

由于 N_2 分子存在三重键,2 个 π 分子轨道能量较低,所以欲破坏 N_2 的化学键需要很高的能量,致使 N_2 分子具有非常高的稳定性。N_2 分子中没有成单电子,因此为反磁性物质。

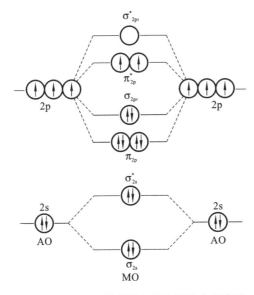

图 9-32 N_2 分子轨道能级及电子排布示意图

第二周期元素的一些同核双原子分子的分子轨道电子排布式、键型、键级和键能数据见表 9-5。

表 9-5 第二周期同核双原子分子的分子轨道电子排布式、键型、键级及键能

分子	分子轨道电子排布式	键型	键级	键能/(kJ/mol)
Li_2	$(\sigma_{1s})^2(\sigma_{1s}^*)^2(\sigma_{2s})^2$ 或 $KK(\sigma_{2s})^2$	σ	1	106
Be_2	$KK(\sigma_{2s})^2(\sigma_{2s}^*)^2$	—	0	—
B_2	$KK(\sigma_{2s})^2(\sigma_{2s}^*)^2(\pi_{2p_y})^1(\pi_{2p_z})^1$	π	1	297
C_2	$KK(\sigma_{2s})^2(\sigma_{2s}^*)^2(\pi_{2p_y})^2(\pi_{2p_z})^2$	π	2	602

NOTE

153

分子	分子轨道电子排布式	键型	键级	键能/(kJ/mol)
N_2	$KK(\sigma_{2s})^2(\sigma_{2s}^*)^2(\pi_{2p_y})^2(\pi_{2p_z})^2(\sigma_{2p})^2$	σ,π	3	946
O_2	$KK(\sigma_{2s})^2(\sigma_{2s}^*)^2(\sigma_{2p})^2(\pi_{2p})^4(\pi_{2p}^*)^2$	σ,π^3	2	498
F_2	$KK(\sigma_{2s})^2(\sigma_{2s}^*)^2(\sigma_{2p})^2(\pi_{2p})^4(\pi_{2p}^*)^4$	σ	1	157

(2) 异核双原子分子的分子轨道能级图。

若两种不同元素的原子结合形成双原子分子,则为异核双原子分子。用分子轨道理论处理这类分子,原则上与同核双原子分子相同,也遵循对称性匹配原则、能量相近原则和轨道最大重叠原则。但是,异核双原子分子不能像两个同核双原子那样利用相同的原子轨道组合成分子轨道。异核原子之间内层轨道能级高低可以相差很大,但最外层轨道的能级高低总是相近,根据能量相近原则可以利用最外层原子轨道组合成分子轨道。两个异核原子的原子轨道重叠形成的是不对称分子轨道,成键分子轨道比较集中在电负性大的原子一边,电负性较大的元素的价层原子轨道的能级低于电负性较小的元素的价层原子轨道的能级。两个原子的电负性差值越大,偏向越大。

下面分别以 HF 和 CO 为例来说明分子轨道理论的应用。

①HF 分子。

HF 分子由 1 个 H 原子和 1 个 F 原子组成。基态 H 原子的电子组态为 $1s^1$,基态 F 原子的电子组态为 $1s^2 2s^2 2p^5$。在形成 HF 分子时,H 原子的 1s 轨道能量远高于 F 原子 1s 轨道能量,但 F 原子的 $2p_x$ 轨道与 H 原子的 1s 轨道能量相近,故根据能量相近原则,F 原子的 $2p_x$ 轨道与 H 原子的 1s 轨道可对称性匹配组成 1 个成键分子轨道,能量低于 F 原子的 2p 轨道,另一个反键分子轨道的能量高于 H 原子的 1s 轨道,见图 9-33。F 原子的 1s(未绘出)和 2s 轨道在形成分子轨道时不参与成键,其能量与原子轨道能量相同,这样的分子轨道称为非键轨道(nonbonding orbit),其上的电子称为非键电子。F 原子的 $2p_y$ 和 $2p_z$ 轨道因对称性不匹配而不能与 H 原子的 1s 轨道有效组合,也形成 2 个非键轨道。

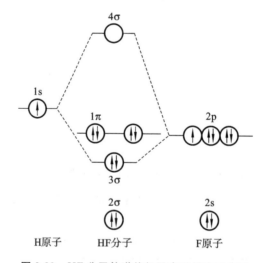

图 9-33 HF 分子轨道能级及电子排布示意图

在 HF 分子中共有三种分子轨道:3σ 为成键分子轨道,4σ 为反键分子轨道,1σ、2σ、1π 为非键分子轨道。H 原子和 F 原子共有 10 个电子,根据能量最低原理和泡利不相容原理把这些电子填入分子轨道中,使 HF 分子能量降低的是填入 3σ 分子轨道中的 2 个电子,净成键电子数为 2,键级为 1。HF 分子的电子排布式为

$$HF\left[(1\sigma)^2(2\sigma)^2(3\sigma)^2(1\pi)^4\right]$$

②CO 分子。

CO 分子由 1 个 C 原子和 1 个 O 原子组成。基态 C 原子的电子组态为 $1s^22s^22p^2$,基态 O 原子的电子组态为 $1s^22s^22p^4$。CO 分子的核外电子总数为 $6+8=14$,与 N_2 分子的核外电子数相同,CO 分子的分子轨道与 N_2 分子的分子轨道有相似之处,图 9-34 是 CO 分子的分子轨道能级及电子排布示意图。C 原子的 2s、2p 原子轨道的能量分别与 O 原子的 2s、2p 原子轨道能量相近,可以组合成分子轨道。

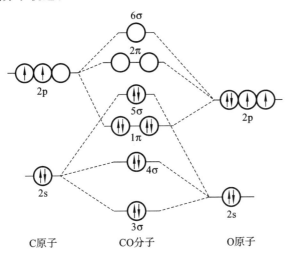

图 9-34　CO 分子轨道能级及电子排布示意图

CO 分子的电子排布式为

$$CO\left[(1\sigma)^2(2\sigma)^2(3\sigma)^2(4\sigma)^2(1\pi)^4(5\sigma)^2\right]$$

其中 $(1\sigma)^2$ 的成键作用与 $(2\sigma)^2$ 的反键作用相互抵消,$(3\sigma)^2$ 的成键作用与 $(5\sigma)^2$ 的反键作用相抵消,$(1\pi)^4$ 构成 2 个 π 键,$(4\sigma)^2$ 构成 1 个 σ 键,净成键电子数为 6,键级为 3。

第二周期元素的异核双原子分子或分子离子,可以近似地用第二周期同核双原子分子轨道能级顺序进行分析。因为影响分子轨道能级高低的主要因素是原子的核电荷,所以如果两异核原子的原子序数之和小于或等于 N 原子序数的 2 倍(14),如 CO,就采用 N_2 分子的能级顺序;如果大于 14,如 NO,则采用 O_2 分子的能级顺序。

第三节　键参数(自学)

键参数(bond parameter)是用来表征化学键性质的一些物理量,可以由实验直接或间接测定,也可以由分子的运动状态通过理论计算求得。键参数对共价分子的性质影响较大,常见的键参数有键级、键能、键长、键角等。

一、键级

键级(bond order)是用于表征成键的两原子之间所形成成键的数目。按照分子轨道理论,占据成键轨道上的电子使体系能量降低,对成键有贡献,而反键轨道上的电子使体系能量升高,对成键起抵消作用,因此分子中净成键电子数(成键电子数—反键电子数)的一半就是分子的键级。双原子分子键级的定义式为

$$键级 = \frac{成键轨道中的电子总数 - 反键轨道中的电子总数}{2}$$

NOTE

例如，H_2 在基态时没有反键电子，因此键级 $=\dfrac{2-0}{2}=1$。又如 O_2，根据其电子结构，可以算出 O_2 的键级 $=\dfrac{6-2}{2}=2$。所以电子填充在成键轨道上，键级增大；电子填充在反键轨道上，键级减小。键级越大，键能越大。按照上述的定义式计算，则单键、双键、三键的键级分别为 1、2、3。可见，键级的大小表示两个相邻原子之间成键的强度，是衡量共价键相对强弱的参数。一般来说，同周期同区元素组成的双原子分子，键级越大，键的强度越大，分子越稳定。若键级为 0 时，便不能形成化学键。例如两个氦原子不能形成稳定的 He_2 分子，因为 4 个电子中有 2 个电子填充在 1s 成键轨道上，2 个电子填充在 $1s^*$ 反键轨道上，键级 $=\dfrac{2-2}{2}=0$。这就是说，总的效果是没有成键，所以并不存在稳定的 He_2 分子。需要注意的是，双键的键能不是相同元素所成的单键键能的两倍。

二、键能

键能(bond energy)是从能量角度衡量共价键强弱的物理量。在 100 kPa 和 298 K 下，将 1 mol 理想气态共价双原子分子 AB 解离为理想气态的 A、B 原子所需吸收的能量，称为 AB 键的离解能，用符号 D 表示，单位为 kJ/mol。

$$AB(g) \longrightarrow A(g) + B(g) \quad D_{A-B}$$

对于双原子分子 AB，键能 E 在数值上等于键的离解能 D，即 $E_{A-B} = D_{A-B}$。

例如，H_2 的键能为

$$H_2(g) \longrightarrow 2H(g) \quad E_{H-H} = D_{H-H} = 436.0 \text{ kJ/mol}$$

Cl_2 的键能为

$$Cl_2(g) \longrightarrow 2Cl(g) \quad E_{Cl-Cl} = D_{Cl-Cl} = 247.0 \text{ kJ/mol}$$

对于多原子分子，键能等于其离解能的平均值。例如，H_2O 分子中有两个 O—H 键，解离第一个 O—H 键所需的能量 D_{H-OH} 为 502.1 kJ/mol，而解离第二个 O—H 键所需的能量 D_{O-H} 为 423.4 kJ/mol，因此 O—H 键的平均离解能即 O—H 键的键能为

$$E_{O-H} = \frac{D_{H-OH} + D_{O-H}}{2} = 462.8 \text{ kJ/mol}$$

键能越大，化学键越牢固，该键构成的分子就越稳定，化学性质较不活泼。因此键能的数据是常用的物理和化学参数之一，多由热化学法和光谱法测得。表 9-6 列出一些常见共价键的平均键能数据。平均键能只是一种近似值。

表 9-6 一些常见共价键的键能和键长

共价键	键能 E/(kJ/mol)	键长 l/pm	共价键	键能 E/(kJ/mol)	键长 l/pm
H—H	438	74	C—C	348	154
H—F	585	92	C=C	802	134
H—Cl	431	127	C≡C	835	120
H—Br	388	141	C—H	414	109
H—I	297	161	N—H	389	101
F—F	155	141	O—H	485	96
Cl—Cl	243	199	N—N	138	146

续表

共价键	键能 $E/(kJ/mol)$	键长 l/pm	共价键	键能 $E/(kJ/mol)$	键长 l/pm
Br—Br	193	228	N=N	161	125
I—I	151	267	N≡N	946	110

三、键长

分子中两成键原子的核间平衡距离称为**键长**(bond length),用 l 表示,常用单位为 pm。在理论上可以用量子力学近似方法算出键长,实际上,对于较复杂的分子,大多是通过光谱或衍射等实验方法测定的。表 9-6 列出了一些常见共价键的键长。

例如 Cl_2 分子中两个 Cl 原子的核间距为 199 pm,所以 Cl—Cl 键的键长为 199 pm。

通常,两个原子之间所形成的键长越短,键越牢固。由表 9-6 中数据可见,H—F、H—Cl、H—Br、H—I 的键能逐渐减小,而键长逐渐增大;单键、双键及三键的键能逐渐增大,键长逐渐缩短,但并非成倍的关系。

四、键角

分子中同一原子形成的两个共价键之间的夹角称为**键角**(bond angle)。键角是反映分子空间构型的重要参数之一,可通过光谱等实验技术得到,它与键长数据一起,可基本确定共价分子的空间构型。例如,测得 CO_2 分子的碳氧键键长为 116 pm,∠OCO 键角为 180°,表明该分子为直线形结构;H_2O 分子中两个 O—H 键之间的夹角是 104°45′,说明水分子是 V 形结构。常见分子的空间构型与键角如图 9-35 所示。

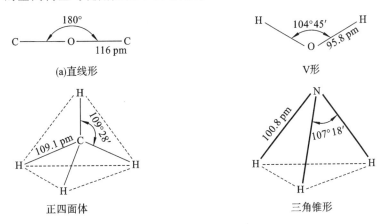

图 9-35 CO_2、H_2O、CH_4 和 NH_3 分子的几何构型与键角

第四节 键的极性与分子的极性

一、键的极性

同是共价键,由于形成键的元素种类不同,键的极性也不同。按共用电子对是否发生偏移,可将共价键分成非极性共价键和极性共价键。

同种元素的两个原子形成共价键时,由于成键原子的电负性相同,对共用电子对的吸引能

NOTE

力相同,共用电子对不偏向于任何一个原子,键两端电荷的分布是对称的。这种共价键称为**非极性共价键**(nonpolar covalent bond)。单质分子中的共价键均为非极性共价键。例如,H_2、N_2、O_2、Cl_2 等同核双原子分子中的共价键都是非极性共价键。

两个不同元素的原子形成共价键时,由于成键原子的电负性不同,对共用电子对的吸引能力不同,共用电子对偏向于电负性较大的原子,使之带部分负电荷,而电负性较小的原子一端则带部分正电荷,键的正电荷重心与负电荷重心不重合,这样形成的共价键具有极性,这种共价键称为**极性共价键**(polar covalent bond)。例如,在 HF 分子中,F 的电负性大于 H 的电负性,共用电子对偏向 F 原子,则 H—F 键中 F 端为负,H 端为正,因此 H—F 键是极性共价键。

一般情况下,成键原子的电负性差值越大,键的极性就越大。当成键原子电负性差值很大时,可认为成键电子对完全转移到电负性大的原子上,这时原子转变为阴离子,另一方成为阳离子,此时共价键就转化成离子键。因此,可认为离子键是最强的极性共价键,随着成键元素原子的电负性差值减小,化学键将由离子键通过极性共价键向非极性共价键过渡。没有 100% 的离子键存在,表 9-7 给出了键型与成键原子电负性差值 ΔX 之间的关系。

表 9-7 键型与成键原子电负性差值(ΔX)之间的关系

物质	NaCl	HF	HCl	HBr	HI	Cl_2
ΔX	2.23	1.80	0.98	0.78	0.48	0
键型	离子键	极性共价键			非极性共价键	

二、分子的极性与偶极矩

共价键可分为非极性共价键和极性共价键,因此由共价键形成的分子也分为非极性分子和极性分子。

任何分子都有带正电荷的原子核和带负电荷的电子,由于正、负电荷数量相等,整个分子是电中性的。但在不同分子中,正电荷和负电荷的分布也会有所不同,可以设想分子中的每一种电荷可以集中于某点上,称为"正电荷重心"和"负电荷重心"。如果分子中正、负电荷重心重合,则为**非极性分子**(nonpolar molecule),如 N_2、O_2、H_2、CO_2 等分子。若正、负电荷重心不重合,则为**极性分子**(polar molecule),如 H_2O、NH_3、HCl 等分子。

分子的极性是否就等于键的极性? 双原子分子的极性只与键的极性有关,键有(无)极性,分子就有(无)极性;但在多原子分子中,以极性键组成的分子却不一定是极性分子,这取决于分子的空间构型。例如,在 CO_2 分子中,O 的电负性大于 C,共用电子对偏向于 O,因此 C—O 是极性键。但由于 CO_2 分子的空间结构是直线形对称的,两个 C—O 键的极性相互抵消,正负电荷重心是重合的,故 CO_2 是非极性分子。同样,CH_4 分子的 C—H 键是极性键,但分子的空间构型是对称的正四面体,4 个 H 原子位于正四面体的 4 个顶角上,整个分子的正电荷重心与负电荷重心重合,分子没有极性,CH_4 为非极性分子。

如果分子中的共价键为极性键,且分子的空间构型不完全对称,则正电荷重心与负电荷重心不能重合,为极性分子。如 SO_2、H_2O、NH_3 等都是极性分子。由前面讨论已知 H_2O 分子不是直线形分子,正电荷分布在两个 H 原子核及一个 O 原子核上,其正电荷重心应在三角形平面中的某一点(图 9-36)。与正电荷重心相比,负电荷重心应更靠近 O 原子,因氧的电负性相对较大,每个 O—H 键中,都是 O 原子的一端电性偏负,致使正、负电荷重心间有一段距离,即分子有正、负两极。

分子的极性大小常用分子**偶极矩**(dipole moment)来量度。偶极矩的概念是美国物理学家德拜(Debye)在 1912 年提出的。其定义为

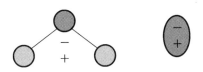

图 9-36　H_2O 分子的构型与极性

$$\vec{\boldsymbol{\mu}} = q \times d$$

式中 $\vec{\boldsymbol{\mu}}$ 为偶极矩,是一个矢量,既有数量,又有方向,在化学上规定其方向为从正电荷重心指向负电荷重心,q 为正电荷重心或负电荷重心上的电量(C,库仑),d 为偶极长(即正、负电荷重心间的距离,注意不是键长)。偶极矩 $\vec{\boldsymbol{\mu}}$ 的单位是"德拜",以 D 表示。1 D=3.334×10^{-30} C·m。

　　分子的偶极矩越大,分子的极性越大;分子的偶极矩越小,分子的极性就越小;分子偶极矩为零的分子,是非极性分子。表 9-8 列出了一些分子的偶极矩和空间构型。结构对称(如直线形、平面正三角形和正四面体)的多原子分子,其分子偶极矩为零;结构不对称(如 V 形、三角锥形和四面体)的多原子分子,其分子偶极矩不为零。因此,可以根据分子偶极矩推测出分子的空间构型;同样,由分子的空间构型也可以判断其分子偶极矩是否为零。

表 9-8　一些分子的分子偶极矩与分子空间构型

分子	$\vec{\mu}$/(10^{-30} C·m)	空间构型	分子	$\vec{\mu}$/(10^{-30} C·m)	空间构型
H_2	0	直线形	NH_3	4.90	三角锥形
N_2	0	直线形	HF	6.47	直线形
CS_2	0	直线形	HCl	3.44	直线形
CO_2	0	直线形	HBr	2.60	直线形
BF_3	0	平面正三角形	H_2O	6.17	V 形
CCl_4	0	正四面体	H_2S	3.67	V 形
CH_4	0	正四面体	O_3	1.67	V 形
CO	0.33	直线形	$CHCl_3$	3.63	四面体

第五节　分子间作用力与氢键(课堂讨论)

　　离子键、金属键和共价键,这三大类型化学键都是原子间比较强烈的相互作用力,键能为 100~800 kJ/mol。除了这种原子间较强的作用力外,在分子与分子之间还存在着一种较弱的作用力,其大小只有几千焦每摩尔到几十千焦每摩尔,比化学键小 1~2 个数量级,作用范围只有几十皮米到几百皮米。气体分子能凝聚成液体,直至固体;气体凝聚成固体后,具有一定的形状和体积;F_2、Cl_2、Br_2、I_2 的状态依次由气态、液态变到固态,主要靠分子之间的这种作用。荷兰物理学家范德华(van der Waals)首先较系统地研究这种作用力,故称为范德华力。分子间的范德华力是决定物质的熔点、沸点和溶解度等物理化学性质的一个重要因素。

一、分子间作用力

　　伦敦(London)应用量子力学原理研究表明,**分子间力**(intermolecular force)是一种静电力,即分子间偶极与偶极之间的静电力,是一种存在于共价分子之间的近程(十几皮米到几十

NOTE

皮米)作用力。分子间作用力(范德华力)按产生的原因和特点可分为三种类型:取向力、诱导力和色散力。

(一)取向力

取向力存在于极性分子之间。极性分子由于正、负电荷重心不重合,始终存在一个正极和一个负极,即永久偶极。当极性分子彼此相互靠近时,永久偶极之间同极相斥,异极相吸,使分子发生相对转动(图 9-37),在空间取向处于异极相邻而产生静电作用。这种由于取向而在极性分子的永久偶极之间产生的静电作用力称为**取向力**(orientation force)。取向后的偶极分子有按一定方向排列的趋势。

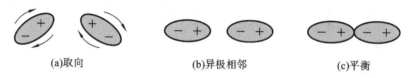

(a)取向　　　　(b)异极相邻　　　　(c)平衡

图 9-37　两个极性分子的取向力示意图

取向力的本质是静电作用,其大小与下列因素有关:取向力与分子的偶极矩平方成正比,即分子的极性越大,取向力越大;温度越高,取向力越小;分子间距离越小,取向力越大。

(二)诱导力

诱导力存在于极性分子之间、极性分子与非极性分子之间。当极性分子与非极性分子彼此相互接近时,非极性分子在极性分子(可视为外电场)永久偶极的影响下,可发生正、负电荷重心的相对位移,分子发生变形,产生诱导偶极,如图 9-38(a)所示。这时,非极性分子的诱导偶极与极性分子的永久偶极之间产生的静电作用力称为**诱导力**(induction force)。同样,极性分子在外电场(可以是邻近的极性分子或离子)的影响下,电子云也可以发生变形,产生诱导偶极,如图 9-38(b)所示。其结果使极性分子的偶极矩增大,增强部分的偶极称为诱导偶极,分子之间因而出现除取向力以外的额外吸引力——诱导力。诱导力的本质是静电引力,其大小与极性分子的偶极矩平方成正比;与被诱导分子的变形性成正比;而与分子间距离的七次方成反比。与取向力不同,诱导力与温度无关。

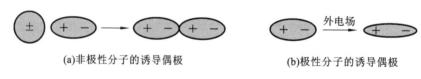

(a)非极性分子的诱导偶极　　　　(b)极性分子的诱导偶极

图 9-38　诱导偶极示意图

(三)色散力

非极性分子间也存在相互作用力。由于分子内部的电子在不断地运动,原子核在不断地振动,分子的正、负电荷重心不断发生瞬间相对位移,产生瞬间偶极。这种瞬间偶极也会诱导邻近的分子产生瞬间偶极,于是两个分子可以靠瞬间偶极相互吸引,产生分子间作用力,由于从量子力学导出的这种力的理论计算式与光色散公式相似,因此把这种力称为色散力(dispersion force)。虽然瞬间偶极和瞬间诱导偶极存在的时间很短,但是不断地重复发生,又不断地相互诱导和吸引,因此色散力始终存在。

任何分子都存在电子的不断运动和原子核的振动,都会不断产生瞬间偶极,因此色散力存在于各种分子之间,如非极性分子与极性分子之间、极性分子之间。实验表明,在绝大多数分子之间存在的范德华力是以色散力为主的。量子力学计算表明,色散力和相互作用分子的变形性有关,变形性越大,瞬时偶极越大,色散力越大;相对分子质量越大,分子结构越复杂,分子内的电子总数越多,电子离原子核较远,因此在外电场作用下越易极化变形,分子间的色散力越强。

NOTE

综上所述,在非极性分子之间只存在色散力;在极性分子之间存在色散力、诱导力和取向力;在极性分子与非极性分子之间存在色散力和诱导力。对于大多数分子来说,以色散力为主;只有极性很大的分子,取向力才比较显著;诱导力通常都很小。

分子间作用力的大小直接影响物质的许多物理化学性质,如熔点、沸点、溶解度、表面吸附等。分子间的作用力越强,相应物质的熔点、沸点越高,因此在比较分子型共价化合物的熔点、沸点相对高低时,可定性地由色散力大小来判断。例如,卤素分子是非极性双原子分子,分子间只存在色散力。由于色散随相对分子质量的增加而增大,故它们的熔点和沸点随相对分子质量的增大而升高,见表 9-9。

表 9-9 卤素单质的熔点和沸点

物质分子	F_2	Cl_2	Br_2	I_2
熔点/K	50.2	170.8	265.4	386.8
沸点/K	83.3	239.2	331.2	457.7

对于相对分子质量相近而极性不同的分子,极性物质的熔点、沸点往往高于非极性物质。例如,CO 和 N_2 的相对分子质量相近,但 CO 的熔点和沸点高于 N_2。这是因为 CO 分子间除了存在色散力外,还有取向力和诱导力。

如果分子间有氢键存在,此时氢键会跃升为最主要的作用力。

二、氢键

卤素氢化物的熔点、沸点随着相对分子质量的增大而升高,但 HF 却例外,HF 的沸点和熔点都比 HCl 的沸点和熔点高;在第ⅥA 族的氢化物中,H_2O 的性质也很特殊,H_2O 的沸点应该比 H_2S 低,但事实正好相反;另外 NH_3 在氮族氢化物中也有类似的反常现象。表 9-10 列出了卤素和第ⅥA 族元素的氢化物的沸点。

表 9-10 第ⅥA、ⅦA 族元素的氢化物的沸点

氢化物	沸点/℃	氢化物	沸点/℃
HF	+20	H_2O	100.00
HCl	−84	H_2S	−60.75
HBr	−67	H_2Se	−41.50
HI	−35	H_2Te	−1.30

这说明在 HF、H_2O 和 NH_3 分子之间除了存在前面讨论过的范德华力外,还有一种特殊的作用力存在,即**氢键**(hydrogen bond)。

(一)氢键的形成

当 H 原子与电负性很大、半径很小的 X 原子(X＝F、O、N)结合形成 H—X 共价键时,由于 X 的电负性比 H 的电负性大,吸引成键电子的能力强,因此 H—X 键中的共用电子对强烈偏向于 X 原子一方,而使 H 带正电性。同时,H 原子用其唯一的电子形成共价键后,已无内层电子,几乎成为裸露的质子,不会被其他原子的电子云排斥。这种几乎裸露的质子的半径小(30 pm),正电荷密度特别高,可以吸引另一个电负性大、半径小并含有孤对电子的 Y 原子(Y＝F、O、N),产生静电吸引作用,这种产生在氢原子与电负性大的元素原子的孤对电子之间的静电吸引力称为氢键。如图 9-39 所示,在 H_2O 分子中,H 与原来 H_2O 分子中的 O 以共价键

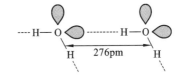

图 9-39 水分子间的氢键

NOTE

161

结合,相距较近(99 pm),而与另一 H_2O 分子中的 O 则以氢键结合,相距较远(177 pm),所以 O—H⋯O 之间的距离共 276 pm。

氢键通常用 X—H⋯Y 表示,X 和 Y 代表 F、O、N 等电负性大、半径小的非金属元素的原子,⋯代表氢键。氢键中 X 和 Y 可以是同种元素的原子,如 O—H⋯O,F—H⋯F 等,也可以是不同元素的原子,如 N—H⋯O。氢键的强度可用键能来表示,即指断开虚线部分所需要的能量。而氢键的键长则指 X—H⋯Y 中,自 X 至 Y 两原子核间的距离,即包括虚线和实线两部分。

(二)氢键的类型和特点

氢键可分成分子间氢键和分子内氢键两种类型。

分子间氢键:由一个分子的 X—H 键(X 为 F、O、N)与另一个分子中的 Y 原子(Y 为 F、O、N)形成的氢键,用 X—H⋯Y 表示。水分子之间形成的氢键见图 9-39。分子间氢键的存在使简单分子聚合在一起,这种由于分子间氢键而结合的现象称为缔合。分子间氢键可分为同种分子间氢键和不同种分子间氢键两大类。同种分子间氢键也可分为二聚分子中氢键和多聚分子中氢键,多聚分子中氢键又分为链状结构、层状结构和立体结构。

例如,由于强的分子间氢键的生成,甲酸、醋酸等可缔合成二聚物。

固体 HF 中存在多聚分子中氢键的链状结构:

分子内氢键:由某分子的 X—H 键与其分子内部的 Y 原子在空间位置适合时形成的氢键。例如,HNO_3 分子中存在如图 9-40(a)所示的分子内氢键。分子内氢键还常见于邻位有合适取代基的芳香族化合物,如在苯酚的邻位上有—CHO、—COOH、—OH、—NO₂、—CONH₂、—COCH₃ 等取代基的化合物都能生成分子内氢键的螯合环。如图 9-40(b)和图 9-40(c)所示。受分子结构的限制,分子内氢键不可能在一条直线上,键角一般为 150°。分子内氢键往往在分子内形成较稳定的多原子环状结构,使化合物的极性下降,因而熔点和沸点降低,由此可以理解为什么硝酸是低沸点酸(83 ℃),而硫酸是高沸点酸(338 ℃,形成分子间氢键)。

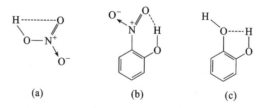

(a) (b) (c)

图 9-40　分子内氢键示例

氢键与范德华力不同,它具有饱和性和方向性。

氢键的方向性是指形成氢键 X—H⋯Y 时,氢键的方向要与 Y 元素原子中孤对电子的对称轴相一致,即 X,H,Y 三个原子尽可能在同一直线上,键角接近180°,这样既可使 Y 与 H 间的引力较强,又可使 Y 与 X 原子电子云之间的斥力最小,形成强的氢键、稳定的体系。这是氢键具有方向性的原因。但形成分子内氢键时,由于分子结构的限制,X、H、Y 三个原子不可能在同一直线上。

氢键具有饱和性,是由于氢原子的体积较小,当 X—H 键中的 H 与 Y 形成氢键 X—H⋯Y 后,其他电负性大的原子很难与氢原子充分接近,此时氢原子与此电负性大的原子之间的引力远小于 X、Y 原子的电子云对它的排斥力,即 X—H 键只能与 1 个 Y 原子形成氢键,这就是氢键的饱和性。

氢键的强弱与 X、Y 原子的电负性及半径大小有关。X、Y 原子的电负性越大、半径越小,形成的氢键越强。常见氢键的强弱顺序如下:

$$F—H⋯F > O—H⋯O > O—H⋯N > N—H⋯N > O—H⋯Cl$$

其中,Cl 的电负性略大于 N 的电负性,但半径比 N 大,故只能形成较弱的氢键。氢键的键能一般小于 42 kJ/mol,比化学键弱得多,但强于范德华力,因而对含有氢键的化合物的性质产生一定影响。

(三)氢键对化合物性质的影响

(1)氢键对化合物熔点、沸点的影响。

分子间氢键的形成,使分子间产生较大的吸引力,因此化合物的熔点和沸点升高。这是由于要使液体汽化或使固体熔化,除有一部分能量需要克服范德华引力外,还需要消耗额外的能量用于破坏分子间的氢键。因此,形成分子间氢键的化合物的沸点和熔点都高于没有形成氢键的同类化合物。例如 H_2O 的沸点显著高于氧族其他氢化物。同样,HF 和 NH_3 的沸点与同族其他元素氢化物相比较异常偏高也是由于这个原因。

与分子间氢键不同,若在化合物分子内形成分子内氢键,会使形成分子间氢键的机会降低,因此与形成分子间氢键的化合物相比较,其沸点和熔点低于同类化合物。例如,邻硝基苯酚的沸点是 45 ℃,而间硝基苯酚和对硝基苯酚分别为 98 ℃ 和 114 ℃。这是因为间位或对位硝基苯酚中存在分子间氢键,加热时需提供更多的能量去破坏分子间氢键,所以沸点较高。而邻硝基苯酚存在分子内氢键,不能再形成分子间氢键,所以沸点较低。

(2)氢键对化合物溶解度的影响。

如果溶质分子与溶剂分子之间能形成分子间氢键,将使溶质分子与溶剂分子之间的结合力增强,导致溶质的溶解度增大。例如,H_2O_2 与 H_2O 能以任意比例互溶,NH_3 易溶于 H_2O 都是由于形成分子间氢键。若溶质分子能形成分子内氢键,则其在极性溶剂中的溶解度降低,而在非极性溶剂中的溶解度增大。如邻硝基苯酚在水中的溶解度小于对硝基苯酚在水中的溶解度;而在苯中的溶解度则相反。

(3)氢键对生物体的影响。

氢键在生命过程中起着重要作用。一些对生命具有重要意义的基础物质,如 DNA(脱氧核糖核酸)、蛋白质、脂肪及糖类等都含有氢键,并且氢键对这些物质的性质产生重要的影响。例如,生物大分子物质蛋白质、核酸均有分子内氢键存在,分子内氢键使分子按照特定的方式联系起来,并具有一定的空间构型和生物活性,这些分子中的氢键如果被破坏,分子的空间构型就会发生改变,原有的生物活性就会丧失。如图 9-41 所示,DNA 分子中两条多核苷酸链靠碱基(C=O⋯H—N 和 C=N⋯H—N)之间形成的氢键配对而相连,腺嘌呤(A)与胸腺嘧啶(T)配对形成两个氢键,鸟嘌呤(G)和胞嘧啶(C)配对形成三个氢键,两个主链间以大量的氢键连接形成螺旋状的立体构型,一旦氢键被破坏,分子的空间构型就会改变,生理功能就会丧失。

知识链接

知识拓展

NOTE

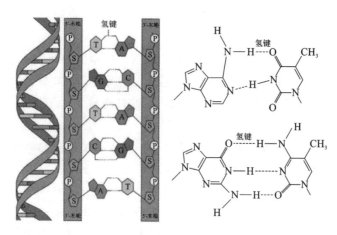

图 9-41   DNA 双螺旋结构及碱基配对形成氢键示意图

本章小结

1. 离子键

离子键是指参加成键的两个原子由于电子的得失而变成阴、阳离子,它们靠静电引力结合起来的化学键,其键的特点是没有饱和性和方向性。离子电荷数、离子半径和离子的价层电子构型构成了离子的三个重要特征。

2. 共价键理论

共价键形成的基本条件:成键两原子需有自旋相反的成单电子,成键时成单电子所在的原子轨道必须发生最大限度的有效重叠。共价键的本质:原子轨道的重叠,两个原子核之间的电子云把两个原子核结合在一起形成共价键。共价键的特征:饱和性和方向性。

共价键的类型:σ 键和 π 键。σ 键键能大,稳定性高;π 键键能小,较易断开,化学性质活泼。π 键不能单独存在,只能与 σ 键共存于具有双键或三键的分子中。

杂化轨道理论进一步补充和发展了现代价键理论。常见原子轨道杂化类型有等性 sp、sp^2、sp^3 杂化和不等性杂化。杂化轨道的成键能力比原来未杂化的轨道的成键能力强,形成的化学键稳定。杂化轨道类型决定了分子的几何构型:sp 杂化,杂化轨道间夹角为 180°,空间构型为直线形;sp^2 杂化,杂化轨道间夹角为 120°,空间构型为平面正三角形;sp^3 杂化,杂化轨道间夹角为109°28′,空间构型为正四面体。

价层电子对互斥理论可以比较简便而直观地解释、判断和预测主族元素的原子形成的一中心多原子分子(或离子)的空间构型。

分子轨道是由原子轨道的线性组合形成的,有几条原子轨道参加组合就能有效地形成几条分子轨道,其中一半成键,一半反键。原子轨道有效组合成为分子轨道的三原则:对称性匹配原则、能量相近原则、电子云最大重叠原则。电子填入分子轨道时,遵循原子轨道排布的三原则,即能量最低原则、洪特规则和泡利不相容原理。

3. 键参数、键的极性与分子的极性

键级、键能、键长、键角和键的极性等概念是衡量化学键性质重要的参数。键能越大,化学键越牢固,构成的分子越稳定;键长越短,键越牢固;根据分子中的键角和键长可确定分子的空间构型;按共用电子对是否发生偏移,可将共价键分成非极性共价键和极性共价键,成键原子的电负性差值越大,键的极性就越大。分子的极性取决于共价键的极性和分子的空间构型。

 NOTE

4. 分子间作用力

分子间作用力包括取向力、诱导力和色散力。取向力存在于极性分子之间；诱导力存在于极性分子之间、极性分子与非极性分子之间；色散力存在于各种分子之间。

氢键是一种特殊的分子间作用力，有分子间氢键和分子内氢键两种类型。氢键的特点：具有饱和性和方向性；与分子间作用力相同，主要影响物质的物理性质，如溶解度、存在状态、熔点、沸点、颜色等。

目标检测

目标检测
答案

同步练习
及其答案

一、判断题

1. 离子型化合物中不可能含有共价键。（　　　）

2. 基态原子的未成对电子数就是该原子最多能形成的共价键数。（　　　）

3. 杂化轨道的成键能力大于参与杂化的各原子轨道的成键能力。（　　　）

4. 若多原子分子的偶极矩为零，则其空间构型一定是对称的。（　　　）

5. 由不同元素形成的双原子分子一定是极性分子。（　　　）

二、填空题

1. 按现代价键理论，两原子形成共价键的条件是_____、_____。

2. 根据形成共价键时原子轨道重叠方式的不同，共价键可以分为_____和_____两种类型，其中_____键稳定性高。

3. 在 H_2O 分子中，O 原子进行_____杂化，其分子空间构型是_____形。

4. O_2^- 的分子轨道排布式是_____，键级是_____，属_____磁性。

5. ![苯环-OH-CHO] 可形成分子_____氢键。以 CCl_4 作溶剂时，它的溶解度_____于（填大或小）OH—〇—CHO 在相同温度下的溶解度。

三、选择题

1. SiF_4 分子的空间构型为（　　　）。

A. V 形　　　　　　　B. 正四面体　　　　　　　C. 三角锥形　　　　　　　D. 平面三角形

2. 下列分子中，中心原子有 sp^2 杂化的是（　　　），键角最小的是（　　　），键角最大的是（　　　）。

A. NH_3　　　　　　　B. H_2O　　　　　　　C. CH_4　　　　　　　D. BF_3

E. CH_3—CH ＝CH—C≡CH　　　　　　　F. C_6H_6　　　　　　　G. $BeCl_2$

H. CO_2

3. 下列分子中，既是非极性分子又含 π 键的是（　　　）。

A. Cl_2　　　　　　　B. C_2Cl_4　　　　　　　C. $CHCl_3$　　　　　　　D. CH_2Cl_2

E. $HgCl_2$　　　　　　　F. H_3P　　　　　　　G. BF_3　　　　　　　H. CO_2

4. 下列分子之间只存在色散力的是（　　　）。

A. CCl_4-HCl(g)　　　B. H_3P-CO_2　　　C. CO_2-BF_3　　　D. CO-H_2S

E. CH_3OH-H_2O　　　F. $HgCl_2$-Cl_2

5. 下列物质中沸点最低的是（　　　），沸点最高的是（　　　）。

A. HF　　　　　　　B. HCl　　　　　　　C. HBr　　　　　　　D. HI

NOTE

四、简答题

1. 为什么电子自旋方向相反的两个 H 原子相互靠近时可形成稳定的 H_2 分子？

2. 什么是原子轨道的杂化？为什么要杂化？用杂化理论说明 H_2O 分子为什么是极性分子。

3. 用杂化轨道理论说明乙烷 C_2H_6、乙烯 C_2H_4、乙炔 C_2H_2 分子的成键过程和各个键的类型。

4. BF_3 的空间构型为正三角形，而 NF_3 却是三角锥形，试用杂化轨道理论予以说明。

5. 已知 NO_2、CO_2 和 SO_2 分子的键角分别为 $132°$、$180°$ 和 $120°$，判断它们中心原子的轨道的杂化类型。

6. 用 VB 法和 MO 法分别说明为什么 H_2 能稳定存在而 He_2 不能稳定存在。

7. 试用价层电子对互斥理论，判断下列分子或离子的空间构型。并说明原因。
SO_4^{2-}，NH_4^+，CO_3^{2-}，BCl_3，PCl_5，SF_6，NH_3，XeF_4，NO_2

8. 请用分子轨道理论合理解释下列现象：(1)Ne_2 分子不存在；(2)B_2 为顺磁性物质；(3)N_2 分子比 N_2^{2-} 分子离子稳定。

9. 试判断下列共价键极性的大小。
(1) HCl、HBr、HI；(2) H_2O、OF_2、H_2Se；(3) NH_3、PH_3、AsH_3

10. 下列分子中，哪些是极性分子？哪些是非极性分子？为什么？
CCl_4，$CHCl_3$，BCl_3，NCl_3，H_2S，CS_2

（姚惠琴）

第十章 配位化合物

案例导入10-1

国外文献最早记载的配合物是普鲁士蓝,是 1704 年由德国狄斯巴赫发现的一种古老的蓝色染料,可用于上釉和作为油画染料,可能是最早制备的配合物。我国《诗经》记载"缟衣茹藘""茹藘在阪",实际上是茜草根中的二羟基蒽醌和黏土或白矾中的铝、钙离子形成的红色配合物,比普鲁士蓝早 2000 多年。

1. 配合物和复盐有什么区别?

2. 配离子与简单离子性质是否相同?

许多金属元素和非金属元素的化学性质都涉及配位化学,在生化检验、环境监测及药物分析等领域,以配位反应为基础的分析方法应用得极为广泛。鉴于配合物具有多种特性,近年来,随着生物无机化学、元素分离技术、配位催化、功能配合物等知识的推动,配位化学已成为无机化学中重要的领域之一。本章将在原子结构和分子结构的基础上,介绍配位化合物的基本概念、结构理论和配位平衡,为进一步学习配合物药物奠定基础。

配位化合物(coordination compound)简称配合物,也叫错合物、**络合物**(complex compound)。早在 1798 年,法国化学家 Tassaert(塔索尔特)合成了第一个配合物 $[Co(NH_3)_6]Cl_3$。自此以后,人们相继合成了成千上万种配合物。特别是近些年来,人们对配合物的合成、结构、性质和应用的研究做了大量的工作,配位化学得到迅速发展,已广泛渗透到分析化学、有机化学、催化化学、结构化学和生物化学等各个学科,成为化学学科中一个重要的分支学科。

案例解析

第一节 配位化合物的基本概念

一、配位化合物的定义

在 $CuSO_4$、$AgNO_3$ 和 $Hg(NO)_3$ 溶液中分别加入过量的 NH_3、KCN 和 KI,就会形成复杂

NOTE

的化合物[Cu(NH_3)_4]SO_4、[Ag(CN)_2]NO_3、K_2[HgI_4]。产生的化学变化过程用反应式可表示如下：

$$CuSO_4 + 4NH_3 \longrightarrow [Cu(NH_3)_4]SO_4$$

$$AgNO_3 + 2KCN \longrightarrow K[Ag(CN)_2] + KNO_3$$

$$HgNO_3 + 4KI \longrightarrow K_2[HgI_4] + 2KNO_3$$

[Cu(NH_3)_4]SO_4、[Ag(CN)_2]NO_3、K_2[HgI_4]这类具有配位单元的化合物称为配位化合物，简称配合物。配位单元是由配位体和中心原子或离子形成的复杂配离子或配分子，如[Cu(NH_3)_4]^{2+}、[PtCl_2(NH_3)_2]。另外，配位单元中的中心原子或离子和一定数目的配位体，按一定的空间构型，以配位键的形式结合在一起。例如：配离子[Co(NH_3)_6]^{3+}中，6 个 NH_3 和位于配离子中心的 Co^{3+} 结合，形成八面体构型的配离子。而配分子[PtCl_2(NH_3)_2]中，2 个 Cl^- 和 2 个 NH_3 与位于中心的 Pt^{2+} 结合形成平面四边形的配分子。其中的 Cl^- 和 NH_3 都具有孤对电子，它们以配位键和金属离子结合。

综上所述，配合物是由一定数目的可以给出孤对电子的离子或分子（称为配体）和接受孤对电子的原子或离子（统称中心原子）以配位键结合形成的化合物。

配体、配离子和配合物在概念上虽有所不同，但实际上讨论配合物的性质主要讨论其特征部分（配位单元），有时对三者不严加区别，英文名称统称为 complex。

二、配位化合物的组成

（一）内界和外界

由中心原子（离子）和配体组成的配位单元（包括配分子、配离子等）是配合物的特征部分，称为**配合物的内界**，其余部分则称为**配合物的外界**。通常把内界写在方括号之内，外界写在方括号之外，如[Cu(NH_3)_4]SO_4、K_2[ZnCl_4]、[PtCl_2(NH_3)_2]。有外界的配合物，内界和外界之间以离子键结合，在水溶液中配合物易解离出外界离子，而配离子很难解离。配离子和外界离子所带电荷总量相等，符号相反。

配合物可以是酸、碱和盐，如 H[Cu(CN)_2]、[Cu(NH_3)_4](OH)_2 和 [Cu(NH_3)_4]SO_4，也可以是电中性的配分子[Ni(CO)_4]。显然，配分子只有内界，没有外界。

若配合物内界含有不止一种配体，则称这种配合物为**混合配体配合物**（mixed-ligand complex），简称混配物。生物体内的配合物多为混配物。

（二）中心原子

在配位单元中，接受孤对电子的阳离子或原子统称为中心原子。中心原子位于配离子的中心位置，是配离子的核心部分，一般为金属离子，且大多为过渡元素，特别是第ⅧB族元素以及与它们相邻近的一些副族元素。其他一些副族元素的原子和高氧化态的非金属元素的原子也是比较常见的中心原子，如[Co(NH_3)_6]^{3+}、[Ni(CO)_4]、[SiF_6]^{2-}中的 Co（Ⅲ）、Ni（0）、Si（Ⅳ）都是中心原子。

（三）配体和配位原子

在配位单元中，与中心原子以配位键结合的阴离子或中性分子称为**配体**，如[Cu(NH_3)_4]^{2+}、[SiF_6]^{2-}、[PtCl_2(NH_3)_2]、[Ni(CO)_4]中的 NH_3、F^-、Cl^-、CO 都是配体。在配体中直接与中心原子形成配位键的原子称为**配位原子**（coordinate atom），如 NH_3 分子中的 N，Cl^- 中的 Cl，CO 中的 C 等。配位原子的最外电子层都有孤对电子，它们通常是电负性较大的非金属元素，如ⅣA～ⅦA族元素，C，N，P，O，S 和负一价卤素原子等。

按配体中配位原子的多少将配体分为单齿配体和多齿配体。只含有 1 个配位原子的配体称为**单齿配体**,如 NH_3、H_2O、CN^-、F^-、Cl^- 等,其配位原子分别为 N、O、C、F、Cl 等。少数配体虽有两个配位原子,由于两个配位原子靠得太近,只能选择其中一个与中心原子成键,这类配体称为**两可配体**,两可配体仍属单齿配体。含有 2 个或 2 个以上配位原子的配体称为**多齿配体**。常见配体列于表 10-1。

表 10-1　常见的配体

配体分类	举例
单齿配体	$\underline{N}H_3$、$H_2\underline{O}$、$\underline{F}^-$、$\underline{C}l^-$、$\underline{B}r^-$、$\underline{I}^-$、$\underline{C}N^-$、$\underline{O}H^-$、$\underline{N}H_2^-$、$CH_3\underline{N}H_2$(甲胺)
两可配体	$O\underline{N}O^-$(亚硝酸根)、$\underline{N}O_2^-$(硝基)、$\underline{S}CN^-$(硫氰酸根)、$\underline{N}CS^-$(异硫氰酸根)、$\underline{N}C^-$(异氰根)
多齿配体	$H_2\underline{N}CH_2CH_2\underline{N}H_2$(乙二胺)、$^-\underline{O}OC—CO\underline{O}^-$(草酸根)、$(^-\underline{O}OC—CH_2)_2\underline{N}—CH_2—CH_2—\underline{N}(CH_2—CO\underline{O}^-)_2$(EDTA,乙二胺四乙酸根)、$CH_3—C\underline{O}—CH=C\underline{O}—CH_3$(乙酰丙酮基)

(四)配位数

配位单元中直接与中心原子以配位键结合的配位原子的数目称为**配位数**(coordination number)。若配合物中的所有配体都是单齿配体,则中心原子的配位数等于配体数,如 $[Cr(NH_3)_6]^{3+}$,配体数和配位数均为 6;若配体中有多齿配体,则配位数不等于配体数,如 $[Cr(H_2NCH_2CH_2NH_2)_3]^{3+}$,配体数是 3,配位数等于 6。配位数为配体数乘以齿数之积。过渡金属离子的常见配位数是 6 和 4,也可以是 2、3、5 或更多。表 10-2 列出了某些金属离子常见的配位数。

表 10-2　常见的金属离子的配位数

配位数	金属离子	实例
2	Ag^+、Cu^+、Au^+	$[Ag(NH_3)_2]^+$、$[Cu(CN)_2]^-$
4	Cu^{2+}、Zn^{2+}、Cd^{2+}、Hg^{2+}、Al^{3+}、Sn^{2+}、Pb^{2+}、Co^{2+}、Ni^{2+}、Pt^{2+}、Fe^{3+}、Fe^{2+}	$[HgI_4]^{2-}$、$[Zn(CN)_4]^{2-}$、$[Pt(NH_3)_2Cl_2]$
6	Cr^{3+}、Al^{3+}、Pt^{4+}、Fe^{3+}、Fe^{2+}、Co^{3+}、Co^{2+}、Ni^{2+}、Pb^{4+}	$[PtCl_6]^{2-}$、$[Cr(NH_3)_4Cl_2]^+$、$[Fe(CN)_6]^{3-}$、$[Ni(NH_3)_6]^{2+}$、$[Co(NH_3)_3(H_2O)Cl_2]$

配位数大小主要由中心原子的电子层结构、空间效应和静电作用三个因素决定。

(1)中心原子电子层结构:第二周期元素价层空轨道为 2s、2p 共 4 个轨道,最多只能容纳 4 对电子,它们的最大配位数为 4,如 $[BeCl_4]^{2-}$、$[BF_4]^-$ 等;第二周期以后的元素,价层空轨道为 $(n-1)$d、ns、np 或 ns、np、nd,配位数可超过 4,如 $[AlF_6]^{3-}$、$[SiF_6]^{2-}$。

(2)空间效应:中心原子体积大,配体的体积小,有利于生成配位数大的配离子。如:F^- 比 Cl^- 小,Al^{3+} 与 F^- 可形成配位数为 6 的配离子 $[AlF_6]^{3-}$,而与 Cl^- 只能形成配位数为 4 的配离子 $[AlCl_4]^-$;中心原子 B(Ⅲ)的半径比 Al^{3+} 小,B(Ⅲ)只能形成配位数为 4 的配离子 $[BF_4]^-$。

(3)静电作用:中心原子的电荷数越多,越有利于形成配位数大的配离子。如:Pt^{2+} 与 Cl^- 形成 $[PtCl_4]^{2-}$,Pt^{4+} 与 Cl^- 形成 $[PtCl_6]^{2-}$。配体所带的电荷数越多,配体间的斥力就越大,配位数相应变小,如 Ni^{3+} 与 NH_3 可形成配位数为 6 的配离子 $[Ni(NH_3)_6]^{2+}$,而与 CN^- 只能形成配位数为 4 的配离子 $[Ni(CN)_4]^{2-}$。

三、配位化合物的命名

(一)外界的命名

由于配合物的阳离子在前,阴离子在后,与一般无机化合物类似,因此命名时,按照无机化合物中的二元化合物、酸、碱、盐等,分别命名为"某化某""某酸""氢氧化某""某酸某"等,如:$[Fe(en)_3]Cl_3$ 命名为三氯化三乙二胺合铁(Ⅲ),$H_2[PtCl_6]$ 命名为六氯合铂(Ⅳ)酸,$[Ag(NH_3)_2]OH$ 命名为氢氧化二氨合银(Ⅰ),$[Cu(NH_3)_4]SO_4$ 命名为硫酸四氨合铜(Ⅱ)等。

(二)内界的命名

(1)内界的命名方式:配体数→配体名称→"合"→中心原子(氧化数)。按照依次写出配体数、配体名称、中心原子名称的顺序进行。配体数以二、三、四等数字表示,不同配体名称之间以中圆点"·"分开,配体与中心原子之间用"合"字连接,表示配位键。中心原子的氧化数用罗马数字在括号中标明。例如:$[Co(NH_3)_6]^{3+}$ 命名为六氨合钴(Ⅲ)离子。

(2)含多种配体时,配体命名规则按照下列顺序进行。

①若内界中既有无机配体,又有有机配体,则先无机配体,后有机配体。

②在无机配体和有机配体中既有阴离子又有中性分子,则先阴离子,后中性分子。

例如:$[CoCl_3(NH_3)_3]$ 命名为三氯·三氨合钴(Ⅲ)。

③同类配体,按配位原子元素符号的英文字母顺序排列(先 A 后 Z)。

例如:$[Co(NH_3)_5(H_2O)]^{3+}$ 命名为五氨·水合钴(Ⅲ)离子。

④配位原子相同,原子数目少的配体在前(先简单,后复杂)。

例如:$[PtBrClNH_3(Py)]$ 命名为溴·氯·氨·吡啶合铂(Ⅱ)。

⑤配位原子、配体原子数目相同,按配位原子连接的原子的元素符号字母顺序。

例如:$[PtNH_2NO_2(NH_3)_2]$ 命名为氨基·硝基·二氨合铂(Ⅱ)。

第二节　配位化合物的化学键理论

配合物的空间构型和某些性质取决于配合物的结构,特别是中心原子和配体之间的结合力。配合物的化学键主要是中心原子与配体之间的配位键。配合物的化学键理论能够阐明配合物的配位数、空间构型、磁性、吸收光谱、热力学和动力学性质等。目前,配合物的化学键理论主要有价键理论、晶体场理论、配位场理论和分子轨道理论等。本节主要介绍价键理论和晶体场理论。

一、价键理论

20 世纪 30 年代,美国化学家鲍林(Linus C. Pauling)将杂化轨道理论应用于配合物而形成配合物的价键理论(valence bond theory,VBT)。

(一)基本要点

(1)在形成配合物时,配位体的配位原子提供孤对电子,填入中心原子的价电子层空轨道形成配位键。

(2)为了形成结构匀称的配合物,中心原子所提供的空轨道首先进行杂化,形成数目相等、能量相同、具有一定空间伸展方向的杂化轨道,然后与配位原子的孤对电子轨道在键轴方向重叠形成配位键。

(3)不同类型的杂化轨道具有不同的空间构型。配合物的空间构型取决于中心原子所提供杂化轨道的数目和类型。中心原子的杂化轨道类型及其对应的空间构型如表 10-3 所示。

表 10-3　中心原子的杂化轨道类型和配合物的空间构型

配位数	杂化轨道	空间构型	实例
2	sp	直线形	$[Ag(NH_3)_2]^+$、$[Au(CN)_2]^-$
2	sp^2	三角形	$[Cu(CN)_3]^{2-}$
4	sp^3	四面体	$[Ni(CO)_4]$、$[ZnCl_4]^{2-}$
4	dsp^2	平面正方形	$[Ni(CN)_4]^{2-}$、$[PtCl_4]^{2-}$
5	dsp^3	三角双锥	$[Cu(Cl)_5]^{3-}$
5	d^2sp^2	四方锥	ClF_5，IF_5
6	sp^3d^2	八面体	$[FeF_6]^{3-}$、$[Co(NH_3)_6]^{2+}$
6	d^2sp^3	八面体	$[Fe(CN)_6]^{3-}$、$[Co(NH_3)_6]^{3+}$

（二）外轨型和内轨型配合物

中心原子采用哪些空轨道杂化，与中心原子的电子层结构及配体中配位原子的电负性有关。过渡金属离子内层$(n-1)$d 轨道未填满，外层的 ns、np、nd 是空轨道，它们有两种杂化方式，可形成两种类型的配合物。而对于过渡金属离子内层$(n-1)$d 轨道全充满的中心原子，则只能采取一种杂化方式。

1. 外轨型配合物

若配位原子为电负性较大的原子(如卤素、氧等)时，不易给出孤对电子，对中心原子影响较小，中心原子原有的电子层构型不变(符合洪特规则)，仅用外层 ns、np、nd 空轨道杂化，生成一定数目且能量相等的杂化轨道与配体结合。这类配合物称为**外轨型配合物**(outer orbital coordination compound)。

例如：$[Fe(H_2O)_6]^{3+}$ 中，Fe^{3+} 的电子组态为$[Ar]3d^5$，外层的 4s、4p、4d 轨道为空轨道，可以接受孤对电子。当 Fe^{3+} 与 O 原子配位时，Fe^{3+} 只用外层的 1 个 4s 轨道、3 个 4p 轨道和 2 个 4d 轨道杂化，组成 6 个 sp^3d^2 杂化轨道，分别接受 6 个 H_2O 中的 6 对孤对电子形成 6 个配位键，如图 10-1 所示。

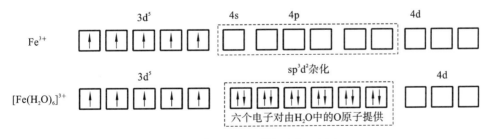

图 10-1　$[Fe(H_2O)_6]^{3+}$ 形成示意图

类似的配合物还有$[FeF_6]^{3-}$、$[CoF_6]^{3-}$、$[Co(NH_3)_6]^{2+}$、$[MnF_6]^{4-}$ 等。

又如：$[Ni(NH_3)_4]^{2+}$ 或$[NiCl_4]^{2-}$ 中，Ni^{2+} 的电子组态为$[Ar]3d^8$，外层的 4s、4p 轨道为空轨道。Ni^{2+} 只用外层的一个 4s 轨道和 3 个 4p 轨道杂化，组成 4 个 sp^3 杂化轨道。用这 4 个杂化轨道分别接受 4 个 NH_3 或 Cl^- 中的 4 对孤对电子形成 4 个配位键，如图 10-2 所示。

另有一些金属离子，如 Ag^+、Cu^+、Zn^{2+}、Cd^{2+}、Hg^{2+} 等，其$(n-1)$d 轨道全充满，无可利用的内层轨道，故与任何配体结合只能形成外轨型配合物。如配离子$[Zn(NH_3)_4]^{2+}$，Zn^{2+} 价层电子结构为 $3d^{10}$，采用 sp^3 杂化，形成正四面体配合物；$[Ag(NH_3)_2]^+$ 采用 sp 杂化轨道形成直线形的配合物。

NOTE

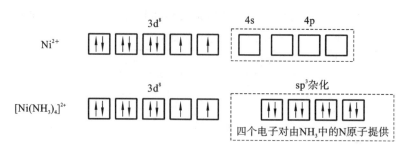

图 10-2 [Ni(NH₃)₄]²⁺ 形成示意图

外轨型配合物仅用外层轨道杂化,能量较高,形成的配位键的键能较小,稳定性较小,在水中易解离。

2. 内轨型配合物

配位原子为电负性较小的 C、N,当与电荷数较高的中心原子(Fe^{3+}、Co^{3+})配位时,由于配体较易给出孤对电子,对中心原子的影响较大,使其 $(n-1)d$ 轨道上的成单电子强行配对,空出内层能量较低的 $(n-1)d$ 轨道与 ns、np 轨道进行杂化,生成一定数目且能量相等的杂化轨道与配体结合,形成**内轨型配合物**(inner orbital coordination compound)。

例如:[Fe(CN)₆]³⁻ 中的 Fe^{3+} 在配体 CN^- 影响下,3d 轨道中的 5 个成单电子重排占据 3 个 d 轨道,剩余 2 个空的 3d 轨道同外层 4s、4p 轨道形成 6 个 d^2sp^3 杂化轨道,与 6 个 CN^- 成键,形成八面体配合物,如图 10-3 所示。

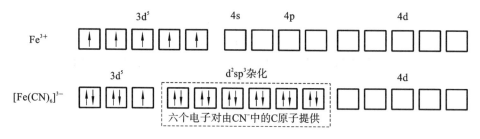

图 10-3 [Fe(CN)₆]³⁻ 形成示意图

[Ni(CN)₄]²⁻ 中的 Ni^{2+} 在配体 CN^- 的影响下,3d 轨道电子重排占据 4 个 d 轨道,形成 4 个 dsp^2 杂化轨道,与 4 个 CN^- 成键,形成平面正方形配合物,如图 10-4 所示。

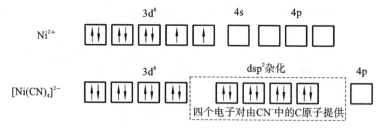

图 10-4 [Ni(CN)₄]²⁻ 形成示意图

内轨型配合物由于使用内层的 $(n-1)d$ 轨道,能量较低,形成的配位键键能较大,稳定性较高,在水中不易解离。

(三) 配合物的磁性

配合物的磁性是配合物的重要性质之一,它是研究配合物结构的重要依据。物质的磁性是指它在磁场中表现出来的性质,主要分为两类:一类是反磁性物质;另一类是顺磁性物质。这些性质主要与物质内部的电子自旋有关。若这些电子都是配对的,由电子自旋产生的磁效应彼此抵消,这种物质在磁场中表现为反磁性;反之,有未成对电子存在时,由电子自旋产生的磁效应不能抵消,这种物质就表现出顺磁性。

物质的磁性通常借助磁天平测定。反磁性的物质在磁场中由于受到磁场力的排斥作用而使重量减轻,顺磁性的物质在磁场中受到磁场力的吸引作用而使重量增加。可以由物质的增重计算磁矩的大小,从而确定未成对电子数。磁矩 μ 可用古埃磁天平测得。

磁矩 μ 与中心原子成单电子数 n 的关系见经验公式(10-1):

$$\mu = \sqrt{n(n+2)}\mu_B \tag{10-1}$$

表 10-4 列出一些配合物的磁矩与单电子数 n 的关系。

表 10-4 一些配合物的磁矩与单电子数

配离子	d轨道电子数	实测实验 μ_B	未成对电子数	理论磁矩 μ_B	杂化类型	配合物的类型
$[FeF_6]^{3-}$	5	5.88	5	5.92	sp^3d^2	内轨型
$[Fe(H_2O)_6]^{2+}$	6	5.30	4	4.90	sp^3d^2	内轨型
$[CoF_6]^{3-}$	6	—	4	4.90	sp^3d^2	内轨型
$[Co(NH_3)_6]^{2+}$	7	3.88	3	3.87	sp^3d^2	内轨型
$[MnCl_4]^{2-}$	5	5.88	5	5.92	sp^3	内轨型
$[Fe(CN)_6]^{3-}$	5	2.30	1	1.73	d^2sp^3	外轨型
$[Co(NH_3)_6]^{3+}$	6	0	0	0	d^2sp^3	外轨型
$[Mn(CN)_6]^{4-}$	5	1.70	1	1.73	d^2sp^3	外轨型
$[Ni(CN)_4]^{2-}$	8	0	0	0	dsp^2	外轨型

(四)配合物的空间构型

配合物的空间构型是指配体在中心离子(或原子)周围排布的几何构型。目前测定配合物空间构型的方法很多,如 X 射线衍射、紫外-可见光谱、红外光谱、旋光光度法、顺磁共振等技术。普遍采用的是配合物晶体 X 射线衍射法,这种方法能够比较精确地测定配合物中各原子的位置、键角和键长等,从而得出配合物分子或离子的空间构型。

配合物的空间构型与中心离子(或原子)的配位数有关。用配合物的价键理论可以很好地解释配合物的空间构型。价键理论认为,形成配位键时,中心原子提供的原子轨道必须先杂化,但究竟采用哪些轨道杂化,取决于中心原子和配体的种类、结构以及相互作用的情况。中心原子的杂化轨道类型和配离子的空间构型的关系如表 10-5 所示。

表 10-5 中心原子的杂化轨道类型和配离子的空间构型

配位数	杂化类型	立体构型	空间结构	实例
2	sp	直线形		$[Ag(CN)_2]^-,[Cu(CN)_2]^-,[Ag(NH_3)_2]^+$
3	sp^2	平面三角形		$[CuCl_3]^{2-},[HgI_3]^-$
4	sp^3	四面体		$[Zn(NH_3)_4]^{2+},[HgI_4]^{2-},[Co(NCS)_4]^{2-}$
	dsp^2	平面正方形		$[Ni(CN)_4]^{2-},[Cu(NH_3)_4]^{2+},[AuCl_4]^-$

173

续表

配位数	杂化类型	立体构型	空间结构	实例
5	dsp^3	三角双锥		$[Fe(CO)_5]$
	d^4s	四方锥		$[TiF_5]^-$
6	sp^3d^2	正八面体		$[FeF_6]^{4-}$,$[AlF_6]^{3-}$,$[Co(NH_3)_6]^{2+}$
	d^2sp^3			$[Mn(CN)_6]^{4-}$,$[Fe(CN)_6]^{3-}$,$[Co(NH_3)_6]^{3+}$

注:配位数大于6的配合物较少见,通常为第二和第三过渡系列元素的配合物,空间构型较复杂。

(五)价键理论的应用和局限性

价键理论的优点如下:①可解释许多配合物的配位数和立体构型;②可解释含有离域 π 键的配合物的高稳定性;③可解释配合物某些性质(稳定性和磁性)。局限性如下:①价键理论为定性理论,不能定量或半定量地说明配合物的性质;②不能解释配合物的可见和紫外吸收特征光谱,也无法解释过渡金属配合物普遍具有特征颜色等问题;③不能解释$[Cu(H_2O)_4]^{2+}$的正方形结构等。

为弥补价键理论的不足,可通过晶体场理论、配位场理论等得到比较满意的解释。

二、晶体场理论(自学)

皮塞(H. Bethe)于 1929 年提出了晶体场理论(crystal field theory,CFT)。该理论把配合物的中心离子和配体看作点电荷,在形成配合物时,带正电荷的中心离子和带负电荷的配体以静电作用相吸引,配体间则相互排斥。晶体场理论还考虑到带负电荷的配体对中心离子最外层电子(特别是过渡元素离子的 d 电子)的排斥作用。该理论在解释配合物的颜色、磁性、电子光谱和配合物的相对稳定性方面比较成功。

(一)晶体场理论的基本要点

(1)在配合物中,中心离子处于带负电荷的配体(负离子或极性分子)形成的静电场中,中心离子与配体之间完全靠静电作用结合在一起,这是配合物稳定的主要原因。

(2)配体形成的晶体场对中心离子的电子,特别是价层电子中的 d 电子,产生排斥作用,使中心离子的外层 d 轨道能级分裂,有些 d 轨道能量升高,有些则降低。

(3)在空间构型不同的配合物中,配体形成不同的晶体场,对中心离子 d 轨道的影响也不同。

晶体场理论主要讨论中心原子在配体负电场作用下发生的 d 轨道能级分裂以及这种分裂与配合物性质之间的关系。

NOTE

（二）d 轨道的能级分裂

1. 八面体场中的能级分裂

在八面体构型的配合物中，6 个配体分别占据八面体的 6 个顶点，由此产生的静电场称为八面体场。以八面体构型的配合物$[Ti(H_2O)_6]^{3+}$为例进行讨论。

我们知道，过渡金属原子外层的 5 个 d 轨道具有相同的主量子数 n 和角量子数 l，它们的能量相同，是五重简并轨道（d_{z^2}，$d_{x^2-y^2}$，d_{xz}，d_{xy}，d_{yz}）。自由离子 Ti^{3+} 的 3d 轨道中只有 1 个电子，在未与 6 个 H_2O 配位时，这个 d 电子在 5 个 d 轨道中出现的机会是均等的。设中心金属离子处于一个球壳的中心，球壳上均匀分布着 6 个配体的配位端的负电荷，金属离子的 5 个 d 轨道受到球壳上负电荷的斥力完全均等，把 1 个电子放入 5 个空 d 轨道的任意一个中，这个电子都会受到球面形负电场的排斥作用；也就是说，球面形负电场会同等程度地升高 5 个 d 轨道的能量，但并不发生能级分裂，将这种静电场称为球形场。实际上，6 个 H_2O 所形成的是八面体场而不是球形场。八面体场中金属离子的 5 个 d 轨道受到球壳上负电荷的斥力是不均等的。因为 5 个 d 轨道的角度分布不同，如图 10-5 所示，d_{z^2} 和 $d_{x^2-y^2}$ 的角度分布极大值正对着配体的点电荷，其中 d 电子受配体的排斥作用较强，相应 d 轨道能量升高的幅度较大；而 d_{xy}、d_{yz} 和 d_{xz} 的角度分布极大值避开了坐标轴上的配体，因此受配体的影响较弱，能级升高的幅度较小。d 轨道的这种变化称为**轨道分裂**（orbital splitting）或能量分裂（energy spitting）。也就是说，在自由的气态金属原（离）子和球面形静电场中，d 轨道是五重简并的；而在八面体场中，d 轨道能量分裂成两组：一组是能量较高的二重简并轨道 d_{z^2} 和 $d_{x^2-y^2}$（晶体场理论以 d_γ 表示），另一组是能量较低的三重简并轨道 d_{xy}、d_{yz} 和 d_{xz}（晶体场理论以 d_ε 表示），如图 10-6 所示。

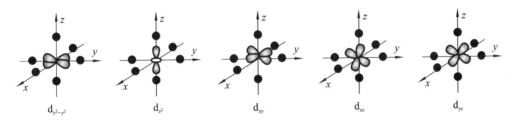

图 10-5　八面体场中 6 个配体与金属离子 5 个 d 轨道的相对空间构型

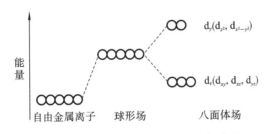

图 10-6　d 轨道在八面体场中的能级分裂

中心原子 d 轨道分裂后，最高能级和最低能级间的能量之差称为晶体场分裂能（crystal field splitting energy），用符号 Δ 表示。设球形场能量 $E_{球形场}=0$ Dq，d 轨道分裂前后总能量保持不变。八面体场的 Δ_o（下标 o 表示八面体 octahedral）$=10$ Dq，在数值上 Δ_o 相当于一个电子从 d_ε 轨道激发到 d_γ 轨道所需的能量。

$$E(d_\gamma)-E(d_\varepsilon)=\Delta_o=10 \text{ Dq} \tag{10-2}$$

$$2E(d_\gamma)+3E(d_\varepsilon)=0 \tag{10-3}$$

将式（10-2）、式（10-3）联立求解得

$$E(d_\gamma)=\frac{3}{5}\Delta_o=+6 \text{ Dq}$$

$$E(d_\epsilon) = -\frac{2}{5}\Delta_o = -4 \text{ Dq}$$

2. 四面体场中的能级分裂

在四面体构型的配合物中,4 个配体分别占据正六面体的 4 个顶点,中心金属离子的 d_{z^2} 和 $d_{x^2-y^2}$ 轨道分别指向正六面体的面心,而 d_{xy}、d_{yz} 和 d_{xz} 轨道分别指向正六面体各边的中心,如图 10-7 所示。在四面体场中,配体不是直接对着任何一个 d 轨道。中心离子的 d_{xy}、d_{yz} 和 d_{xz} 轨道相对离配体较近,受到的斥力较大,能量升高较多,形成一组三重简并的轨道,晶体场理论以 d_ϵ 表示。d_{z^2} 和 $d_{x^2-y^2}$ 轨道相对离配体较远,受到的斥力较小,能量升高较少,形成一组二重简并的轨道,晶体场理论以 d_γ 表示,如图 10-8 所示。显然与八面体场中 d 轨道的分裂情况正好相反。

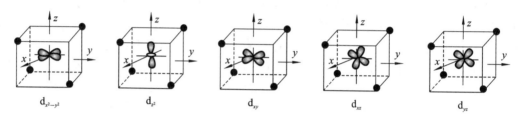

图 10-7 四面体场中 4 个配体与金属离子 5 个 d 轨道的相对空间构型

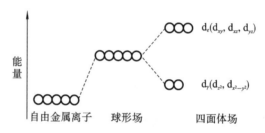

图 10-8 d 轨道在四面体场中的能级分裂

在四面体场中 d_γ 和 d_ϵ 两组轨道的能量差以分裂能 Δ_t 表示(下标 t 代表四面体 tetrahedral),Δ_t 只有八面体场中 Δ_o 的 4/9。从晶体场效应来说,生成八面体配合物比生成四面体配合物更有利。可以算出:

$$\Delta_t = \frac{4}{9}\Delta_o = \frac{4}{9} \times 10 \text{ Dq} = 4.45 \text{ Dq}$$

$$E(d_\epsilon) - E(d_\gamma) = \frac{4}{9} \times 10 \text{ Dq} \qquad (10\text{-}4)$$

$$3E(d_\epsilon) + 2E(d_\gamma) = 0 \qquad (10\text{-}5)$$

联立式(10-4)、式(10-5),解得

$$E(d_\epsilon) = +1.78 \text{ Dq}$$

$$E(d_\gamma) = -2.67 \text{ Dq}$$

3. 平面正方形场中的能级分裂

平面正方形构型的配合物中 d 轨道的能级分裂可以从八面体场出发进行讨论。当八面体配合物中位于 z 轴上的 2 个配体同时外移时,八面体变形为拉长八面体,最后配体完全失去时就变成平面正方形配合物。在这个变化过程中,d_{z^2}、d_{xz} 和 d_{yz} 轨道受到配体的排斥变小,能量降低。同时,在 xy 平面上的配体会趋近金属离子,引起 $d_{x^2-y^2}$ 和 d_{xy} 轨道能量的升高。这样 d 轨道在平面正方形场中分裂成四组轨道。同理也可算出平面正方形场中的四组轨道的相对能量及分裂能 Δ_s(下标 s 表示平面正方形 square planar)=17.42 Dq。现将八面体场、四面体场、平面正方形场中 d 轨道能级分裂的相对数值(以 Dq 为单位)及分裂能列在表 10-6 中,它们的

相对关系见图 10-9。

表 10-6　各种对称场中 d 轨道的能量（单位：Dq）

晶体场	$d_{x^2-y^2}$	d_{z^2}	d_{xy}	d_{yz}	d_{xz}	分裂能
平面正方形场	12.28	−4.28	2.28	−5.14	−5.14	17.42
八面体场	6.00	6.00	−4.00	−4.00	−4.00	10
四面体场	−2.67	−2.67	1.78	1.78	1.78	4.45

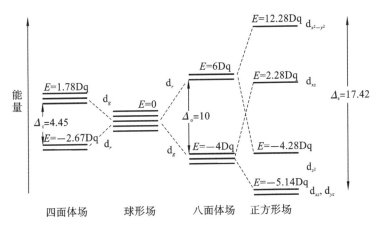

图 10-9　在不同晶体场中 d 轨道能级和分裂能的相对值（单位：Dq）

（图中的 Δ_t、Δ_o、Δ_s 分别代表四面体场、八面体场、正方形场的分裂能）

以上可知由于 d 轨道的空间取向不同，因此在一定对称性的晶体场影响下，中心原子的 d 轨道必然会发生能级分裂，其分裂方式取决于晶体场的对称性。平面正方形场的情况比八面体场、四面体场有较大的能级分裂值。当 4 个配体沿 x 轴、y 轴向中心离子靠近时，$d_{x^2-y^2}$ 轨道中的电子受配体排斥作用最强，能级升高最多，$E(d_{x^2-y^2})=12.28$ Dq；其次是 d_{xy} 轨道，$E(d_{xy})=2.28$ Dq；而 d_{z^2} 和 d_{yz}、d_{xz} 能量降低，$E(d_{z^2})=-4.28$ Dq，$E(d_{yz})=E(d_{xz})=-5.14$ Dq，其晶体场分裂能 $\Delta_s=17.42$ Dq。

（三）晶体场分裂能的影响因素

分裂能的大小与中心离子的半径、电荷、所处周期及配体的性质有关。

（1）中心原子的半径和电荷：同种配体与不同的中心离子形成的配合物的分裂能大小不等。金属原子的半径越小，正电荷越高，就越有利于配体靠近，从而使配体与 d 轨道的相互作用更强，分裂能也就更大。例如，$[Co(H_2O)_6]^{2+}$ 和 $[Co(H_2O)_6]^{3+}$ 的 Δ_o 分别为 11.3 kJ/mol 和 222.5 kJ/mol；$[Fe(H_2O)_6]^{2+}$ 和 $[Fe(H_2O)_6]^{3+}$ 的 Δ_o 分别为 124.4 kJ/mol 和 163.9 kJ/mol。采用光谱学方法，测定同一种金属的不同价态离子的配合物的分裂能 Δ_o，可以显示出金属离子的半径和电荷对 Δ_o 的影响。

（2）中心原子所处的周期：对于相同价态的同族过渡金属，若配合物形态、配体种类和数目都相同，则它们的配合物的 Δ_o 自上而下依次增高。原因在于，随着电子层的增加，外层 d 轨道的伸展范围增大，这有利于与配体之间的相互作用。

NOTE

（3）性质：不同的配体与同一种中心原子结合时，可以导致不同的分裂能 Δ_o。通过测定紫外-可见光吸收光谱，可以由配合物吸收光的能量估算分裂能。

配体对中心离子 d 轨道产生分裂能的大小顺序如下：

$$I^- < Br^- < Cl^- < SCN^- < F^- < OC(NH_2)_2 < OH^-$$

$$\approx ONO^- < C_2O_4^{2-} < H_2O < NCS^- < EDTA^{2-} < NH_3 < en < SO_3^{2-} < NO_2^- < CN^- \approx CO$$

以上顺序称为光谱化学序列，光谱化学序列显示出不同配体产生的晶体场从弱到强的顺序。通常把分裂能力大于 NH_3 的配体称为强场配体，分裂能力小于 H_2O 的配体称为弱场配体，分裂能力介于 H_2O 和 NH_3 之间的配体称为中强场配体。从光谱化学序列可粗略地看出，按配位原子来说，Δ 值的大小顺序如下：卤素<氧<氮<碳。

（四）高、低自旋配合物及 d 电子排布

对于八面体配合物，d 电子在分裂后的 d_ε 和 d_γ 轨道中的排布遵循能量最低原理、泡利不相容原理和洪特规则，同时还要考虑分裂能的影响。

（1）能量最低原理：当中心原子 d 电子数为 1～3 时，d 电子优先填充能量较低的 d_ε。

（2）洪特规则：在能量相等的轨道中，电子优先以自旋平行的方式分占不同的轨道。

如 d 电子数为 1～3 的 $Ti^{3+}(d^1)$、$V^{3+}(d^2)$、$Cr^{3+}(d^3)$，d 电子优先填充能量较低的 d_ε，且自旋平行，即 Ti^{3+}、V^{3+}、Cr^{3+} 的配合物电子排布式分别为 $d_\varepsilon^1 d_\gamma^0$、$d_\varepsilon^2 d_\gamma^0$、$d_\varepsilon^3 d_\gamma^0$，其电子排布方式只有一种。

（3）电子成对能与高、低自旋配合物。

中心原子 d 电子数为 4～7 时，若第 4 个及其以后的电子仍填入 d_ε 轨道，则须与先进入 d_ε 轨道的电子配对。这种排布需要克服与原有电子自旋配对而产生的排斥作用，所需能量称为**电子成对能**（electron pairing energy），用 P 表示。对于不同金属离子，其 P 不等。对于 $d^{4\sim7}$ 构型的离子，如 $Mn^{3+}(d^4)$、$Fe^{3+}(d^5)$、$Co^{3+}(d^6)$，根据分裂能和电子成对能的大小，d 电子排布有两种方式。

①$\Delta_o < P$，电子成对需要能量较大，电子排斥作用阻止电子自旋配对，则使后来的电子进入能级较高的 d_γ 轨道；这种电子排布方式具有较多的单电子，称为高自旋，形成高自旋配合物，相当于价键理论的外轨型配合物。

②$\Delta_o > P$，电子进入 d_γ 轨道需要较多的能量，则电子先成对充满 d_ε 轨道，然后再占据 d_γ 轨道；这种电子排布方式具有较少的单电子，称为低自旋，形成低自旋配合物，相当于价键理论的内轨型配合物。Δ_o 和 P 的相对大小与 d 电子排布方式的关系可以概括为强场，$\Delta_o > P$，低自旋；弱场，$\Delta_o < P$，高自旋。

可根据磁矩数值判断配合物的自旋状态，也可以用低、高自旋状态的单电子数计算其磁矩，并与实测值比较，来判断该配合物 Δ_o 和 P 的相对大小以及相应配体的配位能力的强弱。

【例 10-1】 配合物离子 $[Co(NO_2)_6]^{4-}$ 的 $\mu_测 = 1.8\ \mu_B$，请判断该配合物 Δ_o 和 P 的相对大小。

解：$Co(II)$ 的价层电子组态是 $3d^7$。$[Co(NO_2)_6]^{4-}$ 是 ML_6 型配合物，其形状为八面体。根据晶体场理论，$[Co(NO_2)_6]^{4-}$ 中 $Co(II)$ 的 d 电子排布可能有两种情况：$(d_\varepsilon)^6(d_\gamma)^1$ 和 $(d_\varepsilon)^5(d_\gamma)^2$。根据公式 $\mu = \sqrt{n(n+2)}\ \mu_B$，可求得高自旋和低自旋配合物的磁矩计算值分别为 $3.87\ \mu_B$ 和 $1.73\ \mu_B$。因为后者比前者更接近实测值，所以 $[Co(NO_2)_6]^{4-}$ 中 $Co(II)$ 的 d 电子排布是低自旋 $(d_\varepsilon)^6(d_\gamma)^1$。该结果表明 $\Delta_o > P$，$[Co(NO_2)_6]^{4-}$ 中的 NO_2^- 是强场配体。

在八面体的强场和弱场中，$d^1 \sim d^{10}$ 构型的中心离子的电子在 d_ε 和 d_γ 轨道中的分布情况如表 10-7 所示。

NOTE

表 10-7　八面体场中电子在 d_ϵ 和 d_γ 轨道中的分布

d^n	弱场			强场		
	d_ϵ	d_γ	未成对电子数	d_ϵ	d_γ	未成对电子数
d^1	↑		1	↑		1
d^2	↑ ↑		2	↑ ↑		2
d^3	↑ ↑ ↑		3	↑ ↑ ↑		3
d^4	↑ ↑ ↑	↑	4	↑↓ ↑ ↑		2
d^5	↑ ↑ ↑	↑ ↑	5	↑↓ ↑↓ ↑		1
d^6	↑↓ ↑ ↑	↑ ↑	4	↑↓ ↑↓ ↑↓		0
d^7	↑↓ ↑↓ ↑	↑ ↑	3	↑↓ ↑↓ ↑↓	↑	1
d^8	↑↓ ↑↓ ↑↓	↑ ↑	2	↑↓ ↑↓ ↑↓	↑ ↑	2
d^9	↑↓ ↑↓ ↑↓	↑↓ ↑	1	↑↓ ↑↓ ↑↓	↑↓ ↑	1
d^{10}	↑↓ ↑↓ ↑↓	↑↓ ↑↓	0	↑↓ ↑↓ ↑↓	↑↓ ↑↓	0

由表 10-7 可见,构型为 d^1、d^2、d^3、d^8、d^9、d^{10} 的中心离子在强场和弱场中的电子排布是相同的;构型为 d^4、d^5、d^6 和 d^7 的中心离子在强场和弱场中的电子排布是不同的。综上所述,随着 d 轨道主量子数 n 的增加,其分裂能 Δ_o 增大,因此用 4d、5d 轨道形成的配合物一般是低自旋的。另外,四面体配合物的分裂能 Δ_t 仅是八面体分裂能 Δ_o 的 4/9,如此小的分裂能一般不会超过成对能,因此四面体配合物中 d 电子排布一般取高自旋状态。

（五）晶体场稳定化能

在晶体场作用下,中心离子的 d 轨道发生能级分裂,电子优先填充在能量较低的轨道上,体系的总能量比 d 轨道未分裂(在球形场中)时降低,此降低的能量称为**晶体场稳定化能**,用 CFSE 表示。

CFSE 与中心离子的电子数目、晶体场的强弱及配合物的空间构型有关。以八面体为例,根据 d_ϵ 和 d_γ 的相对能量和进入其中的电子数以及分裂前后成对电子数的变化,可以根据下式计算八面体配合物的 CFSE:

$$\text{CFSE} = n_1 E(d_\epsilon) + n_2 E(d_\gamma) + (x - y)P \tag{10-6}$$

其中,n_1 和 n_2 分别为 d_ϵ 和 d_γ 轨道中的电子数;$E(d_\epsilon)$、$E(d_\gamma)$ 分别为 d_ϵ 和 d_γ 轨道的相对能量(根据前面的公式推导,$E(d_\epsilon) = -0.4\Delta_o = -4\ \text{Dq}$,$E(d_\gamma) = 0.6\Delta_o = 6\ \text{Dq}$);$x$ 和 y 分别为 d 轨道分裂前后的成对电子数;P 为电子成对能。

由前面的论述可知,构型为 d^1、d^2、d^3、d^8、d^9、d^{10} 的中心离子,无论在强场还是弱场中,d 电子的排布只有一种,因此它们在弱场和强场中的 CFSE 相同,没有电子成对能。如:

V^{3+}(d^2)弱场和强场　CFSE $= 2 \times E(d_\epsilon) + 0 \times E(d_\gamma) = 2 \times (-4\ \text{Dq}) = -8\ \text{Dq}$

Ni^{2+}(d^8)弱场和强场　CFSE $= 6 \times E(d_\epsilon) + 2 \times E(d_\gamma) = 6 \times (-4\ \text{Dq}) + 2 \times (6\ \text{Dq}) = -12\ \text{Dq}$

构型为 d^4、d^5、d^6 和 d^7 的中心离子,在强场和弱场中的电子排布是不相同的,d 电子有高低自旋两种状态。在弱场中,成对电子数与球形场相同,计算 CFSE 时不考虑电子成对能。在强场中,成对电子数大于球形场中的成对电子数,计算 CFSE 时要考虑电子成对能。如:

Cr^{2+}(d^4)

弱场(高自旋)　CFSE $= 3 \times E(d_\epsilon) + 1 \times E(d_\gamma) = 3 \times (-4\ \text{Dq}) + 1 \times (6\ \text{Dq}) = -6\ \text{Dq}$

强场(低自旋)　CFSE $= 4 \times E(d_\epsilon) + 0 \times E(d_\gamma) + (1-0)P = 4 \times (-4\ \text{Dq}) + P$
$\qquad\qquad = -16\ \text{Dq} + P$

NOTE

$Fe^{2+}(d^6)$

弱场(高自旋)　$CFSE = 4 \times E(d_\varepsilon) + 2 \times E(d_\gamma) = 4 \times (-4\ Dq) + 2 \times (6\ Dq) = -4\ Dq$

强场(低自旋)　$CFSE = 6 \times E(d_\varepsilon) + 0 \times E(d_\gamma) + (3-1)P = 6 \times (-4\ Dq) + 2P$
$$= -24\ Dq + 2P$$

【例 10-2】 某中心原子价电子组态为 d^5，请分别计算它的强场、弱场八面体配合物的晶场稳定化能。

解: d^5 电子在强八面体场中的排布为 $t_{2g}^5 e_g^0$，成对电子数 $n_2 = 2$，在弱八面体场中的排布为 $t_{2g}^3 e_g^2$，成对电子数 $n_2 = 0$，则根据 d 电子排布可计算晶体场稳定化能。

强场 $\Delta_o > P$，$CFSE = 5 \times (-0.4\Delta_o) + (2-0)P = -2.0\Delta_o + 2P = -2.0(\Delta_o - P) < 0$

弱场 $\Delta_o < P$，$CFSE = 3 \times (-0.4\Delta_o) + 2 \times 0.6\Delta_o = 0$

该计算结果表明，在强场配合物中电子填入能量较低的 t_{2g} 轨道，由此引起的系统能量降低可抵消电子成对能引起的能量升高而有余。

在四面体场中，d 电子数为 1~10 的金属离子都是高自旋的，且在四面体场中的成对电子数与球形场中相同，故计算 CFSE 时不考虑电子成对能。如：

d^2(高自旋)　$CFSE = 0 \times E(d_\varepsilon) + 2 \times E(d_\gamma) = 0 + 2 \times (-2.67\ Dq) = -5.34\ Dq$

d^6(高自旋)　$CFSE = 3 \times E(d_\varepsilon) + 3 \times E(d_\gamma) = 3 \times (1.78\ Dq) + 3 \times (-2.67\ Dq)$
$$= -2.67\ Dq$$

现将几种常见配位场的 CFSE 列于表 10-8 中。

表 10-8　晶体场稳定化能 CFSE(单位:Dq)

d^n	弱场			强场		
	正方形	正八面体	正四面体	正方形	正八面体	正四面体
d^0	0	0	0	0	0	0
d^1	−5.14	−4	−2.67	−5.14	−4	−2.67
d^2	−10.28	−8	−5.34	−10.28	−8	−5.34
d^3	−14.56	−12	−3.56	−14.56	−12	$-8.01 - P$
d^4	−12.28	−6	−1.78	$-19.70 + P$	$-16 + P$	$-10.68 - 2P$
d^5	0	0	0	$-24.84 + 2P$	$-20 + 2P$	$-8.90 - 2P$
d^6	−5.14	−4	−2.67	$-29.12 + 2P$	$-24 + 2P$	$-7.32 - P$
d^7	−10.28	−8	−5.34	$-26.84 + P$	$18 - P$	−5.34
d^8	−14.56	−12	−3.56	−24.56	−12	−3.56
d^9	−12.28	−6	−1.78	−12.28	−6	−1.78
d^{10}	0	0	0	0	0	0

由表中数据可见，CFSE 与配离子空间构型、d 电子数和晶体场强弱有关。表中所列几何构型，在弱场中，d^0、d^5、d^{10} 型离子的 CFSE 均为零；而 d^1 与 d^6、d^2 与 d^7、d^3 与 d^8、d^4 与 d^9 相差 5 个 d 电子的各对 CFSE 分别相等。这是因为在弱场中，无论何种几何形态的场，多出的 5 个电子能量降低部分恰与能量升高相抵消，所以对 CFSE 没有贡献。随着 d 电子数的递变，CFSE 的次序如下：

$$d^0 < d^1 < d^2 < d^3 > d^4 > d^5 < d^6 < d^7 < d^8 > d^9 > d^{10}$$

CFSE 有两个峰值，八面体场和正方形场在 d^3、d^8，四面体场在 d^2、d^7。在强场中，则是 d^0、d^{10} 型离子的 CFSE 为零。随着 d 电子数的递变，CFSE 的顺序如下：

NOTE

$$d^0 < d^1 < d^2 < d^3 < d^4 < d^5 < d^6 > d^7 > d^8 > d^9 > d^{10}$$

只有一个峰值在 d^6。

综上所述,晶体场理论的核心内容是配位体的静电场与中心原子作用引起的 d 轨道的能级分裂和 d 电子进入低能级轨道时所产生的稳定化能。

(六) 晶体场理论的应用

1. 配合物的颜色

过渡金属离子的配合物一般是有颜色的。如金属离子的水合离子 $[Ti(H_2O)_6]^{3+}$(紫红),$[Cu(H_2O)_4]^{2+}$(蓝),$[Ni(H_2O)_6]^{2+}$(绿)等。中心离子相同,配体不同时,配合物的颜色也不同,如 $[Co(NH_3)_6]^{3+}$(黄)、$[CoCl(NH_3)_5]^{3+}$(紫红)、$[Cu(NH_3)_4]^{2+}$(深蓝)、$[CuCl_4]^{2-}$(黄)等。配合物显色的原因是其吸收了某些波长的光,而呈现透过光的颜色。晶体场理论可以解释这些配合物所呈现的颜色及吸收光谱产生的原因。

$[Ti(H_2O)_6]^{3+}$ 呈紫红色,是由于 Ti^{3+} 只有 1 个 d 电子,在八面体场中的电子排布为 d_ε^1,当可见光照射到该配离子溶液时,处于 d_ε 轨道上的电子吸收了可见光中波长为 492.7 nm 附近的光而跃迁到 d_γ 轨道;这一波长光子的能量恰好等于配离子的分裂能,相当于 $20400\ cm^{-1}$,此时可见光中蓝绿色光被吸收,剩下红色和紫色的光,故溶液显紫红色,如图 10-10 所示。

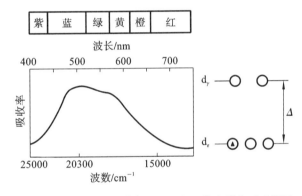

图 10-10 $[Ti(H_2O)_6]^{3+}$ 的可见光吸收光谱和 d-d 跃迁

2. 配合物的空间结构

在过渡金属的配离子中,配位数为 6 的八面体配离子最常见,但是实验结果表明,有一些八面体配合物并不是正八面体,而是变形八面体。例如 $[Cu(H_2O)_6]^{2+}$、$[Cu(NH_3)_4(H_2O)_2]^{2+}$ 是拉长的八面体(图 10-11)。$[Cu(NH_3)_4 \cdot (H_2O)_2]^{2+}$ 中,Cu^{2+} 与 4 个 NH_3 处于同一平面且相距较近,而 2 个 H_2O 处于八面体相对的两顶点且相距较远。这种现象可以用 Jahn-Teller 效应来解释。

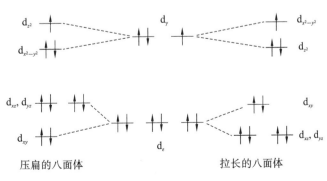

图 10-11 八面体 Cu^{2+} 配合物的电子组态

Jahn-Teller 效应指出:如果一个非线性分子的电子排布具有简并态,那么该分子的结构

NOTE

不稳定,就会通过结构变形而降低简并度以稳定其中某一状态。形成八面体时,若金属离子为 d^{10} 构型,d 电子云呈现球形对称分布。若为 d^9 构型,d 电子云分布不对称,这时可有两种兼并状态的电子排布方式:$(d_\varepsilon)^6(d_{z^2})^1(d_{x^2-y^2})^2$ 和 $(d_\varepsilon)^6(d_{z^2})^2(d_{x^2-y^2})^1$。如图 10-11 所示,在 Cu^{2+} 的 d_γ 轨道中,容纳成对电子的既可以是 d_{z^2},也可以是 $d_{x^2-y^2}$,若单电子填入 $d_{x^2-y^2}$ 轨道,成对电子填入 d_{z^2} 轨道,即采取 $(d_\varepsilon)^6(d_{z^2})^2(d_{x^2-y^2})^1$ 排布(图 10-11 右部),那么在中心原子与配体之间,沿 z 轴的电子密度(2 个电子的贡献)要大于沿 x 轴和 y 轴的电子密度(1 个电子的贡献);也就是说,使 z 轴上 d 电子与配体负电荷之间的静电排斥作用更强,使 z 轴上的 2 个配体离中心原子更远,即拉长的八面体;若单电子填入 d_{z^2} 轨道,即采取 $(d_\varepsilon)^6(d_{z^2})^1(d_{x^2-y^2})^2$ 排布,则 z 轴上 d 电子与配体负电荷之间静电排斥作用更弱(图 10-11 左部),使 z 轴上的 2 个配体离中心原子更近,$[Cu(H_2O)_6]^{2+}$ 呈压扁的八面体。

实验表明,多数为拉长的八面体。畸变还使原来简并的 d_ε 和 d_γ 轨道进一步分裂。如在拉长八面体中,d_γ 轨道分裂为 $d_{x^2-y^2}$(高)和 d_{z^2}(低)两个能级,而 d_ε 轨道分裂为 d_{xy}(高)和 d_{xz}、d_{yz}(低)两个能级。d 电子填充这些分裂的轨道后会获得额外的稳定化能。低自旋 d 配合场和高自旋 d 配合物也会通过结构变形而解除 d_γ 轨道的二重简并。因为 d_ε 轨道并不直接指向位于坐标轴上的配体,所以解除 d_ε 轨道的电子排布简并态引起的结构变形幅度较小。

某些八面体配离子,由于 Jahn-Teller 效应而形成拉长的八面体。如果这种变形很显著,在 z 轴上的配体外移很远,就得到平面四边形配离子。如 d^8 构型的金属离子和强场配体结合时,有利于形成平面四边形配离子。这时 8 个 d 电子占据能量较低的 4 个轨道(d_{xz}、d_{yz}、d_{z^2}、d_{xy}),而能级较高的 $d_{x^2-y^2}$ 轨道空着,形成低自旋的配离子。配体越强,$d_{x^2-y^2}$ 能级升高越多,因为它空着,对能量并无影响,而 4 个已占据轨道能级相应降低较多(重心不变原理),配离子更稳定。典型的低自旋平面四边形配离子有 $[Ni(CN)_4]^{2-}$、$[PdCl_4]^{2-}$、$[Pt(NH_3)_4]^{2+}$ 等。

多数配位数为 4 的配合物为四面体构型。除 d^0、d^5、d^{10} 电子构型外,八面体的 CFSE 都比四面体的大,但在四面体构型中,配体间的相互排斥作用较小。因此,在合适的条件下才能形成四面体构型的配离子。例如:$[Zn(NH_3)_4]^{2+}$(d^{10})、$[FeCl_4]^-$(d^5)、$[CoCl_4]^{2-}$(d^7)、CrO_4^{2-}(d^0)等都是四面体构型。

（七）晶体场理论的特点和局限性

晶体场理论比较满意地解释了配合物的吸收光谱、磁性及空间构型等实验事实。然而晶体场理论是一种静电作用,当中心离子与配体之间形成化学键的共价成分不能忽视时,或者一些形成体是中性分子时,晶体场理论就不太适用了。例如,若只考虑静电作用,在光谱化学序列中的 CO 分子应当比卤素负离子 X^- 更弱,而实际上 CO 导致的分裂能更大。近代实验表明,金属和配体之间存在轨道重叠作用。因此,晶体场理论存在不足之处。后来在晶体场理论的基础上,考虑了轨道之间的重叠,发展形成了配位场理论。

另外,晶体场理论仅仅着眼于配体对中心原子 d 轨道的影响,而没有考虑中心原子对配体轨道的作用。在全部成键效应中,来自 d 轨道分裂的部分只占较小比例。因此,根据分裂能计算出的晶体场稳定化能虽然在一定程度上反映出 M—L 作用的相对强弱,但用以说明配合物的稳定性却具有局限性。相比而言,分子轨道理论看问题的角度则宽广得多,它不仅考虑中心原子的 nd 轨道,而且考虑 $(n+1)s$ 和 $(n+1)p$ 轨道;不仅考虑配体对中心原子的影响,而且考虑中心原子对配体的影响;不仅考虑中心原子和配体之间的 σ 键,而且考虑 π 电子的相互作用。应当指出,在分子轨道理论的处理结果中,中心原子 d 轨道的能量也分裂为两组,这与晶体场理论的处理结果一致;从这个意义上说,晶体场理论关于 d 轨道分裂的思想在分子轨道理论中得到了重生。分子轨道理论包含更多原子轨道对配合物形成的贡献,是目前适用范围较广泛的配合物化学键理论。配位场理论及分子轨道理论,本教材不做介绍。

第三节 配合物的稳定性及配位平衡的移动

配合物的稳定性主要是指热力学稳定性,即在水溶液中的解离情况。配离子解离出中心原子和配体的反应称为解离反应。解离程度越低,配合物的稳定性越大。

一、稳定常数与不稳定常数

在配合物中,配离子与外界离子以离子键相结合,在水溶液中能完全电离,产生配离子和外界离子,外界离子容易被检出。而配离子中的中心原子与配体之间则以配位键结合,在水溶液中很少解离。例如:向 $CuSO_4$ 溶液中加入稀氨水,首先生成浅蓝色的 $Cu(OH)_2$ 沉淀,继续加氨水,则沉淀溶解形成 $[Cu(NH_3)_4]^{2+}$ 的深蓝色溶液。此时若向溶液中加稀 NaOH,则无 $Cu(OH)_2$ 沉淀产生,这似乎说明溶液中的 Cu^{2+} 全部生成 $[Cu(NH_3)_4]^{2+}$;但向溶液中通硫化氢则有黑色 CuS 沉淀生成;表明溶液中尚有游离的 Cu^{2+} 存在。即 Cu^{2+} 并没有完全结合。可以认为,溶液中既存在 Cu^{2+} 和 NH_3 分子的配合反应,又存在 $[Cu(NH_3)_4]^{2+}$ 的解离反应,配合反应和解离反应最后达到平衡,这种平衡称为**配位平衡**。如 $[Cu(NH_3)_4]^{2+}$ 的生成反应为

$$Cu^{2+} + 4NH_3 \rightleftharpoons [Cu(NH_3)_4]^{2+}$$

根据化学平衡的原理,其平衡常数称为稳定常数(stability constant),用 $K_s^{\ominus}$ 表示。

$$K_s^{\ominus} = \frac{[[Cu(NH_3)_4]^{2+}]}{[Cu^{2+}][NH_3]^4} \tag{10-7}$$

$[Cu(NH_3)_4]^{2+}$ 的解离反应为

$$[Cu(NH_3)_4]^{2+} \rightleftharpoons Cu^{2+} + 4NH_3$$

其解离平衡常数即不稳定常数的表达式 $K_{\text{不稳}}^{\ominus}$ 如下:

$$K_{\text{不稳}}^{\ominus} = \frac{[Cu^{2+}][NH_3]^4}{[[Cu(NH_3)_4]^{2+}]} \tag{10-8}$$

显然 $K_s^{\ominus}$ 与 $K_{\text{不稳}}^{\ominus}$ 互为倒数,都可以用来表示配合物的稳定性。$K_s^{\ominus}$ 越大,或 $K_{\text{不稳}}^{\ominus}$ 越小,说明生成配离子的倾向越大,而解离的倾向越小,即配离子越稳定。一些常见配合物的稳定常数在教材附录 E 中已列出。

二、配位平衡的移动

溶液的酸碱性通常影响配合物的稳定性。酸碱平衡可以通过配体的酸效应(acid effect)和金属离子的水解反应(hydrolysis effect)影响配位平衡。

(一)配体的酸效应

根据路易斯酸碱理论,配体 L 都是碱,若 L 为强碱(如 H_4Y 中的 Y^{4-}),则与 H^+ 的结合力很强,当溶液中酸度增加时,L 会结合 H^+ 变成弱酸分子从而使其浓度减小,使配合物稳定性降低。例如在含有 $[Cu(NH_3)_4]^{2+}$ 的溶液中加入酸时,配体 NH_3 浓度降低,配位平衡向解离方向移动,$[Cu(NH_3)_4]^{2+}$ 的稳定性下降。这种酸度增大而导致配合物的稳定性降低的现象称为酸效应。

配位平衡与酸碱平衡的关系,可以看成是金属离子与 H^+ 争夺配体 L 的关系。酸效应的强弱与配体的酸碱性有关,配体的碱性较强,酸效应较强,则在酸性溶液中,配合物的稳定性较差。如 NH_3、F^-、CN^-、$C_2O_4^{2-}$ 等大多数配合物在酸性溶液中不能存在。配体是强酸的酸根离子,碱性极弱,溶液的酸度对配合物的稳定性影响不大。如 SCN^- 为配体的配合物在强酸性

NOTE

溶液中仍能稳定存在。

（二）金属离子的水解效应

当溶液酸度降低，即 H^+ 浓度减小（pH 增大）时，金属离子的水解程度增大，使得金属离子的浓度降低，从而使配合平衡向解离方向移动，导致配合物稳定性下降。例如在含有 $[FeF_6]^{3-}$ 的溶液中加入碱时，Fe^{3+} 浓度由于发生水解反应而降低，配位平衡向解离方向移动。这种因金属与溶液中的 OH^- 结合而导致配离子解离的作用称为金属离子的水解效应。此时配位平衡与酸碱电离平衡的关系，可以看成是配体 L 与 OH^- 争夺金属离子的过程。

溶液酸度对配位平衡的影响是多方面的，既有配体的酸效应，又有金属离子的水解效应。一般来说，每种配合物均有其适宜的酸度范围。若酸度太大，配体的酸效应明显；但若酸度太小，金属离子的水解效应明显。因此调节溶液的 pH 可导致配合物生成或解离。至于在某一酸度下，配合物的稳定性主要受到哪种因素的影响以及受影响的程度有多大，取决于配体的碱性、金属离子的水解平衡常数和配合物的 $\lg K_s^\ominus$ 等。相应的计算比较复杂，在此不做讨论。

（三）配位平衡与沉淀溶解平衡

如果溶液中具有过渡金属离子的沉淀剂，而配体不受该沉淀剂的影响，那么金属离子就会同时参与沉淀平衡和配位平衡。例如，在 AgCl 沉淀中加入足量氨水，沉淀就会溶解，形成 $[Ag(NH_3)_2]^+$。

反应可表示为

$$AgCl(s) + 2NH_3(aq) \rightleftharpoons [Ag(NH_3)_2]^+ + Cl^-(aq)$$

生成配离子的 $K_s^\ominus$ 越大（即配体的配位能力越强），沉淀的 $K_{sp}^\ominus$ 越大，就越容易使沉淀平衡转化为配位平衡。当然，反应进行的程度还与溶液中的 NH_3 及 Cl^- 的浓度等有关。

向 $[Ag(NH_3)_2]^+$ 溶液中加入适量 KBr 溶液，$[Ag(NH_3)_2]^+$ 就会解离，形成淡黄色的 AgBr 沉淀。

反应可表示为

$$[Ag(NH_3)_2]^+(aq) + Br^-(aq) \rightleftharpoons AgBr(s) + 2NH_3(aq)$$

生成配离子的 $K_s^\ominus$ 越小（即配离子稳定性越差），中心原子形成沉淀的 $K_{sp}^\ominus$ 越小，配位平衡就越容易转化为沉淀平衡；同样，反应进行的程度还与溶液中的 NH_3 及 Br^- 的浓度等有关。

加入配体可推动沉淀平衡向溶解方向移动，$K_s^\ominus$ 越大就越容易使沉淀转化为配离子。反之，加入沉淀剂可促使配位平衡向解离方向移动，$K_{sp}^\ominus$ 越小就越容易使配离子转化为沉淀。可以根据平衡常数计算有关物质的浓度。

【例 10-3】 已知 AgCl(s) 的溶度积常数为 $K_{sp}^\ominus = 1.77 \times 10^{-10}$，$Ag(NH_3)_2^+$ 的稳定常数 $K_s^\ominus = 1.1 \times 10^7$，欲将 0.10 mol AgCl(s) 溶于 1.0 L 氨水中，所需氨水的最低浓度是多少？

解： 当 0.10 mol AgCl 在 1.0 L 氨水中恰好完全溶解时，$[Ag(NH_3)_2]^+$ 和 Cl^- 的浓度都是 0.10 mol/L，设 NH_3 的浓度为 x，则平衡时 NH_3 的浓度为 $x - 0.20$，此时系统中存在沉淀平衡和配位平衡：

$$AgCl(s) \rightleftharpoons Ag^+(aq) + Cl^-(aq)$$

$$Ag^+(aq) + 2NH_3(aq) \rightleftharpoons [Ag(NH_3)_2]^+(aq)$$

根据多重平衡原理，两个反应方程式相加，得

$$AgCl(s) + 2NH_3(aq) \rightleftharpoons [Ag(NH_3)_2]^+(aq) + Cl^-(aq)$$

初始浓度	x	0	0
平衡浓度	$x - 0.20$	0.10	0.10

$$K = K_s^\ominus \cdot K_{sp}^\ominus = 1.95 \times 10^{-3}$$

NOTE

$$K = \frac{[[Ag(NH_3)_2]^+] \cdot [Cl^-]}{[NH_3]^2} = \frac{0.10 \times 0.10}{(x-0.20)^2}$$

$$x = \sqrt{\frac{0.10 \times 0.10}{1.95 \times 10^{-3}}} + 0.20 = 2.46 \ (mol/L)$$

答：所需氨水的最低浓度是 2.46 mol/L。（注意"恰好完全溶解"对应于"最低浓度"。）

【例 10-4】 某溶液中 NH_4Cl、$[Cu(NH_3)_4]^{2+}$ 和 NH_3 的初始浓度分别为 0.010 mol/L、0.15 mol/L 和 0.10 mol/L，问是否会形成 $Cu(OH)_2$ 沉淀？已知 $[Cu(NH_3)_4]^{2+}$ 的 $K_s^\ominus = 2.1 \times 10^{13}$，$NH_3$ 的 $K_b^\ominus = 1.78 \times 10^{-5}$，$Cu(OH)_2$ 的 $K_{sp}^\ominus = 2.2 \times 10^{-20}$。

解： 此题可以由酸碱平衡算出 $[OH^-]$，由配位平衡求出 $[Cu^{2+}]$，然后根据沉淀平衡的溶度积规则判断有无沉淀形成。

$$NH_3(aq) + H_2O(l) \rightleftharpoons NH_4^+(aq) + OH^-(aq)$$

$$K_b^\ominus = \frac{[NH_4^+][OH^-]}{[NH_3]}$$

$$[OH^-] = \frac{K_b^\ominus \cdot [NH_3]}{[NH_4^+]} = \frac{1.78 \times 10^{-5} \times 0.1}{0.010} = 1.78 \times 10^{-4}$$

$$Cu^{2+} + 4NH_3 \rightleftharpoons [Cu(NH_3)_4]^{2+}$$

$$K_s^\ominus = \frac{[[Cu(NH_3)_4]^{2+}]}{[Cu^{2+}][NH_3]^4}$$

$$[Cu^{2+}] = \frac{[[Cu(NH_3)_4]^{2+}]}{K_s^\ominus [NH_3]^4} = \frac{0.15}{2.1 \times 10^{13} \times (0.10)^4} = 7.1 \times 10^{-11}$$

$$[Cu^{2+}] \cdot [OH^-]^2 = 7.1 \times 10^{-11} \times (1.78 \times 10^{-4})^2 = 2.2 \times 10^{-18}$$

因为 $[Cu^{2+}] \cdot [OH^-]^2 > K_{sp}^\ominus = 2.2 \times 10^{-20}$，所以溶液中会有 $Cu(OH)_2$ 沉淀形成。

【例 10-5】 计算 298.15 K 时，AgCl 在 6 mol/L 氨水中的溶解度。在上述溶液中加入 NaBr 固体使 Br^- 浓度为 0.1 mol/L（忽略因加入 NaBr 所引起的体积变化），问有无 AgBr 沉淀生成？

解： 设 AgCl 在 6.0 mol/L 氨水中的溶解度为 S，则

$$AgCl(s) + 2NH_3(aq) \rightleftharpoons [Ag(NH_3)_2]^+(aq) + Cl^-(aq)$$

初始浓度	6	0	0
平衡浓度	6-2S	S	S

反应的平衡常数为

$$K = \frac{[Ag(NH_3)_2]^+ \cdot [Cl^-]}{[NH_3]^2} = K_s^\ominus([[Ag(NH_3)_2]^+]) \cdot K_{sp}^\ominus(AgCl) = 1.95 \times 10^{-3}$$

$$\frac{S^2}{(6.0-2S)^2} = 1.95 \times 10^{-3}$$

解得 S = 0.26 mol/L。

在上述溶液中加入 NaBr 固体使 Br^- 浓度为 0.1 mol/L，设溶液中的 Ag^+ 浓度为 x mol/L。

$$Ag^+(aq) + 2NH_3(aq) \rightleftharpoons [Ag(NH_3)_2]^+(aq)$$

$$x \quad\quad 6-2\times0.26 \quad\quad 0.26$$

$$K_s^\ominus([Ag(NH_3)_2]^+) = \frac{[[Ag(NH_3)_2]^+]}{[NH_3]^2 \cdot [Ag^+]} = 1.1 \times 10^7$$

解得：$x = 4.3 \times 10^{-9}$，$Q = [Ag^+] \cdot [Br^-] = 4.3 \times 10^{-10} > K_{sp}^\ominus$，所以有沉淀生成。

（四）配位平衡与氧化还原平衡

当某一金属离子发生氧化还原反应，同时又与配离子的生成与解离有关时，配位平衡与氧

NOTE

化还原平衡会相互影响。例如,通常情况下,氧气难以氧化金,因为 $E^\ominus(O_2/H_2O)=1.229\text{ V}$, $E^\ominus(Au^+/Au)=1.692\text{ V}$, $E^\ominus(Au^{3+}/Au)=1.498\text{ V}$,反应不能正向进行。但在 KCN 存在下,下列反应较容易进行。

$$4Au^+ + 8CN^- + O_2 + 2H_2O \Longleftrightarrow 4[Au(CN)_2]^- + 4OH^-$$

这一反应被广泛用于从金砂矿中提取金。用金属锌又可以从 $[Au(CN)_2]^-$ 中置换出金。

$$2[Au(CN)_2]^- + Zn \Longleftrightarrow [Zn(CN)_4]^{2-} + 2Au$$

相关的电极电势如下:$E^\ominus(O_2/OH^-)=0.401\text{ V}$, $E^\ominus([Au(CN)_2]^-/Au)=-0.572\text{ V}$, $E^\ominus([Zn(CN)_4]^{2-}/Zn)=-1.26\text{ V}$。上面两个反应的平衡常数都非常大,反应能进行得很完全。又如,Fe^{3+} 能氧化 I^-:

$$2Fe^{3+} + 2I^- \Longleftrightarrow 2Fe^{2+} + I_2$$

但当 Fe^{3+} 生成 $[FeF_6]^{3-}$ 后就不能将 I^- 氧化;Cu^+ 在水溶液中会发生歧化反应而不能稳定存在,但 Cu^+ 生成 $[Cu(CN)_4]^{3-}$ 后在水溶液中很稳定。可见,配离子的生成会引起金属离子电极电势的改变,从而影响氧化还原反应的进行。

(五)配合物的取代反应与配合物的"活动性"(课堂讨论)

许多金属离子在水溶液中都是以水合离子的形式存在的,加入某种配位剂时,可以取代水合离子中的水生成新的配合物。我们把像这样一种配体取代了配离子内界的另一种配体生成新的配合物的反应称为配体取代反应。根据稳定常数的大小可以判断反应的方向。若反应生成的配合物的稳定常数大于原来配合物的稳定常数,取代所用的配位剂的浓度又足够大时,则取代反应就有可能进行得比较完全。例如,在 $[Zn(NH_3)_4]^{2+}$ 溶液中,加入 NaOH,则发生的反应如下:

$$[Zn(NH_3)_4]^{2+} + 4OH^- \Longleftrightarrow [Zn(OH)_4]^{2-} + 4NH_3$$

$$K=\frac{[[Zn(OH)_4]^{2-}]\cdot[NH_3]^4}{[[Zn(NH_3)_4]^{2+}]\cdot[OH^-]^4}\cdot\frac{[Zn^{2+}]}{[Zn^{2+}]}=\frac{K^\ominus_{s2}}{K^\ominus_{s1}}=\frac{3.16\times10^{15}}{2.88\times10^9}=1.10\times10^6$$

该取代反应的平衡常数 K 比较大,反应正向进行的趋势比较大。配合物取代反应的平衡常数和反应中两种配合物的稳定常数的关系可以概括如下:

$$K=K^\ominus_s(\text{新})/K^\ominus_s(\text{旧})$$

当 $K=K^\ominus_s(\text{新})/K^\ominus_s(\text{旧})>1$ 时,平衡正向进行。即生成的新配合物比原来的配合物更稳定时,取代反应能自发进行。可根据两种配离子 $K^\ominus_s$ 的相对大小来判断反应进行的方向。

配合物取代反应速率差别较大,快的瞬间完成,只需要 10^{-10} s,慢的几个月都不会有较大的变化。往往把反应比较快的配合物称为"活性"配合物;反应较慢的配合物称为"惰性"配合物。应该指出,配合物的"活性""惰性"以反应速率的大小来表示,属于动力学性质。而配合物的热力学稳定性则以稳定常数或反应的平衡常数来表示。两者是完全不同的概念。一个热力学不稳定的配合物不一定就是"活性"配合物。例如:

$$[Co(NH_3)_6]^{3+} + 6H_3O^+ \Longleftrightarrow [Co(H_2O)_6]^{3+} + 6NH_4^+$$

此反应的平衡常数(约 10^{25})很大,说明 $[Co(NH_3)_6]^{3+}$ 能在很大程度上转化为 $[Co(H_2O)_6]^{3+}$,也就是说,从平衡的角度看,$[Co(NH_3)_6]^{3+}$ 在酸性溶液中是不稳定的。但在 $[Co(NH_3)_6]^{3+}$ 的酸性水溶液中,该反应的反应速率很慢,室温下,溶剂 H_2O 分子取代配合物中的 NH_3 分子需要几周的时间。这说明 $[Co(NH_3)_6]^{3+}$ 在动力学上是一个"惰性"配合物。

知识拓展

本章小结

本章主要学习了配合物的定义、组成、结构、命名,以及配合物的稳定性影响因素和相关应

用。主要知识点归纳如下。

（一）配合物的基本概念

1. 定义与组成：凡是含有配位单元的化合物称为配位化合物，简称配合物。配合物一般由内界和外界组成。

2. 命名：配合物的外界与内界之间的命名符合一般无机化合物的命名原则。内界的命名按照配体数→配体名称→"合"→中心离子名称（氧化数）的顺序进行。

（二）配合物的化学键理论

1. 价键理论

中心离子（原子）与配体以配位键结合。中心离子（原子）所提供的空轨道首先进行杂化，形成数目相等、能量相同、具有一定空间伸展方向的杂化轨道，它们分别与配位原子的孤对电子轨道重叠形成配位键。配合物的空间构型取决于中心离子（原子）所提供杂化轨道的数目和类型。利用中心离子的外层空轨道杂化形成的配合物称为外轨型配合物。利用内层 $(n-1)$d 轨道和外层空轨道 (ns, np) 杂化形成的配合物称为内轨型配合物。

2. 晶体场理论

在配体晶体场的作用下，中心离子的 d 轨道发生能级分裂，d 电子从未分裂的 d 轨道（球形场）进入分裂后 d 轨道时，所产生的总能量降低值，称为晶体场稳定化能（CFSE）。CFSE 的大小是衡量配合物稳定性的一个因素。晶体场分裂能是指晶体场中 d 轨道分裂后的高能级轨道与低能级轨道之间的能量差，用符号 Δ 表示。分裂能 Δ：正方形＞八面体＞四面体；分裂能 Δ 和成对能 P 的相对大小决定电子排布，通过测定配合物磁矩可判断高、低自旋态。

（三）配合物的稳定性及配位平衡的移动

（1）配合物的稳定性可用总生成反应的平衡常数即稳定常数 $K_s^\ominus$ 来衡量。对同类型的配合物，$K_s^\ominus$ 越大则配合物越稳定。不同类型配合物的稳定性通过计算判断。

（2）影响配合物稳定性的因素。配位平衡的移动与溶液的酸度、沉淀平衡以及氧化还原平衡均有关系，利用 $K_s^\ominus$、$K_{sp}^\ominus$ 及 $E^\ominus$ 可进行有关计算：

$$MX_n + nL^- \rightleftharpoons ML_n + nX^-$$

$$K^\ominus = K_s^\ominus \cdot K_{sp}^\ominus$$

$$[ML_n] + ne^- \rightleftharpoons M + nL^-$$

$$E^\ominus_{ML_n/M} = E^\ominus_{M^{n+}/M} - \frac{0.0592}{n}\lg K_s^\ominus(ML_n)$$

目标检测

1. 根据下列名称或化学式，指出配离子的电荷、中心原子的化合价、配位数，并写出化学式或名称。

（1）三氯化三乙二胺合铁（Ⅲ）　　　　（2）硫酸亚硝酸根·五氨合钴（Ⅲ）

（3）二氯·二羟基二氨合铂（Ⅳ）　　　　（4）六氯合铂（Ⅳ）酸钾

（5）$[Co(NH_3)_6]Br_3$　　　　　　　（6）$K_3[Co(SCN)_6]$

（7）$Na[Co(CO)_4]$　　　　　　　　（8）$[Ni(NH_3)_2(C_2O_4)]$

2. 确定下列配合物是内轨型还是外轨型，并说明理由。

（1）$K_4[Fe(CN)_6]$　测得磁矩 $\mu = 0$。

（2）$(NH_4)_2[FeF_5(H_2O)]$　测得磁矩 $\mu = 5.78\mu_B$。

3. 第四周期某金属离子在八面体弱场中的磁矩为 $4.90\mu_B$，而它在八面体强场中的磁矩为 0，该中心原子可能是哪个？

目标检测
答案

同步练习
及其答案

NOTE

4. Cr^{2+}、Mn^{2+}、Fe^{3+} 和 Co^{2+} 在强八面体晶体场和弱八面体晶体场中各有多少未成对电子？并写出 d_ε 和 d_γ 轨道的电子数目。

5. 计算 $[CoF_6]^{3-}$ 和 $[Co(NH_3)_4]^{2+}$ 配离子的晶体场稳定化能。

6. 将铜片浸在 1.00 mol/L $[Cu(NH_3)_4]^{2+}$ 和 1.00 mol/L NH_3 混合溶液中，用标准氢电极为正极，测得电动势为 0.0543 V，已知 $E^\ominus(Cu^{2+}/Cu)=+0.340$ V，计算 $[Cu(NH_3)_4]^{2+}$ 的稳定常数。

7. 向 1 L 0.12 mol/L 的 $CuSO_4$ 溶液中加入 1 L 3.0 mol/L 的氨水，求平衡时溶液中 Cu^{2+} 的浓度。（$[Cu(NH_3)_4]^{2+}$ 的 $K_s^\ominus=2.1\times10^{13}$）

8. 已知：$[Ag(CN)]^- + e^- \rightleftharpoons Ag + 2CN^- \quad E^\ominus = -0.4495$ V

$$[Ag(S_2O_3)_2]^{3-} + e^- \rightleftharpoons Ag + 2S_2O_3^{2-} \quad E^\ominus = +0.0054 \text{ V}$$

试计算反应 $[Ag(S_2O_3)_2]^{3-} + 2CN^- \rightleftharpoons [Ag(CN)_2]^- + 2S_2O_3^{2-}$ 在 298 K 时的平衡常数 $K^\ominus$，并指出反应自发进行的方向。

9. 试计算 298 K 时 AgBr 在 1.0 mol/L 氨水中的溶解度。已知：$K_{sp}^\ominus(AgBr) = 5.35 \times 10^{-13}$，$[Ag(NH_3)_2]^+$ 的 $K_s^\ominus = 1.12 \times 10^7$。

10. 298 K 时，$[Au(CN)_2]^- + e^- \rightleftharpoons Au + 2CN^- \quad E^\ominus = -0.58$ V，$Au^+ + e^- \rightleftharpoons Au$ $E^\ominus = 1.68$ V，求 $[Au(CN)_2]^-$ 的 $K_s^\ominus$。

11. 已知：$Zn^{2+} + 2e^- \rightleftharpoons Zn \quad E^\ominus = -0.7618$ V，$[Zn(CN)_4]^{2-} + 2e^- \rightleftharpoons Zn + 4CN^-$ $E^\ominus = -1.40$ V，求算 $[Zn(CN)_4^{2-}]$ 的 $K_s^\ominus$。

（郭　惠）

第十一章 元素化学

1. 掌握:s 区、p 区、d 区、ds 区元素性质的一般规律。
2. 熟悉:各族元素电子层结构、基本性质及其相互关系,以及重要化合物的性质。
3. 了解:元素的分布及分类,元素化学新进展。

扫码看 PPT

案例导入11-1

　　患者,女,突发罕见疾病,生命垂危。患者症状:先是胸闷、胃疼、恶心呕吐,然后头发脱落、全身疼痛、视觉模糊、四肢感觉减退,最后出现呼吸障碍,陷入深度昏迷。主治医生根据脱发、周围神经炎引起的下肢麻木和疼痛敏感以及恶心、呕吐等症状,确诊为铊中毒。

　　治疗:在医院,用普鲁士蓝挽回了患者生命。

　　1. 普鲁士蓝是什么物质? 常用来做什么?

　　2. 普鲁士蓝治疗铊中毒的原理是什么?

　　3. 从理论角度考虑,还有哪些物质可以治疗重金属中毒?

案例解析

　　元素是具有相同核电荷数的同一类原子总称。整个物质世界,大至宇宙,小到微生物,都是化学元素组成的。研究元素及其单质、化合物的制备、性质以及变化规律、对认识生命的起源,促进科学进步和提高人类生活水平有着巨大的影响。因此学习元素化学具有重要的意义。

　　本章将分别介绍 s 区、p 区、d 区、ds 区元素的通性,部分金属和非金属元素及其主要化合物的性质、变化规律,以及它们的主要用途。

第一节　s 区元素

　　s 区元素包括元素周期表中的 ⅠA 族和 ⅡA 族元素,除 H 外均是活泼金属元素。ⅠA 族元素,除 H 以外,包括锂、钠、钾、铷、铯、钫六种金属元素,由于它们的氢氧化物都是易溶于水的强碱,所以称为碱金属元素。ⅡA 族包括铍、镁、钙、锶、钡、镭六种元素,由于钙、锶、钡的氧化物的性质介于"碱性的"碱金属氧化物和"土性的"难溶氧化物 Al_2O_3 之间,因此称为碱土金属元素,通常把铍和镁元素也包括在碱土金属元素内。

一、碱金属和碱土金属元素的通性

(一)电子结构

　　s 区元素的价层电子组态为 ns^1 和 ns^2。它们的原子半径在同周期元素中(除稀有气体外)是最大的,而核电荷数在同周期元素中最小。由于内层电子的屏蔽作用较强,故这些元素很容

NOTE

易失去最外层的 s 电子,因此,s 区元素表现出很强的金属性。碱金属元素在自然界中只能以化合物形式存在。在同族元素中,碱金属元素和碱土金属元素从上至下,原子半径依次增大,电离能和电负性依次减小,金属活泼性依次增强。

	ⅠA	ⅡA
	Li	Be
原子半径增大	Na	Mg
金属性、还原性增强	K	Ca
电离能、电负性减小	Rb	Sr
	Cs	Ba

原子半径减小
金属性、还原性减弱
电离能、电负性增大

(二)单质的物理性质

s 区元素(除 H 外)的单质均为金属,具有金属光泽。金属键较弱,因此具有熔点低、硬度小、密度小的特点。其中铯的熔点比人的体温还低,碱金属和钙、锶、钡可以用刀子切割。碱金属的密度都小于 2 g/cm³,其中锂、钠、钾最轻,密度均小于 1 g/cm³,能浮在水面上。碱土金属的密度也都小于 5 g/cm³。另外,s 区元素还具有良好的导电性和传热性。

(三)单质的化学性质

碱金属和碱土金属都是活泼金属,能直接或间接地与电负性较大的非金属元素形成化合物。除了锂、铍和镁元素的某些化合物具有较明显的共价性外,其他碱金属和碱土金属元素的化合物一般是离子型化合物。

在碱金属和碱土金属中,除金属铍和镁由于表面形成一层致密的保护膜对水稳定外,其他单质都易与水发生反应,但反应剧烈程度不同。从碱金属元素和碱土金属元素的电负性和单质所在电对的标准电极电势来看,不论是在固态或在水溶液中碱金属和碱土金属单质都具有很强的还原性。

二、碱金属和碱土金属元素的重要化合物

(一)正常氧化物

碱金属单质在空气中燃烧时,锂主要生成正常氧化物,钠主要生成过氧化物,而钾、铷和铯主要生成超氧化物。通常采用碱金属单质还原其过氧化物、硝酸盐或亚硝酸盐的方法制取碱金属氧化物。例如:

$$Na_2O_2 + 2Na \xrightarrow{\quad\quad} 2Na_2O$$

$$2KNO_3 + 10K \xrightarrow{\quad\quad} 6K_2O + N_2\uparrow$$

碱土金属单质与氧气反应,一般形成氧化物。工业生产上,利用碱土金属的碳酸盐、氢氧化物、硝酸盐或硫酸盐的热分解反应制取碱土金属氧化物。

碱金属氧化物由 Li_2O 到 Cs_2O 颜色依次加深,而碱土金属氧化物都是白色的。碱金属氧化物和碱土金属氧化物的热稳定性,总的趋势是从 Li_2O 到 Cs_2O 以及从 BeO 到 BaO 逐渐降低。碱土金属氧化物的熔点都很高,氧化铍和氧化镁常作为耐火材料。经过煅烧的氧化铍和氧化镁难溶于水,而氧化钙、氧化锶和氧化钡与水剧烈反应,生成相应的氢氧化物并放出大量的热。

碱金属和碱土
金属氧化物

NOTE

（二）过氧化物

碱金属元素和碱土金属元素（除铍外），都能生成过氧化物。工业上制备过氧化钠，是将钠加热至熔化，通入除去 CO_2 的干燥空气，维持温度在 573～673 K 得到 Na_2O_2。过氧化钠为黄色粉末，易吸潮，在 773 K 仍很稳定。过氧化钠与水或稀酸作用，生成过氧化氢。

$$Na_2O_2 + 2H_2O \longrightarrow 2NaOH + H_2O_2$$
$$Na_2O_2 + H_2SO_4（稀）\longrightarrow Na_2SO_4 + H_2O_2$$

在潮湿空气中，过氧化钠吸收二氧化碳并放出氧气。

$$2Na_2O_2 + 2CO_2 \longrightarrow 2Na_2CO_3 + O_2 \uparrow$$

因此，过氧化钠常用作高空飞行或潜水时的供氧剂和二氧化碳吸收剂。过氧化钠是一种强氧化剂，工业上用作漂白剂。过氧化钠熔融时几乎不发生分解，但遇棉花、木炭或铝粉等还原性物质时，会剧烈燃烧，甚至发生爆炸。

（三）超氧化物

除了锂、铍、镁元素外，其他碱金属元素和碱土金属元素都能形成超氧化物。碱金属超氧化物和碱土金属超氧化物都是很强的氧化剂，与水发生剧烈化学反应，生成氧气和过氧化氢。

$$2MO_2 + 2H_2O \longrightarrow 2MOH + H_2O_2 + O_2 \uparrow$$

超氧化物也与二氧化碳反应，放出氧气。

$$4KO_2 + 2CO_2 \longrightarrow 2K_2CO_3 + 3O_2 \uparrow$$

碱金属超氧化物和碱土金属超氧化物可用作供氧剂和二氧化碳吸收剂。

（四）氢氧化物

碱金属氢氧化物和碱土金属氢氧化物都是白色晶体，在空气中易吸水潮解，可用作干燥剂。一般来说，碱金属氢氧化物易溶于水，如表 11-1 所示。碱土金属氢氧化物的溶解度从 $Be(OH)_2$ 到 $Ba(OH)_2$ 依次递增，$Be(OH)_2$ 和 $Mg(OH)_2$ 难溶于水，如表 11-2 所示。在碱金属氢氧化物和碱土金属氢氧化物中，$Be(OH)_2$ 为两性氢氧化物；其他都是强碱和中强碱。金属氢氧化物的酸碱性取决于解离方式，而解离方式与金属离子的电荷数 z 和离子半径 r 有关。

表 11-1　碱金属氢氧化物的溶解度和酸碱性

	LiOH	NaOH	KOH	RbOH	CsOH
溶解度/(mol/L)	5.3	26.4	19.1	17.9	25.8
碱性	中强碱	强碱	强碱	强碱	强碱

表 11-2　碱土金属氢氧化物的溶解度和酸碱性

	$Be(OH)_2$	$Mg(OH)_2$	$Ca(OH)_2$	$Sr(OH)_2$	$Ba(OH)_2$
溶解度/(mol/L)	8×10^{-6}	5×10^{-4}	1.8×10^{-2}	6.7×10^{-2}	2×10^{-1}
酸碱性	两性	中强碱	强碱	强碱	强碱

（五）盐类

1. 氯化物

氯化钠主要来源于海盐，除了供食用外，还是重要的化工原料，在医药上是维持体液平衡的重要盐分，缺乏时会引起恶心、呕吐、衰竭和肌痉挛，故常把氯化钠配制成生理盐水，供失水过多的患者补充体液。

氯化钾可用于低血钾症及洋地黄中毒引起的心律不齐，也可用于治疗各种原因引起的缺钾症，同时它也是一种利尿剂，多用于心脏性或肾脏性水肿。

 NOTE

氯化钙是常用的钙盐之一,它的六水合物($CaCl_2 \cdot 6H_2O$)溶解时会吸收大量的热,实验室常用 $CaCl_2 \cdot 6H_2O$ 和冰的混合物作为制冷剂。无水氯化钙有强吸水性,是一种重要的干燥剂,因氯化钙与氨或乙醇能生成加合物,所以不能干燥乙醇和氨气。在医学上,氯化钙能用于治疗钙缺乏症,也可用于抗过敏药和消炎药。

2. 碳酸盐

碱金属的碳酸盐中,除碳酸锂外,其余均溶于水。除锂外,其他碱金属都能形成固态碳酸氢盐。例如:碳酸氢钠俗称小苏打,它的水溶液呈弱碱性,常用于治疗胃酸过多和酸中毒。它在空气中会慢慢分解生成碳酸钠,应密闭保存于干燥处。

碱土金属的碳酸盐,除 $BeCO_3$ 外,都难溶于水,但它们可溶于稀的强酸溶液中,并放出 CO_2,故实验室中常用 $CaCO_3$ 制备 CO_2,除 $BeCO_3$ 外的碱土金属的碳酸盐在通入过量 CO_2 的水溶液中,由于形成酸式碳酸盐而溶解。

$$MCO_3 + CO_2 + H_2O =\!=\!= M^{2+} + 2HCO_3^- \quad (M = Ca、Sr、Ba)$$

碱土金属按 Be、Mg、Ca、Sr、Ba 的次序,M^{2+} 半径递增(电荷相同),极化能力递减,因此碳酸盐的热稳定性依次增强。

3. 硫酸盐

碱金属的硫酸盐都易溶于水,其中以硫酸钠最为重要,$NaSO_4 \cdot 10H_2O$ 称为芒硝,在空气中易风化脱水变为无水硫酸钠。无水硫酸钠可作为中药,称为玄明粉,为白色的粉末,有潮解性。在有机药物合成中,作为某些有机物的干燥剂。在医药上,芒硝和玄明粉都可用作缓泻剂,芒硝还有消热消肿作用。

碱土金属的硫酸盐大都难溶于水,重要的硫酸盐有 $CaSO_4 \cdot 2H_2O$,俗称石膏,受热脱去部分水生成熟石膏 $CaSO_4 \cdot 1/2H_2O$。当石膏与水混合成糊状后放置一段时间,会逐渐硬化重新生成生石膏,在医疗上用作石膏绷带。

$$2CaSO_4 \cdot 2H_2O =\!=\!= 2CaSO_4 \cdot 1/2H_2O + 3H_2O$$

4. 焰色反应

钙、锶、钡和碱金属元素的挥发性化合物在无色火焰中灼烧时,产生的火焰都具有特征的颜色,称为焰色反应。这些元素的离子在灼烧时,电子被激发,当电子从较高能级跃迁回到较低能级时,以光的形式放出能量,使火焰呈现特征的颜色。钙使火焰呈橙红色,锶呈洋红色,钡呈绿色,锂呈红色,钠呈黄色,钾、铷和铯呈紫色。分析化学中常利用焰色反应来鉴定这些金属元素的存在。

三、碱金属和碱土金属元素在医药中的应用

氯化钠为电解质补充药,是维持体液渗透压的重要成分,用于调节体内水与电解质的平衡。氯化钠的重要制剂是生理盐水,用于洗涤黏膜和伤口等,对失钠、失血或失水过多的患者,用于补充水分维持其血容量。氯化钠制剂有生理盐水、氯化钠注射液和浓氯化钠注射液等。

硫代硫酸钠($Na_2S_2O_3$)制剂内服可用于治疗氰化物、砷、汞、铅、铋、碘中毒,外用治疗慢性皮炎等。

碳酸锂(Li_2CO_3)是一种抗狂躁药,主要用于治疗精神病,对有情绪高、言语多、兴奋激动、夸大妄想等症状的精神分裂症有较好的疗效。还可治疗甲状腺功能亢进症、急性痢疾、白细胞减少症、再生障碍性贫血及某些妇科疾病等。

碳酸氢钠($NaHCO_3$)为制酸剂,由于为水溶性药物,因此作用快,服用后能暂时解除胃溃疡患者的痛感。碳酸氢钠无腐蚀性,既能中和酸,又能维持血液的酸碱平衡,因此被广泛应用于医疗上。

第二节 p区元素

p区元素包括ⅢA～ⅦA族和0族六个主族,共31种元素。元素周期表中除氢以外的非金属元素都在p区。p区(除0族元素外)的ⅦA族都是典型非金属,其他各族既有非金属元素又有金属元素。

一、卤族元素

(一) 卤族元素的通性

ⅦA族元素包括氟、氯、溴、碘和砹五种元素,它们都与碱金属作用生成典型的盐,故称为卤族元素或卤素。卤族元素是典型的非金属元素,其中氟是非金属性最强的元素,主要以萤石(CaF_2)和冰晶石(Na_3AlF_6)等矿物存在;氯、溴和碘元素则主要以无机盐的形式存在于海水中,海藻等海洋生物是碘的重要来源;砹元素是放射性元素。卤族元素的基本性质汇列于表11-3中。

表 11-3 卤族元素的基本性质

性质	氟	氯	溴	碘
元素符号	F	Cl	Br	I
原子序数	9	17	35	53
相对原子质量	18.99	35.45	79.90	126.90
价层电子构型	$2s^2 2p^5$	$3s^2 3p^5$	$4s^2 4p^5$	$5s^2 5p^5$
共价半径/pm	64	99	114	133
离子半径/pm	136	181	196	216
电负性	3.98	3.16	2.96	2.66
电子亲和能/(kJ/mol)	322	348.7	324.5	295
第一电离能/(kJ/mol)	1682	1251	1140	1008
离子水合能/(kJ/mol)	−507	−368	−335	−293
主要氧化值	−1,0	−1,0,+1 +3,+5,+7	−1,0,+1 +3,+5,+7	−1,0,+1 +3,+5,+7

卤族元素的价层电子构型为 $ns^2 np^5$,容易得到一个电子,形成氧化值为−1的化合物。卤族元素的电负性较大,容易得到电子,显示出很强的非金属性。在卤族元素中,从上到下,原子半径增大,电负性减小,因此从氟元素到碘元素非金属性依次减弱。卤族元素的第一电离能都比较大,表明它们失去电子的倾向比较小。事实上,卤族元素中只有半径最大、第一电离能最小的碘元素才有失去电子的可能。氯、溴和碘元素的最外电子层中都存在空d轨道,当与电负性更大的元素结合时,d轨道也可以成键,因此这三种元素可以表现出+1、+3、+5、+7的氧化值。

在卤族元素中,氟元素表现出反常的变化规律。氟元素的电负性虽然很大,但它的电子亲和能却小于氯元素,这是因为氟元素的电负性最大,同时其原子半径很小,当接受外来电子时,电子间的静电斥力特别大,克服这种斥力所需的能量部分地抵消了氟原子接受一个电子成为氟离子时所释放的能量,造成氟元素的电子亲和能反常地小于氯元素的现象。氟元素与具有

NOTE

多种氧化值的元素化合时,所形成的化合物中该元素一般表现为最高氧化值,这是因为氟元素的原子半径小,空间位阻不大,而电负性却最大。

(二)重要的化合物

1. 卤化氢

卤化氢都是无色而具有刺激性臭味的气体,它们的一些物理性质列于表 11-4 中。

表 11-4　卤化氢的性质

性质	HF	HCl	HBr	HI
熔点/K	189.9	158.9	186.3	222.4
沸点/K	292.7	188.1	206.4	237.8
偶极矩/(10^{-30} C·m)	6.071	3.602	2.725	1.418
溶解度/(g/100 g(H_2O))	35.3	42	49	57
酸度常数 $K_a^{\ominus}$	2.4×10^{-3}	1.17×10^{-8}	3.3×10^{-10}	7.4×10^{-10}

卤化氢的熔、沸点按 HI→HBr→HCl 顺序逐渐降低,但 HF 异常,原因是 HF 存在分子间氢键,其他卤化氢没有这种缔合作用。

卤化氢有较高的热稳定性,稳定性顺序按 HF→HCl→HBr→HI 急剧下降。HF 在很高温度也不分解,HCl 和 HBr 在 1000 ℃时略有分解,而 HI 在 300 ℃时即部分分解。

卤化氢是极性分子,它们都易溶于水,水溶液称为氢卤酸。在空气中与水蒸气结合形成细小的酸雾而发烟。氢卤酸在水溶液中可以电离出氢离子和卤素离子,使溶液呈酸性。除氢氟酸外,其余的氢卤酸都是强酸。氢氟酸因具有很大的键能而呈现弱酸性,只能发生部分电离。但解离度随着浓度增大而增大,当浓度大于 5 mol/L 时,氢氟酸是强酸。

氢卤酸有一定的还原性,还原能力按 HF→HCl→HBr→HI 的顺序增加。例如浓硫酸能氧化溴化氢和碘化氢,但不能氧化氟化氢和氯化氢。

$$2HBr + H_2SO_4(浓) \!=\!=\!= Br_2 + SO_2 \uparrow + 2H_2O$$

$$8HI + H_2SO_4(浓) \!=\!=\!= 4I_2 + H_2S \uparrow + 4H_2O$$

氢氟酸可与 SiO_2 或硅酸盐反应。

$$SiO_2 + 4HF \!=\!=\!= SiF_4 \uparrow + 2H_2O$$

因此,氢氟酸不宜储存于玻璃器皿中。氢卤酸均有毒,能强烈刺激呼吸系统。氢氟酸有强的腐蚀性,对细胞组织、骨骼有严重的破坏作用。液态溴和氢氟酸与皮肤接触易引起难以治愈的灼伤,使用时应注意安全。如发现皮肤沾有氢氟酸时,须立即用大量清水冲洗,敷以稀氨水。

2. 卤化物

卤素与电负性比它小的元素形成的化合物称为卤化物。根据卤素原子与其他原子间的化学键不同,可分为离子型卤化物和共价型卤化物。

(1) 离子型卤化物。

一般来说,碱金属、碱土金属(铍除外)元素和低价态的过渡元素与卤素形成离子型卤化物,如 KCl、$CaCl_2$、$FeCl_2$ 等。离子型卤化物在常温下是固态,具有较高的熔、沸点,能溶于极性溶剂,溶液及熔融状态下均可导电。

(2) 共价型卤化物。

卤素与非金属元素和高价态的金属元素形成共价型卤化物,如 $AlCl_3$、$FeCl_3$、CCl_4、$TiCl_4$ 等。共价型卤化物在常温下是气体或易挥发的固体,具有较低的熔、沸点,熔融时不导电,易溶于有机溶剂而难溶于水。溶于水的非金属卤化物往往发生强烈水解,大多生成非金属含氧酸和卤化氢。

NOTE

$$PCl_3 + 3H_2O \Longrightarrow H_3PO_3 + 3HCl$$

另外,不同氧化值的同一金属卤化物,低价态卤化物比高价态卤化物有更强的离子性。如 $FeCl_2$ 在 950 K 以上才能熔化,显离子性;而 $FeCl_3$ 易挥发、易水解,熔点低于 555 K,基本是共价化合物。卤素离子的大小和变形性,对金属卤化物的性质影响较大。极化作用较强的银离子的卤化物中,F^- 几乎不变形,表现为离子化合物。Cl^-、Br^- 尤其是 I^- 在极化作用强的 Ag^+ 作用下可发生不同程度的变形,因而化合物体现共价性。

3. 卤素含氧酸及其盐

氟的电负性大于氧,所以一般不生成含氧酸及其盐。氯、溴和碘可以形成四种类型的含氧酸,分别为次卤酸(HXO)、亚卤酸(HXO_2)、卤酸(HXO_3)和高卤酸(HXO_4)。

在卤素的含氧酸中,卤素原子采用了 sp^3 杂化轨道与氧原子成键。由于不同氧化值的卤素原子结合的氧原子数不同,酸根离子的形状也各不相同。XO^- 为直线形,XO_2^- 为三角形,XO_3^- 为三角锥形,XO_4^- 为四面体(图 11-1)。

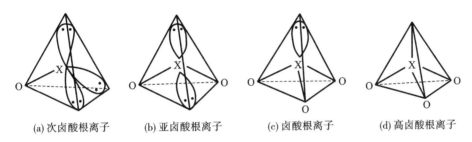

(a) 次卤酸根离子　　(b) 亚卤酸根离子　　(c) 卤酸根离子　　(d) 高卤酸根离子

图 11-1　卤素含氧酸根的结构

现以氯的含氧酸及其盐为代表将这些性质的变化规律总结如表 11-5 所示。

表 11-5　氯的含氧酸及其盐的性质变化规律

			酸	氧化态	盐		
热稳定性增强	酸度增高	氧化性减弱	HClO	+1	ClO⁻	热稳定性增强	氧化性减弱
			HClO₂	+3	ClO₂⁻		
			HClO₃	+5	ClO₃⁻		
			HClO₄	+7	ClO₄⁻		
			氧化性增强 →				
			热稳定性增强 →				

(1)次卤酸及其盐。

次卤酸都是弱酸,其酸性随卤素原子电负性减小而减弱。次卤酸只存在于溶液中,且很不稳定,其分解反应有以下两种方式:

$$2HXO \Longrightarrow 2HX + O_2$$
$$3HXO \Longrightarrow 2HX + HXO_3$$

在光照或有催化剂存在时,次氯酸的分解几乎完全按照第一个反应进行;加热时,次氯酸主要按第二个反应发生歧化反应。

次氯酸钙、氯化钙和氢氧化钙组成的混合物就是漂白粉,其有效成分为次氯酸钙。漂白粉及次氯酸盐的漂白作用主要是利用次氯酸的氧化性。漂白粉置于空气中会逐渐失效,也是因为空气中的二氧化碳和水蒸气与漂白粉作用生成次氯酸,而次氯酸不稳定发生分解。

(2)卤酸及其盐。

氯酸和溴酸都是强酸,碘酸是中强酸。氯酸和溴酸不稳定,仅存在于溶液中,当溶液中氯酸的质量分数超过 40% 时发生分解,反应剧烈,甚至能引起爆炸。

$$3HClO_3 = HClO_4 + Cl_2 \uparrow + 2O_2 \uparrow + H_2O$$

卤酸的浓溶液都是强氧化剂,其中以溴酸的氧化性最强。可发生下列置换反应:

$$2HBrO_3 + I_2 = 2HIO_3 + Br_2 \uparrow$$

$$2HBrO_3 + Cl_2 = 2HClO_3 + Br_2 \uparrow$$

氯酸盐比较稳定。氯酸钾是最重要的氯酸盐,它是无色透明晶体,在二氧化锰催化下,473 K时氯酸钾可分解为氯化钾和氧气。氯酸钾是一种强氧化剂,受热或与易燃物、有机物、浓硫酸等接触时发生燃烧和爆炸,常用于制造炸药、火柴及烟火等。

(3)高卤酸及其盐。

无水高氯酸是无色、黏稠状液体,在低温时,其稀溶液比较稳定,浓溶液不稳定。当温度高于 363 K 时,高氯酸发生分解,可引起爆炸。高氯酸是酸性最强的酸,其酸性是硫酸的 10 倍,在水溶液中完全解离。高氯酸盐比较稳定,固体高氯酸盐受热分解,放出氧气。高氯酸盐大多数溶于水,但 K^+、Rb^+、Cs^+ 的高氯酸盐难溶于水。

高溴酸是一种强酸,其酸性接近高氯酸。高溴酸是一种极强的氧化剂,其氧化能力比高氯酸和高碘酸都强。在强碱条件下用氟气氧化溴酸钾生成高溴酸钾。

高碘酸通常有两种形式,即正高碘酸 H_5IO_6 和偏高碘酸 HIO_4,正高碘酸是无色晶体,加热时脱水生成偏高碘酸。正高碘酸是一种弱酸,其酸性与亚硝酸相近,与碱反应常形成酸式盐。但高碘酸的氧化性却比高氯酸强,而且反应平稳快速,在分析化学上常用作氧化剂。

$$2Mn^{2+} + 5IO_4^- + 3H_2O = 2MnO_4^- + 5IO_3^- + 6H^+$$

二、氧族元素

(一)氧族元素的通性

ⅥA 族元素也称氧族元素,由氧、硫、硒、碲和钋五种元素组成。氧元素和硫元素是典型的非金属元素,硒元素和碲元素是准金属元素,钋元素是放射性金属元素。氧元素是地壳中分布最广的元素,其丰度居各种元素之首。硫元素在自然界中的含量较少,主要以硫化物和硫酸盐的形式存在。硒元素和碲元素属于分散稀有元素,常以硒化物和碲化物的形式存在于各种硫化物矿中。

氧族元素从上到下,元素的原子半径依次增大,元素的电负性、第一电离能和电子亲和能依次减小,元素的非金属性依次减弱,金属性逐渐增强。氧族元素的价层电子构型为 ns^2np^4,有夺取或共用两个电子达到稀有气体原子电子层构型的倾向,表现出较强的非金属性。氧元素的电负性很大,仅次于氟元素,因此氧元素在大多数含氧化合物中的氧化值为 -2。硫元素、硒元素和碲元素的价电子层中均有空 d 轨道,当与电负性较大的元素化合时,空 d 轨道也可以成键,这些元素的氧化值可呈现 $+2$、$+4$ 和 $+6$。氧族元素还具有较强的配位能力,O 和 S 是常见的配位原子。氧族元素的基本性质汇列于表 11-6 中。

表 11-6 氧族元素的基本性质

性质	氧	硫	硒	碲
元素符号	O	S	Se	Te
原子序数	8	16	34	52
相对原子质量	15.99	32.05	78.96	127.60
价层电子构型	$2s^22p^4$	$3s^23p^4$	$4s^24p^4$	$5s^25p^4$
共价半径/pm	66	104	117	137
离子半径/pm	140	184	198	221

NOTE

续表

性质	氧	硫	硒	碲
电负性	3.44	2.58	2.55	2.10
电子亲和能/(kJ/mol)	141	200.4	195	190.1
第一电离能/(kJ/mol)	1314	1000	941	869
离子水合能/(kJ/mol)	−507	−368	−335	−293
主要氧化值	−2,0	−2,0,+2	−2,0,+2	−2,0,+2
		+4,+6	+4,+6	+4,+6

(二) 重要的化合物

1. 过氧化氢

纯过氧化氢（H_2O_2）是淡蓝色黏稠状液体,沸点为 423 K。过氧化氢与水可形成分子间氢键,因此能与水以任何比例混溶。过氧化氢的水溶液俗称双氧水,医疗上常用 3% 的 H_2O_2 溶液消毒杀菌。

H_2O_2 的化学性质表现在以下几个方面。

（1）不稳定性。

纯过氧化氢在低温下比较稳定,分解比较缓慢。受热、光照或加入少量酸、碱时,过氧化氢分解速率加快。

$$2H_2O_2 =\!=\!= 2H_2O + O_2\uparrow$$

过氧化氢分解反应为歧化反应,少量 Fe^{2+}、Mn^{2+} 等金属离子的存在能加速过氧化氢的分解。市售双氧水中常加入焦磷酸钠等物质作为稳定剂,保存过氧化氢溶液时应注意避光、低温和密封。

（2）弱酸性。

过氧化氢是极弱酸,其酸性比水略强。过氧化氢能与某些金属氢氧化物反应,生成过氧化物和水。

$$H_2O_2 \rightleftharpoons H^+ + HO_2^- \quad K_{a1}^\ominus = 2.0 \times 10^{-12}$$

（3）氧化性和还原性。

过氧化氢中的氧处于中间氧化值（−1）,因此既有氧化性,又有还原性。过氧化氢在酸性溶液或碱性溶液中,一般表现出强氧化性。

$$H_2O_2 + 2H^+ + 2Fe^{2+} =\!=\!= 2H_2O + 2Fe^{3+}$$
$$3H_2O_2 + 2CrO_2^- + 2OH^- =\!=\!= 2CrO_4^{2-} + 4H_2O$$

当遇到强氧化剂时 H_2O_2 表现出还原性。

$$2KMnO_4 + 5H_2O_2 + 3H_2SO_4 =\!=\!= 2MnSO_4 + 5O_2\uparrow + K_2SO_4 + 8H_2O$$

《中国药典》规定的过氧化氢的鉴别方法如下:向 H_2O_2 溶液中加入 $K_2Cr_2O_7$ 溶液、稀 H_2SO_4 和乙醚,生成蓝色过氧化铬（CrO_5）。

$$4H_2O_2 + Cr_2O_7^{2-} + 2H^+ =\!=\!= 2CrO_5 + 5H_2O$$

过氧化氢的主要用途是用作氧化剂,其优点是还原产物是水,不会引入其他杂质。纯过氧化氢可作为火箭燃料的氧化剂,医药上也利用它的强氧化性作为杀菌剂,过氧化氢还可用作漂白剂、消毒剂、防毒面具中的氧源等。

2. 硫化氢和金属硫化物

（1）硫化氢。

硫化氢为无色气体,密度略大于空气,具有臭鸡蛋气味。硫化氢有剧毒,它不仅刺激眼膜及呼吸道,而且还能与各种血红蛋白中的铁离子结合,抑制血红蛋白的活性。空气中硫化氢的体积分数为 0.1% 时就会引起头痛、眩晕和恶心,吸入大量硫化氢会引起严重中毒,导致昏迷甚至死亡。

H_2S 分子的结构与水相似,分子中的硫也采取不等性 sp^3 杂化,呈 V 形,极性分子,但极性比水分子弱,且分子间形成氢键的倾向很小,因此硫化氢的熔点和沸点均比水低得多。

在常温下,1 L 水能溶解 2.6 L H_2S 气体,所得饱和溶液的浓度为 0.1 mol/L。硫化氢水溶液称为氢硫酸,它是一种二元弱酸。

$$H_2S \Longrightarrow H^+ + HS^- \qquad K_{a1}^{\ominus} = 9.1 \times 10^{-8}$$
$$HS^- \Longrightarrow H^+ + S^{2-} \qquad K_{a2}^{\ominus} = 1.1 \times 10^{-12}$$

硫化氢和硫化物中的硫处于低氧化值,所以它们只具有还原性,能被氧化为单质硫或具有更高的氧化值的物质。

$$H_2S + I_2 \Longrightarrow 2HI + S\downarrow$$
$$4Cl_2 + H_2S + 4H_2O \Longrightarrow H_2SO_4 + 8HCl$$

(2) 金属硫化物。

电负性较硫小的元素与硫形成的化合物称为硫化物,其中大多数为金属硫化物。硫化物的主要性质就是难溶性和易水解性。在金属硫化物中,碱金属硫化物和硫化铵易溶于水,其余大多数硫化物都难溶于水,并具有不同的特征颜色,如表 11-7 所示。

表 11-7　几种金属硫化物的颜色

化合物	颜色	化合物	颜色	化合物	颜色
ZnS	白	MnS	肉色	NiS	黑
CdS	黄	SnS	灰白	PbS	黑
Cu_2S	黑	CuS	黑	HgS	红
FeS	黑	CoS	黑	Bi_2S_2	黑

难溶金属硫化物在酸中的溶解情况与溶度积常数的大小有一定关系。难溶金属硫化物在酸中的溶解分为以下四种类型。

①溶于稀盐酸的金属硫化物:金属硫化物的溶度积常数一般大于 10^{-24},如 ZnS、MnS 和 FeS 等。

$$ZnS + 2HCl \Longrightarrow ZnCl_2 + H_2S\uparrow$$

②不溶于稀盐酸、溶于浓盐酸的金属硫化物:金属硫化物的溶度积常数在 $10^{-30} \sim 10^{-25}$ 之间,如 CdS、SnS 和 PbS 等。

$$CdS + 4HCl \Longrightarrow [CdCl_4]^{2-} + H_2S\uparrow + 2H^+$$

③不溶于浓盐酸、溶于硝酸溶液的金属硫化物:金属硫化物的溶度积常数一般小于 10^{-30},如 CuS 等。

$$3CuS + 2NO_3^- + 8H^+ \Longrightarrow 3Cu^{2+} + 3S\downarrow + 2NO\uparrow + 4H_2O$$

④仅溶于王水的金属硫化物:金属硫化物的溶度积常数更小,如 HgS 等。

$$3HgS + 2HNO_3 + 12HCl \Longrightarrow 3[HgCl_4]^{2-} + 6H^+ + 3S\downarrow + 2NO\uparrow + 4H_2O$$

由于 S^{2-} 是弱酸根离子,所以硫化物在水溶液中都有不同程度的水解作用。

3. 硫的含氧酸及其盐

硫能形成多种含氧酸,但许多不能以自由酸的形式存在,只能以盐的形式存在。下面主要介绍亚硫酸及其盐、硫酸及其盐和硫代硫酸及其盐的性质。

(1) 亚硫酸及其盐。

二氧化硫溶于水形成的水合物 $SO_2 \cdot xH_2O$,称为亚硫酸。一般认为水溶液中不存在亚硫

NOTE

酸分子,二氧化硫水合物在溶液中存在如下平衡:

$$SO_2 + H_2O \rightleftharpoons H_2SO_3 \rightleftharpoons H^+ + HSO_3^-$$

$$HSO_3^- \rightleftharpoons H^+ + SO_3^{2-}$$

亚硫酸既有氧化性,又有还原性,但主要呈现还原性。亚硫酸盐能被空气中的氧气氧化,也能被多种氧化剂氧化。亚硫酸与强还原剂作用时,才表现出氧化性。

$$SO_3^{2-} + 2H_2S + 2H^+ = 3S\downarrow + 3H_2O$$

亚硫酸可形成酸式盐和正盐。亚硫酸氢盐都溶于水,但正盐除碱金属及铵盐外,都不溶于水。

亚硫酸盐具有很强的还原性,在空气中易被氧化为硫酸盐,因其氧化产物对人体无害,亚硫酸盐常被用作注射剂。亚硫酸盐还被广泛应用于造纸、染织工业中,如在染织工业上用作去氯剂。

$$Na_2SO_3 + Cl_2 + H_2O = Na_2SO_4 + 2HCl$$

(2) 硫酸及其盐。

纯硫酸是一种无色、无臭的油状液体。市售浓硫酸的质量分数为 98%,密度为 1.84 g/cm³,浓度约为 18 mol/L。硫酸的高沸点和黏稠性与其分子间存在氢键有关。H_2SO_4 分子空间构型为四面体。硫酸具有很强的吸水性、脱水性、氧化性和酸性。

①吸水性和脱水性:浓 H_2SO_4 有强烈的水合倾向,与水作用放出大量的热,并形成一系列水合物 $SO_3 \cdot xH_2O$(x 为 $1\sim5$)。浓硫酸由于具有强吸水性,常用作干燥剂。浓硫酸还具有很强的脱水性,能将有机化合物中的氧元素和氢元素按水的组成比例脱去,使有机化合物炭化。浓 H_2SO_4 严重破坏动植物的组织,使用时必须注意安全。

②氧化性:浓硫酸是一种强氧化剂,加热时它能氧化许多金属和非金属。

$$C + 2H_2SO_4(浓) = CO_2\uparrow + 2SO_2\uparrow + 2H_2O$$

$$3Zn + 4H_2SO_4(浓) = S + 3ZnSO_4 + 4H_2O$$

③强酸性:稀硫酸溶液没有氧化性,只具有一般酸类的通性。硫酸是二元强酸,它的第一步解离是完全的,但第二步解离并不完全。

硫酸形成的盐有酸式盐和正盐两大类。硫酸的酸式盐均易溶于水。正盐除 Ag_2SO_4、$CaSO_4$ 微溶,$BaSO_4$、$PbSO_4$、$SrSO_4$ 难溶外,其余易溶于水。大多数可溶性硫酸盐结晶时,常含有结晶水。这类带结晶水的硫酸盐称为矾,如 $CuSO_4 \cdot 5H_2O$(蓝矾);还容易形成复盐,如 $(NH_4)_2SO_4 \cdot FeSO_4 \cdot 6H_2O$(摩尔盐)。

(3) 硫代硫酸及其盐。

硫代硫酸($H_2S_2O_3$)极不稳定,不能游离存在,但它的盐却能稳定存在。其中最重要的是硫代硫酸钠,俗称海波或大苏打。硫代硫酸钠是无色透明的柱状结晶,易溶于水,其水溶液显弱碱性。硫代硫酸在中性、碱性溶液中很稳定,在酸性溶液中迅速分解,得到分解产物 SO_2 和固体 S。

$$Na_2S_2O_3 + 2HCl = 2NaCl + S\downarrow + SO_2\uparrow + H_2O$$

利用此性质可定性鉴定硫代硫酸根离子。定影液遇酸失效,也是基于此反应。

$Na_2S_2O_3$ 是中等强度的还原剂,能和许多氧化剂发生反应。

$$2Na_2S_2O_3 + I_2 = Na_2S_4O_6 + 2NaI$$

这个反应是定量分析中碘量法测定物质含量的基础。$Na_2S_2O_3$ 若遇到 Cl_2、Br_2 等强氧化剂可被氧化为硫酸。

$$Na_2S_2O_3 + 4Cl_2 + 5H_2O = 2H_2SO_4 + 2NaCl + 6HCl$$

因此纺织和造纸工业上用硫代硫酸钠作为过量氯气的脱除剂。

另外,$S_2O_3^{2-}$ 有非常强的配位能力,是一种常用的配位剂。

$$2S_2O_3^{2-} + AgBr = [Ag(S_2O_3)_2]^{3-} + Br^-$$

照相术上用它作为定影液,溶去照相底片上未感光的 $AgBr$。医药上根据 $Na_2S_2O_3$ 的还原性和配位能力的性质,常用作卤素及重金属离子的解毒剂。

三、氮族元素

(一)氮族元素的通性

氮族元素在元素周期表的第ⅤA族,包括氮、磷、砷、锑、铋五种元素。氮族元素表现出从典型非金属元素到典型金属元素的完整过渡。氮和磷是典型的非金属,砷为半金属,锑和铋为金属元素。氮族元素的一些基本性质汇列于表 11-8 中。

表 11-8　氮族元素的基本性质

性质	氮	磷	砷	锑	铋
元素符号	N	P	As	Sb	Bi
原子序数	7	15	33	51	83
相对原子质量	14.01	30.97	74.92	121.75	208.98
价层电子结构	$2s^2 2p^3$	$3s^2 3p^3$	$4s^2 4p^3$	$5s^2 5p^3$	$6s^2 6p^3$
共价半径/pm	70	110	121	141	146
电负性	3.04	2.19	2.18	2.05	2.02
电子亲和能/(kJ/mol)	-58	74	77	101	100
第一电离能/(kJ/mol)	1402	1012	944	832	703
主要氧化值	$\pm 1, \pm 2$	$-3, +3$	$-3, +3$	$-3, +3$	$-3, +3$
	$\pm 3, +4, +5$	$+5, +1$	$+5$	$+5$	$+5$

氮族元素的价层电子组态为 $ns^2 np^3$,由于电负性不是很大,本族元素形成正氧化值化合物的趋势比较大。氮族元素与电负性较大的元素化合时,主要形成氧化值为 $+3$ 和 $+5$ 的化合物。由于惰性电子对效应的影响,氮族元素从上到下氧化值为 $+3$ 的化合物的稳定性增强,而氧化值为 $+5$(除 N 外)的化合物的稳定性减弱。氮族元素从上到下金属性增强,氮、磷元素不能形成 N^{3+}、P^{3+},而锑、铋元素能以 Sb^{3+}、Bi^{3+} 的盐存在。氧化值为 $+5$ 的含氧阴离子的稳定性从磷元素到铋元素依次减弱,氮、磷元素以含氧酸根的形式存在,砷和锑元素能形成配离子,铋不存在 Bi^{5+} 简单离子,$Bi(Ⅴ)$ 的化合物都是强氧化剂。

氮族元素的氢化物的稳定性从 NH_3 到 BiH_3 依次降低,酸性依次增强。氮族元素氧化物的酸性从上到下随电子层的增加而减弱。氧化值为 $+3$ 的氮族元素的氧化物中,N_2O_3 和 P_2O_3 是酸性氧化物,As_2O_3 是两性偏酸性氧化物,Sb_2O_3 是两性氧化物,Bi_2O_3 则是碱性氧化物。

氮族元素在形成化合物时,除了 N 原子的最大配位数为 4 外,其他元素原子的最大配位数为 6。

(二)重要的化合物

1. 氨和铵盐

(1)氨。

氨是一种无色、具有刺激性臭味的气体,它在水中的溶解度极大。由于氨分子间形成氢键,所以它的熔点、沸点高于同族元素磷的氢化物。氨容易液化,因此常用作制冷剂。实验室一般用铵盐与强碱共热制取氨。目前工业上主要是采用以氮气和氢气为原料合成氨。

在 NH_3 分子中,氮原子采取不等性 sp^3 杂化,分子构型为三角锥形。氨能发生加合反应、取代反应和氧化还原反应。

①加合反应:氨分子中的 N 原子上有一对孤对电子,可作为路易斯碱与一些路易斯酸发生加合反应。氨也能与某些盐发生加合反应,如氨与无水 $CaCl_2$ 可生成 $CaCl_2 \cdot 8NH_3$,得到的氨合物与结晶水合物相似。

②取代反应:氨分子中的 H 原子可以被活泼金属取代形成氨基化物,如将氨气通入熔融的金属钠中生成氨基化钠。金属氮化物也可以看成是氨分子中三个 H 原子全部被金属原子取代形成的化合物。

$$2Na + 2NH_3 = 2NaNH_2 + H_2 \uparrow$$

③氧化反应:NH_3 具有还原性,在一定条件下可被氧化为 N_2 或氧化值较高的氧化物。在一定的条件下能被多种氧化剂氧化,生成氮气或氧化值较高的氮的化合物。

$$3Cl_2 + 2NH_3 = 6HCl + N_2$$

(2)铵盐。

氨和酸作用形成易溶于水的铵盐。NH_4^+ 与 Na^+ 是等电子体,其离子半径与 K^+ 相似,因此 NH_4^+ 具有 +1 价碱金属离子的性质,在化合物分类时将铵盐归属于碱金属盐类。铵盐的晶形、溶解度和钾盐、铷盐十分相似。

由于氨呈弱碱性,所以铵盐都有一定程度的水解,溶液显酸性。

$$NH_4^+ + H_2O = NH_3 + H_3O^+$$

固体铵盐加热时极易分解,其分解产物与酸根的性质有关,一般为氨和相应的酸。

$$NH_4HCO_3 = NH_3 \uparrow + CO_2 \uparrow + H_2O$$

若是非挥发性酸形成的铵盐,则只有氨放出,残余有酸或酸式盐。

$$(NH_4)_2SO_4 = NH_3 \uparrow + NH_4HSO_4$$

若相应酸具有氧化性,则分解产物为氮气或氮的氧化物。

$$NH_4NO_2 = N_2 \uparrow + 2H_2O$$

$$NH_4NO_3 = N_2O \uparrow + 2H_2O$$

温度高于 300 ℃时,NH_4NO_3 分解产生大量的热量和气体,引起爆炸,因此 NH_4NO_3 可用于制造炸药。

$$2NH_4NO_3 = 2N_2 \uparrow + O_2 \uparrow + 4H_2O$$

2. 氮的含氧酸及其盐

(1)硝酸及其盐。

纯硝酸是无色油状液体,易挥发,能与水以任何比例互溶。市售浓硝酸中 HNO_3 的质量分数为 $65\% \sim 68\%$,密度为 1.4 g/cm^3,浓度相当于 15 mol/L。硝酸不稳定,受热或光照时发生分解,所以实验室通常把浓硝酸盛于棕色瓶中,存放于阴凉处。

$$4HNO_3 = 2H_2O + 4NO_2 \uparrow + O_2 \uparrow$$

硝酸具有强氧化性,很多非金属单质都能被硝酸氧化成相应的氧化物或含氧酸。

$$4HNO_3 + 3C = 3CO_2 + 4NO \uparrow + 2H_2O$$

$$2HNO_3 + S = H_2SO_4 + 2NO \uparrow$$

硝酸与金属反应的还原产物主要取决于硝酸的浓度和金属的活泼性。浓硝酸与金属作用时,均被还原为 NO_2;稀硝酸与活泼金属作用时,被还原为 N_2O,而与不活泼金属作用时,则被还原为 NO;极稀硝酸与活泼金属作用时,可被还原为 NH_4NO_3。HNO_3 溶液的浓度越低,被还原的程度就越大;金属越活泼,被还原的程度就越大。

硝酸与金属或金属氧化物作用可制得相应的硝酸盐。多数硝酸盐是无色、易溶于水的离子晶体,其水溶液没有氧化性。硝酸盐晶体在常温下比较稳定,但在高温时发生分解而具有氧

化性。

  硝酸盐的热分解产物取决于组成盐的阳离子的性质。活泼金属(比 Mg 活泼的碱金属和碱土金属)的硝酸盐热分解时生成亚硝酸盐和氧气;活泼性较小的金属(活泼性在 Mg～Cu 间)的硝酸盐热分解时生成金属氧化物、二氧化氮和氧气;活泼性更小的金属(活泼性比 Cu 差)的硝酸盐热分解生成金属单质、二氧化氮和氧气。

$$2NaNO_3 = 2NaNO_2 + O_2\uparrow$$
$$2Pb(NO_3)_2 = 2PbO + 4NO_2\uparrow + O_2\uparrow$$
$$2AgNO_3 = 2Ag + 2NO_2\uparrow + O_2\uparrow$$

  (2)磷酸及其盐。

  磷能形成多种含氧酸,根据磷的氧化值不同有次磷酸 H_3PO_2、亚磷酸 H_3PO_3、正磷酸 H_3PO_4(简称磷酸)。

  磷酸是无色晶体,易溶于水。市售磷酸是黏稠状的浓溶液,含 85% 的 H_3PO_4,浓度为 14 mol/L。磷酸经强热会发生脱水作用,根据脱去水分子数目的不同,可生成焦磷酸、三聚磷酸和四偏磷酸。

$$2H_3PO_4 = H_4P_2O_7(焦磷酸) + H_2O$$
$$3H_3PO_4 = H_5P_3O_{10}(三聚磷酸) + 2H_2O$$
$$4H_3PO_4 = (HPO_3)_4(四偏磷酸) + 4H_2O$$

  磷酸是一种三元中强酸,可形成正盐、磷酸一氢盐和磷酸二氢盐。绝大多数磷酸二氢盐易溶于水,而磷酸一氢盐和正盐除 K^+、Na^+、NH_4^+ 盐外,都难溶于水。可溶性的磷酸盐在水中有不同程度的水解。

  磷酸根离子具有强的配位能力,能与许多金属离子形成可溶性配合物。如与 Fe^{3+} 反应生成可溶性无色配合物 $H_3[Fe(PO_4)_2]$ 和 $H[Fe(HPO_4)_2]$,在分析化学中常用磷酸掩蔽 Fe^{3+}。

  3. 砷、锑、铋的化合物

  砷、锑、铋的价层电子构型虽然也是 ns^2np^3,但次外层为 18 电子构型,性质与氮、磷差异较大,形成的化合物既有离子型的,也有共价型的,常见氧化值为 +3、+5。既可利用 d 轨道作为中心原子,也可提供电子作为配体形成配合物。

  砷的氧化物有两种,氧化值为 +3 的 As_2O_3 和氧化值为 +5 的 As_2O_5。其中 As_2O_3 俗称砒霜,白色剧毒粉末,致死量是 0.1 g,微溶于水生成亚砷酸 H_3AsO_3。

  从砷到铋的氧化物及其水合物的碱性增强,As_2O_3 是偏酸的两性氧化物,相应的水合物 H_3AsO_3 仅存在于溶液中,是两性偏酸性的物质。Sb_2O_3 两性偏碱,Bi_2O_3 为碱性氧化物。

  同一元素高氧化值氧化物及其水合物的酸性较强。如:As_2O_5 比 As_2O_3 的酸性强,其水合物砷酸 H_3AsO_4 是三元酸,易溶于水,酸的强度与磷酸相近。

  铋酸钠($NaBiO_3$)是一种很强的氧化剂。在 HNO_3 溶液中能把 Mn^{2+} 氧化为 MnO_4^-。由于生成 MnO_4^- 使溶液呈特征的紫红色。这一反应常用于鉴定 Mn^{2+} 的特效反应。

$$2Mn^{2+} + 5BiO_3^- + 14H^+ = 2MnO_4^- + 5Bi^{3+} + 7H_2O$$

四、碳族元素

(一)碳族元素的通性

  ⅣA 族包括碳、硅、锗、锡、铅五种元素,称为碳族元素。其中碳和硅为非金属元素,在自然界中分布很广,硅在地壳中的含量仅次于氧,其丰度位居第二。锗是半金属元素,比较稀少。锡和铅是金属元素,矿藏富集易于提炼,有广泛的应用。碳族元素的一些基本性质汇列于表 11-9 中。

表 11-9 碳族元素的基本性质

性质	碳	硅	锗	锡	铅
原子序数	6	14	32	50	82
元素符号	C	Si	Ge	Sn	Pb
相对原子质量	12.011	28.086	72.590	118.700	207.200
价层电子构型	$2s^2 2p^2$	$3s^2 3p^2$	$4s^2 4p^2$	$5s^2 5p^2$	$6s^2 6p^2$
共价半径/pm	77	117	122	140	147
沸点/℃	4329	2355	2830	2270	1744
熔点/℃	3550	1410	937	232	327
第一电离能/(kJ/mol)	1086.1	786.1	762.2	708.4	715.4
电负性	2.55	1.99	2.01	1.96	2.33
主要氧化值	$+4,+2,$ $(-4,-2)$	$+4,(+2)$	$+4,+2$	$+4,+2$	$+2,+4$
配位数	3,4	4	4	4,6	4,6
晶体结构	原子晶体（金刚石）层状晶体（石墨）	原子晶体	原子晶体	原子晶体（灰锡）层状晶体（白锡）	金属晶体

碳族元素原子的价层电子构型为 $ns^2 np^2$，易形成共价化合物。在本族元素中表现出比较明显的惰性电子对效应。碳、硅主要的氧化值为 +4，随着原子序数的增加，在锗、锡、铅中稳定氧化值逐渐由 +4 变为 +2。例如，铅主要以 +2 价的化合物存在。碳族元素具有同种原子自相结合成链的特性，成链趋势大小与键能有关，键能越高，成键作用就越强。C—C 键、C—H 键和 C—O 键的键能都很高，C 的成链作用最为突出。C 不仅可以单键或多重键形成众多化合物，还可以形成碳链、碳环，这是碳元素能形成数百万种有机化合物的基础。成链作用从 C 至 Sn 依次减弱，Si 可以形成不太长的硅链，因此硅的化合物要比碳的化合物少得多。由于 Si—O 键的键能高，硅元素主要靠 Si—O—Si 链化合物以及其他元素一起形成整个矿物界。

（二）重要的化合物

1. 碳酸及其盐

二氧化碳的水溶液呈弱酸性，通常称为碳酸。二氧化碳溶于水后，大部分以水合分子 $CO_2 \cdot H_2O$ 的形式存在，仅有一小部分与水生成碳酸。碳酸仅存在于水溶液中，而且浓度很小，浓度增大时立即分解放出二氧化碳。碳酸是一种二元弱酸。

$$H_2CO_3 \rightleftharpoons H^+ + HCO_3^- \qquad K_{a1}^{\ominus} = 4.17 \times 10^{-7}$$

$$HCO_3^- \rightleftharpoons H^+ + CO_3^{2-} \qquad K_{a2}^{\ominus} = 5.16 \times 10^{-11}$$

碳酸盐通常分为正盐和酸式盐。铵离子和碱金属元素（Li 除外）的碳酸盐易溶于水，其他金属元素的碳酸盐难溶于水。对于难溶的碳酸盐来说，其相应的碳酸氢盐有较大的溶解度，这符合离子间引力与溶解度之间的关系。但是，易溶的 Na_2CO_3、K_2CO_3、$(NH_4)_2CO_3$ 的溶解度却比相应碳酸氢盐的溶解度大。向碳酸铵饱和溶液中通入 CO_2 至饱和，可生成 NH_4HCO_3 沉淀。这种溶解度的反常现象，是 HCO_3^- 通过氢键形成双聚或多聚链状离子的结果。

碱金属元素的碳酸盐和碳酸氢盐溶液，因水解而分别呈较强碱性和弱碱性。当其他金属

NOTE

离子与碱金属碳酸盐溶液作用时产生碳酸盐、碱式碳酸盐或氢氧化物等沉淀。一般来说,能生成碱性较强的氢氧化物的金属离子生成碳酸盐沉淀;能生成碱性较弱的氢氧化物的金属离子生成碱式碳酸盐沉淀;而强水解性的金属离子则生成氢氧化物沉淀。

$$2Ag^+ + CO_3^{2-} =\!=\!= Ag_2CO_3 \downarrow (类似 Ba^{2+}、Sr^{2+}、Mn^{2+}、Ca^{2+})$$

$$2Cu^{2+} + 2CO_3^{2-} + H_2O =\!=\!= Cu_2(OH)_2CO_3 \downarrow + CO_2 \uparrow (类似 Pb^{2+}、Zn^{2+}、Co^{2+}、Ni^{2+}、Mg^{2+})$$

$$2Al^{3+} + 3CO_3^{2-} + 3H_2O =\!=\!= 2Al(OH)_3 \downarrow + 3CO_2 \uparrow (类似 Fe^{3+}、Cr^{3+})$$

碳酸盐和碳酸氢盐的热稳定性较差。加热时,碳酸氢盐分解为碳酸盐、二氧化碳和水,而碳酸盐分解为金属氧化物和二氧化碳。碳酸、碳酸氢盐、碳酸盐的热稳定性顺序为碳酸<碳酸氢盐<碳酸盐。

2. 硅酸及其盐

二氧化硅是硅酸的酸酐。由于二氧化硅不溶于水,因此不能与水直接反应得到硅酸,通常用 Na_2SiO_3 与 HCl 或 NH_4Cl 溶液作用可制得硅酸。

$$Na_2SiO_3 + 2HCl =\!=\!= H_2SiO_3 + 2NaCl$$

$$Na_2SiO_3 + 2NH_4Cl =\!=\!= H_2SiO_3 + 2NaCl + 2NH_3 \uparrow$$

硅酸的种类很多,组成随生成时的条件变化而变化,常用通式 $xSiO_2 \cdot yH_2O$ 表示。正硅酸(H_4SiO_4)在加热脱水的过程中,由于脱去水分子数目的不同,可生成偏硅酸、焦硅酸、三硅酸及多聚硅酸。在各种硅酸中,偏硅酸的组成最为简单,用化学式 H_2SiO_3 表示,习惯称为硅酸。

硅酸是一种二元弱酸,难溶于水,但是用酸与可溶性硅酸盐作用制取硅酸时,开始并没有白色沉淀生成,而是逐渐聚合成多硅酸后形成硅酸溶胶。若硅酸浓度较大或向溶液中加入电解质,即得黏稠而有弹性的硅酸凝胶,将它干燥后成为白色透明多孔性的固体,称为硅胶。硅胶有强烈的吸附能力,是很好的干燥剂、吸附剂和催化剂载体。将硅胶用粉红色 $CoCl_2$ 溶液浸泡,加热干燥后,得到一种蓝色硅胶。蓝色硅胶吸水后又变为粉红色,因此称为变色硅胶。

硅酸盐分为可溶性硅酸盐和不溶性硅酸盐两大类。除碱金属元素的硅酸盐外,其他金属元素的硅酸盐均难溶于水,天然硅酸盐都难溶于水。

硅酸钠(Na_2SiO_3)可由石英砂(SiO_2)与烧碱($NaOH$)或纯碱(Na_2CO_3)反应而制得。Na_2SiO_3 溶液水解显较强碱性,水解产物为二硅酸盐或多硅酸盐。

水玻璃俗名泡花碱,是多种硅酸盐的混合物,其化学组成可表示为 $Na_2O \cdot nSiO_2$。建筑工业及造纸工业用水玻璃作为黏合剂。木材或织物用水玻璃浸泡后,可以防水、防腐。水玻璃还可用作软水剂、洗涤剂和肥皂的填料,也是制取硅胶和分子筛的原料。

3. 锡和铅的化合物

(1) 二氯化锡。

二氯化锡 $SnCl_2 \cdot 2H_2O$ 是一种无色的晶体,它易水解生成碱式盐沉淀。

$$SnCl_2 + H_2O =\!=\!= Sn(OH)Cl \downarrow + HCl$$

$SnCl_2$ 是实验室中常用的还原剂,在酸性介质中能将 Fe^{3+} 还原为 Fe^{2+},将 $HgCl_2$ 还原为 Hg_2Cl_2 及单质 Hg。

$$2HgCl_2 + SnCl_2 =\!=\!= SnCl_4 + Hg_2Cl_2 \downarrow (白色)$$

$$Hg_2Cl_2 + SnCl_2 =\!=\!= SnCl_4 + 2Hg \downarrow (黑色)$$

由于以上反应的现象特殊,所以通常用 $SnCl_2$ 检验汞盐的存在。

(2) 铅的氧化物。

PbO 俗称密陀僧,为黄色粉末,不溶于水,是两性偏碱性的氧化物。在医药上具有消毒、杀虫、防腐的功效。

PbO_2 受热易分解放出氧气。它与可燃物磷、硫一起研磨即着火,可用于制造火柴。PbO_2 在酸性溶液中是一个强氧化剂,能把浓盐酸氧化为氯气。

$$PbO_2 + 4HCl \Longrightarrow PbCl_2 + 2H_2O + Cl_2 \uparrow$$

Pb_3O_4 为鲜红色的粉末,俗称铅丹或红丹。Pb_3O_4 中铅的氧化值为 $+4$,因此具有强氧化性。

$$Pb_3O_4 + 8HCl(浓) \Longrightarrow 3PbCl_2 + 4H_2O + Cl_2 \uparrow$$

五、硼族元素

(一)硼族元素的通性

ⅢA 族包括硼、铝、镓、铟、铊五种元素,称为硼族元素,硼为非金属元素,其他均为金属元素。铝在地壳中的含量仅次于氧和硅,占第三位。硼、镓、铊是稀有元素,常与其他矿物共存。硼族元素的一些基本性质汇列于表 11-10 中。

表 11-10 硼族元素的基本性质

性质	硼	铝	镓	铟	铊
原子序数	5	13	31	49	81
元素符号	B	Al	Ga	In	Tl
相对原子质量	10.81	26.98	69.72	114.82	204.37
价层电子构型	$2s^2 2p^1$	$3s^2 3p^1$	$4s^2 4p^1$	$5s^2 5p^1$	$6s^2 6p^1$
共价半径/pm	82	118	126	144	148
第一电离能/(kJ/mol)	801	578	579	558	589
电子亲和能	23	44	36	34	50
电负性	2.04	1.61	1.81	1.78	2.04
主要氧化值	$+3$	$+3$	$+1, +3$	$+1, +3$	$+1, +3$

硼元素和铝元素在原子半径、第一电离能、电负性、单质的熔点等性质上有比较大的差异。硼族元素的价层电子构型为 $ns^2 np^1$,通常形成氧化值为 $+3$ 的化合物。随着原子序数增加,硼族元素形成较低正氧化值($+1$)化合物的趋势逐渐增大。硼元素的原子半径较小,电负性较大,所以硼的化合物都是共价化合物。而其他硼族元素与活泼非金属可形成离子型化合物,但由于 M^{3+} 具有较强的极化作用,这些化合物中的化学键也表现出一定的共价性。在硼族元素的化合物中,形成共价键的趋势自上而下依次减弱。由于惰性电子对效应的影响,氧化值为 $+1$ 的铊元素的化合物比较稳定,所形成的化学键具有较强的离子键特征。硼族元素原子有四个价层轨道和三个价电子。这种价电子数小于价层轨道数的原子称为缺电子原子,它们所形成的某些化合物称为缺电子化合物。在缺电子化合物中,由于有空的价层轨道,所以它们具有很强的接受电子对的能力,容易形成聚合分子和配合物。

(二)重要的化合物

1. 乙硼烷

硼元素可以与氢元素形成一系列共价型氢化物,它们的性质与烷烃相似,因此称为硼烷。根据硼烷的组成,其可以分为多氢硼烷和少氢硼烷两类。其中最简单的是乙硼烷(B_2H_6)。由于 B 是缺电子原子,硼烷分子的价电子数达不到形成一般共价键所需要的数目。在 B_2H_6 和 B_4H_{10} 这类硼烷分子中,除了形成一部分正常共价键外,两个 B 原子与一个 H 原子通过共用两

NOTE

个电子形成三中心两电子的氢桥键。

简单的硼烷都是无色气体,具有难闻的臭味,其毒性极大。常温下硼烷很不稳定,在空气中极易燃烧,甚至自燃,且反应速率很快,放热量比相应的碳氢化合物大得多。

$$B_2H_6 + 3O_2 \longrightarrow B_2O_3 + 3H_2O$$

硼烷遇水发生不同程度的水解。

$$B_2H_6 + 6H_2O \longrightarrow 2H_3BO_3 + 6H_2$$

乙硼烷在硼烷中具有特殊的地位,它是制备一系列硼烷的原料,并应用于化学合成中,它对结构化学的发展起到了很大的作用。

2. 硼砂

硼酸盐有偏硼酸盐、原硼酸盐和多硼酸盐等多种类型。比较重要的硼酸盐是四硼酸钠,又称为硼砂,其分子式为 $Na_2[B_4O_5(OH)_4] \cdot 8H_2O$,习惯上写作 $Na_2B_4O_7 \cdot 10H_2O$。受热时失去结晶水,加热至 $350 \sim 400 \, ^{\circ}\!C$,进一步脱水生成无水四硼酸钠;在 $878 \, ^{\circ}\!C$ 时熔化为玻璃体。熔融的硼砂可以溶解许多金属氧化物,形成偏硼酸的复盐。

$$Na_2B_4O_7 + CoO \longrightarrow Co(BO_2)_2 \cdot 2NaBO_2 \text{(蓝宝石色)}$$

$$Na_2B_4O_7 + NiO \longrightarrow Ni(BO_2)_2 \cdot 2NaBO_2 \text{(热时紫色,冷时棕色)}$$

不同金属形成的偏硼酸复盐呈现不同的特征颜色,可用于鉴定某些金属离子,称为硼砂珠实验。

六、p 区元素在医药中的应用

醋酸铅与蛋白质产生沉淀状的蛋白化合物,并在组织表面形成蛋白膜,故有收敛功效。醋酸铅软膏用于治疗痔疮,但不宜常用,以免铅中毒。铅丹的主要成分为 Pb_3O_4 或 Pb_2O_3,具有直接杀灭细菌、寄生虫和阻止黏液分泌的作用,对消炎、止痛、收敛和生肌具有较好的作用。因常易引起慢性铅中毒,现已很少内服,外科主要用于制备膏药。

作为药用的砷的无机化合物主要有雄黄(As_4S_4)、雌黄(As_2S_3)和砒霜(主要成分是 As_2O_3)等,它们在我国传统中医中应用较广,如雄黄(As_4S_4)有活血的功效;As_2O_3 有去腐拔毒功效,用于慢性皮炎如牛皮癣等。中药回疗丹(消肿止痛、解毒拔脓)中含有 As_2O_3。近年来临床用砒霜和亚砷酸内服治疗白血病,取得重大进展。

天然的含少量杂质的硫黄(S_8)又称为石硫黄或土硫黄。工业制备的硫黄较为纯净,内服可以散寒、祛痰、壮阳通便,外用可解毒、杀虫、疗疮,常用的是 10%硫磺软膏。

硒是人体必需的微量元素。亚硒酸钠是补硒药,具有降低肿瘤发病率和预防心肌损伤性疾病的作用。

卤素中,碘可以直接药用,内服复方碘制剂用于治疗甲状腺肿大、慢性关节炎、动脉血管硬化等。碘可以和碘化钾或碘化钠配制成碘酊,外用作为消毒剂。在医药上应用有机碘分子较广泛,如甲状腺素、有机碘造影剂醋碘苯酸。

SnF_2 可制成药物牙膏。人体牙齿珐琅质中含氟(CaF_2)约为 0.5%,缺氟是产生龋齿的原因之一。用 SnF_2 制成的药物牙膏可增强珐琅质的抗腐蚀能力,预防龋齿。但是摄入过量时会出现氟中毒,牙釉质出现黄褐色的斑点,形成氟斑牙。

第三节 d 区元素

d 区元素包括ⅢB~ⅧB族所有元素,又称过渡系列元素,共 32 种元素,位于第四、五、六周期,分别称为第一、第二、第三过渡系列。

一、d区元素的通性

(一)电子构型

d区元素价层电子结构为$(n-1)d^{1-9}ns^{1-2}$(Pd,$4d^{10}5s^0$ 例外)。由于$(n-1)d$轨道和ns轨道能量相近,d电子也可部分或全部参与成键,因此d区元素的价层电子为最外层ns和次外层$(n-1)d$电子。

d区元素的最后一个电子填充在次外层,因而屏蔽作用较大,有效核电荷数增加也不多,性质变化规律不同于主族元素,表现出同周期性质比较接近,从左至右随d电子数的增加而缓慢变化,呈现出一定的水平相似性。这种结构上的共同特点使过渡元素在基本性质上有许多共同之处,同时也决定了它们的性质与主族元素性质的差异性。第四周期d区元素的一些基本性质见表11-11。

表 11-11 第四周期 d 区元素的基本性质

元素	钪	钛	钒	铬	锰	铁	钴	镍
原子序数	21	22	23	24	25	26	27	28
价层电子构型	$3d^14s^2$	$3d^24s^2$	$3d^34s^2$	$3d^54s^1$	$3d^54s^2$	$3d^64s^2$	$3d^74s^2$	$3d^84s^2$
共价半径/pm	162	147	134	128	127	126	124	124
第一电离能/(kJ/mol)	632	661	648	653	716	762	757	736
电负性	1.36	1.54	1.63	1.66	1.77	1.8	1.88	1.91
$E^\circ(M^{2+}/M)/V$		-1.63	-1.18	-0.91	-1.18	-0.44	-0.28	-0.25

同周期中d区元素的原子半径变化有一定的规律性,自左向右随着原子序数的递增,原子半径缓慢减小。同族中,由于自上而下原子的电子层数逐渐增多,原子半径总趋势是增大的。但因镧系收缩的影响,同族中第五、六周期两元素的原子半径非常接近。过渡元素的金属性变化规律基本是从左到右、从上到下缓慢减弱。

(二)单质的物理性质

由于d区元素的d电子可参与成键,单质的金属性很强。金属单质一般质地坚硬,色泽光亮,有良好的导电性和导热性。其密度、硬度较大,熔、沸点较高。其中Cr的硬度最大(莫氏标准9,仅次于金刚石);W的熔点最高(3683 K);Os的密度最大(22.57 g/cm³)。

(三)化学性质

(1)可变的氧化值。

d区元素大都可以形成多种氧化值的化合物。原因是ns和$(n-1)d$轨道的能级相近,在形成化合物时,除ns电子参与成键外,$(n-1)d$电子也能部分或全部参与成键。第四周期d区元素的氧化值及常见氧化值列于表11-12中。

表 11-12 第四周期 d 区元素的氧化值

元素	钪	钛	钒	铬	锰	铁	钴	镍
价层电子构型	$3d^14s^2$	$3d^24s^2$	$3d^34s^2$	$3d^54s^1$	$3d^54s^2$	$3d^64s^2$	$3d^74s^2$	$3d^84s^2$
氧化值	+2	+2	+2	+2	<u>+2</u>	+2	<u>+2</u>	<u>+2</u>
	<u>+3</u>	+3	+3	<u>+3</u>	+3	<u>+3</u>	<u>+3</u>	+3
			+4	+4	+4	+4	+4	+4
			<u>+5</u>	+5	+5	+5		
				<u>+6</u>	+6	+6		
					<u>+7</u>			

注:画横线的表示常见氧化值。

（2）较强的配位性。

由于 d 区元素的原子或离子具有未充满的 $(n-1)d$ 轨道和 ns、np 空轨道，并且具有较大的有效核电荷数和较小的离子半径，因此它们既具有接受电子对的空轨道，又具有较强的吸引配体的能力，使得它们有强烈形成配合物的倾向。例如，它们容易形成氨配合物、草酸基配合物、羰基配合物。这些配合物在许多领域中都有重要的应用。

（3）离子的颜色特征。

d 区元素的许多离子通常呈现一定的颜色，这主要是由于电子发生 d-d 跃迁。例如 $[Cr(H_2O)_6]^{3+}$ 呈淡蓝色、$[Fe(H_2O)_6]^{3+}$ 呈淡紫色、$[Co(H_2O)_6]^{2+}$ 呈粉红色、$[Ni(H_2O)_6]^{2+}$ 呈绿色等。具有 d^0、d^{10} 电子构型的过渡元素，因不发生 d-d 跃迁，这些配合物通常是无色的。如 $[Sc(H_2O)_6]^{3+}$、$[Zn(H_2O)_6]^{2+}$ 是无色的。

二、d 区元素的重要化合物

（一）铬及其重要化合物

铬（Cr）位于元素周期表第四周期 ⅥB 族，价层电子构型为 $3d^5 4s^1$，常见氧化值为 $+2$、$+3$ 和 $+6$。单质铬有银白色金属光泽，熔点高（2130 K），是硬度最大的金属。铬表面容易生成一层钝化膜，有很强的耐腐蚀性，常温下不溶于浓硝酸或王水。由于铬的光泽度和耐腐蚀性好，所以其用于电镀业和制造合金钢。含铬 14% 以上的钢材称为不锈钢。未钝化的铬具有强还原性，能与稀盐酸或稀硫酸作用，反应中先生成蓝色的 Cr（Ⅱ）溶液，继而被空气中的 O_2 氧化为 Cr（Ⅲ），溶液显绿色。

$$Cr + 2HCl = CrCl_2 + H_2 \uparrow$$
$$4CrCl_2 + O_2 + 4HCl = 4CrCl_3 + 2H_2O$$

1. 铬（Ⅲ）化合物

铬（Ⅲ）的重要化合物有氧化物、氢氧化物、常见可溶性盐和配合物。

Cr（Ⅲ）的价层电子构型为 $3d^3 4s^0$，属不规则电子构型，有 3 个未成对 d 电子，在可见光作用下发生 d-d 跃迁，使 Cr（Ⅲ）化合物通常带有颜色，氧化物及其水合物具有明显的两性，Cr^{3+} 易水解，也有强配位性。

（1）氧化物和氢氧化物。

Cr_2O_3 为绿色粉末，熔点高（2275 ℃），微溶于水，硬度大，常作为陶瓷工业和油漆工业中的绿色颜料，俗称铬绿。

Cr（Ⅲ）盐溶液中加入适量碱，可析出灰蓝色的胶状沉淀 $Cr(OH)_3$。Cr_2O_3 和 $Cr(OH)_3$ 最重要的性质是两性。与酸作用可生成蓝紫色的铬（Ⅲ）盐，与碱作用则生成深绿色的亚铬酸盐。例如：

$$Cr(OH)_3 + 3HCl = CrCl_3 + 3H_2O$$
$$[Cr(H_2O)]^{3+} + 6H_2O = [Cr(OH)(H_2O)_5]^{2+} + H_3O^+$$

（2）铬（Ⅲ）盐。

常见的铬（Ⅲ）盐主要有硫酸铬（$Cr_2(SO_4)_3$）、氯化铬（$CrCl_3$）和铬钾钒（$KCr(SO_4)_2$）。它们均易溶于水，易水解，溶液显酸性，若降低溶液的酸度，则有灰蓝色的 $Cr(OH)_3$ 胶状沉淀生成。

$$[Cr(H_2O)]^{3+} + 6H_2O = [Cr(OH)(H_2O)_5]^{2+} + H_3O^+$$

另外，在碱性溶液中，Cr（Ⅲ）具有还原性，可被 H_2O_2、Cl_2 等强氧化剂氧化成铬酸盐。但在酸性溶液中，Cr^{3+} 很稳定，还原性很弱。在催化剂的作用下，只有过硫酸铵、高锰酸钾等少数强氧化剂才能将 Cr（Ⅲ）氧化为 Cr（Ⅵ）。

NOTE

$$2Cr^{3+} + 3S_2O_8^{2-} + 7H_2O = Cr_2O_7^{2-} + 6SO_4^{2-} + 14H^+$$

Cr(Ⅲ)的价层电子构型为 $3d^3 4s^0 4p^0$，易形成配位数为 6 的内轨型配合物。例如，Cr^{3+} 能与 NH_3、H_2O、X^-、CN^-、$C_2O_4^{2-}$ 及许多有机配体形成稳定的配合物。

2. 铬（Ⅵ）化合物

重要的铬（Ⅵ）化合物有三氧化铬（CrO_3）、铬酸盐和重铬酸盐。

Cr（Ⅵ）的价层电子构型为 $3d^0 4s^0 4p^0$，具有反磁性，不存在 d-d 跃迁，但 Cr（Ⅵ）的化合物都具有一定的颜色。原因是 Cr—O 间具有很强的极化效应，可使集中于氧原子一端的电子向 Cr（Ⅵ）迁移而发生电荷跃迁，由于电荷跃迁对光有较强的吸收，所以能发生电荷跃迁的物质通常呈现较深的颜色。

（1）三氧化铬。

CrO_3 呈暗红色，有毒，易溶于水，与水反应生成铬酸，故俗名为"铬酐"，熔点较低，热稳定性较差。CrO_3 具有强氧化性，遇到有机物将发生剧烈反应，甚至起火、爆炸。例如 CrO_3 与乙醇接触时即发生猛烈反应以至着火。

$$4CrO_3 + C_2H_5OH = 2Cr_2O_3 + 2CO_2\uparrow + 3H_2O$$

CrO_3 常用于电镀业和鞣革业，还可用作纺织品的媒染剂和金属清洁剂等。

（2）铬酸盐和重铬酸盐的性质。

常用的可溶性铬酸盐有铬酸钾（K_2CrO_4）和铬酸钠（Na_2CrO_4），重铬酸盐有重铬酸钾（$K_2Cr_2O_7$，俗称红矾钾）和重铬酸钠（$Na_2Cr_2O_7$，俗称红矾钠）。

在铬酸盐或重铬酸盐溶液中存在下列平衡：

$$2CrO_4^{2-} + 2H^+ \rightleftharpoons Cr_2O_7^{2-} + H_2O$$

酸性溶液中主要以 $Cr_2O_7^{2-}$（橙红色）的形式存在，在碱性溶液中则主要以 CrO_4^{2-}（黄色）的形式存在。H_2CrO_4 和 $H_2Cr_2O_7$ 均是强酸，仅存在于水溶液中，其中 $H_2Cr_2O_7$ 酸性强于 H_2CrO_4。另外，$Cr_2O_7^{2-}$ 在酸性溶液中有强氧化性，且 H^+ 浓度越大，氧化性越强，还原产物为 Cr^{3+}。

$$Cr_2O_7^{2-} + 3H_2S + 8H^+ = 2Cr^{3+} + 3S\downarrow + 7H_2O$$

$$Cr_2O_7^{2-} + 6Fe^{2+} + 14H^+ = 2Cr^{3+} + 6Fe^{3+} + 7H_2O$$

$K_2Cr_2O_7$ 用来配制实验室常用的铬酸洗液，就是利用它的强氧化性，洗涤玻璃器皿上附着的油污。

向铬酸盐或重铬酸盐溶液中加入 Ag^+、Pb^{2+}、Ba^{2+} 等离子时，均可生成难溶性的铬酸盐沉淀。铬酸盐沉淀易溶于强酸。这些反应可用于定性鉴定 $Cr_2O_7^{2-}$ 或 Ag^+、Pb^{2+}、Ba^{2+} 等金属离子。

$$2Ag^+ + CrO_4^{2-} = Ag_2CrO_4\downarrow（砖红色）$$

$$Ba^{2+} + CrO_4^{2-} = BaCrO_4\downarrow（黄色）$$

$$2Pb^{2+} + Cr_2O_7^{2-} + H_2O = 2H^+ + 2PbCrO_4\downarrow（黄色）$$

铬酸盐中除碱金属盐、铵盐和镁盐外，一般都难溶于水，而重铬酸盐的溶解度通常较铬酸盐大。因此，向铬酸盐或重铬酸盐溶液中加入某种沉淀的金属离子时，生成的都是铬酸盐沉淀。

（二）锰及其重要化合物

锰（Mn）位于元素周期表中第四周期ⅦB族，价层电子构型为 $3d^5 4s^2$，常见氧化值为 +2、+3、+4、+6 和 +7，是迄今氧化值较多的元素之一。金属锰外形似铁，块状锰为银白色，粉末锰为灰色，质坚而脆。锰在地壳中分布广泛，其含量仅次于铁和钛。加热时，锰与卤素单质发生剧烈反应。在高温下，锰也能与硫、磷、碳等非金属单质直接化合。锰也溶于稀盐酸、稀硫酸

NOTE

和稀硝酸。在氧化剂存在下,金属锰能与熔碱反应生成锰酸盐。

$$Mn + 2HCl = MnCl_2 + H_2 \uparrow$$

$$2Mn + 4KOH + 3O_2 \xrightarrow{熔融} 2K_2MnO_4 + 2H_2O$$

1. 锰(Ⅱ)化合物

锰(Ⅱ)是锰最稳定的氧化态,锰(Ⅱ)常以氧化物、氢氧化物和盐的形式存在。锰(Ⅱ)的主要化学性质为还原性和配位性。在酸性溶液中,Mn^{2+} 很稳定,只有少数强氧化剂能将 Mn^{2+} 氧化成 MnO_4^-。在碱性介质中,锰(Ⅱ)的还原性较强,空气中的氧气可把锰(Ⅱ)氧化为锰(Ⅳ);Mn^{2+} 的价层电子构型为 $3d^5$,是半充满状态,通常易形成配位数为 6 的八面体配合物。锰(Ⅱ)的配合物大多为无色或较淡的粉红色。

2. 锰(Ⅳ)化合物

最稳定也是最重要的锰(Ⅳ)化合物是 MnO_2,软锰矿的主要成分,黑色粉末,不溶于水,常温下很稳定,既可作为氧化剂,也可作为还原剂,也是制造干电池的原料、玻璃工业的除色剂等。MnO_2 的主要性质如下。

(1) 氧化还原性。

MnO_2 在酸性介质中是强氧化剂。实验室常用 MnO_2 与浓盐酸作用制备少量氯气。

$$MnO_2 + 4HCl(浓) = MnCl_2 + Cl_2 \uparrow + 2H_2O$$

MnO_2 在碱性条件下具有还原性。如 $KClO_3$、KNO_3 等强氧化剂与 MnO_2 一起加热共熔时,MnO_2 可被氧化成深绿色的锰酸钾 K_2MnO_4。

$$3MnO_2 + 6KOH + KClO_3 = 3K_2MnO_4 + KCl + 3H_2O$$

(2) 配位性。

锰(Ⅳ)可形成较稳定的配位个体,如 MnO_2 与 HF、KHF_2 作用时,可得到金黄色的六氟合锰(Ⅳ)酸钾晶体。

$$MnO_2 + 2KHF_2 + 2HF = K_2[MnF_6] + 2H_2O$$

3. 锰(Ⅶ)化合物

锰(Ⅶ)化合物中最重要的是高锰酸钾($KMnO_4$),深紫色晶体,易溶于水,其水溶液显紫红色,常温下稳定,但加热至 473 K 以上时,会发生分解反应,实验室常用此法制备少量氧气。

$$2KMnO_4 = K_2MnO_4 + MnO_2 + O_2 \uparrow$$

另外,不稳定性还表现为 $KMnO_4$ 在酸性溶液中会发生分解反应,析出棕色 MnO_2。光线对 $KMnO_4$ 溶液的分解有催化作用,因此 $KMnO_4$ 溶液需储存于棕色瓶中。

$KMnO_4$ 是常用的氧化剂之一,它的氧化能力和还原产物因介质的酸度不同而不同。在酸性溶液中是强氧化剂,本身被还原为 Mn^{2+}。

$$2MnO_4^- + 5C_2O_4^{2-} + 16H^+ = 2Mn^{2+} + 10CO_2 \uparrow + 8H_2O$$

其中 Mn^{2+} 具有自身催化作用,所以反应开始时比较缓慢,当有 Mn^{2+} 生成时,反应速率加快,分析化学中常用此反应测定 H_2O_2 与草酸盐的含量。

$KMnO_4$ 在近中性或弱酸性介质中,被还原为 MnO_2。

$$2MnO_4^- + I^- + H_2O = 2MnO_2 \downarrow + IO_3^- \uparrow + 2OH^-$$

在强碱性介质中作氧化剂时,其还原产物为 MnO_4^{2-}:

$$2MnO_4^- + SO_3^{2-} + 2OH^- = 2MnO_4^{2-} + SO_4^{2-} \uparrow + H_2O$$

(三)铁及其重要化合物

铁(Fe)位于元素周期表中第四周期Ⅷ族,价层电子构型为 $3d^6 4s^2$,常见的氧化值为 +2 和 +3,最高氧化值为 +6。单质铁有银白色金属光泽,延展性、导电性、导热性良好。铁是最重要的结构材料,主要用于冶炼钢材及制造合金。铁磁性是铁的重要特性之一,用于制造永磁材料。铁在地壳中分布广泛,丰度大。铁的主要矿物有赤铁矿(Fe_2O_3)、磁铁矿(Fe_3O_4)、黄铁矿(FeS_2)等。铁化学性质比较活泼,与非氧化性稀酸作用时,生成铁(Ⅱ)盐;与氧化性稀酸作用时生成铁(Ⅲ)盐。

$$Fe + 2HCl \!=\!=\! H_2 \uparrow + FeCl_2$$

$$Fe + 4HNO_3 \!=\!=\! Fe(NO_3)_3 + NO \uparrow + 2H_2O$$

在常温下,铁因"钝化"而不与浓硝酸、浓硫酸反应,所以可用铁制容器盛装和运输浓硝酸和浓硫酸。

1. 铁(Ⅱ)化合物

常见的铁(Ⅱ)化合物有 $FeSO_4 \cdot 7H_2O$,外观为淡绿色晶体,俗称绿矾。临床上可用于治疗缺铁性贫血,农业上也常用以防治病虫害。硫酸亚铁能与硫酸铵形成复盐硫酸亚铁铵(($NH_4)_2SO_4 \cdot FeSO_4 \cdot 6H_2O$,俗称摩尔盐),性质比硫酸亚铁稳定,容易保存,是分析化学上常用的还原剂,可用于标定 $KMnO_4$ 和 $K_2Cr_2O_7$ 溶液。

铁(Ⅱ)盐的主要性质如下。

(1)还原性:在空气中,铁(Ⅱ)盐的固体或溶液易被氧化。如绿矾在空气中可逐渐风化失去部分结晶水,同时晶体表面被氧化生成黄褐色碱性硫酸铁(Ⅲ)。

$$4FeSO_4 + O_2 + 2H_2O \!=\!=\! 4Fe(OH)SO_4 \downarrow$$

亚铁盐溶液长时间保存时,常会有棕色的碱式铁(Ⅲ)盐沉淀生成。因此,亚铁盐固体应密封保存,溶液使用时新鲜配制。配制时必须加适量的酸抑制 Fe^{2+} 的水解和少量的铁单质防止 Fe^{2+} 被氧化。

(2)沉淀反应:在溶液中,Fe^{2+} 与 OH^-、S^{2-}、CO_3^{2-}、$C_2O_4^{2-}$ 及许多弱酸根作用时,均生成难溶性沉淀。如向 Fe^{2+} 溶液中加入强碱可生成 $Fe(OH)_2$ 白色胶状沉淀,$Fe(OH)_2$ 不稳定,与空气接触后很快变成暗绿色,继而生成棕红色 $Fe(OH)_3$ 沉淀。

$$4Fe(OH)_2 + O_2 + 2H_2O \!=\!=\! 4Fe(OH)_3 \downarrow$$

$Fe(OH)_2$ 主要显碱性,其酸性很弱。例如,$Fe(OH)_2$ 可溶于强酸形成亚铁盐,与浓碱溶液作用时,生成 $[Fe(OH)_6]^{4-}$。

(3)配位性:铁(Ⅱ)有很强的形成配合物的倾向,常见的配位数为 6。重要的铁(Ⅱ)配合物有六氰合铁(Ⅱ)酸钾($K_4[Fe(CN)_6]$,俗称黄血盐),环戊二烯基铁(($C_5H_5)_2Fe$,二茂铁)等。

黄血盐是实验室常用的试剂,可溶于水,常温下相当稳定,加热至 373 K 时,开始失去结晶水变成白色粉末,继续加热可发生分解反应。

$$K_4[Fe(CN)_6] \xrightarrow{\Delta} 4KCN + FeC_2 + N_2 \uparrow$$

在溶液中,$[Fe(CN)_6]^{4-}$ 能与 Fe^{3+}、Cu^{2+}、Cd^{2+}、Mn^{2+}、Ni^{2+}、Zn^{2+} 等离子生成特定颜色的沉淀,这些反应可用于鉴定某些金属离子。

2. 铁(Ⅲ)盐

三氯化铁属于共价化合物,无水三氯化铁的熔点和沸点较低,易升华,易溶解在乙醇、乙醚、苯、丙酮等有机溶剂中,也易溶于水中,溶于水时发生强烈的水解。在 673 K 以下,其蒸气中有双聚分子 Fe_2Cl_6 存在,其结构如图 11-2 所示。在 673~1023 K 之间,双聚分子部分解离,Fe_2Cl_6 和 $FeCl_3$ 共存。在 1023 K 以上,完全以 $FeCl_3$ 形式存在。

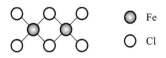

图 11-2 Fe_2Cl_6 **的结构**

三氯化铁可以用作净水剂,在有机合成中用作催化剂。由于它能使蛋白质迅速凝聚,所以常用作外伤的止血剂。在印刷制版业,$FeCl_3$ 常用于腐蚀铜制印刷电路。反应如下:

$$2FeCl_3 + Cu \!=\!=\! CuCl_2 + 2FeCl_2$$

铁(Ⅲ)的主要性质如下。

(1) 氧化性:在酸性溶液中,Fe^{3+}是较强的氧化剂,可与大部分还原性物质发生反应:

$$2FeCl_3 + H_2S == S + 2HCl + 2FeCl_2$$

$$2FeCl_3 + SnCl_2 == SnCl_4 + 2FeCl_2$$

(2) 水解性:由于Fe^{3+}的半径小,电荷大,电荷半径比(z/r)大,极化作用强,在酸性溶液中显著水解。Fe^{3+}水解过程比较复杂,依次经历逐级水解、缩合、聚合过程,最终生成棕红色的水合三氧化铁($FeO_3 \cdot nH_2O$)沉淀,习惯上写成$Fe(OH)_3$。$Fe(OH)_3$略显两性,碱性强于酸性,只有新生成的$Fe(OH)_3$沉淀才能溶于浓碱,生成$[Fe(OH)_6]^{3-}$。随着水解的进行,可发生一系列的缩合作用。当pH为2~3时,缩合倾向增大,最终析出红棕色的胶状$Fe(OH)_3$沉淀。

(3) 配位性:Fe^{3+}可与X^-、CN^-、SCN^-、$Cr_2O_7^{2-}$和PO_4^{3-}等许多配体形成稳定的八面体配合物。如Fe^{3+}与SCN^-作用,将生成血红色的$[Fe(NCS)_n]^{3-n}$(通常n为$1-6$,n随SCN^-的浓度增加而增大),该反应为鉴定Fe^{3+}的特效反应。

六氰合铁(Ⅲ)酸钾$K_3[Fe(CN)_6]$又名铁氰化钾,俗称赤血盐,外观为红色晶体,易溶于水,在碱性溶液中有一定的氧化性。例如:

$$4[Fe(CN)_6]^{3-} + 4OH^- == 4[Fe(CN)_6]^{4-} + O_2\uparrow + 2H_2O$$

在近中性溶液中,有较弱的水解性。

$$[Fe(CN)_6]^{3-} + 3H_2O == Fe(OH)_3\downarrow + 3HCN + 3CN^-$$

故赤血盐溶液最好现配现用。在含Fe^{2+}的溶液中加入赤血盐,能够生成滕氏蓝沉淀。该反应为鉴定Fe^{2+}的特效反应。

$$K^+ + Fe^{3+} + [Fe(CN)_6]^{4-} == KFe[Fe(CN)_6]\downarrow(普鲁士蓝)$$

$$K^+ + Fe^{2+} + [Fe(CN)_6]^{3-} == KFe[Fe(CN)_6]\downarrow(滕氏蓝)$$

现代结构研究证明,普鲁士蓝和滕氏蓝具有相同的结构。

三、d 区元素在医药中的应用

铬的生物功能主要是参与人体内的葡萄糖代谢和脂肪代谢,具有胰岛素加强剂的作用。无机铬(Ⅲ)盐(如$CrCl_3 \cdot 6H_2O$)已用于治疗糖尿病和冠状动脉粥样硬化症。老年糖尿病患者每天补充铬(Ⅲ)150 μg,患者糖耐量明显改善,血脂酶水平显著降低。

锰为多种锰酶、锰激活酶的组成部分。锰可参与体内的造血过程,影响骨组织形成时所需糖蛋白合成,促进脂类代谢。锰缺乏时可引起生长迟缓、骨质疏松和运动失常等。高锰酸钾($KMnO_4$),也叫灰锰氧、PP粉,有极强的杀灭细菌作用,临床上常用不同浓度的稀溶液洗胃、清洗溃疡及脓肿。

铁是人体组织中含量最多的微量元素。其主要作用如下:一是组成血红蛋白和肌红蛋白,参与氧的运输和存储;二是组成各种含铁酶等。铁在人体物质代谢和能量代谢中发挥重要作用。人体缺铁会引起贫血症。硫酸亚铁($FeSO_4 \cdot 7H_2O$),俗称绿矾,中药上称皂矾,可用于治疗缺铁性贫血。

第四节 ds 区元素

ds区元素是指ⅠB、ⅡB两族元素,包括铜族元素的铜、银、金和锌族元素的锌、镉、汞,该区元素处于 d 区和 p 区之间,所以性质特别。

一、ds 区元素的通性

(一) 电子构型

铜族元素和锌族元素价层电子结构分别为 $(n-1)d^{10}ns^1$ 和 $(n-1)d^{10}ns^2$,原子结构特征是 $(n-1)d$ 轨道全充满,ns 轨道上有 1~2 个电子。与碱金属(ns^1)和碱土金属(ns^2)相比,具有相同的最外层电子构型,但次外层电子为 18 电子构型。由于 18 电子构型对原子核的屏蔽效应比 8 电子构型要小,因此铜族和锌族元素原子作用在最外层电子上的有效核电荷较大,最外层的 s 电子受原子核的吸引比碱金属元素原子要强得多,所以与具有同样最外层电子结构的碱金属和碱土金属元素相比,其原子半径小、电离能高、电负性大。

铜族元素的氧化值有 +1、+2 和 +3,这是由于铜族元素原子的最外层 s 电子的能量与次外层 d 电子的能量相差较小,在反应中不仅能失去 s 电子,在一定条件下还可以失去一个或两个次外层的 d 电子。

锌族元素的特征氧化值为 +2;但次外层 d 电子能量与 ns 相差大,一般不参与成键,故不存在大于 +2 的氧化值,但镉和汞有 +1 的氧化值。

(二) 物理性质

ds 区元素单质具有特征颜色,铜呈紫色,银为白色,金是黄色,锌呈微蓝色,镉和汞呈白色。由于 $(n-1)d$ 电子为全充满的稳定状态,不参与成键,单质内金属键比较弱,因此,与 d 区元素相比,ds 区元素的熔、沸点较低;其中汞是常温下唯一的液体金属。汞由于具有流动性和室温下不润湿玻璃的特点,可以用来制作温度计、气压计等。汞蒸气会导致人慢性中毒,若不慎将汞洒落,务必尽量收集起来,并撒上硫粉,使之转化为 HgS。另外,ds 区元素大多具有良好的导电性、导热性和延展性。其中银的导电性最好,铜次之;金的延展性最好,既可以拉成丝,也可压成金箔。

(三) 化学性质

铜族元素的原子半径小,ns^1 电子的活泼性远小于碱金属的 ns^1 电子,因此铜、银和金单质的化学性质比较稳定,且稳定性按铜、银、金的顺序递增。铜在干燥空气中不易被氧化,有二氧化碳及水蒸气存在时,则在表面上生成绿色的碱式碳酸铜。

银在空气中较稳定,但在室温下与含有硫化氢的空气接触时,表面生成一层黑色的硫化银,这是银币和银首饰变暗的原因。

金是铜族元素中最稳定的,在常温下几乎不与任何其他物质反应,只能溶解于强氧化性的王水。因此金是最好的金属货币。

锌和镉的化学性质相似,而汞的化学活泼性差得多。锌在加热条件下可以与绝大多数非金属单质发生化学反应。在 1000 ℃时,锌在空气中燃烧生成氧化锌,锌与含 CO_2 的潮湿空气接触,生成碱式碳酸盐,锌还可以与氧、硫、卤素等在加热时直接化合。锌与铝一样都是两性金属,既可以溶于酸,也可以溶于碱中。

汞俗称水银,常温下很稳定,需加热至沸腾才能缓慢与氧气作用生成红色的 HgO,汞与硫在常温下混合研磨可生成无毒的 HgS。汞还可以与卤素在加热时直接化合成卤化汞。汞不溶于盐酸或稀硫酸,但能溶于热的浓硫酸和硝酸中。汞还能溶解多种金属(如金、银、钠等)形成汞的合金,称为汞齐。

二、ds 区元素的重要化合物

（一）铜族元素的重要化合物

1. 铜的重要化合物

（1）氧化亚铜、氧化铜和氢氧化铜。

氧化铜（CuO）为难溶于水的黑色粉末，碱性氧化物，可溶于酸生成相应的盐。热稳定性极高，当温度高于 1273 K 时才可分解为 Cu_2O 和 O_2，在高温下易被 C、H_2、NH_3 等还原为铜。

$$4CuO \xrightarrow{>1273\ K} 2Cu_2O + O_2 \uparrow$$

氧化亚铜（Cu_2O）由于晶粒大小不同，可以呈现黄色、橙色、红色、棕红色等。Cu_2O 为共价化合物，有毒，难溶于水，具有较好的热稳定性，广泛应用于制造船底漆。

Cu^{2+} 与碱作用生成的淡蓝色絮状沉淀就是 $Cu(OH)_2$。$Cu(OH)_2$ 微显两性，既能溶于酸又可溶于浓的强碱溶液中，与浓碱反应时生成蓝紫色的 $[Cu(OH)_4]^{2-}$。$[Cu(OH)_4]^{2-}$ 在溶液中能电离出少量的 Cu^{2+}，它可被含醛基—CHO 的葡萄糖还原成红色的 Cu_2O。

$$2Cu^{2+} + 4OH^- + C_6H_{12}O_6 == Cu_2O + 2H_2O + C_6H_{12}O_7$$

$Cu(OH)_2$ 在溶液中加热至 353 K 时，即可脱水生成氧化铜。

$$4Cu(OH)_2 \xrightarrow{\triangle} 2Cu_2O + O_2 \uparrow + 4H_2O$$

（2）卤化亚铜。

卤化亚铜 CuX（X 为 Cl、Br、I）均难溶于水，溶解度按 Cl、Br、I 的顺序依次减小。CuX 都可用适当的还原剂在相应的卤素离子存在下还原 Cu（Ⅱ）得到，其中 CuCl 在工业上可作为催化剂、还原剂、脱色剂、杀虫剂和防腐剂等。CuCl 的盐酸溶液能吸收 CO 气体，生成氯化羰基铜（Ⅰ），若 CuCl 过量，该反应几乎可以定量完成，因而可以利用此反应测定气体混合物中 CO 的含量。

（3）铜（Ⅱ）盐。

无水 $CuSO_4$ 具有很强的吸水性，吸水后变成蓝色，故可用无水 $CuSO_4$ 检验无水乙醇、乙醚等有机溶剂中是否存在微量的水，无水 $CuSO_4$ 也可以作为干燥剂。无水 $CuSO_4$ 加热至 923 K时，将发生分解反应。

$$CuSO_4 \xrightarrow{923\ K} CuO + SO_3 \uparrow$$

$CuSO_4 \cdot 5H_2O$ 在加热条件下可逐步失去结晶水，生成的无水 $CuSO_4$ 为白色粉末。

$$CuSO_4 \cdot 5H_2O \xrightarrow{375\ K} CuSO_4 \cdot 3H_2O \xrightarrow{423\ K} CuSO_4 \cdot H_2O \xrightarrow{523\ K} CuSO_4$$

氯化铜（$CuCl_2$）是共价化合物，可以溶解在水，以及乙醇和丙酮等有机溶剂中。将 $CuCO_3$ 或 CuO 与盐酸反应可以制得 $CuCl_2$。

$$CuCO_3 + 2HCl == CuCl_2 + H_2O + CO_2 \uparrow$$

$CuCl_2$ 加热至 773 K 时将发生分解。

$$2CuCl_2 \xrightarrow{773\ K} 2CuCl + Cl_2 \uparrow$$

浓 $CuCl_2$ 溶液呈黄绿色，稀溶液呈蓝色。黄色是由于 $[CuCl_4]^{2-}$ 存在，而蓝色是由于 $[Cu(H_2O)_4]^{2+}$ 存在，两者并存时溶液呈绿色。

2. 银的重要化合物

银具有 +1、+2、+3 三种氧化值，但 Ag（Ⅰ）的化合物最稳定，其中硝酸银是最重要的可溶性银盐，是制备其他银盐的原料。将银溶于硝酸溶液中，蒸发、结晶，得到硝酸银晶体。纯净的 $AgNO_3$ 是无色晶体，易溶于水，可溶于乙醇。硝酸银加热到 713 K 时，按下式发生分解：

$$2AgNO_3 \xrightarrow{\text{773 K 或光照}} 2Ag + 2NO_2\uparrow + O_2\uparrow$$

在日光照射下,硝酸银也会按上式缓慢分解,因此硝酸银晶体或溶液应装在棕色试剂瓶中。硝酸银具有氧化性,遇微量的有机化合物即被还原为黑色的单质银。硝酸银主要用于制造照相底片所需的溴化银乳剂,它还是一种重要的分析试剂。医药上常用它作为消毒剂和腐蚀剂。

(二)锌族元素的重要化合物

1. 锌元素的重要化合物

(1)氧化锌和氢氧化锌。

锌与氧气直接化合生成白色粉末状 ZnO,俗称锌白,常用作白色颜料。氧化锌是一种两性氧化物,难溶于水,溶于强酸溶液和强碱溶液。氧化锌具有收敛性和一定杀菌能力,医药上常用它调制软膏和制作橡皮膏。向含有 Zn^{2+} 的溶液中加入适量的碱,可生成 $Zn(OH)_2$ 沉淀(白色)。$Zn(OH)_2$ 显两性,既可以溶于酸生成相应的盐,也能溶于碱生成 $[Zn(OH)_4]^{2-}$。

(2)锌(Ⅱ)盐。

无水氯化锌是白色晶体,极易溶于水,也易溶于乙醇、丙酮等有机溶剂,易吸潮。氯化锌可由锌与氯气反应制备。氯化锌溶液由于 Zn^{2+} 的微弱水解而显弱酸性。在 $ZnCl_2$ 的浓溶液中,可形成酸性很强的羟基二氯合锌(Ⅱ)酸。

$$ZnCl_2 + H_2O =\!\!= H[ZnCl_2(OH)]$$

$H[ZnCl_2(OH)]$ 具有显著的酸性,能溶于金属氧化物,故在金属焊接时,常用它清洗金属表面的氧化物,且不损害金属。

在 Zn^{2+} 溶液中加入 $(NH_4)_2S$ 溶液,生成硫化锌白色沉淀。该沉淀可溶于稀盐酸,不溶于醋酸或 $NaOH$ 溶液。利用此现象可以鉴定溶液中是否存在 Zn^{2+}。

$$Zn^{2+} + S^{2-} =\!\!= ZnS\downarrow$$

$$ZnS + 2HCl =\!\!= ZnCl_2 + H_2S\uparrow$$

ZnS 是白色晶体,可用作白色颜料,它与硫酸钡共沉淀形成的混合物 $ZnS\cdot BaSO_4$ 称为锌钡白,俗称立德粉,是一种优良的白色颜料。

2. 汞的重要化合物

$HgCl_2$ 是共价化合物,易升华,俗称升汞。$HgCl_2$ 是熔点较低、可溶于水、易溶于有机溶剂、有剧毒的白色针状晶体。$HgCl_2$ 的稀溶液具有杀菌作用,外科可用作消毒剂。$HgCl_2$ 常通过将氧化汞溶于盐酸中,或将 $HgSO_4$ 和 $NaCl$ 的混合物共热制得。

Hg_2Cl_2 是一种白色晶体,微溶于水。氯化亚汞无毒,因味略甜,又称甘汞,常用于制备甘汞电极。在医药上,氯化亚汞用作轻泻剂和利尿剂。Hg_2Cl_2 可通过汞和氯化汞在一起研磨得到,或用 SO_2 作为还原剂与 $HgCl_2$ 反应制备。

$$HgCl_2 + Hg =\!\!= Hg_2Cl_2$$

$$2HgCl_2 + SO_2 + 2H_2O =\!\!= Hg_2Cl_2\downarrow + H_2SO_4 + 2HCl$$

$$Hg_2Cl_2 \xrightarrow{\triangle} HgCl_2 + Hg$$

Hg_2^{2+} 在溶液中不易歧化为 Hg^{2+} 和 Hg,相反 Hg 能把 Hg^{2+} 还原为 Hg_2^{2+},因此常利用 Hg^{2+} 和 Hg 反应制备亚汞盐。Hg^{2+} 与少量 $SnCl_2$ 反应生成白色的 Hg_2Cl_2 沉淀,若过量 $SnCl_2$ 存在,则继续与 Hg_2Cl_2 作用生成灰黑色的 Hg 沉淀。该反应可用于定性鉴定 Hg^{2+}、Hg_2^{2+} 和 Sn^{2+}。

$$2HgCl_2 + SnCl_2(\text{少量}) =\!\!= Hg_2Cl_2\downarrow(\text{白色}) + SnCl_4$$

$$Hg_2Cl_2 + SnCl_2 =\!\!= Hg\downarrow(\text{灰黑}) + SnCl_4$$

 NOTE

·无机化学·

三、ds 区元素在医药中的应用

硫酸铜是中药胆矾的主要成分,具有较强的杀灭真菌的能力,可外用治疗真菌感染引起的皮肤病,在眼科方面则可用于治疗沙眼引起的眼结膜滤泡,在内服方面可用作催吐药。

硫酸锌是补锌剂,可用于治疗锌缺乏引起的食欲不振、贫血、生长发育迟缓及营养性侏儒等疾病。近年来逐步被葡萄糖酸锌、甘草酸锌、乳清酸-精氨酸锌等替代,也常用于治疗结膜炎和沙眼。

氧化锌是中药锻炉甘石的主要成分,俗称锌白粉,具有生肌收敛、促进创面愈合的功能。一般可作为配制复方散剂、混悬剂、软膏剂和糊剂的原料,来治疗患者的皮炎和湿疹等疾病。

氯化汞(升汞)是中药白降丹的主要成分,具有很强的杀菌作用和毒性,可用于非金属外科手术器械的消毒。氯化亚汞(甘汞)是中药轻粉的主要成分,不溶于水,内服用作缓泻剂,外用可杀虫。

硫化汞是朱砂的主要成分,具有镇静安神和解毒的作用,在我国中医药中常用于一些复方制剂中,可以内服也可外用。内服用于治疗惊风、癫痫,配成外用复方制剂则具有消肿、解毒、止痛的功效。

知识拓展

本章小结

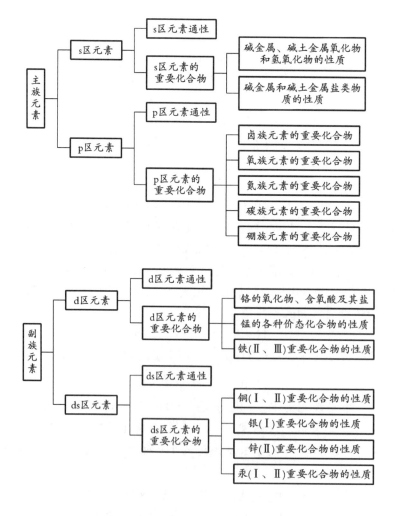

NOTE 无机化学

目标检测

目标检测
答案

同步练习
及其答案

一、单项选择题

1. 锌钡白是指 ZnS 与下列哪种物质共沉淀后的混合物？（　　）

A. Na_2CO_3
B. $BaSO_4$
C. Li_2CO_3
D. AgCl

2. 下列叙述中正确的是（　　）。

A. $FeCl_3$ 是高熔点的离子化合物

B. Fe^{2+} 是一种常见的氧化剂

C. 配制 Fe^{3+} 溶液时要加 Fe 单质以防止氧化

D. 配制 $FeSO_4$ 溶液时要加 Fe 单质以防止被氧化

3. 固态铵盐受热易分解，则其分解产物（　　）。

A. 一定有 NH_3
B. 一定有 N_2
C. 一定有 N_2O
D. 不能确定

4. 下列化合物中，属于共价化合物的是（　　）。

A. $BeCl_2$
B. $CaCl_2$
C. NaCl
D. $BaCl_2$

5. 与碱土金属元素相比，碱金属元素表现出（　　）。

A. 较大的硬度
B. 较高的熔点

C. 较小的离子半径
D. 较小的电负性

二、判断题

1. $AgNO_3$ 溶液遇皮肤能使蛋白质变质而产生黑色斑点。（　　）

2. 锌的毒性较小，长期服用含锌制剂不会引起中毒。（　　）

3. H_2O_2 与 $K_2Cr_2O_7$ 的酸性溶液反应即可生成稳定的蓝色 CrO_5，此反应可用来鉴定 $K_2Cr_2O_7$。（　　）

4. 在五羰基合铁[$Fe(CO)_5$]中，中心原子 Fe 与 CO 之间只以 σ 键相结合。（　　）

5. HgS 是溶解度较小的金属硫化物，它不溶于硝酸，可溶于王水。（　　）

三、简答题

1. 实验室中如何保存碱金属 Li、Na、K？

2. H_2S、Na_2S、Na_2SO_3 溶液为何不能在空气中长期放置？

3. 硫代硫酸钠为什么可以解除卤素和重金属离子中毒？写出有关反应。

4. 碘为什么不溶于水而溶于 KI 溶液？

5. 为什么漂白粉长期暴露在空气中会失效？

（姚　杰）

NOTE

第十二章　生物无机化学

学习目标

1. **掌握**：生物体中无机元素的分类方法，常量元素、微量元素、有毒元素的概念。
2. **熟悉**："最适营养浓度定律"，必需微量元素的生理作用及对人体健康的影响。
3. **了解**：生物无机化学的学科意义、近代结构分析的原理及在生物无机化学中的应用。

案例导入12-1

某日，小强的妈妈带着7岁的小强去医院就诊。妈妈说老师多次反映小强容易发脾气、注意力难以集中、学习成绩不好。小强从小就好动、容易分神。最近经常感到肚子痛和便秘。曾经买药给他吃，但没有效果。检查发现小强的视力正常，听觉灵敏度稍差，而且语言能力比一般小朋友稍差。检查显示红细胞比容为30%，血红蛋白过少和小红细胞症。无失血，大便隐血试验阴性。小强饮食充足、无异食癖，免疫接种正常。医生诊断为"轻度缺铁性贫血"。补铁治疗3个月后痊愈。

1. 铁在人体内的作用是什么？为什么缺铁会导致贫血？
2. 除了铁之外，还有哪些元素是身体所必需的？
3. 身体所必需的元素是不是补充得越多，人就越健康？

生物无机化学，始于20世纪60年代，又被称为"生命无机化学"，由生物化学和无机化学相互交叉渗透而形成，是研究生命现象与无机化学关系的一门学科，在环境、农业，特别是生物医学等领域有着巨大的应用前景，因此掌握生物无机化学的知识十分必要。本章重点介绍生物无机化学的基本内容和元素与人体的关系，以及近代分析方法在生物无机化学中的应用。本章内容是学习前面章节后的拓展知识。

第一节　生物无机化学概述

一、生物无机化学简介

生物无机化学是介于生物化学和无机化学之间的一门边缘学科，是以金属元素为核心，以化学尤其是配位化学研究方法为指导，探讨无机元素在生命体内各种相互作用和代谢规律的学科。该学科涉及无机化学、配位化学、结构化学、量子化学和生物化学等多方面的知识和关于组成、结构、性能和功能的测定方法及实验技术。随着科技的发展及近代物理仪器的涌现，已能从原子水平研究生物体的化学本质及在生命活动中的变化规律。

NOTE

二、生物无机化学研究的对象

生物无机化学研究的对象是在生命过程中起作用的无机元素及其化合物,这些元素包括机体中固有的无机元素和环境接触中外来的,以及人为引入机体的无机元素。生物体内存在钠、钾、钙、镁、铁、铜、钼、锰、钴、锌等几十种元素,它们能与体内存在的糖、脂肪、蛋白质、核酸等大分子配体和氨基酸、多肽、核苷酸、有机酸根、O_2、Cl^- 等小分子配体形成配位化合物,也称为含金属的生物分子。生物无机化学研究生物体内与这些无机元素有关的各种相互作用,重点研究它们的组成、结构、状态和功能之间的关系及在生物体内环境中参与生命活动的反应机制。

三、生物无机化学研究展望

近年来,科学研究的热点领域主要在生命科学方向,生物无机化学紧密、有机地与生命科学技术进行融合将是该学科今后发展的趋势,主要包括以下几个研究方向。

(一)金属离子及其化合物与生物大分子的相互作用

这方面的研究是生物无机化学研究的基础,研究重点为金属离子对生物大分子(核酸、多糖、蛋白质、类脂、含金属的生物功能分子)的探针和识别、分子折叠和选择性聚集;设计合成具有高选择性的大分子探针、选择性切割剂;配体与生物大分子对金属离子的竞争反应;金属离子和电子在生物大分子内或分子之间的传递规律;金属离子及其化合物与生物大分子结合所引起的结构、功能、活性的改变。

在对铜、锌、钴、钌、金等金属元素 40 多种配合物作为蛋白剪接抑制剂的研究中,发现其对结核杆菌的抑制作用,可作为抗结核药物进行使用;对铁-硫蛋白活性中心的研究,发现其活性中心含有棱柱形 6Fe6S 簇,簇中每个铁和三个无机硫及一个氮结合,其中的 NH-S 氢键在调控蛋白氧化还原电位和稳定性方面起着非常重要的作用;研究金属离子在生物大分子高级结构中的作用时发现,阿尔茨海默病、帕金森病、Ⅱ型糖尿病和亨廷顿病都可以直接或间接追溯到蛋白质的错误折叠。因此,必须集中力量了解蛋白质的天然构造是如何形成的,研究如何在它们出错的时候进行纠正。

在研究金属离子对 DNA 构象的影响和金属配合物对不同构型 DNA 选择性的结合中,发现某些手性金属配合物能对 B 型和 Z 型 DNA 选择性分子识别。于是,以此为人工核酸酶的模型化合物合成了许多金属配合物作为 DNA 探针,与 DNA 定位结合和 DNA 定位切割,起着核酸酶的作用。这些研究将为 DNA 分子光开关、基因芯片、DNA 生物传感器、DNA 计算机等的开发研究提供重要理论基础,还可以帮助人们从分子水平上了解生物机体的生命现象,发现传统生物层面所不能发现的规律,对于将来研究科学、合理、有效的相关疾病的治疗药物具有重要的理论指导作用。

(二)金属离子与细胞的相互作用研究

事实上,生物化学所研究的所有生物分子都只存在于细胞内,金属离子的摄入、转运、分布以及它们的生物效应的研究均离不开细胞。研究细胞(包括细胞膜、线粒体、细胞核等)与金属离子的相互作用是生物无机化学发展的必然趋势,是解释生物效应分子机制的必需内容,具体研究内容包括金属离子在细胞膜上的结合和膜结构、功能改变,以及引起的细胞结构和功能的改变;金属离子跨细胞膜和跨细胞层的转运机制;金属离子对细胞器和信号系统的作用、干预和影响机制;过渡金属离子与活性氧物种生成、转化的互动过程,以及由此引起的细胞氧化性损伤和后续过程;金属离子在细胞增殖、分化、凋亡、坏死和细胞周期改变过程中的作用机制和应用探索;细胞在固相无机物上的附着、相互作用机制以及对它们干预的途径。现在的研究手段主要是人工模拟体系与活体相结合,即运用现代科学原理、方法、手段在分子或分子以上层次研究生物活性体系中的化学过程,更关注分子在生命活动中的调控作用,研究不同类型无机离子调控和干预细胞生命过程的化学基础。

例如,在研究关于铁传递蛋白与铁的结合、铁蛋白与铁的释放机制中,发现铁蛋白中的孔洞能够因为受热或化学反应的原因而打开,这就意味着通过调控的分子能有效地实现在生命体系中有选择的"开"和"关",使铁能在需要的时候被传递到细胞中。

（三）生物矿化及智能仿生体系

在自然界中,细菌、微生物、植物、动物体内形成的矿物,均称为生物矿物材料,包括骨头、牙齿、软骨、软体动物外骨骼、蛋壳等,是矿物与基质构成的复合材料,具有装配有序性高、理化性质特殊、动态性质可控、生物功能特殊等特点。生物矿化过程需要精确地在时间、空间上有序进行。无机矿物的沉积位点、晶体的尺寸、形貌和组装方式均由细胞分泌的有机基质精确地控制并严格调控。研究的核心问题是生命体系是如何控制构建具有特定功能的无机生物材料,以达到最优的生物和物理化学性能。研究包括细胞、基质调控下的生物矿化结构、热力学和动力学、病理过程中的钙化机制和控制机制、矿化调节剂的结构与功能关系、设计、合成和性能研究、生物矿化过程的模拟。

目前,已有研究人员采用 X 射线分析等方法,对象牙从纳米到厘米的分级做详细研究,结果表明象牙与人类牙齿的牙本质相似,是由羟基磷灰石晶体和胶原纤维所组成。然而,羟基磷灰石中的钙部分被镁所取代,从而导致象牙中钙的化学环境比羟基磷灰石晶体中的更加复杂。此外,他们还用扫描电镜、透射电镜和 X 射线衍射等方法,研究了在硬脂酸单分子膜磷酸钙控制下的结晶作用,发现当无膜存在时,磷酸钙晶体以 20～50 nm 的微小晶簇混乱地从溶液中析出,且不具有择优取向。

生物矿化的概念可以衍生到不同体系中,仿生矿化研究的深入和拓展对于开发新型仿生生物材料、组织修复以及生物医学等领域有非常重要的意义。如仿生莲花叶子合成的材料,具有优良防水性。随着生物矿化研究工作的开展,发现有机基质及有机-无机界面的分子识别,在晶体的成核、生长以及微结构的有序组装方面起着关键作用。有学者建议今后应在以下几个方面开展研究：①诱导分子膜作为分子模板的定向成核;②利用超分子组装体系合成纳米材料;③微结构的构筑等。生物矿化的研究使人们有希望获得既有确定大小、晶形和取向,又具有光、电、磁、声等功能的特殊晶体,为进一步合成优良的生物活性陶瓷、功能生物材料开辟一个新的研究天地。

（四）金属药物与研究药理

有英国科学家指出,元素周期表中大部分金属具有作为无机药物的潜在价值,通过配体的修饰可以有目的地去设计和调控金属配合物的性质。因此,新的金属药物合成及药理研究必将是研究的热点。主要研究方向包括金属离子和配合物在人体内的吸收、转化、分布、排出和毒性与组成、结构和性质的关系;干预和调整细胞病理过程为基础的针对性预防金属药物的作用机制,如过度积累金属的螯合物排出、抑制活性氧生成转化、阻断或调整病理信号转导过程、生物脱矿的阻断等;重大疾病病理过程中的金属离子的作用;金属药物设计及与靶分子的相互作用以及它们的结构-药效关系;针对过渡金属和自由基的螯合/抗氧化多功能药物设计;中药中矿物药的作用机制和使用原理。对于金属药物的研究,一个重要的挑战是如何平衡金属配合物的药理活性和潜在毒性,进而实现对金属药物的合理设计。研究如何把偶然进入生物体内的有毒金属离子通过螯合作用排出,如何把金属离子及其配合物合理地引入生物体,达到治疗的目的。

目前,一些金属药物已得到广泛应用,如抗癌药物顺铂的临床应用,开辟了金属药物研究

NOTE

新领域,其抗病机制,如顺铂的靶分子、跨膜机制等仍是目前研究的热点;基于输氧机制合成的人造血液已经成为血液的替代品;合成某些螯合剂制成解毒剂,用于清除重金属中毒。

（五）金属蛋白、金属酶和模拟酶的研究应用

对金属蛋白、金属酶和模拟酶的研究在生物无机化学中占有很重要的位置。金属蛋白是指以蛋白质作为配体的金属配合物。它的种类很多,结构不同,功能各异。有些金属蛋白的功能是储存和运送金属离子,如储存铁的铁蛋白和输送铁的铁传递蛋白。有些金属蛋白则在生物氧化还原反应中作为电子传递体,如在固氮作用和光合作用中传递电子的铁硫蛋白。还有一些金属蛋白具有输送氧气的功能,如人们熟知的血红蛋白。

金属酶是一类含有金属离子并且具备温和条件下高效催化能力的蛋白质、核酸及其复合物,大约1/3的酶是金属酶,金属离子多数处于催化活性部位。金属酶具有进行物质代谢、电子传递、信号转导、基因调控、药物代谢、内稳态调节等方面的作用,目前研究较多的金属酶主要有铁酶、锌酶、铜酶、钼酶等。

金属蛋白和金属酶的化学结构与功能的研究中,主要研究金属离子的成键位置、活性中心周围微环境、蛋白链在保证金属离子正常工作的贡献以及蛋白链与底物的结合方式等。以此为基础,开展金属对于特定酶的激活和抑制机制的研究,酶激活剂或抑制剂的设计、合成和功能研究,金属酶的分子改造、修饰及其结构与功能间的关系研究;探讨酶催化机制及模型化合物的构建。

模拟酶是在研究金属酶化学结构与功能关系的基础上,在尽量接近生物条件下,人工模拟自然酶的模型,用高分子合成模拟酶,可解决酶受物理和化学因素影响而失活的缺点,探索某些重要金属酶的功能模拟及应用前景,合成模拟酶。如果研究成功,将这些高效率的酶型催化剂应用于生产,将从根本上改变粮食生产和发酵工业的面貌,实现人工合成食物,使粮食生产完全工厂化。

固氮酶是人工模拟酶研究最多的一种酶,在生物体对氮的获取中起主要作用。固氮酶对氧极不稳定,深入研究发现固氮酶能够分离成两种蛋白质:钼铁蛋白和铁蛋白。如果这两种蛋白质以等物质的量存在,则这种酶制剂在体外呈现出最大的活性,同时还需要像铁氧化还原蛋白或连二亚硫酸钠那样的电子源。科学家用碱金属的钼酸盐（作为钼源）、配合物阳离子 $[Fe_4S_4(SR)_4]^{2-}$（铁氧化还原蛋白的模型）的盐（作为铁源）、$Na_2S_2O_4$（作为还原剂）,以及 L-(＋)半胱氨酸（提供硫配位体）组成了固氮酶的模型化合物,可在体外常温常压下用氮气合成氨。除此之外,过氧化氢酶、糜蛋白酶等模拟酶也得到了深入研究。

（六）稀土生物效应

稀土是我国特有资源,储量居世界首位。稀土可以被生物体吸收,通过简单扩散、自助扩散、阴离子通道、转铁蛋白受体介导的细胞内吞作用等不同途径进入正常细胞。在血浆中,稀土元素集中于大分子蛋白组分中,主要结合转铁蛋白、白蛋白及免疫球蛋白等。稀土在农业、畜牧业中取得了很有成效的应用,但同时,稀土离子及其配合物的可能毒性和副作用受到了广泛关注,解释稀土生物效应的分子机制是一个重要的研究方向。这就吸引人们去研究稀土进入动植物体的作用机制、生理条件下的存在形式以及对生物效应的影响,从而能科学地做出长期使用后危险性的评价。

钆广泛应用于医院核磁共振中的核磁成像,却存在引起肾源性系统纤维化及地方性心肌内心肌细胞纤维化的可能。硒具有抗癌、抗氧化功能,对硒的研究主要是寻找含硒生物活性物质（主要是硒酶和硒蛋白）,研究结构以及阐明硒化合物生物作用及构效关系。稀土配合物如镧、铈和钕离子与香豆素-3-羧基酸的配合物、镧离子与邻二氮菲合成的配合物作为潜在的抗癌药物,用于非小细胞肺癌脑转移治疗,已经进入三期临床实验。

 NOTE

（七）离子载体

离子载体能与碱金属、碱土金属元素相结合，生成具有脂溶性结构与性质的配位化合物，可以运载金属离子通过生物膜。结构内通常含有许多能与金属离子结合的氧原子。离子载体主要分为天然和合成两种：天然离子载体有环状结构的缬氨霉素、恩镰孢菌素和无活性菌素及其类似物等，还有链状结构的莫能菌素、X537A 拉沙里菌素等。它们能使正常情况下不易通过线粒体内膜的钾离子顺利通过，对钾离子进行转运。合成的离子载体主要为冠醚化合物、穴醚化合物、链酰胺化合物等。以二苯并 18-冠-6 环状多醚为例，主要借助醚键的氧将金属离子"钳制"在环的内部，以提高金属离子的脂溶性和膜通透性。

离子载体对金属离子配位的选择性即螯合物的稳定性差异由其中央空穴的大小和金属离子的大小决定，如恰好匹配，则形成的螯合物稳定性较高。由于离子载体的特殊性质，以它作为生物膜中的载体模型，对于膜通透性的研究有重要意义，是研究生物膜物质运送机制的有力工具。

第二节　生物体中的无机元素及其生物功能

一、生物体中元素的分类

自然界存在的 90 多种元素中，目前在人体内可检出的有 81 种。人体像是一座蕴含着各种元素的"矿藏"，它们聚集成维持生命活动的构件，为生命的维持各尽其职。对元素在生物体中作用的定位是生物体在自然进化过程中对元素的选择与演化的结果，根据这些元素在人体中产生的生物效应，可以分为以下三类。

（一）生物必需元素

必需元素一般具有以下特征：①存在于所有健康组织中；②每个元素在体内有一个相当恒定的浓度范围；③从体内排出这种元素，会引起生理反常，而再摄入后又能复原。按元素含量多少可分为常量元素（也称宏量元素）和微量元素（也称痕量元素）。常量元素是指构成生物体的氢、碳、氮、氧、磷、硫、氯和金属元素钠、镁、钾、钙 11 种必需常量元素，含量高于 0.01%，总量约占体重的 99.95%，表 12-1 列出了常量元素在体内的分布及对健康的影响；微量元素种类众多，它们的含量低于 0.01%，合起来不超过体重的 0.05%。

表 12-1　人体内的常量元素

元素	体内总含量/g	在人体组织中的分布及功能	体内缺乏	体内过量
氧	43000	水、有机化合物的组成成分		
碳	16000	有机化合物的组成成分		
氢	7000	水、有机化合物的组成成分		
氮	1800	有机化合物的组成成分		
钙	1000	骨骼、牙齿的主要成分，神经传导和肌肉收缩所必需	骨骼畸形	白内障、结石、动脉硬化
磷	780	磷脂、磷蛋白的重要组成成分，为生物合成与能量代谢所必需	佝偻病	手足抽搐、骨质疏松、精神崩溃
硫	140	各种蛋白质的组成成分	皮炎、毛发易脱落	中枢神经系统症状和窒息症状

NOTE

续表

元素	体内总含量/g	在人体组织中的分布及功能	体内缺乏	体内过量
钾	140	细胞内液中,维持渗透平衡	肌肉松弛、无力	肾上腺皮质机能减退
钠	100	细胞外液中,维持渗透平衡	肾上腺皮质机能减退	高血压
氯	95	细胞外液阴离子,作用同钾、钠	碱中毒	中毒
镁	19	骨骼的成分,参加酶的激活	惊厥	麻木

（二）非必需元素

目前尚未明确其生物学作用亦未发现有毒性的元素。

（三）有害元素

低剂量可能具有人体所必需功能但具有较大毒性的元素,如氟、铅、汞、砷、镉等。

将元素分为必需元素与非必需元素、有毒元素或无害元素,只有相对的意义。因为即使同一种元素,低浓度时是有益的,高浓度时则可能是有害的。同时亦不意味着以任何浓度使用该元素都是安全的。随着研究的深入,将会发现一些"非必需元素""有害元素"具有一定的生物学作用,甚至可能是必需元素。

二、微量元素与人体健康

尽管微量元素在人体内含量很少,但其作用不容忽视。人类无法在体内制造出自身需要的微量元素,只有通过摄入食物来补充。各种必需元素在人体内都有严格的浓度范围,体内必需元素的种类及浓度失调,将会影响正常的生命活动。人类在漫长的进化过程中,逐渐形成了一系列平衡机制,以调节控制必需元素在体内迁移和防止它们摄入过量。

（一）元素浓度与健康的关系

有关元素在生命中宏观上的表现,科学家们已经做了许多研究,生物的必需微量元素与其生物功能效应曲线就是其中之一(图 12-1)。不同元素都有各自的生物效应-浓度曲线,它揭示了生物效应与元素浓度之间的关系为倒"U"形。当元素浓度在 $O\sim A$ 范围内时,表示生物对该元素缺乏,随着浓度的增加其生物效应逐渐提高;在 $A\sim B$ 范围内,生物效应达到一平台,表示此平台为最适浓度范围,不同的元素平台宽度不同;在 $B\sim C$ 范围内,生物效应下降,表示生物中毒甚至死亡,如果 B/A 值较大,说明元素毒性较小。当摄入量不足时,机体可以动用储存在体内的元素暂时维持正常的生理功能,但如果这种状态继续下去,则会发展为疾病;当摄入量略为偏高时,体内的平衡机制可以把多余的微量元素排出体外,但当摄入量过大超出机体的排泄能力时,这些元素就会在体内积累,最终导致某些组织或器官受损害。为控制体内金属元素的正常含量,常用金属螯合剂来排出体内过量的金属元素。

图 12-2 所示为人体健康与元素浓度的关系曲线,实线和虚线分别表示必需元素和有害元素对人体健康的影响。图中 d 点左边的峰表示人的一生中起重要作用的最佳营养状况;d 点右边的峰表示在一个短暂时期内药物作用的情形,它表示一些元素过量时,在一定范围内对某些疾病有治疗作用。图中 d 可以看作一个分界线,左边针对健康人,右边针对某些患者。图中 e 点处是极限浓度,表示由于元素过量而引起死亡。如果某种必需元素明显减少或缺乏,人体就会出现某些疾病(图中 ab 段);人体在健康状态下的最适浓度是图中 bc 段;从 c 点到 d 点表示元素过量或超过需要量,这将引起健康状况恶化,从 d 点到 e 点表示元素能促进体内某些

防护技能,如促进伤口愈合、阻碍肿瘤细胞增殖等。

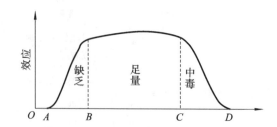

图 12-1　生物的必需微量元素与其生物功能效应曲线

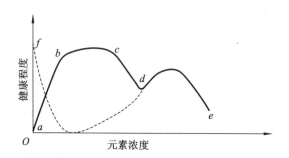

图 12-2　人体健康与元素浓度的关系曲线

(二) 微量元素与健康

对微量元素的最早认识是于 17 世纪所发现的铁。由于分析方法的局限,1852 年法国植物学家 Chatin 通过环境调查和分析,才发现第二种生物必需微量元素碘,并确定甲状腺肿大与碘缺乏有关,指出碘有防治该病的作用,在此基础上他首次提出微量元素与人体健康和疾病有关系。随着分析检测方法的迅速发展,又有一些微量元素被认为是人体内的必需元素,世界卫生组织(WHO)确认人体中的 14 种必需微量元素包括锌、铜、铁、碘、硒、铬、钴、锰、钼、钒、氟、镍、锶、锡。

1. 铁

铁在人体内的含量是微量元素中比较多的,它也称为半微量元素,人体内含量为 3~5 g,成年人每日需要量约为 18 mg,主要吸收部位是十二指肠及空肠上段,在体内主要分布于肝、脾中,其次是肺,多以铁卟啉化合物形式存在。它最重要的作用是携带血红蛋白中的氧,能把从外界吸入体内的氧气运送到各个组织。Fe^{3+} 很难被人体直接吸收,需通过谷胱甘肽、维生素 C 等还原性物质还原为 Fe^{2+},或者与氨基酸、苹果酸、柠檬酸等配位后被肠道吸收。铁缺乏会导致免疫功能下降,影响血红蛋白的合成,从而导致血液病,包括缺铁性贫血、溶血性贫血、再生障碍性贫血等。铁过量或平衡紊乱,会使铁沉积在心、肝、胰腺等部位,导致血色素沉积病,造成肝硬化、心肌损伤、糖尿病等。

2. 碘

碘是人类发现的第二个生物必需微量元素,人体内含量为 10~25 mg,成年人每日需要量为 100~150 μg,主要吸收部位在小肠,吸收后在肝脏脱碘,变成碘离子被甲状腺利用。人体内约有 70% 的碘储存在甲状腺细胞内,甲状腺用其合成甲状腺素和三碘甲腺原氨酸来实现碘的生理和生化作用。甲状腺素是人体生长发育、维持正常生理代谢、维持神经活动必不可少的激素,同时,具有调节人体水和无机盐,促进蛋白质、糖、脂肪代谢等作用。碘缺乏会引起甲状腺肿、地方性克汀病等,可致发育停滞、痴呆等。对于甲状腺肿的防治,最为有效的方法是在食盐中加碘。如果摄入过多又会导致高碘性甲状腺肿,使人新陈代谢加快,加速体内能量物质的氧化分解,表现为甲状腺功能亢进、碘过敏、桥本甲状腺炎等一些中毒症状。

NOTE

3. 锰

锰在人体内含量为 $12\sim20$ mg,成年人每日需要量为 $5\sim10$ mg,主要吸收部位是十二指肠,小部分形成锰卟啉,进入富含线粒体的细胞中,大部分与血浆中的 β_1 球蛋白结合转为锰素,分布到全身,以肝脏和胰腺含量较高,还有一部分锰通过血脑屏障进入脑内,在脑神经递质中起调节作用。同时,锰是多种酶的激活剂,也是重要的抗衰老元素,是锰超氧化物歧化酶的主要成分之一。锰缺乏时会导致先天畸形、小头骨骺发育不良、发育迟缓、中枢神经系异常等症状。过量会中毒引起锥体外系症状,包括运动震颤、运动徐缓、僵直等,同时也会产生工作记忆、注意力、空间定向力损伤等神经毒性症状。

4. 钴

钴在人体内含量为 $1\sim2$ mg,成年人每日需要量约为 300 μg,主要吸收部位在十二指肠及回肠末端,进入血液后,与血清中转钴蛋白 Ⅰ、Ⅱ、Ⅲ 结合而运至全身,主要分布于骨骼、肌肉、脂肪中,以维生素 B_{12}(钴与卟啉形成的螯合物)的形式存在,主要功能是促使红细胞成熟。由于人体排钴能力较强,一般不会蓄积,过多会导致心力衰竭、红细胞增多。缺钴会导致人体不能合成正常的红细胞,会引起巨幼红细胞性贫血。由于钴和铁电子结构相似,它们之间的吸收存在一定的制约关系,医生常采用钴-铁联合治疗手段治疗贫血。

5. 铜

铜在人体内含量为 $80\sim120$ mg,成年人每日需要量为 $2\sim3$ mg,主要吸收部位在十二指肠和小肠上段,在体内主要分布于肝、脑、心及肾脏。铜诱导合成金属硫蛋白,构成铜蓝蛋白,还是超氧化物歧化酶及谷胱甘肽还原酶的必需成分。金属硫蛋白可消除羟基自由基,有抗辐射作用。铜蓝蛋白可消除超氧阴离子自由基,有抗氧化作用。同时,铜是构成赖氨酰氧化酶等多种酶类的成分,缺乏铜会影响酶的活性,表现出一些神经症状,以及血红蛋白合成障碍,导致贫血、头发卷曲变色。由于铜与血红蛋白、红细胞及其他细胞膜上的巯基具有亲和性,会降低红细胞的通透性,过多会使血红蛋白变性,发生溶血性贫血,同时还会有行动障碍、唾液及粪便会呈现蓝绿色等中毒现象。由于锌、镉、汞、钼会诱导肠道黏膜合成金属硫蛋白,此种蛋白极易与食物中的铜配位,将铜储存于肠黏膜细胞内,阻断铜向血液内转运,因此,它们会影响铜的吸收。

6. 硒

硒在人体内含量为 $14\sim21$ mg,成年人每日需要量为 $30\sim50$ μg,最高安全摄入量为 400 μg,主要吸收部位在十二指肠,多以硒蛋白形式存在,分布于肝、胰、肾中。硒蛋白的功能是促使正常代谢过程中产生的有毒过氧化物分解,防止其堆积,进而保护细胞中重要的膜结构不受损害。同时,硒能增强机体免疫力、增强人体生育能力及生殖功能、参与阻断自由基反应。硒可以作为一种抗氧化剂起保护细胞、防治癌症的作用,硒还是体内抵抗有毒物质的保护剂,对其他有害金属如汞、砷对人体的伤害有拮抗作用。硒缺乏可引起心肌、肝脏坏死,引起大骨节病和克山病。由于硒和硫有竞争作用,能替代细胞代谢中的硫,抑制体内许多含硫氨基酸酶的巯基。硒含量过高会引起中毒,使头发指甲受损,甚至致癌。

7. 锌

锌在人体内的含量为 $1.5\sim2.5$ g,成年人每日需要量约为 15 mg,主要吸收部位在肠道,广泛存在于人体的组织、器官和细胞中。锌与体内 80 余种酶的活性有关,因此,与皮肤健康、免疫功能、生长发育与生殖、味觉、视觉、维生素 A 的代谢均有关系。上皮组织的修复和上皮细胞角化的控制也与锌有关,它能促使伤口愈合。过量的锌会抑制肠道对铁的吸收,因为血液中的运铁蛋白在运铁的时候也运输一部分锌,锌过量必然会导致运输的铁减少。同时锌会阻断人体对铜的吸收,导致心肌变性。锌缺乏会引起机体代谢紊乱,包括食欲减退、消化功能减退、体格生长迟缓、脑功能障碍、免疫力低下等,"伊朗乡村病"就是缺乏锌导致的。

8. 氟

氟在人体内含量约为 2.6 g，成年人每日需要量为 3.0～4.0 mg，主要经消化道、呼吸道吸收，而后进入血液。血浆中约 75% 的氟是与血浆白蛋白结合而存在的，主要分布于骨头、牙齿、指甲、毛发以及神经肌肉中。硬组织是需要氟较多的组织，特别是牙齿和骨骼。氟易与硬组织中的羟基磷灰石 $Ca_{10}(PO_4)_6·(OH)_2$ 结合，取代羟基形成氟基磷灰石 $Ca_{10}(PO_4)_6·F_2$，可以提高骨骼和牙齿的机械强度和抗酸能力，增强钙、磷在骨骼中的稳定性，氟含量过低会导致骨质疏松和龋齿发病。茶叶是含氟较高且食用最方便的食物。氟还是一种对细胞原生质有毒性的物质，氟与钙、镁、锰、铜、铁等均会发生化学结合，因此可能与某些金属酶的金属辅基结合而对多种酶活性有影响。此外，氟与钙、磷代谢也密切相关，大量氟进入血液后会导致血钙水平下降，导致缺钙等症状，引起代谢障碍及骨脱钙、斑釉齿等。

9. 锶

锶在人体内含量约为 320 mg，成年人每日需要量约为 1.9 mg，主要吸收部位为消化道。锶在人体内的代谢与钙十分相似，因此主要储存于骨骼和牙齿中。人体主要通过食物及饮水摄取锶。我国饮用水中锶浓度较小，不少矿泉水中都含有丰富的锶。锶具有防止动脉硬化，防止血栓形成的功能，作用机制可能是锶在肠内与钠竞争性吸收，从而减少钠的吸收，增加钠的排泄。而钠过多易引起高血压及心血管疾病。过量的锶会干扰代谢，代替骨骼中的钙，却比钙更容易游离于体内，和镉等重金属对动脉内皮细胞造成影响，导致骨质疏松和动脉中层硬化。轻微过量会导致骨骼生长发育过快，表现为关节粗大、疼痛。缺乏时会导致体内代谢紊乱，引起龋齿、骨质疏松，缺锶严重易患肿瘤。

10. 钒

钒在人体内的含量约为 25 mg，成年人每日需要量约为 3 μg，安全摄入量为 10～100 μg，主要吸收部位在上消化道，主要分布在肝、肾及甲状腺等部位，是参与血糖代谢、脂肪和胆固醇代谢过程中酶的辅助因子。钒在体内以钒酸根的形式与磷酸根竞争磷酸盐传递蛋白，磷酸水解酶和磷酸转位酶的活性位点，以氧钒离子的形式同其他过渡金属离子竞争在金属蛋白质上的结合位点，争夺 ATP 等小配位体。钒能增强胱氨酸、半胱氨酸的分解代谢，抑制内源性胆固醇的合成。由于它能阻碍体内氧化还原系统，引起缺氧而刺激骨髓的造血机能，所以能促进造血作用。由于钒离子在牙轴质和牙本质内可增加羟基磷灰石的硬度，同时也可以增加有机物和无机物间的黏合性，因此，钒元素还有促进骨骼和牙齿钙化的功能。钒的化合物可以用来治疗贫血、结核、神经衰弱、风湿等多种疾病，钒缺乏会引起体内胆固醇增加，生长迟缓，机体骨骼发育不正常，骨质疏松，牙齿受损；摄入过多将对人体产生毒性作用。钒可刺激眼睛、鼻、咽喉、呼吸道，导致咳嗽；与钙竞争使钙呈游离状态，易发生脱钙；钒也是一种能被全身吸收的毒物，能影响胃肠、神经系统和心脏，中毒时肾、脾、肠道出现严重的血管痉挛、胃肠蠕动亢进等症状。

11. 镍

镍在人体内含量为 6～8 mg，成年人每日需要量为 70～260 μg，主要吸收部位在小肠，分布于骨骼、肺、肝、肾、皮肤等器官和组织中，其中以骨骼中的浓度较高。镍能激活许多酶，如精氨酸酶、DNA 酶、乙酰辅酶 A 合成酶等，同时具有刺激造血、促进红细胞生成的作用。镍还可以与 DNA 的磷酸酯结合，使 DNA 的双螺旋结构处于稳定状态；镍也会与 DNA 的碱基结合，使有序的 DNA 系统不稳定，导致核酸变性，进而影响 DNA 的合成、RNA 的复制及蛋白质的合成。镍缺乏可引起糖尿病、贫血、肝硬化、尿毒症、肾衰竭和肝脂质与磷脂质代谢异常；过量的镍会同其他金属离子一起进入细胞核损伤 DNA 分子。镍对人皮肤黏膜和呼吸道有刺激作用，是最常见的致敏性金属，易引起皮炎、气管炎和肺炎，对鼻咽部有促癌作用，如镍精炼工人易患鼻癌和肺癌。镍对人皮肤的危害最大，直接影响人的皮肤颜色，是人发生接触性皮炎的原

NOTE

因之一。

12. 锡

锡在人体内含量约为 17 mg，成年人每日需要量约为 3 mg，主要吸收部位是肠道和呼吸道，主要存在于脂肪、皮肤、肝脏、脾、肾等器官组织中。锡能促进蛋白质和核酸的合成，有利于身体的生长发育，并且组成多种酶以及参与黄素酶的生物反应，能够增强体内环境的稳定性，有助于维持某些化合物的三维空间结构。锡在人体的胸腺中能够产生抗肿瘤的锡化合物，有抑制癌细胞生成的作用。人体内缺锡会导致蛋白质和核酸的代谢异常，阻碍生长发育，尤其是儿童，严重者会患上佝偻症。过量的锡会引起糖代谢、胃酸分泌、肝胆系统和肾脏的钙代谢异常，出现头晕、腹泻、恶心、胸闷、呼吸急促、口干等不良症状，并且导致血清中钙含量降低，严重时还有可能引发肠胃炎，导致神经系统、肝脏功能、皮肤黏膜等受到损害。

13. 钼

钼在人体内含量约为 9 mg，成年人每日需要量为 0.15～0.5 mg，主要吸收部位是胃和小肠，钼被迅速吸收后进入血液，80％仍以钼酸根的形式与血液中的 α_2 巨球蛋白结合，进而通过血液运送至肝脏及全身，没有含量特别高的器官和组织。钼的生理功能主要通过各种钼酶的活性来实现。人体的生化代谢过程有两种较重要的钼酶：黄嘌呤氧化酶和亚硫酸氧化酶。其中，黄嘌呤氧化酶主要参与核酸代谢，催化黄嘌呤羟基化，形成尿酸。钼不足时会降低含钼酶的活性，导致尿酸排泄量降低，容易导致肾结石和尿道结石。亚硫酸氧化酶会催化含硫氨基酸的分解代谢，使亚硫酸盐变成硫酸盐，此酶缺乏时可导致儿童发育障碍，年轻人可表现为智力发育迟缓，有神经系统病变。钼缺乏还易使人得克山病，导致心肌坏死。过多会使体内黄嘌呤氧化酶活性增强，发生痛风综合征、关节痛和畸形。

14. 铬

铬在人体内含量约为 6 mg，成年人每日需要量为 20～50 μg，主要经呼吸道、肠道吸收，铬的生物活性在于作为胰岛素的共同要素之一而影响体内所有依赖胰岛素的系统，包括糖、脂肪、蛋白质代谢。铬能明显加强胰岛素对蛋白质合成的作用，参与骨骼生成，对血红蛋白合成及造血过程具有促进作用。铬缺乏会导致耐糖能力下降、糖尿病、动脉硬化等与胰岛素缺乏类似的症状，铬含量过多可影响体内氧化还原，能与核酸结合，干扰多种重要酶的活性，对呼吸道、消化道有刺激、致癌、诱变作用。铬的吸收和代谢与锌、铁、钒等有拮抗作用。

（三）微量元素在体内作用特点

（1）数量小而作用大，同时依靠生物体内的动态平衡，将其数量维持在一个狭小的浓度范围内。当摄入过多超过机体调节能力，或摄入不足导致缺乏时，可引起平衡紊乱，甚至发生疾病。

（2）微量元素在体内多以结合状态存在，并以结合状态形式参与体内生物学过程，通常以螯合物的形式存在于生命体中。

（3）微量元素同与其相结合的生物配体分子协同发挥其正常功能，而且微量元素之间、微量元素与生物配体以及其他营养物质之间也有相互作用。微量元素在体内常常不是孤立地发挥其生物学作用，而是受体内其他微量元素、生物配体和各种营养物质的影响和制约，呈现出极其复杂的协同和拮抗作用。

三、微量元素与中医药

随着我国及世界社会对中医药的需求日益增长，发掘中医药和微量元素的关系和规律性，从微量元素的角度去阐明中医药理论和实际问题，保持和突出中医药特色是中医药工作者的工作重点。在我国和微量元素密切相关的中医药的发现，可以追溯到原始社会末期。人们从

煮盐的过程中发现盐水明目,芒硝泻下;从冶炼的过程中发现硫黄壮阳,水银杀虫。在隋唐五代时期,孙思邈用含碘的动物甲状腺鹿靥和羊靥治疗甲状腺肿,用水银软膏、朱砂雄黄作为消毒药品治疗皮肤病。纵观和分析中医药学和西医药学的发展历史,可以毫不夸大地说,中医药学对微量元素发展的贡献,不但早于西医药学,而且其贡献是多方面的。在病因诊断,治疗,药物的性质、用途、炮制、制剂以及方剂组成等方面早已发现微量元素及其应用和作用。此外,中医药学在地方病(水土不服)以及天人相应方面(即人与自然环境的统一)的应用均早于西方,发现其与微量元素密切相关。如今,中医药在预防和治疗疾病方面仍然扮演着不可或缺的角色。如砒霜可以用来治疗癌症,用亚硝酸注射液砷剂药物成功治疗白血病,铜类药物通过结合酪氨酸、酪氨酸酶等提高代谢功能,加速黑色素转移,可以用来治疗白癜风。麦饭石具有特殊的晶体结构和多种微量元素,对于抑制真菌有很强的作用。

第三节　生物体中的金属螯合物

金属螯合物在生物体内非常常见,占生物体内所有蛋白质的1/3左右,说明其在生命过程中的重要性。比如,植物生长中起光合作用的叶绿素,是一种含镁螯合物;人和动物血液中起着输送氧作用的血红素,是一种含有亚铁的螯合物;维生素 B_{12} 是含钴螯合物;植物固氮酶是铁、钼的蛋白质螯合物。人体内各种酶的分子几乎都含有以螯合状态存在的金属元素,还有氨基酸、肽、蛋白质、激素、核酸等都能形成螯合物。生物大分子与金属离子主要通过以下几种情况进行螯合。

一、简单螯合

在金属酶、金属激活酶的催化过程中,金属离子(M)、酶(E)、底物(L)三者结合的形式有三种:配位体桥配合物 M-L-E、金属桥配合物 E-M-L 和酶桥 L-E-M,具体如图12-3所示。

（一）配位体桥配合物

由配位体底物将酶和金属桥连在一起,底物直接与酶的活性部位结合,而金属离子只与底物结合,没有与酶直接结合。肌酸激酶、精氨酸激酶就属于这种形式。

（二）金属桥配合物

由金属离子将酶和底物桥连在一起,形成金属桥配合物可能有两种途径:一是金属离子先与酶的活性部位结合,然后再与底物结合,酶与底物不直接结合,属于简单金属桥配合物;二是金属离子、底物与酶两两结合成环形复合物,其中首先与酶结合的既可以是金属离子,也可以是底物,属于环状金属桥配合物。丙酮酸激酶的 Mn^{2+}、羧肽酶和碳酸酐酶的 Zn^{2+},在催化过程中都形成金属桥配合物。

（三）酶桥配合物

由酶将金属离子和底物桥连在一起,形成酶桥配合物可能有两种途径:酶可以先与金属离子结合,也可以先与底物结合。如果先引入底物,会使金属离子与酶的作用位置发生改变,这种变化会进一步增强酶的活性。谷氨酰胺合成酶就形成酶桥配合物。

一般来说,金属离子、酶和底物以金属桥形成混配配合物的情况比较普遍,其形成混配配合物可能有两种形式。当金属离子与酶蛋白结合后,便形成活性中心的组成部分,由于其配位层未充满,便留下一个或几个可与底物结合的位置,形成一个受限制的活性中心,允许那些能够满足其结构条件的底物结合上去,就形成 E-M-L 类型的中间配合物。另一种方式是处于活性中心部位的金属离子的一个配位基(或配位体)被底物基团取代,也可形成 E-M-L 类型的中

NOTE

228

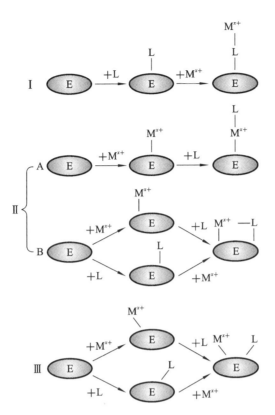

图 12-3 金属离子、底物和酶三者结合的三种方式

间产物。

对于判断配合物属于哪一种结合形式,最常用的方法是结合实验。该方法是在除去金属离子的情况下,观察酶与底物的结合情况,并与上述各种结合形式对比。对于 E-M-L 类型,若没有金属离子存在酶就不能与底物结合;对于环状金属桥配合物类型,若没有金属离子,则酶和底物的结合就不如有金属离子存在时那样牢固;而对于 M-E-L 类型,由于金属离子和底物都是各自与酶直接连接,所以即使没有金属离子,酶与底物结合的强度也不会有太大的变化;在 E-L-M 类型中,若去掉底物,金属离子就不与酶结合,若去掉酶,底物仍然能与金属离子结合。因此,通过实验求得生成常数或解离常数,并结合如上分析,就可以推断酶的结合形式。

二、大环螯合

大环螯合物是指环状骨架上带有 O、N、P、S 等多个配位原子的多齿配体形成的封闭大环状螯合物,此类螯合物由于大环效应,稳定性大大提高。这类配体有卟啉类、咕啉类和天然环状离子载体如大环内酯、缬氨霉素等。大环螯合物广泛存在于自然界中,例如,血红素是生物体内起重要作用的天然大环螯合物之一,它是亚铁离子与卟啉环形成的螯合物,结构如图 12-4 所示。在植物的光合作用中起着关键作用的叶绿素也是大环螯合物。在人体中参与制造骨髓红细胞,防止恶性贫血,防止大脑神经受到破坏的维生素 B_{12} 也是大环螯合物,结构如图 12-5 所示。大环螯合物的生理功能以及生物活性物质的模型研究等是近代科学发展的前沿领域之一。

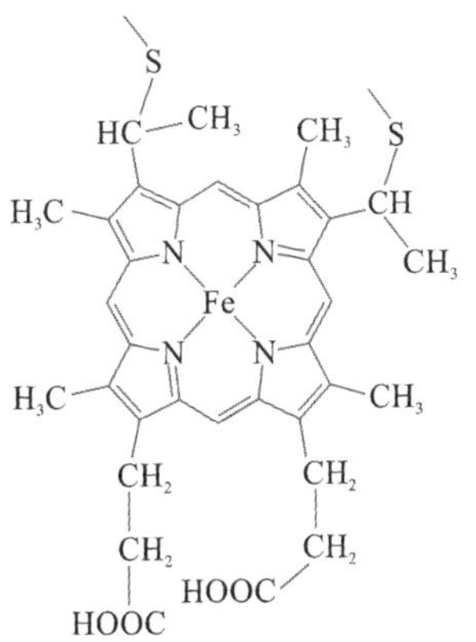

图 12-4 血红素结构示意图

NOTE

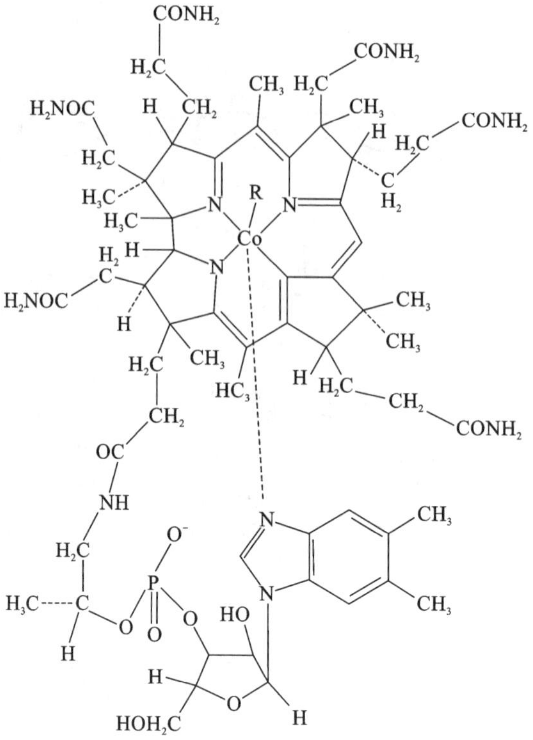

图 12-5　维生素 B$_{12}$ 结构示意图

三、特殊的螯合结构

金属离子与蛋白质、核酸等生物大分子能形成很大的稳定螯合环。蛋白质及核酸的三级结构具有稳定的三维空间,可以有效地克服形成特大螯合环的阻力,提供良好的配位空间。由于三维空间上的卷曲,原本相距很远的多个氨基酸残基侧链上的配位原子可以与同一个金属离子配位,使每个金属离子都受到许多配位体的争夺,带有几个基团的配位体也可以对多种不同类型的金属离子有选择性。例如,一个既含巯基又含羧基的分子可以在一端形成巯基供体,在另一端形成羧基供体,这样就生成了一个混合金属螯合物,人血清白蛋白就是这样一种物质,每个分子在不同的位置上结合着铜和锌。

（一）蛋白质的金属螯合物

在金属蛋白质分子中,两个配位原子之间往往隔着数目很多的氨基酸残基。金属离子和蛋白质形成螯合物后,金属可影响蛋白质的电子结构和反应能力,并对蛋白质结构起着稳定作用。例如,Zn^{2+} 与胰岛素生成的螯合物经 X 射线晶体分析证明,它的分子式为 Zn_2（Insulin Dimer）$_3$,中心原子是 Zn^{2+},每一个双聚胰岛素提供一个组氨酸咪唑基与 Zn^{2+} 配位。这样,在每一个 Zn^{2+} 周围联结三个咪唑,另外每一个 Zn^{2+} 还可和三个水分子相连,组成配位数为六但已变形的正八面体。每一双聚胰岛素中共有两个组氨酸咪唑基,与 Zn^{2+} 配位的三个双聚胰岛素中,另外的三个组氨酸咪唑基以同样方式与另一个 Zn^{2+} 配位,组成双核螯合物。

（二）核酸的金属螯合物

核酸分子中的磷酸基、碱基、戊糖都可以作为金属离子的配位基团。其中以碱基的配位能力最强,戊糖的羟基最弱。当碱基配位时,通常是嘧啶碱的 N-3 和嘌呤碱的 N-7 为配位原子。与核酸作用的金属离子主要有 Ca^{2+}、Mg^{2+}、Cu^{2+}、Mn^{2+}、Ni^{2+}、Zn^{2+}。Ca^{2+}、Mg^{2+} 只与磷酸基成键;而 Cu^{2+}、Mn^{2+}、Ni^{2+}、Zn^{2+} 则既与磷酸基成键,又与腺嘌呤的 N-7 配位。

第四节 近代结构分析方法在生物无机化学中的应用

金属离子与蛋白质、核酸和酶等生物配体的结合，会引起生物配体功能的改变。它们的光、电、磁等性质也是千差万别的。研究金属离子在金属蛋白和金属酶中的功能，对于了解生命现象本质有重要意义。而要真正揭示金属离子在生命过程中作用的本质，必须从分子和原子水平深入研究生物配合物的结构和构象，主要包括测定生物配合物的几何结构，测定中心金属离子的空间位置及它周边的配位环境，测定金属离子的电子结构以确定生物配合物中电子密度的空间分布、键的类型及电子能级等，确定生物配合物的构象即二级、三级结构。显然，物理、化学和生物实验技术是从分子水平研究生物配合物结构和构象的有力工具。

近代，生物无机化学的发展主要由以下三个方面所推动：①蛋白质和其他生物高分辨结构的迅速测定；②用于结构及动力学测定的高效光谱仪器的应用；③生物工程在创造新的生物相关结构中的广泛应用，如基因定点突破技术等。由于理论化学方法和近代物理实验方法研究物质（包括生物分子）的结构、构象和分子能级的飞速发展，揭示生命过程中的生物无机化学行为成为可能。以下介绍一些常用的近代结构分析方法。

一、晶体衍射 XRD

（一）晶体衍射 XRD 原理

晶体衍射 XRD 是基于多晶样品对 X 射线的衍射效应，对样品中各组分的存在形态进行分析测定的方法。X 射线是原子内层电子在高速运动电子的轰击下跃迁而产生的光辐射，晶体可被用作 X 光的光栅，大量粒子所产生的相干散射将会发生光的干涉作用，从而使得散射的 X 射线的强度增强或减弱。由于大量散射波的叠加，互相干涉而产生最大强度的光束称为 X 射线的衍射线。晶体结构会导致入射 X 射线束衍射到许多特定方向。通过测量这些衍射光束的角度和强度，晶体学家可以产生晶体内电子密度的三维图像。根据该电子密度，分析其衍射图谱，可以获得晶体的成分，晶体内部原子或分子的结构、价态、成键状态、形态等信息，可以确定晶体中原子的平均位置，以及它们的化学键和各种其他信息。

（二）晶体衍射 XRD 应用于蛋白质结构测定

X 射线晶体学是研究蛋白质晶体最有效的技术。关于金属酶的活性部位和金属蛋白的结构的知识，很多是从 X 射线衍射分析中得到的。从利用 X 射线对胃蛋白酶、胰岛素等蛋白质晶体结构进行研究开始，经过许多科学工作者的努力，已经积累了大量的晶体结构数据，建于 1971 年的美国 Brookhaven 国家实验室蛋白质数据库，现已有 127020 多个生物大分子的三维结构数据（统计到 2017 年初）。数据库中对每个蛋白质晶体列出下列内容：收集的衍射数目，修正方法，偏差数值，已测定水分子位置的数目，蛋白质分子中氨基酸连接次序，螺旋、折叠层及转弯的分析，原子坐标参数，以及和蛋白质结合的金属离子、底物及抑制剂等的坐标参数等。

二、共振拉曼光谱

（一）共振拉曼光谱原理

当一个化合物被入射光激发且激发的频率处于该化合物的电子吸收谱带以内时，由于电子跃迁和分子振动的耦合，某些拉曼谱线的强度陡然增加，甚至达到正常拉曼带强度的百万倍，并出现正常拉曼效应中所观察不到的、强度可与基频相比拟的泛音及组合振动光谱，这种

NOTE

现象称为共振拉曼散射。共振拉曼光谱与其他分子光谱一样,是阐明原子、分子、离子以及结晶体系的工具,可迅速定出分子振动的固有频率、分子的对称性、分子内部的作用力等,其特长是研究自由的或弱相互作用下的分子和多核离子的结构,它被公认为研究分子的结构和功能的有效方法之一,适用于在电子光谱中具有强吸收带的辅基结构的研究(例如血红素、铁蛋白、铜蛋白和色素分子、叶绿素等)。

(二)共振拉曼光谱应用于研究生物大分子结构

生物大分子的振动频率非常复杂,振动频率与分子中固定的分子群体的几何排布和键的配置有密切的关系,这种排布和配置也反映着分子间的相互作用,生物分子的这些特性影响着它们的拉曼光谱,反之,通过生物分子的拉曼光谱可以找出相应的振动频率,从而可以知道分子的结构,通过拉曼光谱的变化可以了解分子结构的变化。共振拉曼光谱对某些拉曼带有选择性的增强,对研究大分子结构特别有利。这不仅简化了光谱,而且能对分子某些特定部分的结构提供有价值的信息。不少重要的生物分子具有特征的电子吸收带基团,适当地选择激发频率可以得到这些基团的增强共振带。这些基团的共振谱带对其周围的结构变化非常敏感,能成为生物基团的报告者。那些不含合适的发色团的大分子也常能在接上一个染料分子后,从比较接上的染料分子的拉曼光谱与未接染料分子光谱的差别来了解电子跃迁受到环境的微扰,从而得到大分子的结构信息。共振拉曼光谱灵敏度高、所需样品浓度低,能用于从固体到稀溶液的各种形态样品,对样品没有破坏性,反映结构信息量大,可以针对复杂分子的不同色团选择性地共振激发,而相互间不受影响。

三、原子力显微镜

(一)原子力显微镜原理

原子力显微镜是一种以物理学原理为基础,通过扫描探针与样品表面原子相互作用而成像的新型表面分析仪器。通常利用纳米级的探针对样品进行扫描,探针固定在对探针与样品表面作用力极敏感的微米级尺度的弹性悬臂上,当探针尖与样品接近时,其顶端的原子与样品表面原子间会产生范德华作用力或静电排斥力,悬臂受力偏折会引起由激光源发出的激光束经悬臂反射后发生位移。检测器接受反射光,根据探针偏离量或其他反馈量重建三维图像,形成样品表面形貌图像。原子力显微镜可以获得物体表面的原子级分辨率图像,其中,纳米量级的高空间分辨率尤为突出,横向分辨率可达 0.1~0.2 nm,纵向分辨率高达 0.01 nm。

(二)原子力显微镜与细胞

对一个细胞而言,原子力显微镜不但能够提供长度、宽度、高度等形态方面的信息,还可以满足人们对膜上的离子通道、丝状伪足、细胞间连接等细微结构的研究需要,甚至还可清楚地观察到膜身的骨架结构。此外,它不但能够对生理状态下的样品成像,还可以观察任何活的生命样品及动态过程,而且可以实时动态地研究样品结构和功能的关系,故而成为纳米尺度上研究物质结构、特性和相互作用的有力手段。原子力显微镜作为新兴的形态结构成像技术,能够实现对接近自然生理条件下生物样品的观察,主要由于它具备以下几个特点:①样品制备过程简便,可以不需染色、包埋、电镀、电子束的照射等处理过程。②除对大气中干燥固定后样品的观察外,还能对液体中样品成像。③可以根据观察者的要求,调节样品所处的温度、湿度、大气压等观察条件。目前,它已广泛地应用于细胞及蛋白、多糖、核酸等生物大分子结构的研究中。

(三)原子力显微镜与分子力

原子力显微镜另一个极为显著的特点是能将很高的空间分辨率与敏感且准确的力学感应性相结合。通过将探针连接在弹性系数很小的悬臂上,其对力的测量灵敏度可达到皮牛级水平,已经广泛地运用于测量溶液中生物分子间相互作用力,如与生物反应有关的水合力的研究。原子力显微镜亦有助于对生物分子结构和机械性能进行分析,蛋白质依靠多种非共价作用而保持其结构稳定,通过机械或化学的方法将蛋白质伸展后,可以利用原子力显微镜直接测量稳定蛋白质结构的作用力,并进一步探究这些力对蛋白质结构的影响。

(四)原子力显微镜与力学特性

原子力显微镜在扫描样品时,探针尖端作用样品可使样品产生可测量的凹陷。当应力与应变力呈线性关系时,样品发生的变形属弹性变化,即撤销力时样品可恢复原有形态。利用凹陷的深度数据就能够获取有关样品局部的弹性信息。原子力显微镜可对扫描各点高度及作用力进行测量,这就意味着我们不仅可以获取生物样品的表面形态和三维结构,还可以得到其表面硬度、黏弹性、摩擦力等力学特性的表面图谱。Alcaraz 利用原子力显微镜测量支气管上皮和肺泡上皮细胞在不同负荷力和作用频率下的复剪切弹性系数,观察其变化规律。

(五)原子力显微镜与显微操作

原子力显微镜还能进行显微操作。通过在纳米级水平调控探针的位置和施加力,原子力显微镜可以实现对生物分子进行物理操作如切割生物结构,转移分子至特定位置。在一定的范围调整施加力,在成像的同时即可对样品进行操作。施加力的范围主要由悬臂的力学常数和探针粗细决定。与标准显微切割技术相比,原子力显微镜对目标区域切割、提取等操作具有更准确的特点。1992 年人们首次利用原子力显微镜切割遗传物质 DNA 分子的特定位置,对生物分子进行可控性纳米操纵。随后它在生物膜的切割、待研究分子的分离等方面也得到广泛的应用。

四、荧光显微镜

(一)荧光显微镜原理

荧光是一种光致冷发光现象,当某种物质吸收某种波长的入射光时,进入激发态,并发出的光称为荧光。荧光显微镜光源为短波光,分别在激发光路和接收光路中加入具有光学特殊波长选通的滤色片,可以获得生物样品的荧光图像。该技术适用于观察一些能够产生特殊光谱的物体。细胞中有些物质,如叶绿素等,受紫外线照射后可产生自发荧光进行检测。另有一些物质本身虽不能发荧光,但如果用荧光染料或荧光抗体染色后,经特定波长的激发光照射亦可发荧光进行检测,例如生物组织切片染色检测、细胞染色观察、RNA 和 DNA 的荧光表达测量等。不同的生物样品和不同荧光素标记材料,所要求的激发光谱和产生的发射光谱是完全不同的。

(二)荧光显微镜应用

荧光显微镜通常用于临床快速检测和鉴定组织涂片、切片和液体中的细菌性抗体,以及快速鉴定许多致病细菌。例如,通过特异性结合结核分枝杆菌的荧光染料,能够快速筛选出样本中的结核分枝杆菌。这种杆菌是导致结核病的病原体,它的生长非常缓慢,而且这种细菌不能用革兰染色法进行染色,而用荧光染料标记后是非常容易鉴别的,所以一般用荧光显微镜观察。

荧光显微镜技术在生物无机化学方面得到了广泛的应用,如在组织、细胞观测中,可以通过特殊的荧光染色,观察感兴趣的目标成分及其生长死亡状态,对细胞内部错综复杂的亚细胞器等的结构、形态有初步的了解;在基因组学中,利用荧光素标记特异性核酸片段,可以通过杂交反应,鉴定匹配基因的存在。

五、扫描隧道显微镜

(一)扫描隧道显微镜原理

扫描隧道显微镜的工作原理是基于量子力学中的隧道效应,通过探测固体表面原子中电子的隧道电流来分辨固体表面形貌的显微装置。其横向分辨率为 $0.1 \sim 0.2$ nm,深度分辨率为 0.01 nm。通过它可以清晰地看到排列在物质表面的直径大约为 10^{-10} m 的单个原子,为研究不同层次的生命结构提供了可能。在用扫描隧道显微镜对样品表面进行观测时,利用探针针尖扫描样品,探针针尖和被研究的样品的表面是两个电极,使样品表面与探针针尖非常接近(一般 $<10^{-9}$ m),并给两个电极加上一定的电压,形成外加电场,以在样品和探针针尖之间形成隧道电流。探针针尖在计算机控制下对样品表面扫描,通过隧道电流获取信息,同时可以在计算机屏幕上显示扫描样品表面原子排列的图像。为了达到原子级的分辨率,扫描隧道显微镜的探针针尖必须是原子的。

(二)扫描隧道显微镜扫描方式

探针针尖在样品表面上进行扫描有两种方式:恒电流方式和恒高度方式。扫描时,一般沿着平面坐标的 XY 两个方向做二维扫描。如果用恒电流扫描方式就要用电路来控制隧道电流的大小不变,有一套反馈装置去感受到这一电子流,并据此使探针尖保持在表面原子的恒定高度上,于是探针针尖就会随样品表面的高低起伏运动,从而反映出样品表面的高度信息,读出的针尖运动情况经计算机处理后,就可获得样品表面的三维立体信息。如果采用恒高度扫描方式,扫描时要保持针尖的绝对高度不变,使针尖以一系列平行线段的方式扫描,由于样品表面由原子(分子)构成,呈凸凹不平状,使得扫描过程中探针针尖与样品的局部区域的距离是变化的,因而隧道电流的大小也变化。通过计算机把这种变化的隧道电流电信号转换为图像信号,亦可获得样品表面的三维立体信息。

(三)扫描隧道显微镜应用

扫描隧道显微镜的观察条件要求不高,可以在大气、真空中的各种温度下进行工作,甚至可将样品浸在水或其他溶液中。在扫描隧道显微镜发明之前,对原子级微观世界的观察往往带有一定的破坏性,由于扫描隧道显微镜进行的是无损探测,被探测的样品不会受到高能辐射等作用,使研究的生物样品始终处于活的状态。因而其已被使用在尖端科学的许多领域。

在生物学方面扫描隧道显微镜常用于研究蛋白质的结构,对裸露的 I 型胶原蛋白进行的扫描隧道显微镜研究中,获得了高分辨率的图像,能够看到单个胶原蛋白链上约 9 nm 的周期性峰,这反映了胶原蛋白单体链的周期性。此外,在对细胞骨架蛋白的扫描隧道显微镜研究中,获得了微管蛋白和中等纤维图像,并分辨出微管蛋白亚基花生状的结构(8 nm $\times 4$ nm)。除此之外,扫描隧道显微镜还广泛应用于 DNA 螺旋形态的结构表征,可以直接观察 DNA 分子的变异结构,对 DNA 进行研究。这为了解生命现象,揭示生命的微观结构及其变化提供了巨大帮助。

知识拓展

本章小结

1. 生物无机化学是对处于生命环境中的金属离子进行研究的科学,研究在生命过程中起作用的金属离子与配体之间的相互作用;在分子、原子水平上测定、表征、阐明这些生物分子的结构、性能及其在生命体中的作用规律。

2. 生物必需元素所具有的特征:①存在于所有健康组织中;②每个元素在体内有一个相当恒定的浓度范围;③从体内排出这种元素,会引起生理反常,而再摄入后又能复原。

NOTE

3. 最适营养浓度定律:生物的必需元素受生物体内平衡机制的调节和控制,摄入量过低,会发生某种元素缺乏症,但摄入量过多,元素积聚在生物体内也会出现急、慢性中毒。不同元素都有各自的生物效应-浓度曲线。

4. 人体内各种酶的分子几乎都含有以螯合状态存在的金属元素,还有氨基酸、肽、蛋白质、激素、核酸等都能形成螯合物。生物大分子与金属离子主要通过以下 3 种情况进行螯合:①在金属酶、金属激活酶的催化过程中,金属离子、酶、底物三者通过简单螯合进行结合;②金属离子与环状骨架上带有 O、N、P、S 等多个配位原子的多齿配体形成的封闭大环状螯合物;③金属离子与蛋白质、核酸等生物大分子形成很大的稳定的螯合环。

5. 研究金属离子在金属蛋白和金属酶中的功能,对于了解生命现象本质有重要意义。而要真正揭示金属离子在生命过程中作用的本质,必须从分子和原子水平深入研究生物配合物的结构和构象,物理、化学和生物实验技术是从分子水平研究生物配合物结构和构象的有力工具。

目标检测

一、填空题

1. 生物体对元素的选择性利用必须遵循的规律是_____、_____、_____和_____。

2. 生物体中无机元素根据元素在人体中产生的生物效应分类,分为_____、_____、_____。

3. _____元素被称为"生命之源";_____元素被称为"生命之花"。

二、简答题

1. 根据生物学功能分类,简述并举例金属蛋白主要涉及哪几种类型。

2. 如何确定一种元素是必需元素? 人体内有哪些必需元素? 它们在元素周期表中的分布有什么特点?

3. 为什么说必需微量元素具有生物学效应双重性?

4. 指出铁、钴、铜、锌、钼在生命过程中的一项重要作用。

(黄 蓉)

目标检测
答案

同步练习
及其答案

附　录

附录 A　中华人民共和国法定计量单位

表 A-1　基本国际制单位(SI)和符号

物理量	单位
长度,l	米,m
质量,m	千克,kg
时间,t	秒,s
热力学温度,T	开尔文,K
物质的量,n	摩尔,mol
电流,I	安[培],A
光强度,I_v(下标 v 表示可见光)	坎[德拉],cd

表 A-2　一些导出国际制单位(SI)和符号

物理量	国际制单位名称和符号	与基本国际制单位的换算
摄氏温度	摄氏度,℃	$℃=(K-273.15)$
能[量]、热量、功	焦[耳],J	$N \cdot m=m^2 \cdot kg \cdot s^{-2}$
电压、电位、电动势	伏[特],V	$J \cdot C^{-1}=m^2 \cdot kg \cdot s^{-3} \cdot A^{-1}$
频率	赫[兹],Hz	$Hz=1/s$
压力、应力	帕[斯卡],Pa	$N \cdot m^{-2}=m^{-1} \cdot kg \cdot s^{-2}$
电阻	欧[姆],Ω	$V \cdot A^{-1}=m^2 \cdot kg \cdot s^{-3} \cdot A^{-2}$
功率	瓦[特],W	$J \cdot s^{-1}=m^2 \cdot kg \cdot s^{-3}$

表 A-3　国家选定的非国际制单位

物理量	单位名称和符号	与国际制单位的关系
时间	分,min	$1 \ min=60 \ s$
	小时,h	$1 \ h=60 \ min=3600 \ s$
	天,d	$1 \ d=24 \ h=1440 \ min=86400 \ s$
质量	吨,t	$1 \ t=10^3 \ kg$
	原子质量单位,u	$1 \ u=1.6605402(10) \times 10^{-27} \ kg$
体积,容积	升,L 或 l	$1 \ L=1 \ dm^3=10^{-3} \ m^3$
能量	电子伏特,eV	$1 \ eV=1.60217733(49) \times 10^{-19} \ J$

NOTE

附录 B　常见无机酸、碱在水中的解离常数(298 K)

表 B-1　常见无机酸、碱在水中的解离常数(298 K)

名称	分子式	K_a 或 K_b	pK_a 或 pK_b
亚砷酸	H_3AsO_3	6.02×10^{-10}	9.22
砷酸	H_3AsO_4	5.50×10^{-3}	2.26
		1.74×10^{-7}	6.76
		5.13×10^{-12}	11.29
硼酸	H_3BO_3	5.75×10^{-10}	9.24
次溴酸	$HBrO$	2.00×10^{-9}	8.70
碳酸	H_2CO_3	4.17×10^{-7}	6.38
		4.79×10^{-11}	10.32
次氯酸	$HClO$	3.72×10^{-8}	7.43
亚氯酸	$HClO_2$	1.00×10^{-2}	2.0
氢氰酸	HCN	3.98×10^{-10}	9.40
氢氟酸	HF	5.62×10^{-4}	3.25
过氧化氢	H_2O_2	2.40×10^{-12}	11.62
硫化氢	H_2S	8.91×10^{-8}	7.05
		1.20×10^{-13}	12.92
碘酸	HIO_3	1.58×10^{-1}	0.8
次碘酸	HIO	3.02×10^{-11}	10.52
磷酸	H_3PO_4	7.08×10^{-3}	2.15
		6.16×10^{-8}	7.21
		4.36×10^{-13}	12.36
亚磷酸	H_3PO_3	1.0×10^{-2}	2.0
		2.63×10^{-7}	6.58
次磷酸	H_3PO_2	1.00×10^{-2}	2.0
亚硝酸	HNO_2	4.57×10^{-4}	3.34
硅酸	H_2SiO_3	1.26×10^{-10}	9.9
		1.26×10^{-12}	11.9
硫酸	H_2SO_4	$1.20 \times 10^{-2}(K_2)$	1.92
亚硫酸	H_2SO_3	1.20×10^{-2}	1.92
		6.16×10^{-8}	7.21
水合铝(Ⅲ)离子	$[Al(H_2O)_6]^{3+}$	$1.26 \times 10^{-5}(K_1)$	4.9
水合铬(Ⅲ)离子	$[Cr(H_2O)_6]^{3+}$	$1.26 \times 10^{-4}(K_1)$	3.9
水合铁(Ⅲ)离子	$[Fe(H_2O)_6]^{3+}$	$6.02 \times 10^{-3}(K_1)$	2.22
水合铅(Ⅱ)离子	$[Pb(H_2O)_6]^{3+}$	$1.58 \times 10^{-8}(K_1)$	7.8
水合锌(Ⅱ)离子	$[Zn(H_2O)_6]^{3+}$	$1.10 \times 10^{-9}(K_1)$	8.96
氨水	$NH_3 \cdot H_2O$	1.78×10^{-5}	4.75

NOTE

附录 C　难溶强电解质的溶度积常数(298 K)

表 C-1　难溶强电解质的溶度积常数(298 K)

化合物	K_{sp}	化合物	K_{sp}
$AlAsO_4$	1.6×10^{-16}	$Pb_3(PO_4)_2$	8.0×10^{-43}
$Al(OH)_3$	1.3×10^{-33}	$PbSO_4$	2.53×10^{-8}
$AlPO_4$	9.84×10^{-21}	PbS	8.0×10^{-28}
Al_2Se_3	4×10^{-25}	$Pb(SCN)_2$	2.0×10^{-5}
As_2S_3	2.1×10^{-22}	PbS_2O_3	4.0×10^{-7}
$Ba_3(AsO_4)_2$	8.0×10^{-51}	$Pb(OH)_4$	3.2×10^{-66}
$Ba_3(BO_3)_2$	2.43×10^{-4}	Li_2CO_3	2.5×10^{-2}
$BaCO_3$	2.58×10^{-9}	LiF	1.84×10^{-3}
$BaCrO_4$	1.17×10^{-10}	Li_3PO_4	2.37×10^{-11}
$Ba_2[Fe(CN)_6] \cdot 6H_2O$	3.2×10^{-8}	$MgNH_4PO_4$	2.5×10^{-13}
BaF_2	1.84×10^{-7}	$MgCO_3$	6.82×10^{-6}
$BaHPO_4$	3.2×10^{-7}	$MgCO_3 \cdot 3H_2O$	2.38×10^{-6}
$Ba(OH)_2 \cdot 8H_2O$	2.55×10^{-4}	MgF_2	5.16×10^{-11}
$Ba(IO_3)_2 \cdot H_2O$	4.01×10^{-9}	$Mg(OH)_2$	5.61×10^{-12}
$BaMoO_4$	3.54×10^{-8}	$Mg(IO_3)_2 \cdot 4H_2O$	3.2×10^{-3}
$Ba(NO_3)_2$	4.64×10^{-3}	$MgC_2O_4 \cdot 2H_2O$	4.83×10^{-6}
BaC_2O_4	1.6×10^{-7}	$Mg_3(PO_4)_2$	1.04×10^{-24}
$BaC_2O_4 \cdot H_2O$	2.3×10^{-8}	$MgSO_3$	3.2×10^{-3}
$Ba(MnO_4)_2$	2.5×10^{-10}	$MnCO_3$	2.34×10^{-11}
$Ba_3(PO_4)_2$	3.4×10^{-23}	$Mn_2[Fe(CN)_6]$	8.0×10^{-13}
$Ba_2P_2O_7$	3.2×10^{-11}	$Mn(IO_3)_2$	4.37×10^{-7}
$BaSeO_4$	3.40×10^{-8}	$Mn(OH)_2$	1.9×10^{-13}
$BaSO_4$	1.08×10^{-10}	$MnC_2O_4 \cdot 2H_2O$	1.70×10^{-7}
$BaSO_3$	5.0×10^{-10}	$MnS(无定形)$	2.5×10^{-10}
BaS_2O_3	1.6×10^{-5}	$MnS(晶体)$	2.5×10^{-13}
$BeCO_3 \cdot 4H_2O$	1×10^{-3}	Hg_2Br_2	6.40×10^{-23}
$Be(OH)_2$	6.92×10^{-22}	Hg_2CO_3	3.6×10^{-17}
$BeMoO_4$	3.2×10^{-2}	Hg_2Cl_2	1.43×10^{-18}
$BiAsO_4$	4.43×10^{-10}	$Hg_2(CN)_2$	5×10^{-40}
$Bi(OH)_3$	6.0×10^{-31}	Hg_2CrO_4	2.0×10^{-9}
BiI_3	7.71×10^{-19}	$(Hg_2)_3[Fe(CN)_6]_2$	8.5×10^{-21}
$BiOBr$	3.0×10^{-7}	Hg_2F_2	3.10×10^{-6}
$BiOCl$	1.8×10^{-31}	Hg_2HPO_4	4.0×10^{-13}

化合物	K_{sp}	化合物	K_{sp}
$BiO(OH)$	4×10^{-10}	$Hg_2(OH)_2$	2.0×10^{-24}
$BiO(NO_3)$	2.82×10^{-3}	$Hg_2(IO_3)_2$	2.0×10^{-14}
$BiO(NO_2)$	4.9×10^{-7}	Hg_2I_2	5.2×10^{-29}
$BiO(SCN)$	1.6×10^{-7}	$Hg_2C_2O_4$	1.75×10^{-13}
$BiPO_4$	1.3×10^{-23}	Hg_2SO_4	6.5×10^{-7}
Bi_2S_3	1×10^{-97}	Hg_2SO_3	1.0×10^{-27}
$Cd_3(AsO_4)_2$	2.2×10^{-33}	Hg_2S	1.0×10^{-47}
$CdCO_3$	1.0×10^{-12}	$Hg_2(SCN)_2$	3.2×10^{-20}
$Cd(CN)_2$	1.0×10^{-8}	$HgBr_2$	6.2×10^{-20}
$Cd_2[Fe(CN)_6]$	3.2×10^{-17}	$Hg(OH)_2$	3.2×10^{-26}
CdF_2	6.44×10^{-3}	$Hg(IO_3)_2$	3.2×10^{-13}
$Cd(OH)_2$（新制）	7.2×10^{-15}	HgI_2	2.9×10^{-29}
$Cd(IO_3)_2$	2.5×10^{-8}	HgS（红）	4×10^{-53}
$CdC_2O_4 \cdot 3H_2O$	1.42×10^{-8}	HgS（黑）	1.6×10^{-52}
$Cd_3(PO_4)_2$	2.53×10^{-33}	$Ni_3(AsO_4)_2$	3.1×10^{-26}
CdS	8.0×10^{-27}	$NiCO_3$	1.42×10^{-7}
$Ca(OAc)_2 \cdot 3H_2O$	4×10^{-3}	$Ni_2[Fe(CN)_6]$	1.3×10^{-15}
$Ca_3(AsO_4)_2$	6.8×10^{-19}	$Ni(OH)_2$（新制）	5.48×10^{-16}
$CaCO_3$	2.8×10^{-9}	$Ni(IO_3)_2$	4.71×10^{-5}
$CaCO_3$（方解石）	3.36×10^{-9}	NiC_2O_4	4×10^{-10}
$CaCO_3$（文石）	6.0×10^{-9}	$Ni_3(PO_4)_2$	4.74×10^{-32}
$CaCrO_4$	7.1×10^{-4}	$Ni_2P_2O_7$	1.7×10^{-13}
CaF_2	5.3×10^{-9}	$\alpha\text{-}NiS$	3.2×10^{-19}
$CaHPO_4$	1.0×10^{-7}	$\beta\text{-}NiS$	1.0×10^{-24}
$Ca(IO_3)_2 \cdot 6H_2O$	7.10×10^{-7}	$\gamma\text{-}NiS$	2.0×10^{-26}
$CaMoO_4$	1.46×10^{-8}	$Pd(OH)_2$	1.0×10^{-31}
$CaC_2O_4 \cdot H_2O$	2.32×10^{-9}	$Pd(OH)_4$	6.3×10^{-71}
$Ca_3(PO_4)_2$	2.07×10^{-29}	$Pd(SCN)_2$	4.39×10^{-23}
$CaSiO_3$	2.5×10^{-8}	$PtBr_4$	3.2×10^{-41}
$CaSO_4$	4.93×10^{-5}	$Pt(OH)_2$	1×10^{-35}
$CaSO_4 \cdot 2H_2O$	3.14×10^{-5}	$K_2[PtBr_6]$	6.3×10^{-5}
$CaSO_3$	6.8×10^{-8}	$K_2[PtCl_6]$	7.48×10^{-6}
$CaSO_3 \cdot 0.5H_2O$	3.1×10^{-7}	$K_2[PtF_6]$	2.9×10^{-5}
$Ca(OH)_2$	5.5×10^{-6}	KIO_4	3.74×10^{-4}
$Cr(OH)_2$	2×10^{-16}	$KClO_4$	1.05×10^{-2}
$CrAsO_4$	7.7×10^{-21}	$K_2Na[Co(NO_2)_6] \cdot 2H_2O$	2.2×10^{-11}
CrF_3	6.6×10^{-11}	$Rh(OH)_3$	1×10^{-23}

化合物	K_{sp}	化合物	K_{sp}
$Cr(OH)_3$	6.3×10^{-31}	$Ru(OH)_3$	1×10^{-36}
$CrPO_4 \cdot 4H_2O$(绿)	2.4×10^{-23}	CH_3COOAg(乙酸银)	1.94×10^{-3}
$CrPO_4 \cdot 4H_2O$(紫)	1.0×10^{-17}	Ag_3AsO_4	1.03×10^{-22}
$Co_3(AsO_4)_2$	6.8×10^{-29}	AgN_3	2.8×10^{-9}
$CoCO_3$	1.4×10^{-13}	$AgBr$	5.35×10^{-13}
$Co_2[Fe(CN)_6]$	1.8×10^{-15}	$AgCl$	1.77×10^{-10}
$CoHPO_4$	2×10^{-7}	Ag_2CO_3	8.46×10^{-12}
$Co(OH)_2$(新制)	5.92×10^{-15}	Ag_2CrO_4	1.12×10^{-12}
$Co(OH)_3$	1.6×10^{-44}	Ag_2CN_2	7.2×10^{-11}
$Co(IO_3)_2$	1.0×10^{-4}	$AgCN$	5.97×10^{-17}
$Co_3(PO_4)_2$	2.05×10^{-35}	$Ag_2Cr_2O_7$	2.0×10^{-7}
α-CoS	4.0×10^{-21}	$Ag_4[Fe(CN)_6]$	1.6×10^{-41}
β-CoS	2.0×10^{-25}	$AgOH$	2.0×10^{-8}
CuN_3	4.9×10^{-9}	$AgIO_3$	3.17×10^{-8}
$CuBr$	6.27×10^{-9}	AgI	8.52×10^{-17}
$CuCl$	1.72×10^{-7}	Ag_2MoO_4	2.8×10^{-12}
$CuCN$	3.47×10^{-20}	$AgNO_2$	6.0×10^{-4}
$CuOH$	1×10^{-14}	$Ag_2C_2O_4$	5.40×10^{-12}
CuI	1.27×10^{-12}	Ag_3PO_4	8.89×10^{-17}
Cu_2S	2.5×10^{-48}	Ag_2SO_4	1.20×10^{-5}
$CuSCN$	1.77×10^{-13}	Ag_2SO_3	1.50×10^{-14}
$Cu_3(AsO_4)_2$	7.95×10^{-36}	Ag_2S	6.3×10^{-50}
$Cu(N_3)_2$	6.3×10^{-10}	$AgSCN$	1.03×10^{-12}
$CuCO_3$	1.4×10^{-10}	$SrCO_3$	5.60×10^{-10}
$CuCrO_4$	3.6×10^{-6}	SrF_2	4.33×10^{-9}
$Cu_2[Fe(CN)_6]$	1.3×10^{-16}	$Sr_3(PO_4)_2$	4.0×10^{-28}
$Cu(OH)_2$	2.2×10^{-20}	$Tb(OH)_3$	2.0×10^{-22}
$Cu(IO_3)_2$	6.94×10^{-8}	$Tl_4[Fe(CN)_6] \cdot 2H_2O$	5.0×10^{-10}
CuC_2O_4	4.43×10^{-10}	Tl_2S	5.0×10^{-21}
$Cu_3(PO_4)_2$	1.40×10^{-37}	$Tl(OH)_3$	1.68×10^{-44}
$Cu_2P_2O_7$	8.3×10^{-16}	$Sn(OH)_2$	5.45×10^{-28}
CuS	6.3×10^{-36}	$Sn(OH)_4$	1×10^{-56}
$FeCO_3$	3.13×10^{-11}	SnS	1×10^{-25}
FeF_2	2.36×10^{-6}	$Ti(OH)_3$	1×10^{-40}
$Fe(OH)_2$	4.87×10^{-17}	$TiO(OH)_2$	1×10^{-29}
$FeC_2O_4 \cdot 2H_2O$	3.2×10^{-7}	$VO(OH)_2$	5.9×10^{-23}
FeS	6.3×10^{-18}	$Zn_3(AsO_4)_2$	2.8×10^{-28}

化合物	K_{sp}	化合物	K_{sp}
$FeAsO_4$	5.7×10^{-21}	$ZnCO_3$	1.46×10^{-10}
$Fe_4[Fe(CN)_6]_3$	3.3×10^{-41}	$Zn_2[Fe(CN)_6]$	4.0×10^{-15}
$Fe(OH)_3$	2.79×10^{-39}	ZnF_2	3.04×10^{-2}
$Fe(PO_4)_2 \cdot 2H_2O$	9.91×10^{-16}	$Zn(OH)_2$	3×10^{-17}
$La(OH)_3$	2.0×10^{-19}	$Zn(IO_3)_2 \cdot 2H_2O$	4.1×10^{-6}
$LaPO_4$	3.7×10^{-23}	$ZnC_2O_4 \cdot 2H_2O$	1.38×10^{-9}
$Pb(OAc)_2$	1.8×10^{-3}	$Zn_3(PO_4)_2$	9.0×10^{-33}
$PbBr_2$	6.60×10^{-6}	$\alpha\text{-}ZnS$	1.6×10^{-24}
$PbCO_3$	7.4×10^{-14}	$\beta\text{-}ZnS$	2.5×10^{-22}
$PbCl_2$	1.70×10^{-5}	$ZrO(OH)_2$	6.3×10^{-49}
$PbCrO_4$	2.8×10^{-13}	$Zr_3(PO_4)_4$	1×10^{-132}
$Pb_2[Fe(CN)_6]$	3.5×10^{-15}	$AuCl$	2.0×10^{-13}
PbF_2	3.3×10^{-8}	AuI	1.6×10^{-23}
$PbHPO_4$	1.3×10^{-10}	$AuCl_3$	3.2×10^{-25}
$PbHPO_3$	5.8×10^{-7}	$Au(OH)_3$	5.5×10^{-46}
$Pb(OH)_2$	1.43×10^{-15}	AuI_3	1×10^{-46}
$Pb(IO_3)_2$	3.69×10^{-13}	$Au_2(C_2O_4)_3$	1×10^{-10}
PbI_2	9.8×10^{-9}	$Gd(OH)_3$	1.8×10^{-23}
PbC_2O_4	4.8×10^{-10}		

附录 D　标准电极电势表(298 K)

表 D-1　在酸性溶液中($[H^+]=1.0$ mol/kg)

电极反应	$E^{\ominus}/V$	电极反应	$E^{\ominus}/V$
$Li^+ + e^- \Longleftrightarrow Li$	-3.045	$Cu^+ + e^- \Longleftrightarrow Cu$	0.520
$K^+ + e^- \Longleftrightarrow K$	-2.925	$I_2 + 2e^- \Longleftrightarrow 2I^-$	0.5355
$Na^+ + e^- \Longleftrightarrow Na$	-2.714	$I_3^- + 2e^- \Longleftrightarrow 3I^-$	0.536
$Mg^{2+} + 2e^- \Longleftrightarrow Mg$	-2.372	$MnO_4^- + e^- \Longleftrightarrow MnO_4^{2-}$	0.560
$H_2 + 2e^- \Longleftrightarrow 2H^-$	-2.250	$S_2O_6^{2-} + 4H^+ + 2e^- \Longleftrightarrow 2H_2SO_3$	0.569
$Be^{2+} + 2e^- \Longleftrightarrow Be$	-1.970	$O_2 + 2H^+ + 2e^- \Longleftrightarrow H_2O_2$	0.695
$Zr^{4+} + 4e^- \Longleftrightarrow Zr$	-1.700	$Rh^{3+} + 3e^- \Longleftrightarrow Rh$	0.760
$Al^{3+} + 3e^- \Longleftrightarrow Al$	-1.662	$(NCS)_2 + 2e^- \Longleftrightarrow 2NCS^-$	0.770
$Ti^{3+} + 3e^- \Longleftrightarrow Ti$	-1.210	$Fe^{3+} + e^- \Longleftrightarrow Fe^{2+}$	0.771
$Mn^{2+} + 3e^- \Longleftrightarrow Mn$	-1.185	$Hg_2^{2+} + 2e^- \Longleftrightarrow 2Hg$	0.796
$Zn^{2+} + 2e^- \Longleftrightarrow Zn$	-0.762	$Ag^+ + e^- \Longleftrightarrow Ag$	0.799
$Fe^{2+} + 2e^- \Longleftrightarrow Fe$	-0.447	$2NO_3^- + 4H^+ + 2e^- \Longleftrightarrow N_2O_4 + 2H_2O$	0.803

NOTE

续表

电极反应	$E^{\ominus}/V$	电极反应	$E^{\ominus}/V$
$Cr^{3+}+e^-\rightleftharpoons Cr^{2+}$	-0.424	$Hg^{2+}+2e^-\rightleftharpoons Hg$	0.911
$Cd^{2+}+2e^-\rightleftharpoons Cd$	-0.403	$NO_3^-+3H^++2e^-\rightleftharpoons HNO_2+2H_2O$	0.940
$PbSO_4+2e^-\rightleftharpoons Pb+SO_4^{2-}$	-0.351	$NO_3^-+4H^++3e^-\rightleftharpoons NO+2H_2O$	0.957
$Co^{2+}+2e^-\rightleftharpoons Co$	-0.277	$N_2O_4+4H^++4e^-\rightleftharpoons 2NO+2H_2O$	1.039
$Ni^{2+}+2e^-\rightleftharpoons Ni$	-0.257	$Br_2+2e^-\rightleftharpoons 2Br^-$	1.065
$H_3PO_4+2H^++2e^-\rightleftharpoons H_3PO_3+H_2O$	-0.276	$N_2O_4+2H^++2e^-\rightleftharpoons 2HNO_2$	1.070
$2SO_4^{2-}+4H^++2e^-\rightleftharpoons S_2O_6^{2-}+2H_2O$	-0.253	$H_2O_2+H^++e^-\rightleftharpoons \cdot OH+H_2O$	1.140
$N_2+5H^++4e^-\rightleftharpoons N_2H_5^+$	-0.230	$ClO_4^-+2H^++2e^-\rightleftharpoons ClO_3^-+H_2O$	1.201
$CO_2+2H^++2e^-\rightleftharpoons HCOOH+H_2O$	-0.160	$O_2+4H^++4e^-\rightleftharpoons 2H_2O$	1.229
$AgI+e^-\rightleftharpoons Ag+I^-$	-0.152	$MnO_2+4H^++2e^-\rightleftharpoons Mn^{2+}+2H_2O$	1.230
$Sn^{2+}+2e^-\rightleftharpoons Sn$	-0.136	$Cl_2+2e^-\rightleftharpoons 2Cl^-$	1.358
$Pb^{2+}+2e^-\rightleftharpoons Pb$	-0.125	$Cr_2O_7^{2-}+14H^++6e^-\rightleftharpoons 2Cr^{3+}+7H_2O$	1.360
$2H^++2e^-\rightleftharpoons H_2$	0.000	$PbO_2+4H^++2e^-\rightleftharpoons Pb^{2+}+2H_2O$	1.468
$AgBr+e^-\rightleftharpoons Ag+Br^-$	0.071	$2BrO_3^-+12H^++10e^-\rightleftharpoons Br_2+6H_2O$	1.478
$S_4O_6^{2-}+2e^-\rightleftharpoons 2S_2O_3^{2-}$	0.080	$Au^{3+}+3e^-\rightleftharpoons Au$	1.520
$S+2H^++2e^-\rightleftharpoons H_2S$	0.144	$2HBrO+2H^++2e^-\rightleftharpoons Br_2+2H_2O$	1.604
$Sn^{4+}+2e^-\rightleftharpoons Sn^{2+}$	0.150	$2HClO+2H^++2e^-\rightleftharpoons Cl_2+2H_2O$	1.630
$SO_4^{2-}+4H^++2e^-\rightleftharpoons H_2SO_3+H_2O$	0.158	$PbO_2+SO_4^{2-}+4H^++2e^-\rightleftharpoons PbSO_4+2H_2O$	1.698
$Cu^{2+}+e^-\rightleftharpoons Cu^+$	0.159	$MnO_4^-+4H^++3e^-\rightleftharpoons MnO_2+2H_2O$	1.700
$AgCl+e^-\rightleftharpoons Ag+Cl^-$	0.222	$H_2O_2+2H^++2e^-\rightleftharpoons 2H_2O$	1.763
$Cu^{2+}+2e^-\rightleftharpoons Cu$	0.340	$Au^++e^-\rightleftharpoons Au$	1.830
$Fe(CN)_6^{3-}+e^-\rightleftharpoons Fe(CN)_6^{2-}$	0.361	$Co^{3+}+e^-\rightleftharpoons Co^{2+}$	1.920
$2H_2SO_3+2H^++4e^-\rightleftharpoons S_2O_3^{2-}+3H_2O$	0.400	$S_2O_8^{2-}+2e^-\rightleftharpoons 2SO_4^{2-}$	1.960
$H_2SO_3+4H^++4e^-\rightleftharpoons S+3H_2O$	0.500	$O_3+2H^++2e^-\rightleftharpoons O_2+H_2O$	2.075
$4H_2SO_3+4H^++6e^-\rightleftharpoons S_4O_6^{2-}+6H_2O$	0.507	$F_2+2H^++2e^-\rightleftharpoons 2HF$	3.053

表 D-2　在碱性溶液中（$[OH^-]=1.0\ mol/kg$）

电极反应	$E^{\ominus}/V$	电极反应	$E^{\ominus}/V$
$Ca(OH)_2+2e^-\rightleftharpoons Ca+2OH^-$	-3.026	$O_2+H_2O+2e^-\rightleftharpoons HO_2^-+OH^-$	-0.065
$Mg(OH)_2+2e^-\rightleftharpoons Mg+2OH^-$	-2.687	$MnO_2+H_2O+2e^-\rightleftharpoons Mn(OH)_2+2OH^-$	-0.05
$Al(OH)_4^-+3e^-\rightleftharpoons Al+4OH^-$	-2.310	$NO_3^-+H_2O+2e^-\rightleftharpoons NO_2^-+2OH^-$	0.010
$Mn(OH)_2+2e^-\rightleftharpoons Mn+2OH^-$	-1.560	$Co(NH_3)_6^{3+}+e^-\rightleftharpoons Co(NH_3)_6^{2+}$	0.058
$Zn(OH)_4^{2-}+2e^-\rightleftharpoons Zn+4OH^-$	-1.285	$HgO+H_2O+2e^-\rightleftharpoons Hg+2OH^-$	0.098
$Zn(NH_3)_4^{2+}+2e^-\rightleftharpoons Zn+4NH_3$	-1.040	$Co(OH)_3+e^-\rightleftharpoons Co(OH)_2+OH^-$	0.170
$MnO_2+2H_2O+4e^-\rightleftharpoons Mn+4OH^-$	-0.980	$O_2^-+H_2O+e^-\rightleftharpoons HO_2^-+OH^-$	0.200
$SO_4^{2-}+H_2O+2e^-\rightleftharpoons SO_3^{2-}+2OH^-$	-0.940	$ClO_3^-+H_2O+2e^-\rightleftharpoons ClO_2^-+2OH^-$	0.295
$2H_2O+2e^-\rightleftharpoons H_2+2OH^-$	-0.828	$Ag_2O+H_2O+2e^-\rightleftharpoons 2Ag+2OH^-$	0.342

NOTE

续表

电极反应	$E^\ominus/V$	电极反应	$E^\ominus/V$
$HFeO_2^- + H_2O + 2e^- \Longrightarrow Fe + 3OH^-$	−0.800	$Ag(NH_3)_2^+ + e^- \Longrightarrow Ag + 2NH_3$	0.373
$Co(OH)_2 + 2e^- \Longrightarrow Co + 2OH^-$	−0.733	$ClO_4^- + H_2O + 2e^- \Longrightarrow ClO_3^- + 2OH^-$	0.374
$CrO_4^{2-} + 4H_2O + 3e^- \Longrightarrow Cr(OH)_4^- + 4OH^-$	−0.720	$O_2 + 2H_2O + 4e^- \Longrightarrow 4OH^-$	0.401
$Ni(OH)_2 + 2e^- \Longrightarrow Ni + 2OH^-$	−0.720	$BrO_3^- + 3H_2O + 6e^- \Longrightarrow Br^- + 6OH^-$	0.584
$FeO_2^- + H_2O + e^- \Longrightarrow HFeO_2^- + OH^-$	−0.690	$MnO_4^{2-} + 2H_2O + 2e^- \Longrightarrow MnO_2 + 4OH^-$	0.620
$2SO_3^{2-} + 3H_2O + 4e^- \Longrightarrow S_2O_3^{2-} + 6OH^-$	−0.580	$ClO_2^- + H_2O + 2e^- \Longrightarrow ClO^- + 2OH^-$	0.681
$Ni(NH_3)_6^{2+} + 2e^- \Longrightarrow Ni + 6NH_3$	−0.476	$BrO^- + H_2O + 2e^- \Longrightarrow Br^- + 2OH^-$	0.766
$S + 2e^- \Longrightarrow S^{2-}$	−0.450	$HO_2^- + H_2O + 2e^- \Longrightarrow 3OH^-$	0.867
$O_2 + 2e^- \Longrightarrow O_2^{2-}$	−0.330	$ClO^- + H_2O + 2e^- \Longrightarrow Cl^- + 2OH^-$	0.890
$CuO + H_2O + 2e^- \Longrightarrow Cu + 2OH^-$	−0.290	$O_3 + H_2O + 2e^- \Longrightarrow O_2 + 2OH^-$	1.246

附录 E 配合物的稳定常数(298 K)

表 E-1　配合物的稳定常数(298 K)

配体	金属离子	$\lg\beta_1$	$\lg\beta_2$	$\lg\beta_3$	$\lg\beta_4$	$\lg\beta_5$	$\lg\beta_6$
NH₃	Cd^{2+}	2.65	4.75	6.19	7.12	6.80	5.14
	Co^{2+}	2.11	3.74	4.79	5.55	5.73	5.11
	Co^{3+}	6.7	14.0	20.1	25.7	30.8	35.2
	Cu^+	5.93	10.86				
	Cu^{2+}	4.31	7.98	11.02	13.32	12.86	
	Fe^{2+}	1.4	2.2				
	Mn^{2+}	0.8	1.3				
	Hg^{2+}	8.8	17.5	18.5	19.28		
	Ni^{2+}	2.80	5.04	6.77	7.96	8.71	8.74
	Pt^{2+}						35.3
	Ag^+	3.24	7.05				
	Zn^{2+}	2.37	4.81	7.31	9.46		
Br⁻	Ag^+	4.38	7.33	8.00	8.73		
	Bi^{3+}	4.30	5.55	5.89	7.82		9.70
	Cd^{2+}	1.75	2.34	3.32	3.70		
	Pb^{2+}	1.2	1.9		1.1		
	Hg^{2+}	9.05	17.32	19.74	21.00		
	Pt^{2+}				20.5		
	Rh^{3+}		14.3	16.3	17.6	18.4	17.2

243

续表

配体	金属离子	$\lg\beta_1$	$\lg\beta_2$	$\lg\beta_3$	$\lg\beta_4$	$\lg\beta_5$	$\lg\beta_6$
	Bi^{3+}	2.44	4.7	5.0	5.6		
	Cd^{2+}	1.95	2.50	2.60	2.80		
	Cu^+		5.5	5.7			
	Cu^{2+}	0.1	−0.6				
	Fe^{2+}	0.36					
	Fe^{3+}	1.48	2.13	1.99	0.01		
Cl^-	Pb^{2+}	1.62	2.44	1.70	1.60		
	Hg^{2+}	6.74	13.22	14.07	15.07		
	Pt^{2+}		11.5	14.5	16.0		
	Ag^+	3.04	5.04		5.30		
	Sn^{2+}	1.51	2.24	2.03	1.48		
	Sn^{4+}						4
	Zn^{2+}	0.43	0.61	0.53	0.20		
	Cd^{2+}	5.48	10.60	15.23	18.78		
	Cu^+		24.0	28.59	30.30		
	Au^+		38.3				
	Fe^{2+}						35
CN^-	Fe^{3+}						42
	Hg^{2+}				41.4		
	Ni^{2+}				31.3		
	Ag^+		21.1	21.7	20.6		
	Zn^{2+}				16.7		
	Al^{3+}	6.10	11.15	15.00	17.75	19.37	19.84
F^-	Be^{2+}	5.1	8.8	12.6			
	Cr^{3+}	4.41	7.81	10.29			
	Fe^{3+}	5.28	9.30	12.06			

NOTE

配体	金属离子	$\lg\beta_1$	$\lg\beta_2$	$\lg\beta_3$	$\lg\beta_4$	$\lg\beta_5$	$\lg\beta_6$
OH$^-$	Al^{3+}	9.27			33.03		
	Be^{2+}	9.7	14.0	15.2			
	Bi^{3+}	12.7	15.8		35.2		
	Cd^{2+}	4.17	8.33	9.02	8.62		
	Cr^{3+}	10.1	17.8		29.9		
	Cu^{2+}	7.0	13.68	17.00	18.5		
	Fe^{2+}	5.56	9.77	9.67	8.58		
	Fe^{3+}	11.87	21.17	29.67			
	Pb^{2+}	7.82	10.85	14.58			61.0
	Mn^{2+}	3.90		8.3			
	Ni^{2+}	4.97	8.55	11.33			
	Zn^{2+}	4.40	11.30	14.14	17.66		
	Zr^{2+}	14.3	28.3	41.9	55.3		
I$^-$	Ag$^+$	6.58	11.74	13.68			
	Bi^{3+}	3.63			14.95	16.80	18.80
	Cd^{2+}	2.10	3.43	4.49	5.41		
	Cu$^+$		8.85				
	Pb^{2+}	2.00	3.15	3.92	4.47		
	Hg^{2+}	12.87	23.82	27.60	29.83		
SCN$^-$	Bi^{3+}	1.15	2.26	3.41	4.23		
	Cd^{2+}	1.39	1.98	2.58	3.60		
	Cr^{3+}	1.87	2.98				
	Co^{2+}	-0.04	-0.70	0	3.00		
	Cu$^+$	12.11	5.18				
	Au$^+$		23		42		
	Fe^{3+}	2.95	3.36				
	Hg^{2+}		17.47		21.23		
	Ni^{2+}	1.18	1.64	1.81			
	Ag$^+$		7.57	9.08	10.08		
	Zn^{2+}	1.62					
S$_2$O$_3^{2-}$	Ag$^+$	8.82	13.46				
	Cd^{2+}	3.92	6.44				
	Cu$^+$	10.27	12.22	13.84			
	Fe^{3+}	2.10					
	Pb^{2+}		5.13	6.35			
	Hg^{2+}		29.44	31.90	33.24		

NOTE

续表

配体	金属离子	$\lg\beta_1$	$\lg\beta_2$	$\lg\beta_3$	$\lg\beta_4$	$\lg\beta_5$	$\lg\beta_6$
OAc⁻ 乙酸根	Cd^{2+}	1.5	2.3	2.4			
	Fe^{2+}	3.2	6.1	8.3			
	Pb^{2+}	2.52	4.0	6.4	8.5		
$P_2O_7^{4-}$	Ca^{2+}	4.6					
	Cu^+	6.7	9.0				
	Mn^{2+}	5.7					
	Ni^{2+}	5.8	7.4				
cit³⁻ 柠檬酸根	Al^{3+}	20.0					
	Cd^{2+}	11.3					
	Co^{2+}	12.5					
	Cu^{2+}	14.2					
	Fe^{2+}	15.5					
	Fe^{3+}	25.0					
	Ni^{2+}	14.3					
	Zn^{2+}	11.4					
dipy 2,2′-联吡啶	Ag^+	3.65	7.15				
	Cd^{2+}	4.26	7.81	10.47			
	Co^{2+}	5.73	11.57	17.59			
	Cr^{2+}	4.5	10.5	14.0			
	Cu^+		14.2				
	Cu^{2+}	8.0	13.60	17.08			
	Fe^{2+}	4.36	8.0	17.45			
	Hg^{2+}	9.64	16.74	19.54			
	Mn^{2+}	4.06	7.84	11.47			
	Ni^{2+}	6.80	13.26	18.46			
	Pb^{2+}	3.0					
	Ti^{3+}			25.28			
	Zn^{2+}	5.30	9.83	13.63			

配体	金属离子	$\lg\beta_1$	$\lg\beta_2$	$\lg\beta_3$	$\lg\beta_4$	$\lg\beta_5$	$\lg\beta_6$
en 乙二胺	Ag^+	4.70	7.70				
	Cd^{2+}	5.47	10.09	12.09			
	Co^{2+}	5.91	10.64	13.94			
	Co^{3+}	18.7	34.9	48.69			
	Cr^{2+}	5.15	9.19				
	Cu^+		10.8				
	Cu^{2+}	10.67	20.00	21.0			
	Fe^{2+}	4.34	7.65	9.70			
	Hg^{2+}	14.3	23.3				
	Mg^{2+}	0.37					
	Mn^{2+}	2.73	4.79	5.67			
	Ni^{2+}	7.52	13.84	18.33			
	Pb^{2+}		26.90				
	Zn^{2+}	5.77	10.83	14.11			
EDTA^{4-}	Ag^+	7.32					
	Al^{3+}	16.11					
	Ba^{2+}	7.78					
	Be^{2+}	9.3					
	Bi^{3+}	22.8					
	Ca^{2+}	11.0					
	Cd^{2+}	16.4					
	Co^{2+}	16.31					
	Co^{3+}	36					
	Cr^{2+}	13.6					
	Cr^{3+}	23					
	Cu^{2+}	18.7					
	Fe^{2+}	14.33					
	Fe^{3+}	24.23					
	Hg^{2+}	21.80					
	Li^+	2.79					
	Mg^{2+}	8.64					
	Mn^{2+}	13.8					
	Na^+	1.66					
	Ni^{2+}	18.56					
	Pb^{2+}	18.3					
	Sn^{2+}	22.1					
	Ti^{3+}	21.3					
	Tl^{3+}	22.5					
	Zn^{2+}	16.4					

 NOTE

配体	金属离子	$\lg\beta_1$	$\lg\beta_2$	$\lg\beta_3$	$\lg\beta_4$	$\lg\beta_5$	$\lg\beta_6$
$C_2O_4^{2-}$ 草酸根	Co^{2+}	4.79	6.7	9.7			
	Co^{3+}			约20			
	Cu^{2+}	6.16	8.5				
	Fe^{2+}	2.9	4.52	5.22			
	Fe^{3+}	9.4	16.2	20.2			
	Hg^{2+}		6.98				
	Mg^{2+}	3.43	4.38				
	Mn^{2+}	3.97	5.80				
	Ni^{2+}	5.3	7.64	$\leqslant 8.5$			
	Pb^{2+}		6.54				
	Zn^{2+}	4.89	7.60	8.15			
	Zr^{2+}	9.80	17.14	20.86	21.15		
phen 1,10-菲绕啉	Ag^+	5.02	12.07				
	Ca^{2+}	0.7					
	Cd^{2+}	5.93	10.53	14.31			
	Co^{2+}	7.25	13.95	19.90			
	Cu^{2+}	9.08	15.76	20.94			
	Fe^{2+}	5.85	11.45	21.3			
	Fe^{3+}	6.5	11.4	23.5			
	Hg^{2+}		19.65	23.35			
	Mg^{2+}	1.2					
	Mn^{2+}	3.88	7.04	10.11			
	Ni^{2+}	8.80	17.10	24.80			
	Pb^{2+}	4.65	7.5	9			
	Zn^{2+}	6.55	12.35	17.55			

（周　芳）

NOTE

参 考 文 献

[1] 杨怀霞,刘幸平.无机化学[M].北京:中国医药科技出版社,2014.
[2] 铁步荣,贾桂芝.无机化学[M].2 版.北京:中国中医药出版社,2008.
[3] 南京大学《无机及分析化学》编写组.无机及分析化学[M].4 版.北京:高等教育出版社,2005.
[4] 陈荣,梁文平.我国无机化学研究最新进展[J].中国科学基金,2012(4):237-239.
[5] 魏祖期,刘德育.基础化学[M].8 版.北京:人民卫生出版社,2013.
[6] 席晓岚.基础化学[M].2 版.北京:科学出版社,2011.
[7] 铁步荣.无机化学[M].9 版.北京:中国中医药出版社,2012.
[8] 徐春祥,曹凤岐.无机化学[M].2 版.北京:高等教育出版社,2004.
[9] 梁逸曾.基础化学[M].北京:化学工业出版社,2013.
[10] 宋天佑.简明无机化学[M].北京:高等教育出版社,2012.
[11] 张乐华.无机化学[M].3 版.北京:高等教育出版社,2017.
[12] 刘幸平,吴巧凤.无机化学[M].5 版.北京:人民卫生出版社,2015.
[13] 铁步荣,杨怀霞.无机化学[M].10 版.北京:中国中医药出版社,2016.
[14] 王荣耕.无机化学[M].上海:同济大学出版社,2016.
[15] 大连理工大学无机化学教研室.无机化学[M].5 版.北京:高等教育出版社,2006.
[16] 傅洵,许泳吉,解从霞.基础化学教程(无机与分析化学)[M].北京:科学出版社,2007.
[17] 孟长功.无机化学[M].6 版.北京:高等教育出版社,2018.
[18] 张乐华.无机化学[M].3 版.北京:高等教育出版社,2017.
[19] 李雪华,陈朝军.基础化学[M].9 版.北京:人民卫生出版社,2018.
[20] 丁忠源.杂化轨道理论浅释[M].上海:上海教育出版社,1981.
[21] 陈荣,高松.无机化学学科前沿与展望[M].北京:科学出版社,2012.
[22] 洪茂椿,陈荣,梁文平.21 世纪的无机化学[M].北京:科学出版社,2005.
[23] 和玲,赵翔.高等无机化学[M].北京:科学出版社,2011.
[24] 朱万森.生命中的化学元素[M].上海:复旦大学出版社,2014.
[25] 颜世铭,洪昭毅,李增禧.实用元素医学[M].郑州:河南医科大学出版社,1999.
[26] 计亮年,毛宗万,黄锦汪,等.生物无机化学导论[M].3 版.北京:科学出版社,2010.
[27] 曹治权.微量元素与中医药[M].北京:中国中医药出版社,1993.
[28] 王夔.生物无机化学[M].北京:清华大学出版社,1988.
[29] 计亮年.交叉学科研究推动了生物无机化学学科的发展[J].世界科技研究与发展,2004,26(6):1-6.
[30] 唐任寰.论生物体内的生物元素图谱[J].北京大学学报,1996,32(6):790-803.
[31] 孙润广.扫描隧道显微镜及其在生命科学研究中的应用[J].陕西师范大学学报,1999,27(1):39-46.

〔32〕 王佳炜,程楠,王训.微量元素钼的生理作用及其对机体功能的影响研究进展[J].医学综述,2013,19(19):3460-3463.

〔33〕 杨频,高飞.生物无机化学原理[M].北京:科学出版社,2002.

〔34〕 吴茂江.锡元素与人体健康[J].微量元素与健康研究,2013,30(2):66-67.

〔35〕 张小磊,何宽,马建华.氟元素对人体健康的影响[J].微量元素与健康研究,2006,23(6):66-67.

〔36〕 段桂娟.我国生物无机化学的发展[J].化工设计与通讯,2017,43(8):148.

〔37〕 张洪杰.中国稀土材料及生物效应研究进展[J].中国科学:化学,2012,42(9):1263-1264.

〔38〕 张天蓝,姜凤超.无机化学[M].6版.北京:人民卫生出版社,2014.

无机化学试卷
及参考答案

元 素 周 期 表

图例说明：

原子序数 —— 92 U
元素名称（注*的是人造元素） —— 铀
外围电子层排布，括号指可能的电子层排布 —— 5f³6d¹7s²
相对原子质量（加括号的数据为该放射性元素半衰期最长同位素的质量数）—— 238.0

元素符号，红色指放射性元素

◈ 必需常量元素　◈ 必需微量元素　▲▼ 有害元素

| 金属 | 惰性气体 | 非金属 | 过渡元素 |

族/周期	IA 1	IIA 2	IIIB 3	IVB 4	VB 5	VIB 6	VIIB 7	VIII 8	VIII 9	VIII 10	IB 11	IIB 12	IIIA 13	IVA 14	VA 15	VIA 16	VIIA 17	O 18	电子层	O族电子数
1	1 H 氢 1s¹ 1.008																	2 He 氦 1s² 4.003	K	2
2	3 Li 锂 2s¹ 6.941	4 Be 铍 2s² 9.012											5 B 硼 2s²2p¹ 10.81	6 C 碳 2s²2p² 12.01	7 N 氮 2s²2p³ 14.01	8 O 氧 2s²2p⁴ 16.00	9 F 氟 2s²2p⁵ 19.00	10 Ne 氖 2s²2p⁶ 20.18	L K	8 2
3	11 Na 钠 3s¹ 22.99	12 Mg 镁 3s² 24.31											13 Al 铝 3s²3p¹ 26.98	14 Si 硅 3s²3p² 28.09	15 P 磷 3s²3p³ 30.97	16 S 硫 3s²3p⁴ 32.06	17 Cl 氯 3s²3p⁵ 35.45	18 Ar 氩 3s²3p⁶ 39.95	M L K	8 8 2
4	19 K 钾 4s¹ 39.10	20 Ca 钙 4s² 40.08	21 Sc 钪 3d¹4s² 44.96	22 Ti 钛 3d²4s² 47.88	23 V 钒 3d³4s² 50.94	24 Cr 铬 3d⁵4s¹ 52.00	25 Mn 锰 3d⁵4s² 54.94	26 Fe 铁 3d⁶4s² 55.85	27 Co 钴 3d⁷4s² 58.93	28 Ni 镍 3d⁸4s² 58.69	29 Cu 铜 3d¹⁰4s¹ 63.55	30 Zn 锌 3d¹⁰4s² 65.39	31 Ga 镓 4s²4p¹ 69.72	32 Ge 锗 4s²4p² 72.61	33 As 砷 4s²4p³ 74.92	34 Se 硒 4s²4p⁴ 78.96	35 Br 溴 4s²4p⁵ 79.90	36 Kr 氪 4s²4p⁶ 83.80	N M L K	8 18 8 2
5	37 Rb 铷 5s¹ 85.47	38 Sr 锶 5s² 87.62	39 Y 钇 4d¹5s² 88.91	40 Zr 锆 4d²5s² 91.22	41 Nb 铌 4d⁴5s¹ 92.91	42 Mo 钼 4d⁵5s¹ 95.94	43 Tc 锝* 4d⁵5s² [98.91]	44 Ru 钌 4d⁷5s¹ 101.1	45 Rh 铑 4d⁸5s¹ 102.9	46 Rd 钯 4d¹⁰ 106.4	47 Ag 银 4d¹⁰5s¹ 107.9	48 Cd 镉 4d¹⁰5s² 112.4	49 In 铟 5s²5p¹ 114.8	50 Sn 锡 5s²5p² 118.7	51 Sb 锑 5s²5p³ 121.8	52 Te 碲 5s²5p⁴ 127.6	53 I 碘 5s²5p⁵ 126.9	54 Xe 氙 5s²5p⁶ 131.3	O N M L K	8 18 18 8 2
6	55 Cs 铯 6s¹ 132.9	56 Ba 钡 6s² 137.3	57~71 La~Lu 镧系	72 Hf 铪 5d²6s² 178.5	73 Ta 钽 5d³6s² 180.9	74 W 钨 5d⁴6s² 183.9	75 Re 铼 5d⁵6s² 186.2	76 Os 锇 5d⁶6s² 190.2	77 Ir 铱 5d⁷6s² 192.2	78 Pt 铂 5d⁹6s¹ 195.1	79 Au 金 5d¹⁰6s¹ 197.0	80 Hg 汞 5d¹⁰6s² 200.6	81 Tl 铊 6s²6p¹ 204.4	82 Pb 铅 6s²6p² 207.2	83 Bi 铋 6s²6p³ 209.0	84 Po 钋* 6s²6p⁴ [209.0]	85 At 砹* 6s²6p⁵ [210]	86 Rn 氡* 6s²6p⁶ [222.0]	P O N M L K	8 18 32 18 8 2
7	87 Fr 钫* 7s¹ [223.0]	88 Ra 镭* 7s² [226.0]	89~103 Ac~Lr 锕系	104 Rf 铲* (6d²7s²) [261]	105 Db 𬭊* (6d³7s²) [262]	106 Sg 𬭳* (6d⁴7s²) [263]	107 Bh 𬭛* (6d⁵7s²) [264]	108 Hs 𬭶* (6d⁶7s²) [265]	109 Mt 鿏* (6d⁷7s²) [268]	110 Ds 𫟼* (6d⁸7s²)? [269]	111 Rg 𬬭* [272]	112 Cn 鿔* [277]	113 Uut 鿭* [278]	114 Fl 𫓧* [289]	115 Uup 镆* [288]	116 Lv 𬬬* [289]	117 Uus 石田* [294]	118 Uuo 鿫* [294]		

镧系

57 La 镧 5d¹6s² 138.9	58 Ce 铈 4f¹5d¹6s² 140.1	59 Pr 镨 4f³6s² 140.9	60 Nd 钕 4f⁴6s² 144.2	61 Pm 钷* 4f⁵6s² [145]	62 Sm 钐 4f⁶6s² 150.4	63 Eu 铕 4f⁷6s² 152.0	64 Gd 钆 4f⁷5d¹6s² 157.3	65 Tb 铽 4f⁹6s² 158.9	66 Dy 镝 4f¹⁰6s² 162.5	67 Ho 钬 4f¹¹6s² 164.9	68 Er 铒 4f¹²6s² 167.3	69 Tm 铥 4f¹³6s² 168.9	70 Yb 镱 4f¹⁴6s² 173.0	71 Lu 镥 4f¹⁴5d¹6s² 175

锕系

89 Ac 锕* 6d¹7s² [227]	90 Th 钍* 6d²7s² 232.0	91 Pa 镤* 5f²6d¹7s² 231.0	92 U 铀* 5f³6d¹7s² 238.0	93 Np 镎* 5f⁴6d¹7s² 237.0	94 Pu 钚* 5f⁶7s² [244]	95 Am 镅* 5f⁷7s² [243]	96 Cm 锔* 5f⁷6d¹7s² [247]	97 Bk 锫* 5f⁹7s² [247]	98 Cf 锎* 5f¹⁰7s² [251]	99 Es 锿* 5f¹¹7s² [252]	100 Fm 镄* 5f¹²7s² [257]	101 Md 钔* 5f¹³7s² [258]	102 No 锘* (5f¹⁴7s²) [259]	103 Lr 铹* (5f¹⁴6d¹7s²) [262]

参照《现代汉语词典》（第 7 版）对相关数据进行近似取舍。